西安交通大學 研究生创新教育系列教材

工程电介质物理与介电现象

编著 钟力生 李盛涛
徐传骧 刘辅宜

U0304043

西安交通大学出版社
XI'AN JIAOTONG UNIVERSITY PRESS

内容简介

本书是根据我国电气工程专业研究生教学改革的实践经验和发展需求,在原电工材料及绝缘技术学科研究生电介质物理课程内容的基础上,修订编写而成的。本书内容主要包括:电介质的基本介电现象与物质结构,电介质在弱电场下的极化、电导与损耗,电介质的强场电导与击穿,介质的静电及驻极特性,聚合物的树枝化击穿,电介质的基本光学特性,半导体器件中的介电问题,生物材料的介电特性及其应用。

本书可作为研究生教材,也可作为本科生及从事电工、电子产品设计、制造、试验以及电力系统设计、运行、维护人员的参考书。

图书在版编目(CIP)数据

工程电介质物理与介电现象/钟力生等编著.—西安:西安交通大学出版社,2013.3(2021.3重印)

ISBN 978 - 7 - 5605 - 4710 - 7

Ⅰ.①工… Ⅱ.①钟… Ⅲ.①电介质-介质物理学-高等学校-教材 Ⅳ.①O48

中国版本图书馆 CIP 数据核字(2012)第 279026 号

书　　名	工程电介质物理与介电现象	
编　　著	钟力生　李盛涛　徐传骧　刘辅宜	
责任编辑	曹　昳　张　梁	
出版发行	西安交通大学出版社	
	(西安市兴庆南路1号　邮政编码710048)	
网　　址	http://www.xjtupress.com	
电　　话	(029)82668357　82667874(发行中心)	
	(029)82668315(总编办)	
传　　真	(029)82668280	
印　　刷	西安日报社印务中心	
开　　本	727mm×960mm　1/16　　印张　24.125　　字数　444千字	
版次印次	2013年3月第1版　　2021年3月第5次印刷	
书　　号	ISBN 978 - 7 - 5605 - 4710 - 7	
定　　价	48.50元	

读者购书、书店添货、如发现印装质量问题,请与本社发行中心联系、调换。

订购热线:(029)82665248　(029)82665249

投稿热线:(029)82664954

读者信箱:lg_book@163.com

《研究生创新教育》总序

　　创新是一个民族的灵魂,也是高层次人才水平的集中体现。因此,创新能力的培养应贯穿于研究生培养的各个环节,包括课程学习、文献阅读、课题研究等。文献阅读与课题研究无疑是培养研究生创新能力的重要手段,同样,课程学习也是培养研究生创新能力的重要环节。通过课程学习,使研究生在教师指导下,获取知识的同时理解知识创新过程与创新方法,对培养研究生创新能力具有极其重要的意义。

　　西安交通大学研究生院围绕研究生创新意识与创新能力改革研究生课程体系的同时,开设了一批研究型课程,支持编写了一批研究型课程的教材,目的是为了推动在课程教学环节加强研究生创新意识与创新能力的培养,进一步提高研究生培养质量。

　　研究型课程是指以激发研究生批判性思维、创新意识为主要目标,由具有高学术水平的教授作为任课教师参与指导,以本学科领域最新研究和前沿知识为内容,以探索式的教学方式为主导,适合于师生互动,使学生有更大的思维空间的课程。研究型教材应使学生在学习过程中可以掌握最新的科学知识,了解最新的前沿动态,激发研究生科学研究的兴趣,掌握基本的科学方法;把教师为中心的教学模式转变为以学生为中心教师为主导的教学模式;把学生被动接受知识转变为在探索研究与自主学习中掌握知识和培养能力。

　　出版研究型课程系列教材,是一项探索性的工作,也是一项艰苦的工作。虽然已出版的教材凝聚了作者的大量心血,但毕竟是一项在实践中不断完善的工作。我们深信,通过研究型系列教材的出版与完善,必定能够促进研究生创新能力的培养。

西安交通大学研究生院

前　言

本书作为西安交通大学研究生创新教育系列教材,由西安交通大学电气工程学院组织编写而成。

电介质物理学属于凝聚态物理学分支,是与金属物理学、半导体物理学等并列的应用物理学科。它涉及的主要内容是电介质的组成、结构、杂质等微观性质与其介电特性(极化、电导、损耗、击穿等)的关系,以及光、电、热、机械功能转换和温度、压力、电频率等物理条件的影响。工程电介质主要涉及电介质理论在电气、电子、航空、航天、生物等工程技术领域的应用。

我国的电介质物理课程教学从 1954 年陈季丹先生开始已有近六十年历史。1983 年西安交通大学开始给电气工程研究生开设"电介质物理专题"课程,由刘子玉先生负责,课程一开始是以讲座方式进行,数位教师各讲述一部分内容。1983 年徐传骧教授为生物医学工程专业研究生开设了"生物电介质物理"课程,并首次编写了研究生专用教材讲义。1993 年徐传骧、刘辅宜教授为博士研究生开设了"电介质物理进展"课程,并组织编写了《工程电介质物理基础与进展》研究生教材讲义。该讲义在巩固本科电介质物理概念的基础上,加强了发展较快的强场电导与击穿内容,并扩展了功能电介质和生物电介质方面的内容。授课教师结合各自科研,不断补充新的内容,体现了科研对教学的促进作用。研究生课程的教学采用课堂讲授、学生自学、课堂报告与讨论、结合研究方向撰写专题报告等相结合的方式进行,教学方式灵活多样,适合于促进研究生自主学习、独立研究的精神。

西安交通大学电介质物理研究生课程教学已进行了近三十年,教材讲义也使用了近二十年,随着近年来电介质领域的研究不断深入,有必要对原教材内容进行充实更新。本书由西安交通大学钟力生、李盛涛、徐传骧、刘辅宜主编。内容共分八章,其中徐传骧编写第 1、2、7 章;刘辅宜编写第 3、5、6 章;李盛涛编写第 3、5 章;钟力生编写第 1、4、6、8 章。

在本书的编写过程中,我们先后得到上海交通大学江平开教授,西安交通大学崔秀芳老师,研究生张跃、赵俊伟、万代、胡波和王薇等给予的大量帮助,在此表示感谢。

本书由上海交通大学王寿泰教授担任主审。他对本书初稿提出了许多宝贵的意见,谨致以衷心的感谢。

由于本书涉及面广而我们的水平有限,加之时间仓促,本书一定还存在不少错误和不妥之处,敬请广大读者予以批评指正。

编　者

2012 年 2 月于西安

目　录

第0章 绪 言

电介质物理学是随着 20 世纪电气工业的形成和发展而产生并发展起来的凝聚态物理学分支,是与金属物理学和半导体物理学相并列的应用物理学科。它涉及的主要内容是电介质的组成、结构、杂质等微观性质与其介电特性(极化、电导、损耗、击穿等)的关系,以及光、电、热、机械功能转换和受温度、压力、电频率等物理条件的影响。工程电介质主要涉及电介质理论在电气、电子、航空、航天、生物等工程技术领域的应用。

自 19 世纪末,安培(Ampère)、法拉第(Faraday)、麦克斯韦(Maxwell)等学者的研究奠定了电工理论基础之后,爱迪生(Edison)、贝尔(Bell)等发明家创造出来许多当时新颖的电气设备,如电机、变压器、电灯、电话、无线电等,并在 20 世纪逐步形成并成长为电气产业,从而改变了人类的生产方式,为人类创造了美好的生活。随后半导体与晶体管和晶闸管的发明、微电子与电力电子技术的产生,促进了计算机与电力电子工业的发展,使得现代社会从电气化时代进入到计算机电子信息时代。"工程电介质"是一门材料物理学科,它随着 20 世纪电气化时代的到来而形成发展,在 21 世纪又将随着电气能源、光电子信息、纳米材料和生物医学等新兴技术领域的进步而有更大的发展。

电介质学科起源于电气工业的发展对各种绝缘材料性能要求的日益提高,从而形成了绝缘电介质研究和相关产业技术领域。20 世纪初叶的电气设备,电压低、电流较小,电机、变压器、电线电缆、开关等设备的绝缘都采用天然材料,如云母、沥青、绝缘纸、矿物油、天然橡胶、大理石板等,它们的介电性能如绝缘电阻率和耐电强度都较低。随着电气设备工作电压的提高,特别是大容量电机及高压输变电设备的发展,急需发展新型绝缘电介质。在 20 世纪中叶,合成化学技术迅速发展,多种合成高分子绝缘材料面世,这些高分子合成材料不仅绝缘强度高、加工性能好,而且经过改性能够提高其耐热、阻燃、耐油等特性,促进了各种电力设备向高性能、大容量、高电压方向发展。目前,聚合物已成为各种新型绝缘电介质的主体,例如,电机绝缘由 Y(O)级、A 级(耐热 90~105 ℃,天然棉、丝、纸绝缘)发展到 C 级(耐热200 ℃,聚酰亚胺绝缘);以环氧粉云母带为主绝缘的大型发电机容量由 20 世纪 50 年代的 6 MW 发展到 1000 MW;聚乙烯塑料电缆通过采用化学交联或辐照交联,耐温也由 75 ℃提高到 90 ℃以上;采用交联聚乙烯绝缘的交流电缆电压已达500 kV,直流电缆电压已达±300 kV;合成十二烷基苯二芳基烷等液体介质和聚丙烯薄膜已作为电力电容器的主绝缘,由环氧、玻璃纤维和有机硅橡胶、乙丙橡胶制成的合成绝缘子已广泛用于电力系统中。电力能源已从少数大城市使用的稀缺能源,发展成为从城市到乡村、从工业到农业的人民生活不可或缺的能源,应该说绝缘电介质的发展为世界及我国的电气化事业做出了重要贡献。

国际上,电介质学科是在 20 世纪 20～30 年代形成的,具有标志性的事件是:电气及电子工程师学会(Institute of Electrial and Electronics Engineers,IEEE)于1920 年开始召开电气绝缘与介电现象国际会议(Conference on Electrical Insulation and Dielectric Phenomena),以后又建立了相应的分专业委员会会(IEEE Dielectrics and Electrical Insulation Society)。这一时期,美国麻省理工学院(Massachusetts Institute of Technology,MIT)建立了以冯希佩尔(Von Hippel)教授为首的绝缘研究室,前苏联莫斯科动力学院建立了“电气绝缘与电缆技术”专业。

在 20 世纪 30 年代,荷兰科学家德拜(Debye)教授,由于研究电介质的极化和介质损耗特性与其分子结构的关系而获得了诺贝尔奖,从而奠定了电介质物理学科的学术基础。随着电气和无线电工程的发展,形成了以研究电介质极化、电导、损耗、击穿为中心内容的电介质物理学科。

中国电介质领域的发展是在新中国建立以后。随着 1952 年我国第一个五年计划的制定和实施,电力工业和相应的电工器材制造业得到迅速发展,一批较大型高压绝缘电力设备工厂得到新建和发展。1952 年交通大学陈季丹教授负责筹建我国首个电气绝缘与电缆技术专业,开始招生培养电气绝缘领域的高级专业人才;1953 年成立了电气绝缘教研室,并开始招生培养研究生;同期,机械工业部建立了有关研究院所。这些校、院、所率先开展了我国有关电介质特性的研究和人才的培养。1954 年 9 月陈季丹教授首先在国内开出了“电介质理论”课程,其后许多院校先后设立相关专业,为我国培养了上万名电气绝缘方面的专业人才。1960 年陈季丹教授组织承担了国家十二年科技发展规划项目“电介质理论中心问题研究”,中科院物理所、桂林电器科学研究所、上海电缆研究所、上海硅酸盐研究所等单位也纷纷加入到电介质研究中,围绕 NaCl 晶体的击穿、绝缘材料电老化、液体电介质、高介陶瓷等方面开展研究工作,由此产生了许多有价值的工程应用,例如,解决了高压电缆、高压套管、高压电机、高介陶瓷电容器等设备中的基础问题,促进了我国工程电介质学科的发展。1984 年中国电工技术学会成立了工程电介质专业委员会,1985 年西安交通大学刘子玉教授和加拿大曼尼托巴大学高观志教授共同发起并在西安主持召开了首届 IEEE 的系列会议——“电介质材料性能与应用国际会议”(International Conference on Properties and Application of Dielectric Materials,ICPADM),将我国工程电介质的研究引向国际学术交流平台。

20世纪80年代后,我国工程电介质研究进入了新的发展时期,在电介质击穿、电子陶瓷的晶界击穿、固体电介质中的空间电荷效应、聚合物中的树枝化和多因子老化、高介陶瓷、电力半导体器件的耐压与表面保护等方面的研究不断发展,同时在低损耗聚合物光纤、电磁生物效应、纳米材料的损耗与击穿理论等方面的研究有新的进展。

在传统绝缘电介质领域,聚合物电介质材料的介电特性、破坏机理和界面效应及其复合结构性能的研究一直是电介质物理学研究的重点课题。随着进行电介质中空间电荷测量的脉冲电声法、压力波法和热刺激电流法的发展,电老化的陷阱理论和电树枝模型的建立,加深了人们对高压聚乙烯绝缘电缆的电老化、树枝化和击穿现象的认识。固体电介质或固-气电介质的表面电荷与界面电荷的研究已用于绝缘子、套管和大型发电机绝缘中。液体电介质的组成结构、介电和电老化性能的关系、液体电介质中的空间电荷分布,以及固-液电介质的流动带电特性等研究,为超高压油纸绝缘电力电缆、电力电容器和电力变压器的发展提供了选材试验依据。

在无机功能电介质方面,通过研究高介电常数陶瓷电容器的破坏机理,提高其耐电强度,研发出的电容器已用于 500 kV 等超高压断路器、ZnO 避雷器、气体激光器件和脉冲发生器等方面。以 ZnO 为代表的电压敏材料也已广泛用于电气电子装置与器件中。

有机/无机复合电介质应用方面的典型例子是发电机和电动机的绝缘。在大型发电机的绝缘系统中,其主绝缘大都采用环氧粉云母带材料,端部采用 SiC 与绝缘漆复合的非线性防晕材料。在用于变频调速的电动机绝缘中,大多采用无机纳米材料与有机绝缘漆的复合绝缘,以提高其耐电晕性能,保证电机的使用寿命。

随着20世纪后期光电子通讯和计算机工业的发展,用电频率由直流、工频提高到无线电频率(兆赫)以至光频,这对降低电介质的高频极化损耗提出了迫切的要求。通过研究采用非极性塑料薄膜绝缘,满足了高频通讯用电缆、电容器等产品的要求。而迅速发展的光通信技术则是采用了低损耗石英介质光纤。随着计算机的广泛使用,计算机网络控制要求必须研究具有多种功能的执行元件,其中大量是具有电-机、光-电转换特性的介质器件以及高分子光纤,这些需求的发展导致电介质研究应用领域从传统的电气绝缘领域扩展到光电子功能材料领域。

新型电力电子器件及相关电气设备中,也需用许多新型功能电介质材料,如电力电子器件中的耐高压硅 PN 结单晶材料、模块用的导热绝缘材料、表面保护及封装材料等。对 PN 结击穿规律和机理及终端绝缘技术的研究,促进了我国高压电力半导体器件耐压的提高。

生物体在一定条件下也具有介质特性,即具有极化、损耗等特性。这些特性可以应用于如微波治癌、电磁育种、电磁脉冲消毒、生物体再生、低温保存、生化医疗领域等方面。但也要注意电磁场的负面作用,防止电磁污染。因此生物电介质的电磁特性也成为现代电介质领域中的一个新兴研究方向。

电介质物理学越来越显示出它是一门覆盖面很宽的具有非常明显的学科包容性和可拓展性且发展前途广阔的具有很强生命力的学科。它不仅可以为电工材料与绝缘技术学科发展提供理论支持,而且能为其他材料相关学科的发展提供理论与技术平台。在人类科技发展的历程中,任何真正意义上的技术突破,往往都是建立在人们对材料性质深刻认识的基础上的。虽然电介质物理已经在电气、电子、材料、信息和生物等领域得到了广泛的应用,但它仍是一块有待开垦的肥沃土地,只要付出更多的努力,它一定会不断给我们带来惊喜和快乐。

第1章 电介质的基本介电现象与物质结构

1.1 电介质在电场作用下的基本特性

电介质在电场作用下最基本的电特性是电导和极化,即介质中电荷的迁移现象。

1.1.1 介质电导

电介质电导是电介质中存在的少量载流子在外电场作用下贯穿整个介质而构成"漏泄电流"的物理现象,见图1-1,其特点是在直流电压 U 作用下有稳定的电流 I 通过。通常以电阻 R 或电导 G 来表征物体的电导特性,而以体电阻率 ρ_v 或电导率 γ 来表征材料的电导特性,分别定义如下:

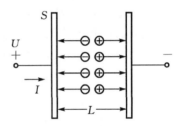

图1-1 电介质电导模型

$$R = \frac{U}{I} \ , \ G = \frac{I}{U} \qquad (1-1)$$

$$\rho_v = \frac{E}{j} \ , \ \gamma = \frac{j}{E} \qquad (1-2)$$

式中,R 为电阻,单位为欧姆(Ω);G 为电导,单位为西门子(S);ρ_v 为体电阻率,单位为欧姆·米(Ω·m);γ 为体电导率,单位为西门子/米(S/m);U 为电压,单位为伏特(V);I 为电流,单位为安培(A);E 为电场强度,单位为伏特/米(V/m);j 为电流密度,单位为安培/平方米(A/m²)。

对于如图1-1所示的截面积为 S、厚度为 L 的平板型电介质材料,则有

$$U = E \cdot L \ , \ I = j \cdot S \qquad (1-3)$$

将式(1-3)分别代入式(1-1)和式(1-2)可得

$$R = \rho_v \left(\frac{L}{S}\right) \ ; \ G = \gamma \left(\frac{S}{L}\right) \qquad (1-4)$$

电导特性并非电介质所特有,它是所有材料都具有的电学性质,但在电导率的

大小上却相差很远。一般导体 $\gamma = 10^9$ S/m,而绝缘性能良好的电介质 $\gamma = 10^{-18}$ S/m,二者相差 10^{27} 倍,表明它们的导电机理会有明显区别,因此需要对电介质的电导进行专门讨论。

1.1.2　介质极化

　　极化是电介质所特有的性质。因此,有人就把在电场作用下能产生极化现象的材料称为"电介质"。极化是电介质中被束缚在分子内部或局部空间不能完全自由运动的电荷,在电场作用下产生局部的迁移而形成感应偶极矩的物理现象,如图 1-2 所示。通常以单位体积电介质中形成的总感应电矩 $\boldsymbol{P}$ 来表征电介质的极化程度,因此,$\boldsymbol{P}$ 也称为介质的极化强度。

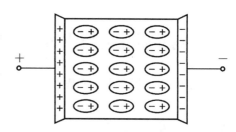

图 1-2　电介质极化模型

在一般线性介质中,极化强度 $\boldsymbol{P}$ 与介质内的电场强度 $\boldsymbol{E}$ 成正比且方向相同,可写成:

$$\boldsymbol{P} = \chi \varepsilon_0 \boldsymbol{E} \tag{1-5}$$

式中,χ 为介质的极化系数;ε_0 为真空介电常数,其值为 8.854×10^{-12} F/m。

　　在工程技术中,通常采用比电容率 ε_r 作为介质极化的量度,它是以真空电容器充入介质后的电容量 C 与原真空电容器的电容量 C_0 之比来计量的。ε_r 又称为相对介电常数,它与 ε_0 的乘积定义为介质的介电常数 ε。

$$\varepsilon_r = \frac{C}{C_0}, \quad \varepsilon = \varepsilon_r \cdot \varepsilon_0 \tag{1-6}$$

　　由电工学可得

$$\varepsilon = \varepsilon_r \varepsilon_0 = \frac{\boldsymbol{D}}{\boldsymbol{E}} = \frac{\varepsilon_0 \boldsymbol{E} + \boldsymbol{P}}{\boldsymbol{E}} \tag{1-7}$$

则

$$\varepsilon_r - 1 = \frac{\boldsymbol{P}}{\varepsilon_0 \boldsymbol{E}} \tag{1-8}$$

　　体电阻率 ρ_v 和相对介电常数 ε_r 是表示材料介电特性最基本的参数。在线性材料中它们是与电场强度无关的常数,而在非线性材料中以及在强电场下它们则与电场强度有关,同时,当电场频率改变时 ε_r 也会随之改变。因此,一般而言,体电阻率 ρ_v 为温度 T、电场强度 E 的函数,相对介电常数 ε_r 可以看成是温度 T、电场角频

率 ω 以及电场强度 E 的函数,即 $\rho_v = f(T、E)$,$\varepsilon_r = \varphi(T、\omega、E)$。

1.1.3　介质损耗

　　介质在交变电压下,由于极化和电导现象而存在电容电流 I_C 和电导电流 I_R,如图 1 - 3 所示。对于电容器而言,往往希望其电容电流大,而引起损耗的电导电流小,故引入了一个新的介质物理参数 $\tan\delta$ ——介质损耗角正切:

$$\tan\delta = \frac{I_R}{I_C} = \frac{I_R U}{\omega C U^2} = \frac{P_r}{P_c} \tag{1-9}$$

式中,P_r 为电容器介质损耗有功功率;P_c 为电容器无功功率。

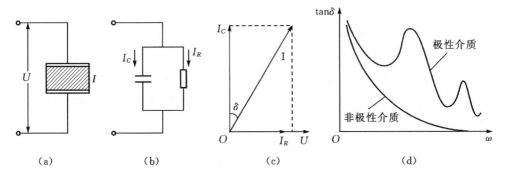

图 1 - 3　介质损耗示意图

(a)介质试样;(b)等效电路;(c)电压电流矢量图;(d)介质 $\tan\delta - \omega$ 图示

　　如介质在交变电压作用下只有纯电导电流损耗,则 $\tan\delta$ 应与电场频率 ω 成倒数关系。实验测量表明,极性介质的 $\tan\delta$ 与 ω 的关系是有峰值的曲线关系,见图 1 - 3(d)。从图中可以看出极性介质的 $\tan\delta$ 值比非极性介质的 $\tan\delta$ 值要大,而且随 ω 的变化呈非倒数式关系,这是由于介质极化滞后所形成的损耗引起。因此,研究介质损耗的重点就是要研究介质极化形成的动态过程所产生的损耗。

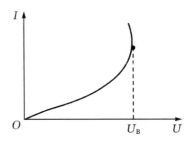

图 1 - 4　电介质在击穿时的伏安特性

1.1.4　介质击穿

介质的电导率 γ 与电场强度 E 有关。在高场强下介质的电导电流将会成指数式上升,甚至导致介质进入高导电的非平衡状态,这就是发生了电介质击穿。其主要的判据是电流的失控,即 $\partial I/\partial U \to \infty$,在图 1-4 所示介质的伏安特性曲线上表征为 $\partial U/\partial I = 0$。在均匀电场下,如 d 为介质厚度,U_B 为介质击穿电压,则有

$$E_B = \frac{U_B}{d} \qquad\qquad (1-10)$$

式中,E_B 是介质击穿场强,为电介质重要的耐电压物理参数,它与温度、电场形式有关。

ε_r、ρ_v、$\tan\delta$ 和 E_B 就是作为绝缘介质四大物理特性的基本参数。本书将首先研讨这四大参数与电介质材料的组成、结构、含杂等的关系,以及温度、压力、电场性质(频率、波形等)的影响。这些研究成果广泛用于工程领域就构成为"电介质工程"。根据电工学理论可知,在电介质中常用的基本电特性关系方程归纳如下,见表 1-1 和表 1-2。

表 1-1　电介质常用的基本电特性参数

电特性参数	符号	定　义	单　位	注
电场强度	E	$E = \nabla U$	V/m	Electric field（U:电位）
偶极距	M	$M = qd$	C · m	Dipole moment
极化强度	P	$P = \sum_{i=1}^{n_0} \mu_i$	C/m	Polarization
电感应强度	D	$D = \varepsilon_0 E + P$	C/m²	Electric induction
位移电流密度	j_D	$j_D = \partial D/\partial t$	A/m²	Induction current density
电导电流密度	j_C	$j_C = \gamma E$	A/m²	Conduction current density
总电流密度	j	$j = j_C + j_D$	A/m²	Total current density
介质的介电常数	ε	$\varepsilon = D/E$ $\varepsilon = \varepsilon_0 + P/E$	C/V · m	Dielectric permittivity
静电能密度	W	$\partial W = D \cdot \partial E$ $W = \varepsilon E^2/2$	C · V/m³	Electrostatic energy density

表 1-2　电介质常用的基本关系方程

方程名称	关系式	注
高斯定理	$\int_s \boldsymbol{D} \cdot \mathrm{d}s = \int_v \rho \cdot \mathrm{d}v$	Guass's law
泊松定理	$\nabla \cdot \boldsymbol{D} = \rho$	Poisson's law
拉普拉斯-麦克斯韦方程	$\nabla \cdot \boldsymbol{j} = 0$	Laplace-Maxwell equation(无 H 项)
电荷守恒方程	$\partial \rho / \partial t + \nabla \times \boldsymbol{j} = 0$	Charge conservation equation

　　由表 1-1 中可以看到,以电场储能的电容器,其电能密度 W 与 ε 和 E^2 呈正比,显然,要提高电容器的储能密度必须采用高介电常数 ε 和高场强 E 的电介质材料作为电容器的绝缘介质。由于此特性需要,导致了高介电常数低介质损耗材料的研究和发展,而提高介质的耐电强度则是作为电介质材料在强电场领域的一个最主要的共性问题为人们所关注。

1.2　电介质的功能特性

　　电介质除了在电场的作用下具有上述纯粹的电学特性之外,电介质的电学性能与力学性能、热学性能和光学性能之间还具有密切相关的功能特性。如电介质在电场作用下的电致伸缩效应、电压敏效应、场致发光效应、电热效应等就反映了介质把电场能转化为机械能、光能、热能等的功能效应,而介质在力场作用下发生的压电效应、在热场作用下产生的热释电效应、导电性突变的 PTC 效应(正温度系数效应)以及在光照下引起的光电效应等则为相反的功能转换特性。这些特性的物理本质亦往往与介质的电导和极化现象有关,此处分别作简要的介绍,以使读者对介质的介电和功能特性有统观的了解。

1.2.1　电-机械效应

　　当介质分子受到电场的作用发生弹性位移极化时,介质都将会在电场的方向有一定的伸长。此机械变形 X 与电场强度的平方成正比,可以写为

$$X = xE^2 \tag{1-11}$$

式中 x 称为电致伸缩常数。这是所有电介质都存在的一种电-机械效应。此效应与电场的方向无关,X、x 均大于零时,称为伸长效应。此效应除了在铁电体中较明显以外,一般介质在弱电场中均不明显。

　　在某些具有非中心对称结构的固体电介质中,除了上述的平方效应以外还观察到一种变形正比于电场一次幂的线性效应,即

$$X = dE \tag{1-12}$$

式中 d 称为压电模数。当介质上电压极性改变使 E 变号时，机械变形 X 亦将变号，即电场可引起固体伸长或压缩。这一类介质在弱电场下已明显出现此效应，它们不仅在电场作用下能引起机械变形，而且相反在力场作用下亦能引起介质极化，使介质表面带电，这就是压电效应（Piezoelectric Effect），它可以把力学信息转化为电信息。具有非对称结构的固体介质中都具有电-机械效应，因此有

$$X = dE + xE^2 \tag{1-13}$$

一般线性效应要比平方效应显著，如图1-5所示。

具有非中心对称的电介质在机械应力的作用下会产生压电效应，即在介质中形成极化，其极化强度 P 与应力 F 成正比。即

$$P = eF \tag{1-14}$$

式中 e 称为压电常数。电-机械平方效应无逆向的机械-电效应，即在中心对称结构的电介质中，不管怎样的机械应力或变形都不能引起极化。

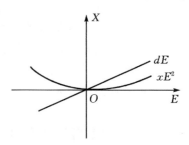

图 1-5　电介质的电-机械特性

1.2.2　电热效应

介质在电场作用下由于电导电流和极化吸收电流的存在会引起发热，其发热量一般与 E^2 成正比，即

$$Q = \eta E^2 \tag{1-15}$$

这时电能变为热能是不可逆的，称为电介质损耗，特别在高频交流电场下，此种发热可变得相当明显。

在一些热释电晶体中，不仅有平方关系的电热效应，还同时存在一种线性的电热效应，即

$$\Delta Q = \xi E \tag{1-16}$$

式中 ξ 称为电热常数，此为可逆效应。即在此种晶体加热时往往有电荷释放出，此称为热释电效应。

当然，温度将对介质的电性会有明显影响，温度的影响规律往往成为探索介质物理机理的主要实验依据。

1.2.3　电光效应

　　光本质上是一种极高频率的电磁波,当光波穿过电介质时,同样会有介质极化和能量损耗(介质吸收)现象,前者常用光折射率 n 来表征。光折射率 n 是光在真空中的速度 c 与在介质中的速度 v 之比($n=c/v$)。根据麦克斯韦的电磁波方程有 $\sqrt{\varepsilon_r \mu_r}=c/v=n$,在非铁磁性介质中 $\mu_r \approx 1$,故 $\varepsilon_r \approx n^2$ 。另一方面光具有粒子性,一定频率 ν 的光子具有能量为 $h\nu$,它与介质相互作用将能引起介质中载流子密度和电导率的变化。因而,光与介质的极化和电导特性都有着密切的关系。

　　光照引起电介质电导激烈增加的现象是最广泛的一种光电效应,称为光电导效应(Photoconduction Effect)。这是由于光子进入介质引起介质中束缚电子的活化,产生新的导电载流子,使介质的电导率增大。对于禁带宽度不宽的电介质和半导体,当光子能量 $h\nu > E_g$(禁带宽度)时能引起光电动势 U_{ph},此称为光伏效应(Photovoltaic Effect)。此时光能转化为电能,这种转化效率在半导体中较强,特别是在硅和砷化镓等半导体中,现在,硅材料已成为一种广泛应用的太阳能电池材料。

　　某些电介质在强光照射下,亦能观察到介电系数的变化。其本质是光引起晶体中产生了激发态的激子,导致有附加的介质极化电矩,从而改变了 ε_r 值。

　　介质中最重要的电光效应是在强电场作用下光折射率的变化。此效应可以是线性的 $\Delta n \propto E$ 或非线性的 $\Delta n \propto E^2$。前者称为泡克耳斯效应(Pockels Effect),线性的光电效应只在光各向异性的晶体和液体中存在;而后者称为克尔效应(Kerr Effect),此平方效应在任何电介质中都能观察到。

　　当机械应力和光同时作用在固体介质上时其折射率的改变称为压光效应。这是由于晶体不均匀变形引起的光折射率改变。与上述光电效应的机理相似,电场引起介质极化,介质同时产生机械变形,因而引起光折射率的变化。当声频电场和激光同时作用在某些晶体介质上时,声频电场的变化可对激光的传播方向加以控制。这种声光效应已在近代电子技术中得到应用。

1.2.4　电压敏效应

　　电介质的导电特性一般都与电场、温度有关。通常电介质的电导电流密度 j 与电场强度 E 呈线性关系。有些具有晶界的复合材料如 ZnO、SiC 陶瓷等,其电导电流密度随电场强度呈非线性关系,在较高的电场强度下将会发生电流跃增(见图 1 - 6),这就称为电压敏效应,此类材料可做成各种电压限制器件。

以 ZnO 电压敏陶瓷为例,其电流由电子性电导产生,低压下具有欧姆特性,γ 随温度呈指数上升,导电机理为电子热跃迁电导,$\gamma = Ce^{-W/(kT)}$;中压下为热激发电子电导;高压下则为隧道电子电导,此时电流密度 j_E 与电场 E 呈指数式关系 $j_E = Be^{-b/E}$。

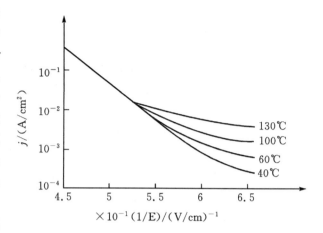

图 1-6　各种温度下的 j 与 $1/E$ 的关系

在工程上用 ZnO 电压敏元件作过电压保护元件时,其残压比(K)是一个重要的特性参数。K 是通过大电流时元件上的电压与通过小电流时元件上的电压之比值:

$$K = \frac{U_{10kA}}{U_{1mA}} \tag{1-17}$$

式中,U_{10kA} 为元件通过 10 kA 电流时的电压;U_{1mA} 为元件通过 1 mA 电流时的电压。

元件的残压比愈小,电压限幅作用愈强。

在 ZnO 复合材料中,ZnO 晶粒是导电的半导体,而其晶界则具有绝缘的高阻抗特性。在低压下,由于晶界的绝缘作用,器件呈绝缘状态,漏电流较小(小于 1mA 以下),而当高场强下发生晶界击穿时能通过很大的电流,故这是一种功能介质器件。

1.2.5　电阻正温度系数(PTC)效应

通常电介质的绝缘电阻随温度的上升而作指数式的下降,但仍可保持高阻绝缘状态。然而,在 20 世纪中叶人们发现,有一类材料在常温下为导电状态,而在材料温度升到某一特定区域,绝缘电阻激烈上升达 4~6 个数量级,从而进入绝缘状态。这种 $\frac{1}{R}\frac{dR}{dT} > 0$ 的电阻正温度系数特性就称为 PTC(Positive Temperature Coefficient)效应。此类材料包含无机陶瓷(掺 BaTiO$_3$)和有机复合材料(掺导电碳黑)两大类,但其突变的导电特性多与主体材料中发生结构相变以及导电机制的改变有关。其特性表征参数为峰值温度 T_P 和 PTC 强度。PTC 强度以峰值电阻率 ρ_{PT} 和室温电阻率 ρ_{RT} 之比来表征,即 PTC 强度 $= \dfrac{\rho_{PT}}{\rho_{RT}}$。有机复合 PTC 材料的典型温敏曲线如图 1－7 所示。

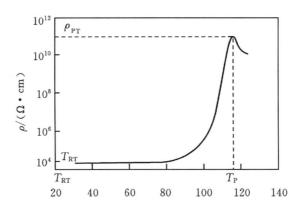

图 1－7　聚乙烯/碳黑复合材料的电阻温度曲线
（碳黑 MT 含量 21.1wt.%）

1.3　电介质的物质结构及分子运动

认识物质的基本结构是人类最感兴趣、最为专注的努力之一。基于电子和离子的量子力学和静电相互作用理论,对原子、分子内相互作用的认识,使我们能对物质的宏观性质给予解释,并用于新材料和新器件的开发。

1.3.1　原子的结构

经典的原子模型可称为"壳层模型",是由玻尔(Bohr)于 1913 年建立的。原子的质量集中在原子核,原子核由质子和中子组成,质子为带正电荷的粒子,中子为电中性的粒子,质子和中子具有相同的质量。尽管在质子之间存在库仑斥力,但当二者相当接近(小于 10^{-15} m)时,在粒子间的强相互作用力(核力)的作用下,克服静电斥力而聚集在一起,保持核的完整性。核中质子的数目即为元素的原子序数 Z。

电子环绕核运动,电子的数目与核中质子数目相同。在玻尔模型中的一个重要假设是只有一个固定半径的轨道是稳定的,例如:氢原子中电子的最小半径只能是 0.053 nm。由于电子稳定地环绕固定半径轨道运动,周期约为 10^{-16} s,电子的出现不像单一圆点,而像环绕核的球型负电云,因此我们可以将电子看成属于一给定半径球型壳层内的电荷。

在用量子理论描述原子中电子的运动状态时,要用四个称为量子数的一组数值(n, l, m, m_s)，才可以完全地确定一个电子的运动状态。其中：主量子数 n 决定电子的能量；轨道量子数 l 决定电子绕核运动的轨道动量矩；磁量子数 m 决定轨道动量矩在外磁场方向的投影；自旋量子数 m_s 决定自旋动量矩在外磁场方向的投影。

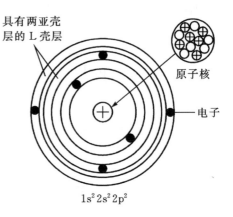

　　在多电子原子中，电子的分布是分层次的，这种电子的层次分布称为电子壳层。由主量子数来区分的壳层称为主壳层，对应于 $n=1$, 2, 3, 4, …，依次有 K、L、M、N 等主壳层；在每一主壳层上，由轨道量子数区分的壳层称为亚壳层，对应于 $l=0,1,2,3,…$，又可分为 s、p、d、f 等亚壳层。

图 1-8　碳原子的壳层结构模型

　　图 1-8 以碳原子壳层结构模型为例来说明电子在壳层中的分布原则。一般说来，壳层的主量子数 n 越小，电子能级越低。由于原子中的电子只能处于一系列特定的运动状态，所以在每一主壳层上就只能容纳一定数量的电子，同样，也不能将所有的电子填入一个亚壳层中。电子的分布由泡利不相容原理和能量最小原理来确定。

　　根据泡利不相容原理，不允许有多于两个自旋方向不同的电子进入同一轨道。在一个原子中，不可能有两个以上的电子具有完全相同的运动状态，即任何两个电子，不可能有完全相同的一组量子数。所以在 n 一定的主壳层上，其允许容纳的电子数最多为 $2n^2$；对于给定的亚壳层，电子的最大填充数为 $2 \times (2l+1)$。因此，碳原子中电子分布的表示方法为 $1s^2 2s^2 2p^2$。表 1-3 为原子中各壳层所能容纳的电子数。

表 1-3　在原子主壳层及亚壳层中电子的最大可能数目

n（主量子数）	壳层	亚壳层			
		$l=0$	$l=1$	$l=2$	$l=3$
		s	p	d	f
1	K	2			
2	L	2	6		
3	M	2	6	10	
4	N	2	6	10	14

　　根据能量最小原理，在原子系统内，每个电子趋向于占有最低的能级，原子中的所有电子总是从最内层开始向外排列。当原子中电子的能量最小时，整个原子

的能量最低,这时原子处于稳定状态,即基态;当一个亚壳层填满了电子后,就获得稳定的结构。

对于主量子数为 n 的壳层,以 $2n^2$ 个电子为全填满状态,称为闭壳层。这时,电子的全部电、磁性能等均相互平衡抵消,很难受到外部作用。例如,周期表中的惰性元素,其亚壳层被全部填满,由闭壳层组成的惰性气体(He、Ne、Ar、Kr 等)在化学上性能是极其稳定的,难于参加化学反应;它们中的多数由于原子不能结合形成液体或固体,而以气态存在。与此相反,占据闭壳层外的最外亚壳层上的电子远离原子核,在原子相互作用中扮演着最重要的角色。在化学反应中,这些电子首先与相邻原子的外层电子发生相互作用,故最外层的电子亦称为"价电子",它决定原子的化合价。例如,碱金属(Li、Na、K 等)原子它们在闭壳层外有一个价电子,很容易失去这个电子而成为一价正离子,以形成稳定的闭壳层结构。

原子失去一个电子而成为一价正离子所需要的能量称为电离能。电离能越小的原子越易形成正离子,碱金属的电离能最小,惰性气体的电离能最大。部分元素的电离能如表 1-4 所示。

表 1-4　部分元素的电离能

元素		电离能/eV	元素		电离能/eV	元素		电离能/eV	元素		电离能/eV
1	H	13.595	6	C	11.264	11	Na	5.138	16	S	10.357
2	He	24.580	7	N	14.540	12	Mg	7.644	17	Cl	13.010
3	Li	5.390	8	O	13.614	13	Al	5.984	18	Ar	15.755
4	Be	9.320	9	F	17.420	14	Si	8.149	19	K	4.339
5	B	8.296	10	Ne	21.559	15	P	11.000	20	Ca	6.111

根据维里法则,在一个只有静电吸引和排斥作用的电荷系统中,平均动能 $\overline{KE}$ 和势能 $\overline{PE}$ 之间存在以下关系:

$$\overline{KE} = -\frac{1}{2}\overline{PE} \tag{1-18}$$

总能量

$$\overline{E} = \overline{PE} + \overline{KE} = \frac{1}{2}\overline{PE} \tag{1-19}$$

例如:已知氢原子的电离能为 13.6 eV,电子电荷 $e = 1.6 \times 10^{-19}$ C,电子的有效质量 $m_e = 9.1 \times 10^{-31}$ kg,则电子的总能量 $E = -13.6$ eV,电子的动能 $KE = 13.6$ eV,势能 $PE = -27.2$ eV $= -27.2 \times 1.6 \times 10^{-19}$ J。图 1-9 所示为氢原子模型。

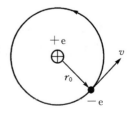

图 1-9　氢原子模型

根据库仑定律：

$$PE = -\frac{e^2}{4\pi\varepsilon_0 r_0}$$

可得电子的轨道(Bohr)半径

$$r_0 = -\frac{e^2}{4\pi\varepsilon_0 PE} = 0.0529\ \text{nm}，电子的平均速度\ v = \sqrt{\frac{KE}{\frac{1}{2}m_e}} = 2.19\times10^6\ \text{m/s}，$$

电子的轨道周期 $T = \frac{2\pi r_0}{v} = 1.52\times10^{-16}\ \text{s}$，和电子的轨道频率 $\nu = \frac{1}{T} = 6.59\times$

$10^{15}\ \text{Hz}$。

与碱金属元素的电离过程相反，卤素元素最外层容易获得一个电子而形成一价负离子，从而使最外层形成稳定的闭壳层结构。原子获得一个电子成为一价负离子时所放出的能量称为电子亲和能。亲和能越大的原子越易形成负离子，如表1-5所示。

表1-5　原子的电子亲和能　　　　　　　　　　　　eV

	s²		s²p¹		s²p²		s²p³		s²p⁴		s²p⁵		s²p⁶
H	0.747	He	−0.37										
Li	0.54	Be	0.6	B	0.2	C	1.7	N	0.0	O	2.2	F	3.63
Na	0.74 d10s²	Mg	0.3	Al	0.6	Si	2.2	P	0.8	S	2.4	Cl	3.78
												Br	3.52
Cu	1.0											I	3.12
Ag	1.13											O	6.5
Au	2.43											S	4.0

1.3.2　固体中的作用力

1. 分子的形成

如前所述，原子由带正电的原子核和围绕其周围运动的带负电的电子所组成。当两个原子靠近时，相邻原子核及价电子间产生相互作用，结果在两个原子间形成一个键而生成一个分子。键的形成意味着相连两原子系统的能量必须小于两个分离原子的能量，使分子的形成更稳定。

分子的形成与原子间的距离和作用力密切相关，其过程可用图1-10来简单描述。在由两个原子构成的系统中,当两个原子从相隔无穷远相互靠近时,由于静电及万有引力相互作用而产生吸引和排斥现象,存在一个平衡过程。初始时吸引力 F_A 大于排斥力 F_R,产生净力作用 $F_N = F_A + F_R = \dfrac{dE}{dr}$;如果原子间距离小于平衡距离 r_0 而使两个原子的内层满壳层电子相接触,就会产生很强的排斥力(称为玻恩斥力),此时排斥力 F_R 大于吸引力 F_A 并产生反方向的净力作用;当净力 $F_N = F_A + F_R = \dfrac{dE}{dr} = 0$ 时,系统能量最低,达到平衡状态,此时的平衡距离 r_0 即为键的长度,最小能量 E_0 称为键能。

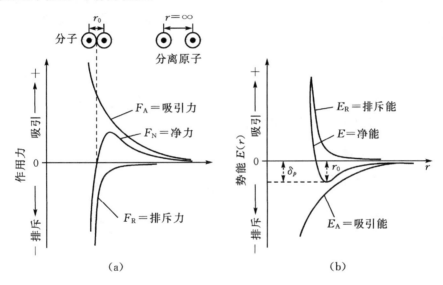

图 1-10　原子间作用力和势能随原子间距离的变化
(a)作用力随间距的变化;(b)势能随间距的变化

　　原子相互作用结合成分子时,除表现有玻恩斥力外,大部分情况下起支配作用的仍是吸引力。这种吸引力存在于分子内部和分子之间。在分子中相邻的两个或多个原子(或离子)之间存在的主要的、强烈的、吸引的相互作用称为化学键,而在分子间存在的作用力较弱,叫做分子间作用力,也叫范德华(van der Waals)力。通常,分子间作用力(范德华力)比分子内作用力(化学键)要小一两个数量级。

　　化学键的强度可用键能来表示。将一摩尔物质的化学键全部析离而分解成气态原子或离子时所需要的能量称为键能,它的单位是焦耳/摩尔(J/mol)。键能越大,分子越稳定。

　　化学键可分为共价键、离子键及金属键三大类。

2.共价键

　　两个原子由于共同拥有部分或全部价电子而形成的化学键,称为共价键。它是由原子中未成对且自旋方向相反的电子配对而成,因此未成对电子一旦成键之后,就不能继续成键,即共价键具有饱和性。这是它区别于离子键的一个特点。

　　在原子壳层结构中,除了 s 轨道的电子云呈球对称分布外,其他轨道的电子云,如 p、d、f 都具有一定的空间伸展方向。在形成稳定的共价键时,除 s—s 键没有方向性外,s—p 键或 p—p 键等都要沿一定的方向相互作用,才能达到电子云的最大重叠。因此此类共价键往往具有方向性。这是它区别于离子键的又一特点。

　　共价键构成的物质可分为分子型和原子型两大类。分子型物质(例如 CH_4、CO_2)是以共价型分子为基本结构质点,通过分子间力联结起来的。如图 1-11 所示甲烷 CH_4 中的 C—H 共价键,是由 1 个碳原子与 4 个氢原子共享电子,每个键共享 2 个电子,4 个键相同且相互排斥。当这类共价键物质的固体(或液体)熔化(或气化)时,分子内的化学键并未被破坏,只需克服组成固体(或液体)物质的微弱分子间力。因此这类共价键物质具有较低的熔点和沸点。

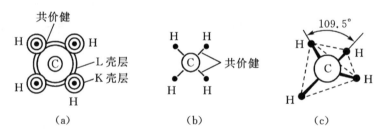

图 1-11　甲烷分子结构图

　　原子型的共价键物质是由原子为基本结构质点构成,原子间的共价键非常牢固,要拆散这种共价键往往需要很大能量。如图 1-12 所示金刚石结构,它由 C—C 共价键组成,由于在共享的电子和原子核间存在很强的库仑吸引力,使得其键能在所有类型的键中是最高的。所以这类共价键物质具有极高的熔点、沸点和硬度。

　　共价键构成的固体材料化学稳定性好,几乎不溶于所有的溶剂。由于共价键的方向性和高的键能,使材料缺乏延展性,因此

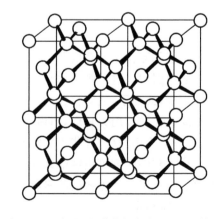

图 1-12　碳原子间共价键形成金刚石晶体

在强力作用下易碎、裂。由于共价键的饱和性,价电子被束缚在原子间的键中,在电场作用下不能自由移动,因此这类材料的电导率非常小,是良好的绝缘材料。

在共价型化合物中,如果其电子对由成键的某一原子单方面提供而形成,则称为配位共价键,简称配位键,它一般都具有极性。

3. 金属键

在金属晶体中,金属原子具有少量易移动的价电子,当许多金属原子堆积形成固体时,价电子会脱离单一原子而被所有离子共享,成为自由电子。价电子离开原位置而形成电子气或电子云,渗入离子间的空间。电子气负电荷与金属离子间的吸引大于将价电子移离单一原子的能量,因而形成金属键。

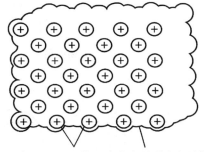

正金属离子核　　自由电子形成电子气

金属键中由于电子是集体共享,因此无方向性。金属离子趋于尽量靠近,形成密堆积晶体结构,具有比共价键高的配位数。金属键的无方向性,使其在外力作用下,金属离子能产生相互运动,出现一定的缺陷,如断层。因而,金属具有延展性。气体分子中没有金属键。

由于电子气中的自由价电子易于对外电场产生响应沿电场力方向移动而形成电流,因此金属具有高电导率。

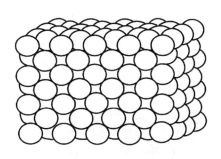

图 1 - 13　金属键

如果沿着金属棒存在温度梯度,由于自由电子与金属离子的碰撞,将能量从高温区域向低温区域传输。故金属也具有良好的导热性。

4. 离子键

离子键往往由金属-非金属元素构成。原子间的相互作用产生电子转移,形成正负离子,正负离子间库仑力的相互作用而形成离子键。图 1 - 14 以 NaCl 中离子键的形成为例说明了离子键的形成过程。

离子键存在于气体分子中,也存在于结晶体中。如 NaCl 蒸气的分子和结晶体,前者称为"离子型分子",后者称为"离子型结晶"。

当许多电离的 Na 和 Cl 原子在一起时,库仑力使 Na^+、Cl^- 离子相互结合成固体,图 1 - 15 所示。由于围绕电荷的库仑力是无方向性的,故离子键没有方向性。

离子可同时与几个相反电荷的离子作用,并在空间三维方向延伸形成离子型晶体,所以离子键没有饱和性。

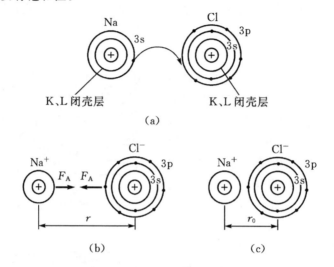

图 1－14　NaCl 中离子键的形成

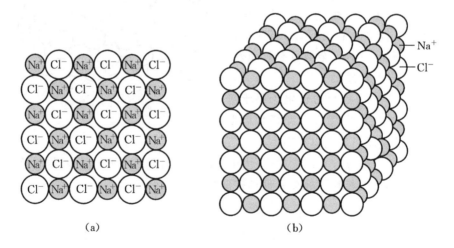

图 1－15　NaCl 晶体结构示意图
(a)NaCl 固体的截面;(b)NaCl 固体

在离子形成过程中,当系统势能达到最小时,离子处于平衡状态,形成的固体物质化学性能稳定。以图 1－16 中 NaCl 固体系统为例,在 Na^+ 和 Cl^- 离子分离时,其电离能约为 1.5 eV;两个离子在库仑力的作用下相互靠近达到平衡位置时,系统的最小势能约为 -6.3 eV。因此将 NaCl 固体分离成 Na 和 Cl 原子所需的能量应为 $6.3/2=3.15$ eV/每个原子。

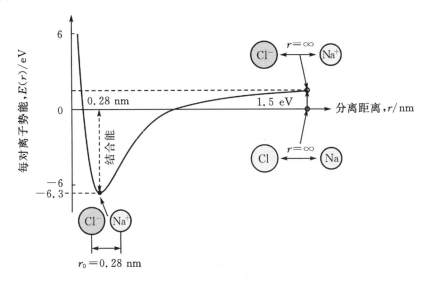

图 1-16　NaCl 固体中离子对的势能示意图

　　许多由金属－非金属组成的固体具有离子键,被称为离子晶体,如 LiF,MgO,ZnS 等。它们具有许多共同的物理性质。例如,强度高、易碎、熔点高(与金属相比);易溶于极性液体(如水)中,形成导电离子;由于所有电子被严格束缚在离子上,没有如金属中的自由电子环绕在晶体中,因此离子型固体介质是典型的绝缘体;与金属和共价键固体相比,离子键固体具有更低的热导率。

5. 次级键——分子间力(范德华力)

　　分子型物质无论是气态、液态或固态,都是由许多分子组成的。如惰性元素氩Ar,在低于 -189 ℃成为固相;水分子是电中性的,但水分子间相互吸引而形成液态(低于 100 ℃)及固态(低于 0 ℃)。在这些原子、分子间存在一种较弱的吸引力,叫做范德华力,是由于一个原子中电子分布状态与其他原子核间的静电吸引所至。分子间力比分子内原子间的作用力(共价键、离子键、金属键)要小 1～2 个数量级。

　　分子间力包括取向力、诱导力、色散力。

　　在有些分子中,虽然正负电荷相等,但中心不重合,形成固有电偶极子。我们说这种分子具有极性,称为极性分子。当两个极性分子靠近时,分子偶极子间会出现相互吸引(头尾)或相互排斥(头头、尾尾)力的作用,并产生相对转动,形成异极相对,同极远离,如图 1-17 所示。极性分子间相互吸引形成范德华键,使系统的能量小于分离偶极子之和。这种由极性分子取向使分子相互吸引的力叫做取向力。

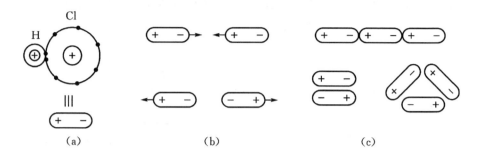

图 1-17　极性分子间的相互作用

(a)分子极化形成电偶极子;(b)偶极子间相互吸引或排斥;(c)偶极子相互吸引定向形成次级键

当氢原子与非金属性强的原子,如氧以共价键结合成 H_2O 时,由于氧对电子的吸引能力较氢大得多,所以其共用电子对就强烈地偏向 O 原子,而使 H 原子的核几乎"裸露"出来,从而使水分子表现为强极性分子,存在偶极矩 1.84 D。

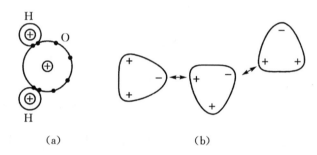

图 1-18　H_2O 分子间的作用力(氢键)

这样带正电荷的核就能和另一个水分子中氧原子的孤对电子相互吸引而在分子间形成次级键,称为氢键,如图 1-18 所示。在冰中,水分子受氢键的吸引,形成规则的晶体结构。

范德华力也会在极性分子和非极性分子间存在。当极性分子接近非极性分子时,极性分子的偶极矩电场使非极性分子发生极化,从而产生正、负电荷中心的不相重合。由于外来的影响而产生的偶极子叫诱导偶极子,由诱导偶极子产生的作用力称为诱导力。

在中性原子和非极性分子之间也存在着相互吸引力。非极性分子中的原子核和电子都在不断地运动,不断地改变其相对位置。在某一瞬间,分子的正、负电荷中心可能发生瞬间的不重合,产生瞬间偶极子。如果与相邻分子产生的瞬间偶极子间,相互取向产生吸引力,如图 1-19 所示,这种吸引力称为色散力。在非极性分子间的作用中,最主要的是色散力。通常分子量越大,色散力越大,熔点和沸点相应增高。在聚合物中,范德华力促成了碳链间的结合。

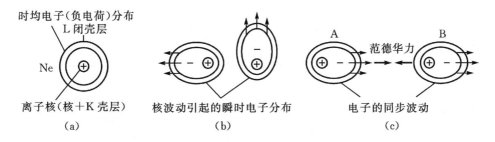

图 1-19　感应偶极子间的相互作用

(a)中性 He 原子;(b)原子运动形成瞬时偶极子;(c)瞬时偶极子间相互作用形成分子间力

6. 混合键

在许多固体中,原子间的键合并非只有一种类型,而是存在混合键的作用,如单晶硅中原子间形成共价键。两个不同原子间形成的共价键具有离子特征,称为极性共价键,如 GaAs。陶瓷材料由金属和非金属元素组成,其中含有共价键、离子键,或二者的混合,如 Si_3N_4(共价键)、MgO(离子键)、Al_2O_3(混合键)。它们的特点是易碎、高熔点、电绝缘体。

生命系统中复杂的生物大分子,如蛋白质、核酸等也存在混合键的作用,通常具有很大的电偶极矩以及极性高分子的多重转变的典型性能,从而使之承担生命系统中的信息传递、物质输运、能量代谢、免疫等多种功能。

各种类型键构成物质的性质比较见表 1-6。

表 1-6　各种类型键构成物质的性质比较

键型	典型固体	键能 eV/atom	熔点 /℃	弹性系数 /GPa	密度 /(g·cm⁻³)	主要性质
离子键	NaCl	3.2	801	40	2.17	一般为电绝缘体,在高温下可导电,热导率低于金属,弹性系数高,坚硬、易碎、可劈开
	MgO	10	2852	250	3.58	
金属键	Cu	3.1	1083	120	8.96	导电体,良好的导热性,弹性系数高,有延展性,可成型
	Mg	1.1	650	44	1.74	
共价键	Si	4	1410	190	2.33	良好的电绝缘体,导热性适中,弹性系数大,坚硬、易碎,金刚石是最硬材料
	C金刚石	7.4	3550	827	3.52	

键型	典型固体	键能 eV/atom	熔点 /℃	弹性系数 /GPa	密度 /(g·cm⁻³)	主要性质
分子间力	PVC（范德华）	—	212	4	1.3	电绝缘体,导热性差,热膨胀系数大,弹性系数低,有一定延展性
	H₂O 冰（氢键）	0.52	0	9.1	0.917	
	Ar 晶体（偶极子）	0.09	−189	8	1.8	

1.3.3　分子速率和能量分布

物质是由大量的分子和原子所组成的,而物质中的分子及原子均处在不断运动之中。所谓热运动,就是指在由分子(原子)构成的物质系统中,分子(原子)的无规则运动。物质的热性质与物质的分子运动有着不可分割的联系。下面将从统计力学的角度,应用微观粒子运动的力学定律和统计方法来分析分子的运动规律。

1. 分子速率分布——麦克斯韦分布

以气体分子为例,在图 1-20 所示的封闭容器中气体分子做随机运动,根据分子动力学,可得到气体分子的均方速度和能量如下:

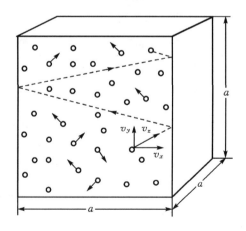

图 1-20　封闭容器中气体分子的随机运动

$$\overline{v^2} = \overline{v_x^2} + \overline{v_y^2} + \overline{v_z^2} = 3\,\overline{v_x^2} \tag{1-20}$$

$$E = \frac{1}{2}m(v_x^2 + v_y^2 + v_z^2) = \frac{3}{2}kT \tag{1-21}$$

式中,k 是玻尔兹曼(Boltzmann)常数,为 1.38×10^{-23} J/K。

　　在封闭容器中,由于存在分子与壁、分子与分子间的随机碰撞,因此使得分子不可能都具有相同的速度和能量。首先可通过图 1-21 实验来确定分子的速度分布。

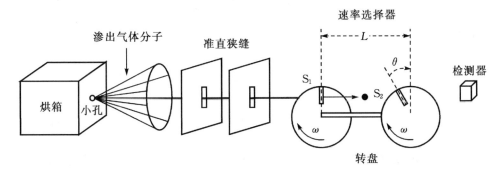

图 1-21　分子速率分布实验

　　物质在烘箱中受热蒸发,气体分子从小孔中涌出,穿过准直狭缝形成直射束,再穿过两个具有一定角度的转盘狭缝,就可测出分子的运动速率。由此可进一步得到一定速率范围 $v\sim(v+\Delta v)$ 内的分子数 ΔN。

　　如果定义在速率范围 $v\sim(v+dv)$ 内,单位速率的分子数 n_v 为速率分布函数,则有

$$dN = n_v dv$$

$$n_v = 4\pi N \left(\frac{m}{2\pi kT}\right)^{3/2} v^2 \exp\left(-\frac{mv^2}{2kT}\right) \qquad (1-22)$$

式中,N 为气体分子总数;m 为气体分子质量;T 为气体分子绝对温度;k 为玻尔兹曼常数。

　　此为麦克斯韦-玻尔兹曼速率分布函数,它描述了在热平衡中不考虑气体分子相互作用且所有碰撞为弹性碰撞时,粒子速率的统计分布——麦克斯韦分布。根据这一分布函数所确定的速率分布的统计规律叫做麦克斯韦速率分布率。

　　图 1-22 所示为氮气分子速率分布曲线,从中可见,速率很大

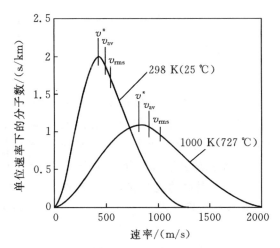

图 1-22　氮气分子速率的麦克斯韦分布

和很小的分子所占的比例都很小,具有中等速率的分子所占的比例却很大,与 n_v 极大值相对应的速率 v^* 称为最可几速率:

$$v^* = \sqrt{\frac{2kT}{m}} \tag{1-23}$$

进而可得平均速率:

$$v_{av} = \sqrt{\frac{8kT}{\pi m}} \tag{1-24}$$

均方根速率

$$v_{rms} = \sqrt{\frac{3kT}{m}} \tag{1-25}$$

从上可见,分子运动速率 v^*、v_{av}、v_{rms} 均与 $\sqrt{T}$ 成正比,而与 $\sqrt{m}$ 成反比。

2. 分子能量分布——玻尔兹曼分布

气体分子的平动动能为 $E = \frac{1}{2}mv^2$,因此对质量 m 一定的某种气体,具有一定的速率 v 分布,所以与之相应也必然有分子按平动动能分布。分子按能量分布的统计规律称为玻尔兹曼分布。

假设单位体积单位能量的分子数 n_E,则在能量范围 $E\sim(E+dE)$ 内的分子数 $n_E dE$,亦是在速率范围 $v\sim(v+dv)$ 内的分子数,故有

$$n_E dE = n_v dv$$

$$n_E = \frac{2}{\sqrt{\pi}} N \left(\frac{1}{kT}\right)^{3/2} E^{1/2} \exp\left(-\frac{E}{kT}\right) \tag{1-26}$$

此为平衡系统中的分子能量分布,即玻尔兹曼能量分布。式中 $\exp\left(-\frac{E}{kT}\right)$ 称为玻尔兹曼因子。

式(1-26)虽然是根据麦克斯韦分布,由气体分子平动动能导出的,但事实上,玻尔兹曼分布是一个普遍的规律,它不仅适合于气体分子,也适合晶体中原子振动动能分布,以及各种系统和各种能量形式。

图 1-23 中阴影部分表示能量大于 E_A 的分子数。当能量一定时,发现一个分子的几率正比于玻尔兹曼因

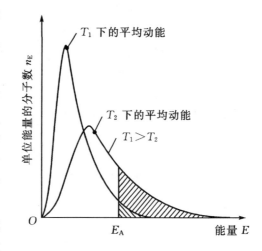

图 1-23　气体分子的能量分布

子,能量越高,找到粒子处于这一能态的几率就越低。

3. 费米-狄拉克(Fermi - Dirac)统计分布

在玻尔兹曼分布的经典统计中,认为粒子的位置和速度都是可以精确决定的,故所有粒子都是可以相互区别的,同时进入一个能量状态的粒子数也是没有限制的。由于没有考虑粒子的量子效应,因此对某些问题的处理(如固体的比热与温度的关系,金属导电性等)就出现了理论结果与实验事实不符的情况。为此人们考虑了粒子的量子效应,在量子力学的基础上建立量子统计学。认为微观粒子所具有的能量是分立的(量子化);电子是相同粒子,不能相互区别,电子遵守泡利(Pauli)不相容原理。在此基础上,费米-狄拉克导出了电子按能量分布的统计规律:

$$f(E) = \frac{1}{1 + \exp(\frac{E - E_F}{kT})} \qquad (1-27)$$

式中,E_F 为费米能级,对一定的系统来说是一个和总电子数有关的常量。$f(E)$ 称为费米分布函数,表示一个电子占据能量为 E 的能级的几率。

在图 1-24 中,当 $T=0$ 时:$E>E_F$,$f(E)=0$,则完全没有电子填充;$E<E_F$,$f(E)=1$,则全部被电子填满。

当 $T>0$ 时:$E=E_F$,$f(E)=1/2$,费米能级被电子占据的几率是 $1/2$;$E<E_F$,$f(E)>1/2$,当 $E_F-E \gg kT$ 时,$f(E) \approx 1$,$E>E_F$,$f(E)<1/2$,当 $E_F-E \ll kT$ 时

$$f(E) \approx \exp(E_F/kT)\exp(-E/kT) \qquad (1-28)$$

即转为坡尔兹曼分布。

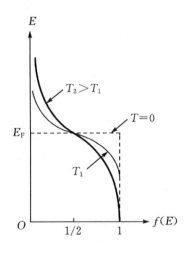

图 1-24 费米-狄拉克分布

1.4 电介质理论的物理基础

1.4.1 量子力学概论

量子力学是反映微观粒子(分子、原子、原子核、电子等粒子)运动规律的理论,20 世纪 20 年代在总结大量实验事实和旧量子论的基础上建立起来的,是现代物理学的基础。物理学上最重要的发现之一是自然界的波粒二象性。

1. 经典物理学的发展与面临的问题

19 世纪末期的经典物理学，一般的物理现象都可以从相应的理论中得到说明。例如，物体的机械运动（速度远低于光速），遵循牛顿（Newton）力学规律；热现象理论，具有完整的热力学以及波耳兹曼、吉布斯（Gibbs）的统计物理学；电磁现象的规律，适用麦克斯韦方程；光现象，光的波动理论——归结到麦克斯韦方程。

因此，许多人认为：物理现象的基本规律已完全被认识，剩下的工作只是把这些基本规律应用到各种具体问题上，进行一些计算而已。

就在物理学的经典理论取得重大成就的同时，人们又发现了一些新的物理现象：黑体辐射、光电效应、原子光谱、固体在低温下的比热等。这些现象用经典物理理论无法解释，使得经典物理学面临着新的难题。

1）黑体辐射问题——普朗克公式

冶金工业中的高温测量技术及天文学的需要推动了人们对热辐射的研究。科学家已认识到热辐射与光辐射都是电磁波，并研究辐射能量在不同频率范围中的分布问题。

辐射是指所有物体都发出的热辐射，为一定波长范围内的电磁波；黑体是指一个能全部吸收投射在它上面的辐射而无反射的物体。黑体辐射问题就是研究辐射与周围物体处于平衡状态时的能量按频率（或波长）的分布。

图 1-25 所示为黑体辐射空腔实验示意图。在一空腔上钻一小孔，对空腔进行加热，小孔作为黑体就会向外产生辐射。当温度较低时为长波长辐射，小孔呈黑色；随着温度的升高对外产生红外辐射，小孔变为红色；再继续升温，小孔将由红变白再变蓝。在完全黑体与热辐射达到平衡时，可得到辐射能量密度 I_λ（或 E_ν）随波长 λ（或频率 ν）的变化曲线，如图 1-26 所示。图中曲线的形状和位置只与黑体的绝对温度有关，而与空腔的形状及组成的物质无关。

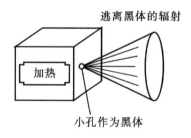

逃离黑体的辐射

加热

小孔作为黑体

图 1-25　黑体辐射示意图

1896 年，维恩（Wien）从热力学出发，采用一些特殊假设，通过分析实验数据得出经验公式：

$$E_\nu \mathrm{d}\nu = C_1 \nu^3 \mathrm{e}^{-C_2 \nu/T} \mathrm{d}\nu$$

式中，C_1、C_2 为经验参数；T 为平衡时的温度。该经验公式在高频（低 λ）段与实验数据符合，但低频段不重合。

1900 年，瑞利和金斯（Rayleigh & Jeans）利用经典电磁理论结合统计物理，推导出公式

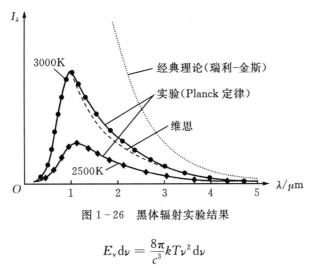

图 1 - 26　黑体辐射实验结果

$$E_\nu \mathrm{d}\nu = \frac{8\pi}{c^3}kT\nu^2\,\mathrm{d}\nu$$

其中,c 为光速;$k = 1.38 \times 10^{-23}$ J/K,为玻尔兹曼常数。结果是在低频段与实验数据符合;在高频段,E_ν 发散,被称为"紫外灾难"。

　　1900 年,普朗克(Planck)在前面两公式的基础上,利用内插法导出了一个普遍公式,即所谓的黑体辐射定律:

$$E_\nu \mathrm{d}\nu = \frac{8\pi h\nu^3}{c^3} \times \frac{\mathrm{d}\nu}{\mathrm{e}^{h\nu/(kT)} - 1} \tag{1 - 29}$$

该公式与实验数据符合得非常好,预示蕴藏着一个非常重要但是尚未被人们揭示出的科学原理。

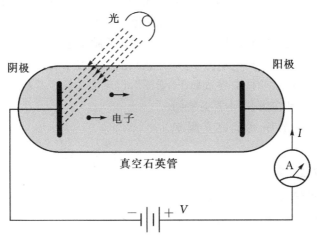

图 1 - 27　光电效应示意图

普朗克作了一个简单假设:黑体由许多振子组成,振子的能量不可以连续变化,只能按 $E=h\nu$ 一份一份地进行吸收或辐射,每个振子的能量为 E 的整数倍。通过这一量子假说,使实验结果得到了很好的解释。1900 年 12 月 14 日,普朗克在柏林的德国物理学会上报告了这一研究成果,他提出的公式受到普遍欢迎,而量子假说却受到冷遇,但这一天被认为是"量子理论的诞生日"。

2)光电效应

1888 年,H·赫兹(Hertz)发现当用紫外光照射到金属上时可产生光电流——光电效应,但对其作用机制不清楚。1896 年,汤姆逊(Thomson)在气体放电现象及阴极射线的研究中发现了电子。由此可知,光电效应是由于紫外线照射到金属上,有电子从金属表面逸出的现象,这种电子被称为光电子,如图 1-27 所示。

进一步的研究发现,光电效应表现出如下规律:对于一定的金属材料存在一个临界频率 ν_0,当光的频率小于 ν_0 时不产生光电子;每个光电子的能量只与光照频率 ν 有关,而与光强度无关,光强度只影响光电子的数目;当入射光频率 $\nu>\nu_0$ 时,几乎立刻($\sim10^{-9}$ s)就能观测到光电子,发射出的电子动能与光的频率有线性关系,这与经典理论计算结果不一致。这些规律用经典理论无法解释,因为按照光的电磁理论,光的能量只决定于光的强度,而与光的频率无关。

在原子的线状光谱研究方面,1885 年巴耳末(Balmer)发现,氢原子可见光谱线的波数(波长的倒数)具有下列规律:$1/\lambda=R(1/2^2-1/n^2)$,$n=3,4,5,\cdots$,$R=1.0973731568525(73)\times10^7$ m^{-1} 称为里德伯(Rydberg)常数。但原子的线状光谱产生的机理是什么? 谱线的波数为何有如此简单的规律性?

另一方面,电子与放射性的发现揭示出原子不再是物质组成的永恒不变的最小单位。1911 年卢瑟福实验用 α 粒子打击原子,研究散射出去 α 粒子的角分布,提出原子正电荷集中在小区域(10^{-12} cm)内,原子质量主要集中在正电荷部分,即原子有核模型。根据经典电动力学,加速运动的带电粒子将发生辐射而丧失能量,因此电子会"掉到"原子核中导致原子"崩溃",但现实中原子是稳定地存在。

量子理论就是在解决科学实验同经典物理学的矛盾中逐步建立起来的。

2.光的波粒二象性

早在 17 世纪后半期,为了解释由光引起的物理现象,出现了两种主要观点。牛顿认为光由微粒组成且沿直线传播,发展了光的粒子说;而惠更斯

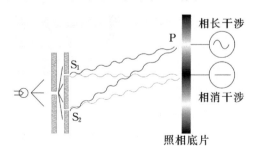

图 1-28　杨氏双缝干涉实验

(Huygens)则认为光具有波动性,可交叉,创立了光的波动理论。直到 19 世纪 20 年代经过菲涅耳(Fresnel)、杨(Young)等人的光的干涉(见图 1-28)和衍射(见图 1-29)实验证实之后,波动说才为人们普遍承认;19 世纪下半叶,麦克斯韦、赫兹等人的研究,把光看做电磁波,又从理论上充分肯定了光的波动性。

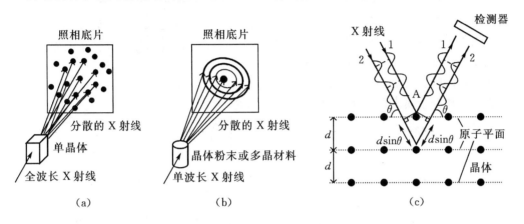

图 1-29　单晶和多晶材料中的 X 衍射

　　但是黑体辐射和光电效应等现象却揭示出把光看成波动性的局限性,人们又重新认识到光的粒子性一面。

　　普朗克假设:对于一定频率 ν 的电磁辐射,物体(黑体)只能以 $h\nu$ 为能量单位吸收或发射,而不是像经典理论所要求的那样可以连续地发射和吸收辐射能量。h 称为普朗克常数($h=6.6260693(11)\times10^{-34}$ J·s),$h\nu$ 称为能量子。

　　量子现象是一种自然现象,其特征要用一个普适常数 h 来表征。这种吸收和发射电磁波能量的不连续性概念,在经典物理学中是无法理解的。尽管普朗克的假设可以很好地解释其公式,却未能引起很多人地注意。但是普朗克的理论开始突破了经典物理学在微观领域内的束缚,打开了认识光的微粒性的途径。

　　首先注意到量子假设有可能解决经典物理学所碰到的其他困难的是爱因斯坦(Einstein)。1905 年他用普朗克的量子假设去解决光电效应问题,进一步提出了光量子概念。

　　爱因斯坦光量子论:认为电磁辐射不仅在被发射和吸收时以能量为 $h\nu$ 的微粒形式出现,而且还以这种形式以光速 c 在空间运动。这种粒子称为光量子或光子。每个光量子的能量为

$$E=h\nu \tag{1-30}$$

动量为

$$P=E/c=h/\lambda \tag{1-31}$$

其中,c 为光速;λ 为辐射场的波长。

能量 E 和动量 P 描述光的粒子性,而 ν 和 λ 描述光的波动性,故以上二式称为普朗克-爱因斯坦关系式。

通过图 1-30 所示可对光电效应作如下解释:当光射到金属表面时,一个光子的能量被一个电子吸收。电子把吸收的能量一部分用于克服金属表面对它的吸引(逸出功 φ),另一部分变成电子离开金属表面束缚后的动能 $KE = \frac{1}{2}mv^2$,即有

$$\frac{1}{2}mv^2 = h\nu - \varphi \qquad (1-32)$$

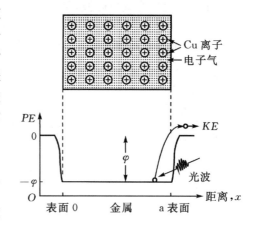

图 1-30　金属中电子的光电效应

式(1-32)即为爱因斯坦光电效应方程。从中可见,当 $\nu < \nu_0 = \frac{\varphi}{h}$(临界频率)时,电子不能脱出金属表面,没有光电子产生。

普朗克-爱因斯坦的光量子论并非牛顿微粒说的简单复归,而是认识上的一大飞跃,它阐明了光是粒子性与波动性的统一体。例如:在干涉和衍射实验条件下,光表现出像"波";而在原子吸收或发射光的情况下,光表现出像"粒子"。

1921 年爱因斯坦的光电效应理论获诺贝尔物理学奖;随后,康普顿(Compton)通过散射实验证实了光的粒子性,如图 1-31 所示,并由此获得 1923 年的诺贝尔物理学奖。

3. 物质的波粒二象性——德布罗意(de Broglie)波

1913 年,玻尔将量子概念运用到原子结构问题上,引出了玻尔的量子论,提出了原子具有能量不连续的定态概念和量子跃迁概念。也就是说,原子的稳定状态只可能是一些具有一定分立值能量的状态;在一定条件下,电子从一个能级 E_n 跃迁到另一个较低(或较高)能级 E_m 时,将发射(或吸收)一个光子,频率 ν_{mn} 满足条件

$$\nu_{mn} = \frac{E_n - E_m}{h} \qquad (1-33)$$

量子跃迁概念深刻地反映了微观粒子运动的特征。玻尔的量子论成功地说明了氢原子光谱的规律,但对于复杂的原子光谱却未能很好解释,其主要问题是把微观粒子看做经典力学中的质点,从而把经典力学的规律用在微观粒子上。直到1924 年德布罗意揭示出微观粒子具有根本不同于宏观质点的性质——波粒二象

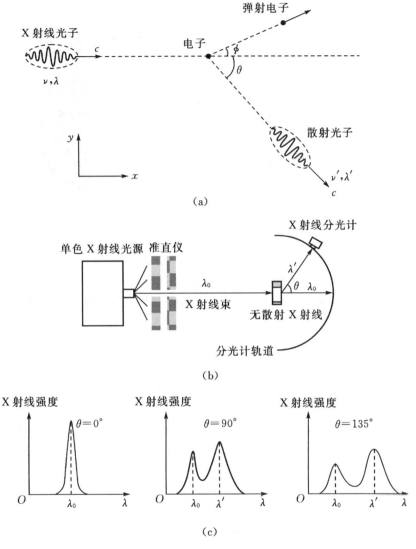

图 1-31　康普顿实验

(a)康普顿实验原理；(b)康普顿实验示意图；(c)康普顿实验结果

性后,一个较完整的描述微观粒子运动规律的理论——量子力学才逐步建立起来 (1923—1927 年),并形成了以海森堡(Heisenberg)的矩阵力学和薛定谔(Schrodinger)的波动力学为代表的量子力学两个主要学派。

人们发现如果将图 1-28 和图 1-29 中的光与 X 射线用电子束代替,也能获得类似的明暗相间的干涉和衍射图案,如图 1-32 所示。

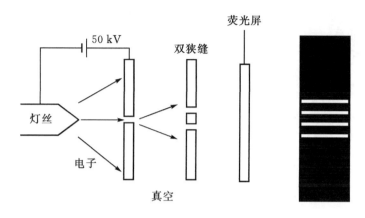

图 1-32　杨氏双缝电子干涉实验原理

　　1924 年德布罗意在光的波粒二象性的启示下,提出了微观粒子也具有波动性的假说,建立了描述物质微粒的粒子性的物理量(E、P)和波动性的物理量(ν、λ)之间的联系,并用德布罗意公式(或关系式)将粒子和波的关系联系起来,每个粒子的能量为

$$E = h\nu = \hbar\omega \tag{1-34}$$

动量为

$$\boldsymbol{P} = h/(\lambda\boldsymbol{n}) = \hbar\boldsymbol{k} \tag{1-35}$$

式中,$\boldsymbol{k}$ 为波矢;$\hbar$ 称为狄拉克。

　　自由粒子的能量和动量都是常量,所以由德布罗意关系可知,与自由粒子联系的波,其频率和波长都不变,即它是一个平面波。对于沿 x 方向传播的平面波可用下面的式子表示:

$$\psi = A\cos\left[2\pi\left(\frac{x}{\lambda} - \nu t\right)\right] \tag{1-36}$$

如果波沿单位矢量 $\boldsymbol{n}$ 的方向传播,则为

$$\psi = A\cos\left[2\pi\left(\frac{\boldsymbol{rn}}{\lambda} - \nu t\right)\right] = A\cos(\boldsymbol{k} \cdot \boldsymbol{r} - \omega t) \tag{1-37}$$

则复数形式为

$$\psi = A e^{i(\boldsymbol{k} \cdot \boldsymbol{r} - \omega t)} \tag{1-38}$$

　　由此可得描写自由粒子的平面波波函数为

$$\psi = A e^{\frac{i}{\hbar}(\boldsymbol{P} \cdot \boldsymbol{r} - Et)} \tag{1-39}$$

式(1-39)也称为德布罗意波。

　　1927 年戴维森(Davisson)和革末(Germer)的电子衍射实验,验证了德布罗意

波的存在。

德布罗意波的波长可做下例计算:当粒子速度远小于光速时,有 $E = \dfrac{P^2}{2m}$,则德布罗意波波长为

$$\lambda = \frac{h}{P} = \frac{h}{\sqrt{2mE}}$$

如一个电子被 U 伏电势加速,获得能量为 $E = eU$,有

$$\lambda = \frac{h}{\sqrt{2mE}} = \frac{12.25}{\sqrt{U}} \text{Å}$$

当 $U = 150\text{V}$ 时,$\lambda = 1\ \text{Å}$;当 $U = 10\ \text{kV}$ 时,$\lambda = 0.122\ \text{Å}$。

可见 λ 在数量级上相当于(或略小于)晶体中的原子间距,故电子的波动性长期未被发现。

4. 波函数和薛定谔方程

从波动学来说,光的强度与波振幅的平方(A^2)成正比,强度最大处即为光的振幅有最大值;而从微粒说来看,光的强度最大处即为入射到该处的光子数目最多处,即光的强度与光子数目成正比。因此,空间每处的光子数与该处光波的振幅平方成正比。

电子等微观粒子的粒子性和波动性之间也存在上述联系,即粒子分布多的地方,德布罗意波强度大;而粒子在空间某处的数目和粒子在该处出现的几率成正比,因此在某一时刻,粒子出现在某体积单元 dV 中的几率 dW 与 $A^2 dV$ 成正比。

式(1-39)的共轭复数:

$$\psi^* = Ae^{-\frac{i}{h}(P \cdot r - Et)} \tag{1-40}$$

于是有 $\psi \cdot \psi^* = A^2$

所以

$$dW = \psi \cdot \psi^* dV = |\psi|^2 dV \tag{1-41}$$

空间某处物质波的强度(振幅的平方)代表了能在该处找到这一粒子的几率密度:

$$dw = dW/dV = \psi \cdot \psi^* = |\psi|^2 = A^2 \tag{1-42}$$

式(1-42)表明,在任何给定情况下,运动的粒子都有一波函数与它相联系,该波函数在空间某处的振幅的平方与粒子在该处出现的几率成正比——波函数的统计意义。因此,德布罗意波亦称为几率波,波函数描述了体系的量子状态。

对于自由粒子,由式(1-39)可将波函数表示为

$$\psi = Ae^{\frac{i}{h}(P \cdot r - Et)} = Ae^{\frac{i}{h}(P_x x + P_y y + P_z z - Et)} \tag{1-43}$$

对时间求偏微分

$$\frac{\partial \psi}{\partial t} = -\frac{i}{\hbar} E \psi = -\frac{i}{\hbar} \frac{P^2}{2m} \psi \qquad (1-44)$$

式中，$E = \frac{1}{2}mv^2 + E_p$，$P = mv$，对自由粒子有 $E_p = 0$。式(1-43)对坐标二次偏微分

$$\begin{cases} \dfrac{\partial^2 \psi}{\partial x^2} = -\dfrac{P_x^2}{\hbar^2} \psi \\[2mm] \dfrac{\partial^2 \psi}{\partial y^2} = -\dfrac{P_y^2}{\hbar^2} \psi \\[2mm] \dfrac{\partial^2 \psi}{\partial z^2} = -\dfrac{P_z^2}{\hbar^2} \psi \end{cases}$$

于是有

$$\mathbf{\nabla}^2 \psi = -\frac{P^2}{\hbar^2} \psi \qquad (1-45)$$

由式(1-44)和式(1-45)，得到自由粒子波函数所满足的微分方程：

$$i\hbar \frac{\partial \psi}{\partial t} = -\frac{\hbar^2}{2m} \mathbf{\nabla}^2 \psi \qquad (1-46)$$

当粒子在势场 E_p 中时，粒子的能量与动量满足关系

$$E = \frac{P^2}{2m} + E_p$$

两边乘波函数 ψ 并对时间偏微分：

$$\frac{\partial \psi}{\partial t} = -\frac{i}{\hbar}(\frac{P^2}{2m} + E_p)\psi$$

可得到描述势场 E_P 中粒子状态随时间变化规律的方程——薛定谔方程：

$$i\hbar \frac{\partial \psi}{\partial t} = \left[-\frac{\hbar^2}{2m} \mathbf{\nabla}^2 + E_p\right]\psi \qquad (1-47)$$

式中，$\mathbf{\nabla}^2 \equiv \frac{\partial^2}{\partial x^2} + \frac{\partial^2}{\partial y^2} + \frac{\partial^2}{\partial z^2}$。若 $\psi(\mathbf{r}, t) = \varphi(\mathbf{r}) \cdot f(t) = \varphi(\mathbf{r}) e^{-\frac{E}{\hbar}t}$，代入式(1-47) 得薛定谔定态方程：

$$-\frac{\hbar^2}{2m} \mathbf{\nabla}^2 \varphi = (E - E_p)\varphi \qquad (1-48)$$

为了便于以后的讨论，在这里引入哈密顿(Hamilton)算符 $\hat{H} = -\frac{\hbar^2}{2m} \mathbf{\nabla}^2 + E_p$，式(1-48)可表示为本征值方程：

$$\hat{H}\varphi = E\varphi \qquad (1-49)$$

式中，E 为 $\hat{H}$ 的本征值；φ 为 $\hat{H}$ 的本征函数。这也是薛定谔定态方程的算符表示式。

讨论定态问题就是求出体系可能有的定态波函数 $\psi(r,t)$ ，以及在这些态中的能量。若以 E_n 表示体系能量算符的第 n 个本征值， φ_n 是与 E_n 相应的波函数，则体系的第 n 个定态函数是

$$\psi_n(r,t) = \varphi_n(r)\mathrm{e}^{-\frac{iE_n}{\hbar}t} \tag{1-50}$$

微观粒子的物质波波函数必须要满足薛定谔方程，同时，在变量变化的全部区域内还需满足三个标准条件，即有限性、连续性和单值性。

有限性是指在整个空间找到粒子的几率恒等于 1：

$$\iiint_{-\infty}^{+\infty} \psi^* \cdot \psi \mathrm{d}V = 1 \tag{1-51}$$

连续性表示 ψ 为有限连续、其一阶导数也连续的函数。其几率流密度 $\boldsymbol{J} \equiv \dfrac{i\hbar}{2m}(\psi\boldsymbol{\nabla}\psi^* - \psi^*\boldsymbol{\nabla}\psi)$ 与几率密度 $w = \psi*\psi$ 满足连续性方程

$$\frac{\partial w}{\partial t} + \boldsymbol{\nabla}\boldsymbol{J} = 0 \tag{1-52}$$

单值性表明，在一定时刻，空间各处找到粒子的几率应有一定的数值， ψ 必须是时空坐标 (x,y,z,t) 的单值函数。

5. 薛定谔方程的简单应用——定态问题的解

1）一维势阱问题

设有一粒子处于势能为 E_p 的势力场中，沿 x 方向作一维运动，势能 E_p 满足下列边界条件：

$$E_\mathrm{p} = \begin{cases} 0, & 0 < x < a \\ \infty, & x \leqslant 0, \ x \geqslant a \end{cases} \tag{1-53}$$

由此可得到图 1-33 所示势能曲线，这样的势能曲线称为势阱，势阱的宽度为 a 。因为粒子只限于 x 方向运动，且势阱的深度为无穷大，故又称为一维无限深势阱。

在势阱内， $E_\mathrm{p}=0$ ，解薛定谔定态方程

$$-\frac{\hbar^2}{2m} \cdot \frac{\mathrm{d}^2\varphi}{\mathrm{d}x^2} = E\varphi \tag{1-54}$$

可得到势阱中粒子的可能能量值为

$$E_n = n^2 \frac{\hbar^2\pi^2}{2ma^2} \tag{1-55}$$

式中 $n=1,2,\cdots$ 称为量子数，此为能量量子化条件。由能级图可见，能量已量子化，只能取不连续的分立值，相邻能级差为

$$\Delta E = E_{n+1} - E_n = (2n+1)\frac{\hbar^2\pi^2}{2ma^2} \tag{1-56}$$

同时可得归一化波函数

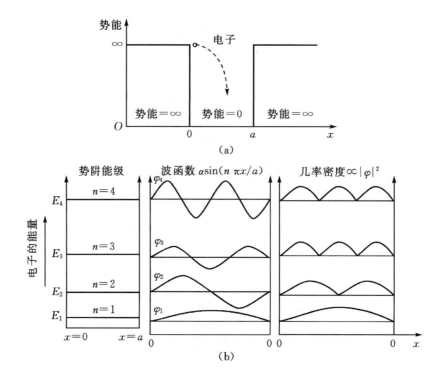

图 1-33　一维无限深势阱中电子的能量分布

(a)一维无限深势阱；(b)势阱能级、波函数和几率密度

$$\varphi(x) = \sqrt{\frac{2}{a}} \sin \frac{n\pi}{a} x \tag{1-57}$$

及粒子出现的几率

$$\varphi \cdot \varphi^* = \frac{2}{a} \sin^2 \frac{n\pi}{a} x \tag{1-58}$$

当 $|x| \geqslant a$ 时，$\varphi(x) = 0$，无粒子出现。

　　从图 1-33 势阱能级图中可看出，粒子在最低能级（基态）状态具有的能量 $E_1 = \frac{h^2\pi^2}{2ma^2} \neq 0$，即使处于最低能级时，它的能量也不等于零。由于 $E_n \propto n^2$，能级分布不均匀，能级越高，密度越小，$n \to \infty$，$\Delta E_n/E_n \to 0$，因此能级可视为连续。同时，除端点外，基波无节点，第 k 激发波有 k 个节点。

　　上述结果表明，在一维无限深势阱中，粒子的能量不是连续分布的，而是分布在不同的分立能级上。

　　当粒子处于有限深的势阱中时，有边界条件

$$E_p = \begin{cases} 0, & 0 < x < a \\ E_0, & x \leqslant 0, \quad x \geqslant a \end{cases} \tag{1-59}$$

在 $x \geqslant a$ 范围的薛定谔定态方程为

$$\frac{\mathrm{d}^2 \varphi}{\mathrm{d}x^2} + \frac{2m}{\hbar^2}(E - E_0)\varphi = 0 \tag{1-60}$$

$E < E_0$ 为束缚态的情况,令 $\gamma = \sqrt{\frac{2m}{\hbar^2}(E_0 - E)} > 0$,则有

$$\frac{\mathrm{d}^2 \varphi}{\mathrm{d}x^2} - \gamma^2 \varphi = 0 \tag{1-61}$$

解得

$$\varphi = A e^{-\gamma(x-a)} \tag{1-62}$$

此为指数式变化,表明粒子在 $E < E_0$ 处亦有出现的几率。进而可得到粒子的渗透性

$$|\varphi|^2 = A^2 e^{-2\gamma(x-a)} \tag{1-63}$$

粒子透过势阱的几率是由于波函数在势阱的两壁上必须连续的条件产生的。

2)势垒贯穿——隧道效应

在金属表面的电子场致发射,薄层介质的击穿,都是电子的势垒贯穿效应,即对应一定高度和厚度的势垒贯穿作用。

假设粒子在如图 1-34 所示的力场中沿 x 方向运动,当它遇到有限高度的势垒作用时,会产生反射和透射。对于图 1-34 中所示的势垒,有边界条件:

$$E_p = \begin{cases} E_0, & 0 \leqslant x \leqslant a \\ 0, & x < 0, \quad x > a \end{cases} \tag{1-64}$$

从经典力学的观点来看,当 $E > E_0$ 时,粒子可跃过势垒;而当 $E < E_0$ 时,粒子则不能跃过势垒。我们将粒子运动的区域分为 I、II、III 三部分,分别求解各区域的一维场定态方程。

在 I、III 区域内,$E_p = 0$,薛定谔定态方程为

$$-\frac{\hbar^2}{2m} \cdot \frac{\partial^2 \varphi}{\partial x^2} = E\varphi \tag{1-65}$$

在 II 区域内,$E_p = E_0$,定态方程为

$$-\frac{\hbar^2}{2m} \cdot \frac{\partial^2 \varphi}{\partial x^2} = (E - E_0)\varphi \tag{1-66}$$

令,$\beta^2 = \frac{2mE}{\hbar^2}$,　$\gamma_1^2 = \frac{2m(E - E_0)}{\hbar^2}$,则有 I、III 区内

$$\frac{\partial^2 \varphi}{\partial x^2} + \beta^2 \varphi = 0 \tag{1-67}$$

Ⅱ区内

$$\frac{\partial^2 \varphi}{\partial x^2} + {\gamma_1}^2 \varphi = 0 \qquad (1-68)$$

解得

$$\begin{cases} \varphi_1 = A_1 \mathrm{e}^{\mathrm{i}\beta x} + B_1 \mathrm{e}^{-\mathrm{i}\beta x} \\ \varphi_2 = A_2 \mathrm{e}^{\mathrm{i}\gamma_1 x} + B_2 \mathrm{e}^{-\mathrm{i}\gamma_1 x} \\ \varphi_3 = A_3 \mathrm{e}^{\mathrm{i}\beta x} + B_3 \mathrm{e}^{-\mathrm{i}\beta x} \end{cases} \qquad (1-69)$$

第一项为入射波,第二项为反射波,A_1 为入射波振幅,B_1 为反射波振幅,A_3 为透射波振幅,$B_3 = 0$ 时无反射。

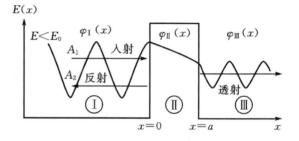

图 1-34　隧道效应示意图

对于具有能量 $E < E_0$ 的微观粒子,即使在势垒 Ⅱ 区域中,波函数也不等于零,因而粒子穿过势垒的几率也就不等于零。粒子可以由 Ⅰ 区穿过势垒 Ⅱ 区到达区域 Ⅲ 中,并且保持在区域 Ⅰ 时的能量不变。这种粒子在能量 E 小于势垒高度时仍能贯穿势垒的现象,称为隧道效应。

由式(1-69)可得粒子穿过势垒的透射系数

$$D = \left| \frac{A_3}{A_1} \right|^2 \qquad (1-70)$$

反射系数

$$R = \left| \frac{B_1}{A_1} \right|^2 = 1 - D \qquad (1-71)$$

表明一部分透过,一部分反射,无吸收。当 $E < E_0$ 时,则用 γ_1 代入得

$$D = D_0 \mathrm{e}^{-\frac{2}{\hbar} \sqrt{2m(E_0 - E)} a} \qquad (1-72)$$

D_0 为接近于 1 的常数。可见透射系数随势垒的加宽和加高而减小。表 1-7 给出了电子的透射系数随势垒宽度的变化,从中可见电子的透射系数随势垒宽度的增加而迅速减少。

表 1-7　电子的透射系数

$a/\text{Å}$	1.0	2.0	5.0	10.0
D	0.1	1.2×10^{-2}	1.7×10^{-5}	3.0×10^{-10}

当势垒不为方形,而是任意形状时,

$$D = D_0 e^{-\frac{2}{\hbar}\int_a^b \sqrt{2m[E_p(x)-E]}dx} \tag{1-73}$$

变化陡峭的势垒比变化缓慢的势垒能更有效地反射粒子，所以变化缓慢的势垒及质量小的粒子更易发生隧道效应。

隧道效应最成功的技术应用之一是扫描隧道显微镜(Scanning Tunneling Microscope，STM)，通过它可以获得清晰的固体表面图像。STM 的基本原理如图 1-35 所示，当探针远离固体材料且电子的能量低于势垒高度时，固体表面的电子波函数由于势垒的阻挡而按指数式衰减，见图 1-35(a)；当探针非常靠近材料表面时，材料表面的电子波函数会穿透势垒而进入探针，见图 1-35(b)，即材料中的电子可隧穿进入探针。在没有外加电场作用时，这种隧穿效应是双向等同的，故材料中的净电流为零。如果在探针与材料之间加以正向电场，使电子从材料向探针隧穿的势垒低于其从探针向材料隧穿的势垒，由此产生从探针流向材料的净电流，电流的大小敏感地依耐于探针与材料表面的距离，亦即势垒宽度。因此，隧道电流主要受最靠近探针原子的材料表面电子隧穿所支配，如果探针尖部为原子尺度，则用探针扫描材料表面并记录隧道电流，即可获得原子尺度分辨率的材料表面图像，见图 1-35(c)。探针沿表面的移动是通过压电传感器来实现其微小及平稳位移的控制的。

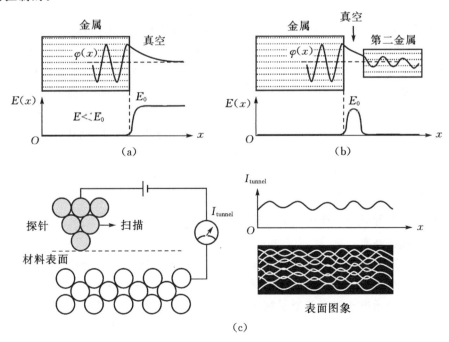

图 1-35 扫描隧道显微镜原理

1.4.2　固体能带理论

能带论是研究固体中电子运动的一个主要理论基础。它是在量子力学运动规律确立后,用量子力学研究金属电导理论的过程中发展起来的。该理论的一个主要贡献是成功的说明了固体为什么有导体、绝缘体或半导体的区别。

固体是由大量原子(离子或分子)按一定方式排列而成的。依照原子排列的规则程度,固体可分为晶体和非晶体。原子排列有序,具有严格的周期性或平移对称性的固体称为晶体。原子排列没有明确规则性的固体是非晶体。晶体中原子的周期性排列是晶体最基本的特点,是研究晶体各种物理性质的重要基础。能带论就是研究电子在周期性势场中的运动规律。

最早处理晶体中电子状态的理论是金属的自由电子论。1900 年德鲁德(Drude)等人为了解释金属的电导和热导性质,假设金属中价电子的运动是自由的,提出了自由电子论。随后洛伦兹(Lorentz,1904)与索末菲(Sommerfeld,1928)对该简化模型进行了改进和发展,对金属的一些重要性质给出了半定量的结果,但仍有很大的局限性,如:不能解释晶体为什么有结合力,以及晶体中的导体、半导体和绝缘体之分。

实际上,电子是在晶体中所有格点上的离子和其他所有电子所产生的势场中运动,其势能不能视为常数,而是位置的周期函数。要获得电子的运动规律,需要写出晶体中存在着相互作用的所有离子和电子系统的薛定谔方程,并进行求解。对于这样复杂的多体问题,要计算出其电子的波函数和能级分布是极为困难的,不能求出严格的解,因此,只能用近似的方法来研究电子的状态,即采用单电子近似法来研究晶体中电子的能量状态。通常将以单电子近似方法处理晶体中电子能谱的理论,称为能带理论。由它得到晶体中电子的许可能级,是由一定能量范围内准连续分布的能级组成的能带。能带论为阐明许多晶体的物理性质提供基础,是固体电子理论的重要部分。

1. 能带的形成——电子的共有化运动

1)能级的分裂

能带的形成首先源于能级的分裂。下面以氢分子 H_2 的形成为例,说明这一过程。对于一个分离的 H 原子,拥有能级 1s、2s、2p 等,每个原子中的电子能量为 -13.6 eV,表示电子脱离其原子核成为自由电子所需的能量;故两个孤立的 H 原子应具有两倍 -13.6 eV 的能量。当两个 H 原子相互靠近形成分子时,电子与电子及另一原子核的相互作用,电子系统获得新的能量和波函数。根据泡利不相容原理和能量最低原理,为使系统稳定,电子系统的新能量应低于两倍 -13.6 eV;同时,两相互作用原子的波函数 ψ_{1s} 产生交叠,形成两个新的波函数,具有不同的能量和量子数。

H₂中 H—H 键的形成可用分子中的电子波函数来描述,即分子轨道 ψ 表示;当两 H 原子的波函数相互干涉时,会产生同相交叠和异相交叠,形成两个分子轨道 ψ_σ 和 ψ_{σ^*},如图 1-36 所示。

$$\psi_\sigma = \psi_{1s}(r_A) + \psi_{1s}(r_B)$$
$$\psi_{\sigma^*} = \psi_{1s}(r_A) - \psi_{1s}(r_B)$$

$$(1-74)$$

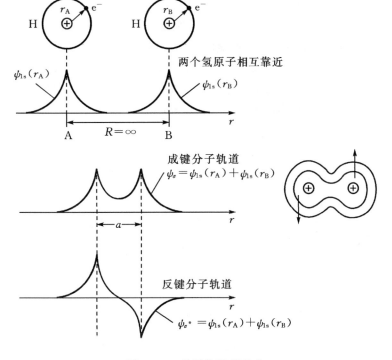

图 1-36　分子轨道的形成

当两个 H 原子结合时,两个相同的原子波函数结合生成两个不同的分子轨道,每个轨道具有不同的能量。ψ_σ 表示成键分子轨道,在两原子核间有一定量值;ψ_{σ^*} 表示反成键分子轨道,在两原子核间有一节点。因此,反成键分子轨道比成键分子轨道具有更高的能量及不同的量子数。在两个分子轨道中,电子的分布几率 $|\psi_\sigma|^2$ 和 $|\psi_{\sigma^*}|^2$ 如图 1-37 所示。在 H₂系统中,实际的电子波函数应该通过解薛定谔方程来确定。

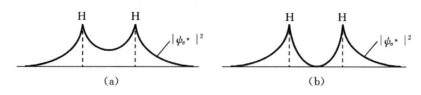

图 1-37　成键和反成键轨道中的电子分布几率

从能级角度来看,上述分子轨道的形成过程即为能级的分裂过程。对应一个原子的能级,如 E_{1s} 分裂成两个能级 E_{σ} 和 E_{σ^*},其中 E_{σ} 低于 E_{1s},E_{σ^*} 高于 E_{1s},这种分裂是由于原子轨道间的相互作用(交叠)所致,其能量分布如图 1-38 所示。图 1-38(a)表示两个分子轨道的能量随原子间距离 R 的变化分布,随着两个原子靠近,R 减少,ψ_{σ} 轨道能量在 $R=a$ 处稳定通过最低点 $E_{\sigma}(a)$,最低能量 $E_{\sigma}(a)$ 小于孤立 H 原子的能量 E_{1s},其差值即为分子健的键能。图 1-38(b)为两个孤立的 H 原子形成一个 H_2 分子过程中电子能量变化示意图。

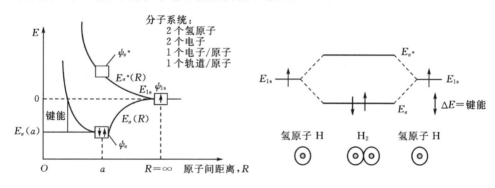

图 1-38　两个氢原子组成系统中的电子能量

在一个分子形成时一个原子能级的分裂,类似于两个相同 RLC 电路耦合时产生的谐振频率分裂。对于如图 1-39(a)所示单一 RLC 电路,在一个交流电源激励下,回路中的电流在谐振频率 ω_0 下出现峰值;当两个相同的 RLC 电路相互耦合,如图 1-39(b)所示,回路电流会在谐振频率 ω_1 和 ω_2 出现两个峰值,且有 $\omega_1 < \omega_0 < \omega_2$。两个峰值的出现是由于两个电路互感耦合所致,这有助于我们理解能级的分裂过程。

2)能带的形成

当三个氢原子结合时,将产生三个分子轨道,ψ_a、ψ_b、ψ_c 如图 1-40 所示。图 1-40可用波函数表示为

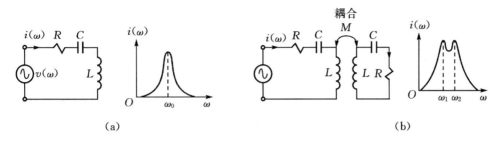

(a)　　　　　　　　　　　　　　　　　　　　　　(b)

图 1-39　LCR 电路中的频率响应

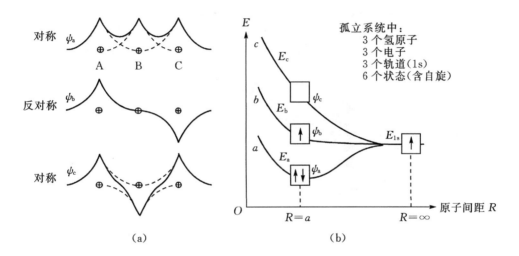

(a)　　　　　　　　　　　　　　　　　　　(b)

图 1-40　三个氢原子构成的三个分子轨道

$$\psi_a = \psi_{1s(A)} + \psi_{1s(B)} + \psi_{1s(C)}$$
$$\psi_b = \psi_{1s(A)} - \psi_{1s(C)} \tag{1-75}$$
$$\psi_c = \psi_{1s(A)} - \psi_{1s(B)} + \psi_{1s(C)}$$

式中,$\psi_{1s(A)}$、$\psi_{1s(B)}$、$\psi_{1s(C)}$ 分别表示环绕 A、B、C 原子的 E_{1s} 能级原子波函数。对于 $\psi_{1s(A)}$,具有 $\exp(-r_A/a_0)$ 形式。

图 1-40 对应的能量 E_a、E_b、E_c 可通过薛定谔方程得出,并具有不同值。因此,E_{1s} 能级分裂成三个分离的能级。与氢原子中的电子波函数类似,如果分子波函数的节点越多,则能量越大,故有 $E_a < E_b < E_c$。

如果由 N 个 Li 原子排列构成固态金属 Li,则 Li 原子的电子排列为 $1s^2 2s^1$,由于 K 壳层已占满,第三个电子独自处于 2s 轨道上。同前所述,原子能级可分裂为 N 个分离的能级。由于 1s 亚壳层上电子占满且靠近原子核,受原子间相互作用的影响小,因此其能级的分裂可忽略。1s上的电子留在原子核周围,可不考虑其对固体形成的作用。

能级分裂的最大宽度,取决于固体中原子间的最小距离 a_0,N 个 ψ_{2s} 轨道相互作用产生的 N 个分裂能级分布在 E_B 和 E_T 之间。当 N 相当大(约为 10^{23})时,相邻分裂能级间间隔非常小,几乎是连续的。因此,单个 2s 能级 E_{2s} 分裂成 N 个细微分离的能级而形成能带,该能带为半满带,如图1-41所示。

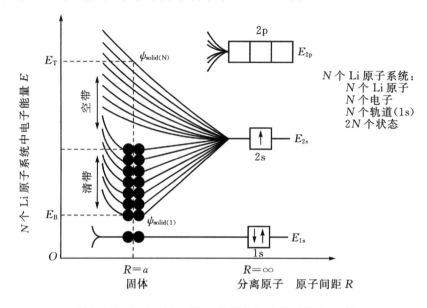

图1-41　N 个 Li 原子构成的固态 Li 中形成的 2s 能带

3)电子的共有化运动

假设:固体中的原子核固定在平衡位置上,而且按一定的周期性在晶体中排列;每个电子在固定的原子核势场及其他电子的平均势场中运动,即固体中的电子不再束缚于个别的原子,而是在整个固体中运动。这样将问题简化成单电子问题,这种方法称为单电子近似法,用这种方法求出的电子在晶体中的能量状态将不再是分立的能级而是能带。

在图1-42所示的两原子系统中,当两个原子相距较远时,能级如同两个孤立原子被一个高而宽的势垒相隔,电子只在各自的原子内部运动,其能量为分立能级;而当两个原子靠得很近时,原子势场相互影响,势垒宽度减小高度降低,原来处于较高能级上的电子可能穿透势垒或越过势垒,形成电子的共有化运动。原来简并的能级就要发生分裂,简并度要减少(简并与简并度:若有 g_n 个态具有相同的能量 E_n,则称该 g_n 个态是简并的,并称 g_n 为简并度)。

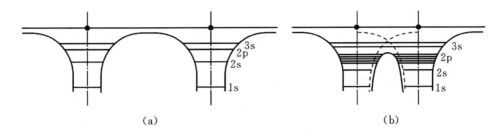

图 1-42　两个 Na 原子间距变化时的势能曲线和能级示意图

(a)相距较远;(b)相互靠近

　　N 个原子组成的一维晶体,每个原子中都有一个电子处在能量为 E_0 的 3s 能级上,都要受到周围原子势场的作用,产生附加能量,使原来 N 度简并的 E_0 能级分裂为 N 个相互靠的很近的能级,组成一个能带,如图 1-43 所示。

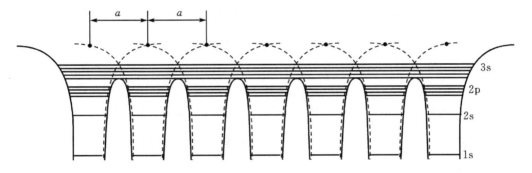

图 1-43　N 个原子组成实际晶体时的势能和能级示意图

　　N 个原子结合成晶体后,原孤立原子中的每个能级都形成能带。处于低能级上的电子,共有化运动很弱,基本上处于被各自原子所束缚的状态,能级分裂的很少,能带很窄;高能级上的电子,即外壳层上电子,特别是价电子,共有化运动显著,能级分裂很多,形成较宽能带。分裂成的能带称为允带,允带之间不存在能级的区域称为禁带。原子能级分裂成能带如图 1-44 所示。

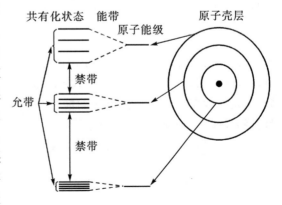

图 1-44　原子能级分裂成能带示意图

量子力学证明:晶体中电子的共有化的结果,使原先每个原子中具有相同的价电子能级,因各原子的相互影响而分裂成为一系列和原来能级很接近的新能级,这些新能级基本上连成一片而形成能带。

2. 电子在一维周期性势场中的运动

以上定性描述了晶体中能带的形成过程,下面将进一步讨论晶体中电子的运动规律,以加深对能带形成的理解。晶体中的电子与孤立原子中的电子不同,也和自由运动中的电子不同。孤立原子中的电子是在其自身的原子核和其他电子所产生的势场中运动;自由电子是在恒定为零的势场中运动;而晶体中的电子则是在与晶格同周期的周期性势场中运动。但研究发现,电子在周期性势场中的运动基本特征与自由电子相似。

1)自由电子情况——能量连续

首先,回顾自由电子的运动情况。一个质量为 m,以一定速度 v 自由运动的电子,其动量 $P = mv$,能量为 $E = P^2/2m$。自由电子应遵守薛定谔定态方程:

$$-\frac{\hbar}{2m}\mathbf{\nabla}^2\varphi(x) = E\varphi(x) \tag{1-76}$$

$\varphi(x)$ 为自由电子的波函数,它是一个平面波,

$$\varphi(x) = Ae^{ikx} \tag{1-77}$$

为了同时描写出平面波的传播方向,式中 k 规定为矢量,称为波矢 $\boldsymbol{k}$,其大小为 $\frac{2\pi}{\lambda}$,方向为波传播的方向,即 $|\boldsymbol{k}| = \frac{2\pi}{\lambda}$。由波粒二象性,可得自由电子的动量 $\boldsymbol{P}$ 与波矢 $\boldsymbol{k}$ 之间存在下列关系:

$$\boldsymbol{P} = \hbar\boldsymbol{k} \tag{1-78}$$

则自由电子的能量 E 和波矢 $\boldsymbol{k}$ 之间有如下关系:

$$E = \frac{\hbar^2 k^2}{2m} \tag{1-79}$$

由上可知,波矢可以决定自由电子的能量、动量和平面波的波长。自由电子的波矢可以有任意的数值,而且是连续可变的,故其能量也无限制,是连续变化的。自由电子的能量是波矢的函数,呈抛物线关系,如图 1-45 所示。

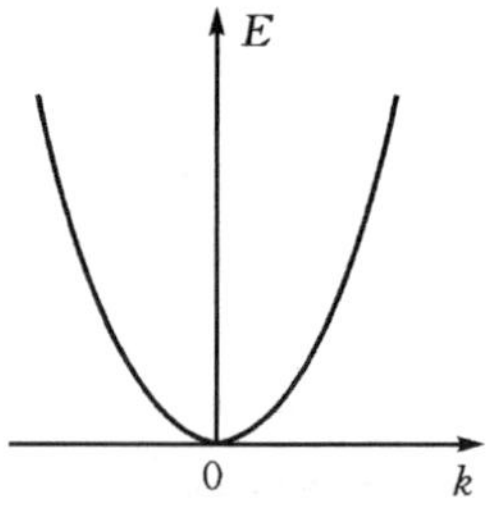

2)一维周期势场中的运动——能量不连续(准自由电子模型)

电子在一维周期性势场中运动时,所处势场的势能可表示为

$$E_p(x) = E_p(x+na) \tag{1-80}$$

图 1-45　自由电子的 E 和 k 的关系

其中，a 为晶格常数，n 为任意整数。电子应遵守薛定谔定态方程

$$-\frac{\hbar}{2m}\nabla^2\varphi(x) = (E - E_p)\varphi(x) \qquad (1-81)$$

布洛赫证明该方程的解为

$$\varphi(x) = f(x)e^{ikx} \qquad (1-82)$$

式中，$f(x)$ 是位置 x 的周期函数，以晶格的周期为周期，即与 $E_P(x)$ 的周期相同：

$$f(x) = f(x + na) \qquad (1-83)$$

由此，电子在周期势场中的波函数与自由电子的情形相似，指数部分表明，是一个波长为 $2\pi/k$，沿 k 方向传播的平面波，但其振幅 $f(x)$ 是随 x 不断变化的，故它是一个调幅平面波，受晶体周期势场的调幅。这一结果描述了晶体电子的共有化运动；而晶格周期描述了晶体电子围绕原子核的运动。

　　经过微扰计算处理，可得到能量 E 与波矢 k 的关系，基本上与自由电子的情况相似，也呈抛物线形；但是当波矢满足下列关系：

$$k_n = \pm\frac{n\pi}{a} \qquad (n = 1,2,\cdots) \qquad (1-84)$$

的各点处，能量 E 不连续，发生突跳，见图 $1-46$。由图可见，在电子能量发生突跳的区域，晶体中不允许存在具有该区域能量的电子，这个区域称为禁带。禁带以外，电子能够占据的能量区域称为允带。产生禁带的物理原因，可结合图 $1-47$ 进行解释：晶格原子以间距 a 排列成一维晶体，若波长为 λ 的电子物质波从左向右入射，则从各原子产生的反射波就反向前进。若原子①的反射波和原子②的反射波的行程差合计为 $2a$，则根据布拉格(Bragg)条件：当行程差为入射波波长的整数倍时，

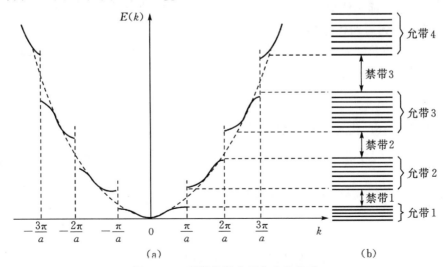

图 $1-46$　周期势场中 E 与 k 的关系

$$2a = n\lambda \qquad (n = 1, 2, \cdots) \tag{1-85}$$

或由 $k = 2\pi/\lambda$，得

$$k = \frac{n\pi}{a} \tag{1-86}$$

则原子①和②以及来自全部晶格原子的反射波都形成同相位，而产生相互加强的全反射，由两波的干涉形成驻波：

$$\varphi_\pm = \mathrm{e}^{\mathrm{i}kx} \pm \mathrm{e}^{-\mathrm{i}kx} = \mathrm{e}^{\mathrm{i}\frac{\pi n}{a}x} \pm \mathrm{e}^{-\mathrm{i}\frac{\pi n}{a}x} = \begin{cases} 2\cos\dfrac{\pi n}{a}x \\[2mm] \mathrm{i}2\sin\dfrac{\pi n}{a}x \end{cases} \tag{1-87}$$

于是在晶体内部，电子的物质波在波矢 $k = n\pi/a$ 时形成固定的波节，表明对应于该波矢的能量的电子不允许在晶体中存在，或晶体中不允许电子具有该波矢值所相应的能量，意味着电子无共有化运动，即该电子能级不存在，从而产生了禁带。

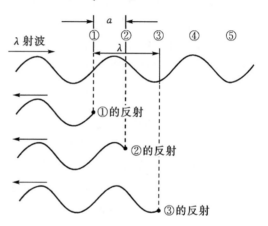

图 1-47 　布拉格反射（$\lambda = 2a$ 的情况）

　　允带中的能量也不连续，而是由许多靠得很近的分立能级所组成。这是由于晶体中的电子只能在晶体内运动而不能离开晶体，因此它必须受到周期性边界条件的限制。若晶体长度为 l，由 N 个晶胞组成，则 $l = Na$，a 为晶格常数。要求电子波函数在晶体两端对应处有相同的值，即满足周期性边界条件：

$$\varphi(+\frac{l}{2}) = \varphi(-\frac{l}{2}) \tag{1-88}$$

　　将式(1-82)代入波函数式(1-88)，得

$$\mathrm{e}^{\mathrm{i}k(\frac{l}{2})} \cdot f(\frac{l}{2}) = \mathrm{e}^{-\mathrm{i}k(\frac{l}{2})} \cdot f(-\frac{l}{2}) \tag{1-89}$$

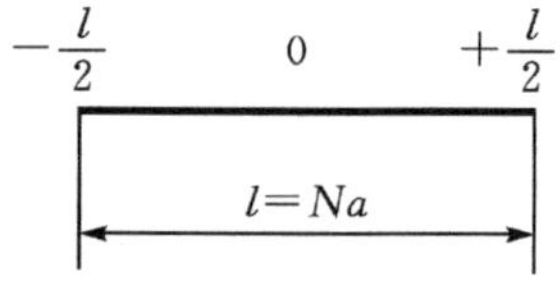

由于 $\dfrac{l}{2} = -\dfrac{l}{2} + l = -\dfrac{l}{2} + Na$，故有

$$f(\frac{l}{2}) = f(-\frac{l}{2} + Na)$$

图 1-48 　一维晶体周期性
边界条件

又因为 $f(x)$ 为与晶格同周期的周期性函数，则有

$$f(x) = f(x+a) = f(x+Na)$$

用 $x = \dfrac{l}{2}$ 代入,有

$$f(-\frac{l}{2}) = f(-\frac{l}{2}+Na) = f(\frac{l}{2}) \tag{1-90}$$

将式(1-90)代入式(1-89)得

$$e^{ikl} = 1 \tag{1-91}$$

要满足该式,只能取以下 k 值:

$$k = \frac{2n\pi}{l} = \frac{2n\pi}{Na}, \quad n = 0, \pm 1, \pm 2, \cdots \tag{1-92}$$

可见 k 为分立值,故 E 也为分立值。又因通常 N 很大,故能级间隔很小,可视为准连续。

3)紧束缚近似模型

能带理论的处理方法除了上述自由电子近似模型外,还可采用紧束缚近似模型。自由电子近似是认为近似自由的电子只受到离子实周期性势场的微扰作用,即按照平面波微扰理论求解,得到在满足布拉格反射时,平面波形成驻波,能级分裂形成能带与能隙。而按照紧束缚近似,假设电子在晶体中的运动基本上是束缚在各个孤立原子周围运动,认为电子在一个原子附近时,将主要受到该原子场的作用,把其他原子场的作用看成是微扰作用,由此可得到电子的原子能级与晶体能带之间的相互关系。

这种紧束缚近似模型,适合于在原子间距较大、或价电子同离子实结合得比较紧密,以致于相邻原子的波函数重叠比较小的晶体中,如电介质或离子晶体。

通过该模型的处理,使得一个原子能级对应一个能带,原子的各个不同能级在固体中将产生一系列相应的能带;而每个能带包含的能级数与孤立原子能级的简并度有关;能级愈低的能带愈窄,能级愈高的能带愈宽。这是由于能量最低的能带对应于内层的电子,不同原子的波函数很少相互交叠,电子共有化运动很弱,相应的能带较窄;能量较高的外层电子,在不同原子间其波函数有较多的重叠,从而形成较宽的带。

在多数情况下,许多实际晶体的能带与孤立原子能级间的对应关系,并非上述那样简单。在形成晶体过程中,不同原子态之间有可能相互混合,使原子能级与晶体能带之间的对应关系复杂化。

3. 导体、绝缘体和半导体的能带论

在所有固体中都包含有大量的电子,但不同固体中的电子导电性能有很大差异。有些固体电子导电性能很好(金属导体),有些导电性能却不好(半导体),还有

些基本上观察不到任何的电子导电现象(绝缘体)。为什么会出现这种差异性,固体能带论的一个主要贡献就是成功地解释了这个问题。

首先我们来看能带的填充与导电性的关系。若固体由 N 个原子组成,则每个能带内有 N 个能级,按泡利不相容原理,最多可容纳 $2N$ 个电子。所有能级全部被电子所填充的能带叫满带,部分能级为电子所填充的能带叫不满带。在外电场的作用下,只有部分填充的能带中的电子才有导电能力,而满带电子是不导电的。此为区别导体、半导体和绝缘体的依据。

由原子序数为 Z 的 N 个原子构成的晶体中,有 ZN 个核外电子,按泡利不相容原理,从低能值的允带开始按顺序填充到各个能带内,形成图 1-49 所示的不同能带结构。

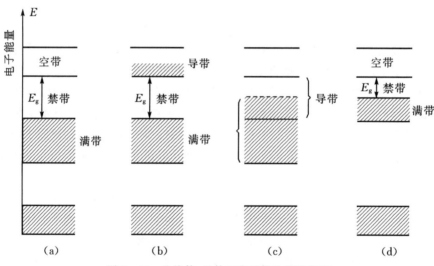

图 1-49　绝缘体、导体和半导体的能带模型
(a)绝缘体;(b)导体 1;(c)导体 2;(d)半导体

对于导体,除满带外还存在不满带(导带),导带以下的第一个满带称为价带。例如:碱金属(Li、Na、K),最外层只有 1 个电子,则形成半满带;而碱土金属(Mg),最外层有 2 个电子,形成能带交叠,导致不满带。导体的电阻率很低,通常为 10^{-8}~10^2 $\Omega \cdot m$。

对于绝缘体,其最低的一系列能带被填满,而其上的能带则完全空(空带),且禁带宽度较宽,大于 2 eV,电阻率很高,为 10^8~10^{16} $\Omega \cdot m$。

而半导体,其能带结构与绝缘体相同,但禁带宽度较窄,一般小于 2 eV。电子易受热激发到空带(导电),同时产生空穴电流。Ge 和 Si 的禁带宽度分别为 0.74 eV 和 1.17 eV。此类介质的电阻率较低,为 10^2~10^8 $\Omega \cdot m$。

4. 缺陷能级——费米能级

任何晶体中总是存在缺陷的,缺陷来源于结晶的不完整性与外来杂质。结构缺陷从维数来分,可分为一维、二维、三维,它们分别对应于点缺陷(如晶格结点空位和填隙原子)、线缺陷(如位错)、面缺陷(如存在层错、晶粒间界)等。外来杂质缺陷则有替位与填隙两种,它们都属于点缺陷。

晶体中常见的点结构缺陷有弗仑克尔缺陷和肖特基缺陷,它们是由于晶格原子在热作用下脱离结点位置而产生的,可称为本征缺陷。一般晶体中的缺陷浓度随温度升高而增加。实验证明,空位是有机晶体中的主要缺陷,晶体密度随空位浓度增加而下降,晶体若从熔点迅速冷却,其结构中就会含有高浓度的空位。晶体中的外来原子、离子或分子,即添加剂或杂质形成的缺陷,它们在晶体中除占据格点(替位)或填隙位置,也可聚集在位错处促进位错的形成,即促进结构缺陷的产生。

大量的实验已经证明,杂质或结构缺陷的存在对材料的物理性质和化学性质往往产生决定性的影响。由于缺陷的存在是对严格按周期性排列的原子所产生周期性势场的破坏,因而必定要影响电子的能级分布,这在理论上应可通过能带模型来求解,但因为缺陷存在的情况非常复杂,对这类问题的求解虽然已经进行了大量的理论研究工作,但至今仍未达到令人满意的程度。故在这里仅只能介绍一些有关的概念。

当晶体中有缺陷存在时,一般地说,将在禁带中引入附加能级,可以统称之为缺陷能级。缺陷能级可分为浅能级和深能级,浅缺陷能级是指离导带或价带比较近即电离能比较小的那些能级,深缺陷能级则是指离导带比较远即电离能比较大的能级。禁带中的浅能级易于释放电荷(电子或空穴)到导带或价带去,成为导电载流子,固又称这些浅能级为施主或受主能级。而深能级则不易放出电荷,它们便成为俘获电子或空穴的中心,所以称之为俘获能级或俘获中心,又称之为陷阱能级。显然,禁带中的缺陷能级是定域态能级。深能级也能成为载流子的复合中心。

在半导体中,电子除共有化状态外,还存在一定数目的束缚状态,这是由杂质或缺陷引起的。在这种状态下,电子被缺陷所束缚,也具有确定能级,而这种杂质能级处在禁带中间,如图 1 - 50 所示。

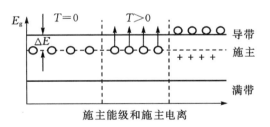

施主能级和施主电离

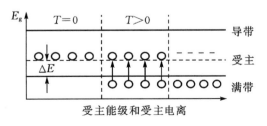

受主能级和受主电离

图 1 - 50　受主和施主能级

通常杂质可分为施主杂质与受主杂质,施主杂质提供带有电子的能级,依靠电子导电,称为 N 型半导体,如磷 P;受主杂质提供禁带中空的能级,依靠空穴导电,称为 P 型半导体,如铝 Al。

缺陷能级也常用费米能级来表示。从量子力学的理论可知,微观粒子具有量子效应,由此产生了量子统计学。它首先假设:粒子的能量为量子化,即具有分离的能级;电子为相同粒子,即粒子是不能相互区别的;同时,电子遵守泡利不相容原理,同一能级上只允许有两个自旋方向相反的电子。

由此,费米-狄拉克导出了电子按能量分布的统计规律:

$$f(E) = \frac{1}{1 + e^{(E-E_F)/(kT)}} \tag{1-93}$$

上式表示一个电子占据能量为 E 的能级的几率,其中 E_F 称为费米能级。其几率分布曲线如图 1-24 所示。物理意义可分析如下:

$$T=0 \text{ 时} \begin{cases} E > E_F, e^{\frac{E-E_F}{kT}} \to \infty, f(E) = 0, \text{无电子出现} \\ \\ E < E_F, e^{\frac{E-E_F}{kT}} \to 0, f(E) = 1, \text{全部被电子占据} \end{cases}$$

$$T>0 \text{ 时} \begin{cases} E = E_F, e^{\frac{E-E_F}{kT}} = 1, f(E) = 1/2, \text{ 被电子占据的几率是 } 1/2 \\ \\ E < E_F, e^{\frac{E-E_F}{kT}} < 1, \text{则 } f(E) > 1/2, E_F - E \gg kT \text{ 时}, f(E) = 1 \\ \\ E > E_F, e^{\frac{E-E_F}{kT}} > 1, \text{则 } f(E) < 1/2, E - E_F \gg kT \text{ 时} \\ f(E) \approx e^{-\frac{E-E_F}{kT}} = e^{\frac{E_F}{kT}} \cdot e^{\frac{E}{kT}}, \text{即转变为玻尔兹曼分布。} \end{cases}$$

第 2 章　电介质在弱电场下的 极化、电导与损耗

2.1　电介质极化

2.1.1　电介质极化的微观过程与表征参数

1. 极化的定义

对于正负电荷的平均中心不相重合的体系,即可形成
一电偶极矩。此电偶极矩可用一矢量 m 来量度,m 的大小
等于正电荷量 q 与正负电荷平均中心之间距离 d 的乘积,
方向由负电荷平均中心指向正电荷平均中心,如图 2-1 所
示,可表示为

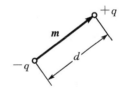

图 2-1　电偶极矩示意图

$$m = qd \qquad (2-1)$$

当无外电场作用时,非极性分子正负电荷中心相重合,
$d = 0$,$m = 0$;极性分子则正负电荷平均中心不相重合,$d \neq 0$,$m \neq 0$,而有一定
偶极矩,被称为极性分子的固有电偶极矩,通常以 μ_0 来表示。

在一包含大量分子的物质系统中(其体积可以是宏观物理小),总的电矩将为
每一分子电偶极矩的矢量和。若此物质由非极性分子所组成,当无外电场存在时,
由于 $m = 0$,故总电矩为零;若此物质为极性分子所组成,虽然无外电场存在,μ_0
并不为零。但由于热运动的影响,μ_0 的方向是任意的,在空间各个方向都有相同
的出现几率,因此总的电矩也为零,即

$$\sum_{i=1}^{n} \mu_{0i} = 0 \qquad (2-2)$$

当物质分子处于外电场作用下时,由于电场力的作用,分子的正负电荷平均中
心距离发生位移变化,使非极性分子在电场方向产生一感应电矩 m。通常 m 与作

用在分子上的有效电场强度 E_i 成正比,方向亦相同,即可写成

$$m = \alpha E_i \qquad\qquad (2-3)$$

式中,α 为介质的分子极化率;E_i 为作用在分子上的有效电场强度。

　　若物质由极性分子所组成,则在电场的作用下,除了上述由于电荷平均中心距离发生变化而形成的感应电矩之外,还存在偶极分子的定向过程。因为极性分子受到外电场的影响,极性分子的固有电偶极矩 μ_0 顺外电场方向排列较之反外电场方向排列有较大的几率,引起 μ_0 在空间分布的不均匀,在一定体积内分子的总电矩亦不再为零,而在宏观上产生一剩余电矩。

　　因此,"极化"可被定义为在电场作用下物质产生感应电矩和剩余电矩的现象。这是电介质在电场作用下发生的一种最基本的物理现象。有时,也可采用能产生极化现象作为电介质的定义,即认为"电介质是在电场下能产生极化现象的一类物质",极化的微观表征参数即为分子极化率 α。

　　电介质极化的强度是以电介质在电场作用下发生极化后,单位体积内形成的总电矩 P 来度量的,此称为介质的极化强度。

$$P = \sum_{i=1}^{n_0} m_i \qquad\qquad (2-4)$$

式中,n_0 为在单位体积内电介质的分子数;m_i 为第 i 个分子的电偶极矩。

2. 极化的基本方式

　　若电介质由非极性分子所组成,则在电场作用下只存在分子的正负电荷平均中心距离发生变化引起的感应电矩,这种极化方式称为"位移极化",其物理模型见图 2-2。

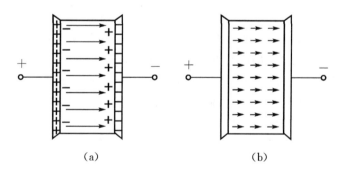

(a)　　　　　　　　　　(b)

图 2-2　非极性介质极化模型

(a)极化时介质表面与电极上等效电荷分布图;(b)极化时介质分子感应电矩分布图

　　若电介质由极性分子所组成,则在电场作用下每一个分子对于总极化电矩的

贡献各有不同,但大量分子在电场方向形成的总电矩,亦往往与作用在分子上的有效电场强度 E_i 成正比,E_i 称为介质分子内电场,因此式(2-4)也可写成式(2-5),但此时分子极化率 α 具有平均的含义。这种极化称为"转向极化",它的物理模型如图 2-3 所示。

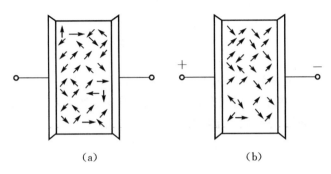

$$(a) \qquad\qquad\qquad (b)$$

图 2-3　极性介质转向极化模型

(a) 未极化时极性介质分子电偶极矩的排列;(b) 极化时极性介质分子电偶极矩的排列

$$\boldsymbol{P} = \sum_{i=1}^{n_0} \boldsymbol{m}_i = n_0 \boldsymbol{m}_i = n_0 \alpha \boldsymbol{E}_i \qquad (2-5)$$

根据电介质极化的微观物理本质来细分,电介质极化可归结为七种基本极化方式,见表 2-1。

表 2-1　电介质的极化方式

序号	极化方式	极化率 α	极化建立时间/s
1	电子位移极化	$\alpha_e = K(4\pi\varepsilon_0 a^3)$	$10^{-14} \sim 10^{-15}$
2	离子位移极化	$\alpha_i = k'(4\pi\varepsilon_0 r^3)$	$10^{-12} \sim 10^{-13}$
3	热离子位移极化	$\alpha_{iT} = (q^2 \delta^2)/(12kT)$	$10^{-2} \sim 10^{-7}$
4	热转向极化	$\alpha_{\mu T} = \mu_0{}^2/(3kT)$	$10^{-2} \sim 10^{-12}$
5	弹性联系转向极化	$\alpha_\mu = 2\mu_0{}^2/(3\,|\,\mu_0\,|)$	10^{-13}
6	空间电荷极化		$10^6 \sim 10^{-7}$
7	自发极化		10^{-2}

电子位移极化、离子位移极化和热离子位移极化是由于电子和离子沿电场方向产生位移所引起的极化,故称为位移极化。而热转向极化和弹性转向极化是由于极性分子或基团转向所引起的,故属于转向极化。空间电荷极化是由于介质中电荷分布不均匀引起的极化。自发极化是在铁电体中存在着的一种具有电畴结构的特殊极化方式。近年来在一些具有高介电常数的介质中发现一种载流子可在较

大局部空间作较长距离的输运而引起高的极化强度 P 和介电常数的现象,这也可归之于空间电荷极化。

3. 宏观参数

介质极化的宏观表征参数是介质的介电常数。从库仑定律及点电荷在真空中形成的电场可以得到真空中的电场强度:

$$E_0 = \frac{q\boldsymbol{r}}{4\pi\varepsilon_0 r^3} = \frac{\boldsymbol{D}}{\varepsilon_0} \qquad (2-6)$$

式中,ε_0 为真空中介电常数,$\varepsilon_0 = 8.8542 \times 10^{-12}$ C^2/(N·m^2),它是由于单位转换而产生的一个转换系数。若空间充满介质,在电荷 q 及距离 r 不变的情况下,由于介质极化会引起场强下降,此时电场强度为

$$E = \frac{q\boldsymbol{r}}{4\pi\varepsilon r^3} = \frac{\boldsymbol{D}}{\varepsilon} \qquad (2-7)$$

式中,ε 为介质的介电常数,而它与 ε_0 的比值 ε_r 称为相对介电常数,它反映了介质的充入使空间电场强度下降的倍率。

$$\varepsilon_r = \frac{E_0}{E} = \frac{\varepsilon}{\varepsilon_0} \qquad (2-8)$$

工程上定义为在电容器中充满介质后,电容器的电容量 C 与在真空条件下同尺寸电容量 C_0 之比,如式(2-9),它与式(2-8)完全等效。

$$\varepsilon_r = \frac{C}{C_0} \qquad (2-9)$$

以平板电容器为例,可以明显地看出 D、E、P、ε 之间的相互关系和物理意义,在施加恒定电荷密度 σ_0 到极板时,应用高斯定理可以求得真空条件下:

$$D = \sigma_0 \ , \ E_0 = \frac{\sigma_0}{\varepsilon_0} \ , \ C_0 = \frac{\sigma_0 S}{U_0} = \frac{E_0 \varepsilon_0 S}{E_0 d} = \frac{\varepsilon_0 S}{d} \qquad (2-10)$$

若外加电压 U 不变,将平板电容器充入介质,则由于介质极化引起异号的表面束缚电荷 σ' 形成反电场,将使介质内电场强度降低。为保持电容器内平均电场强度($E = U/d$)不变,则电极上电荷将从 σ_0 升高到 $\sigma(\sigma = \sigma_0 + \sigma')$,以保证介质内总电场强度和电压不变。因此就使电容器极板上电荷密度上升,电容量增加,其增加的倍率就是比电容率,亦即介质的相对介电常数。

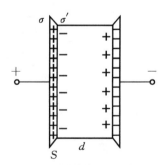

图 2-4　介质极化时电荷
分布示意图

$$\varepsilon_r = \frac{C}{C_0} = \frac{\sigma_0 + \sigma'}{\sigma_0} \qquad (2-11)$$

单位体积总电矩为 P,由图 2-4 可以计算电容

器介质中的总电矩的大小为 $P \cdot S \cdot d = \sigma' \cdot S \cdot d$，即 $\sigma' = P$ 代入式（2－11）得

$$\varepsilon_{\mathrm{r}} = \frac{\sigma_0 + P}{\sigma_0} = \frac{\varepsilon_0 E + P}{\varepsilon_0 E} = 1 + \frac{P}{\varepsilon_0 E}$$

$$\boldsymbol{P} = (\varepsilon_{\mathrm{r}} - 1)\varepsilon_0 \boldsymbol{E} \tag{2－12}$$

再以式（2－5）代入，则可获得

$$\varepsilon_{\mathrm{r}} - 1 = \frac{n_0 \alpha}{\varepsilon} \frac{\boldsymbol{E}_{\mathrm{i}}}{\boldsymbol{E}} \tag{2－13}$$

式中，E 为介质中的宏观平均电场强度；E_{i} 为作用在介质分子上的有效电场强度，或称为分子内电场。

式（2－13）是联系电介质极化的宏观参数 ε_{r} 与微观参数 α 的"基本普适方程"，它适用于各种极化方式的介质，只要满足式（2－5）为线性极化介质即可。各种电介质的极化方程需要研究以下两方面的问题才能确定：

（1）介质分子极化率 α 与物质的微观结构参数及其他物理量（如温度、电场频率、电场强度等）的关系；

（2）作用于介质分子上的有效电场强度 E_{i} 与介质中宏观电场强度 E 之间的关系。

因此，上述两方面是电介质极化理论的主要研究内容。

2.1.2　非极性介质电子位移极化与克-莫方程

1. 电子位移极化率

电子位移极化是一种基本的极化方式，存在于所有电介质中。在非极性介质中，电子位移极化是唯一的极化方式。当未加外电场时，在非极性分子中，分布在原子核周围的电子云的负电荷平均中心与带正电荷的原子核相重合，因而电偶极矩为零。如果分子处于外电场中，分子中的电子和原子核受到电场力的作用，电子云的平均中心将相对于原子核产生位移，形成感应电矩，介质被极化。故称这种极化方式为"电子位移极化"。这种极化的建立和消除时间极短，约为 $10^{-15} \sim 10^{-14}$ s，即使在可见光频率电磁场作用下能来得及发生。

在电场作用下，电子位移极化形成的感应电偶极矩 $\boldsymbol{m}$，与作用在质点上的有效电场强度 E_{i} 成正比，而且 $\boldsymbol{m}$ 和 E_{i} 同方向，因此可以写成

$$\boldsymbol{m} = \alpha_{\mathrm{e}} \boldsymbol{E}_{\mathrm{i}} \tag{2－14}$$

式中，α_{e} 称为电子位移极化率。

电子位移极化率 α_{e} 与原子的结构有关，下面采用简化的单一原子模型来讨论 α_{e} 与原子结构尺寸的关系。

假设原子是由带正电的原子核为中心、核外围绕着均匀分布的球型电子云所构成。原子的原子序数为 Z，电子的电荷量为 e，原子半径为 a，则原子核的电荷应为 Ze，而电子云电荷体密度为 ρ_e，如图 $2-5$ 所示。

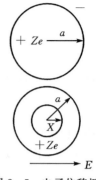

$$\rho_e = -\left(\frac{3}{4\pi}\right)\frac{Ze}{a^3} \qquad (2-15)$$

当原子受到电场 $\boldsymbol{E}_i$ 的作用时，带正电荷的原子核沿电场方向相对于电子云中心偏移 X 距离。此时，原子核受到有效电场 $\boldsymbol{E}_i$ 的作用力 $\boldsymbol{F}_1$ 以及电子云电荷对原子核恢复力 $\boldsymbol{F}_2$ 的共同作用，两者达到平衡。

图 $2-5$　电子位移极化示意图

$$\boldsymbol{F}_2 = (Ze)\frac{\rho_e \dfrac{4\pi X^3}{3}}{4\pi X^2 \varepsilon_0} = \frac{-Z^2 e^2 \boldsymbol{X}}{4\pi \varepsilon_0 a^3}$$

$$\boldsymbol{F}_2 = -\boldsymbol{F}_1 = -Ze\boldsymbol{E}_i$$

$$\boldsymbol{X} = (4\pi \varepsilon_0 a^3 / Ze)\boldsymbol{E}_i$$

原子感应偶极矩为

$$\boldsymbol{m} = Ze\boldsymbol{X} = 4\pi \varepsilon_0 a^3 \boldsymbol{E}_i \qquad (2-16)$$

比较可得，原子的电子位移极化率为

$$\alpha_e = 4\pi \varepsilon_0 a^3 \qquad (2-17)$$

即原子的位移极化率与原子半径有关，其大小与 a^3 成正比。应用量子力学来处理氢原子在电场作用下电子云的偏移引起的位移极化率，可得

$$\alpha_e = (9/2)(4\pi \varepsilon_0 a^3) = 18\pi \varepsilon_0 a^3 \qquad (2-18)$$

此与式 $(2-17)$ 相似，但系数有所不同，因此 a_e 一般可写成

$$\alpha_e = k(4\pi \varepsilon_0 a^3) \qquad (2-19)$$

用此关系式进行简单计算，如取原子半径 $a = 10^{-10}$ m，$4\pi \varepsilon_0 \approx 10^{-10}$ C^2/(N·m^2)；可得到 $\alpha_e \approx 10^{-40}$ C^2·m/N$=10^{-40}$ F·m^2，这一计算结果与实验结果相符。以表 $2-2$ 中惰性气体为例，它们的 α_e 值随 a 的增加而增加，α_e 与 $4\pi \varepsilon_0 a^3$ 有接近正比增加的规律。但 k 值不是一恒定值，这是理论模型较简单的原故。

表 $2-2$　惰性气体的原子半径与电子极化率的关系

气体名称	化学符号	原子半径 $a \times 10^{-10}$ /m	电子极化率 α_e $\times 10^{-40}$ /(F·m^2)	$4\pi \varepsilon_0 a^3$	k
氦	H_e	0.92	0.219	0.86	0.25
氖	N_e	1.12	0.438	1.56	0.28

气体名称	化学符号	原子半径 $a \times 10^{-10}$ /m	电子极化率 α_e $\times 10^{-40}$ /(F·m²)	$4\pi\varepsilon_0 a^3$	k
氩	A_r	1.54	1.83	4.06	0.45
氪	K_r	1.7	2.79	5.47	0.55
氙	X_e	1.9	4.55	7.62	0.80

上述结果亦可用于估算离子的位移极化率,对于有多种原子组成的分子,其总的电子位移极化率,亦可以各个原子的 α_e 值求和而获得。

2. 非极性介质的极化率方程(克劳修斯-莫索提方程)

在非极性介质中,存在的极化方式主要是电子位移极化。而构成介质的分子中的原子核,在电场作用下,相对位置亦会有所变化,这是一种与电子位移极化相似的原子位移极化,通常我们把它归入电子位移极化中一并考虑。因此,在非极性介质中可以认为 $\alpha = \alpha_e$,由于 α_e 主要取决于原子的结构尺寸,故应与温度、压力等外界物理因素无关。

对于非极性介质中的分子内电场 E_i,莫索提(Mossotti)首先提出解决这一问题的物理模型,他假设分子为一导体球来估计作用在介质上的内电场。洛伦兹对这个模型作了改进,因此人们把这样求出的分子内电场称为莫索提内电场或洛伦兹内电场。

为计算作用在介质分子上的有效电场 E_i,设介质处于两平行板形电极之间,此时,介质的宏观平均电场 E 各处相等,方向相同,它是极板上的自由电荷与被极化的介质分子电矩在介质内形成的总电场。此电场可由极板上的自由电荷面密度 σ 与介质表面束缚电荷面密度 σ' 共同产生的电场来计算,即

$$E = E_0 - E' = (\frac{\sigma}{\varepsilon_0}) - (\frac{\sigma'}{\varepsilon_0}) = (\frac{\varepsilon E}{\varepsilon_0}) - (\frac{P}{\varepsilon_0})$$

$$P = (\varepsilon - \varepsilon_0)E = (\varepsilon_r - 1)\varepsilon_0 E \qquad (2-20)$$

式中,E_0 为极板上自由电荷产生的电场强度;E' 为介质表面束缚电荷产生的电场强度。

这时作用在某一介质分子上的有效电场 E_i,是极板上自由电荷和除这一介质分子本身外的其他介质分子电矩对此分子的总电场。

洛伦兹建议,以被研究的介质分子的中心为球心,作一半径为 r 的球,而把介质分子电矩对球心分子的作用,分为球外分子的作用(E_1)和球内分子作用(E_2)两部分来考察,这样便可写为

$$E_i = E_0 + E_1 + E_2 \qquad (2-21)$$

若球半径 r 取得比分子半径(10^{-10} m)大得多,使得球外分子的作用可用介质

表面感应束缚电荷的作用来反映,但球的半径从宏观上看来又较小,以使球中的平均电场仍可认为是均匀的(只有在非均匀电场中,研究介质极化时才有此必要,在均匀电场中可以不提出这一条件)。一般取 $r = 10^{-8} \sim 10^{-7}$ m,即物体小就可满足上述要求。这样,球外分子电矩的作用就可以当作宏观介质来处理,而球内分子电矩作用则要逐个分子加以考虑,此球称为洛伦兹球。

这时球外分子的极化感应电矩对球心分子的作用 E_1,可看成介质两部分表面束缚电荷(密度分别为 σ' 和 σ'' 所产生的电场共同作用,见图 2-6。即

$$E_1 = E_1' + E_1'' \qquad (2-22)$$

式中,E_1' 为介质与电极交界面处的表面束缚电荷 σ' 作用在球心分子上的电场强度;E_1'' 为球外介质在洛伦兹球交界面上存在的束缚电荷 σ'' 作用在球心分子上的电场强度。

计算 E_1'' 时,需要分析束缚电荷密度,按照洛伦兹的处理方法,只是把球内、球外分子电矩的作用分别进行计算,而不是把球内分子去掉。因此,球外电场仍为宏观均匀电场 E,由此电场引起的极化介质强度仍为 P,当介质表面法线方向与 P 一致时,表面束缚电荷密度与 P 数值相等。当介质外表面法线方向 S 与 P 成 θ 夹角时,则可用总电矩相等的条件,研究一斜面 S 长 d 的立方体的总电矩来求得表面束缚电荷密度,即 $\sigma'' \cdot S \cdot d = P \cdot S \cdot d\cos\theta$,所以 $\sigma'' = P\cos\theta$,如图 2-7(a)所示。

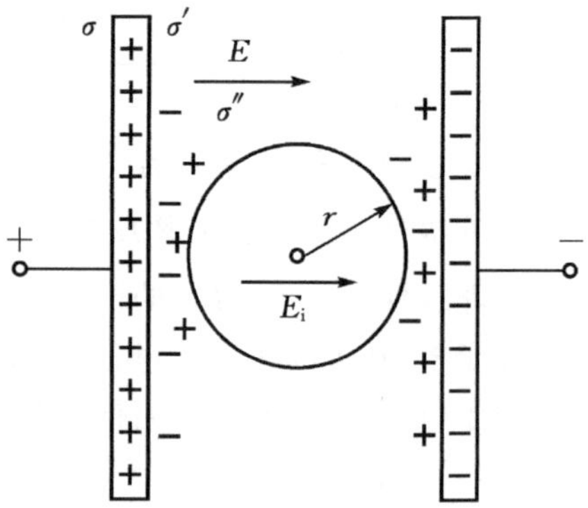

图 2-6　洛伦兹内电场 E_i 形成的示意图

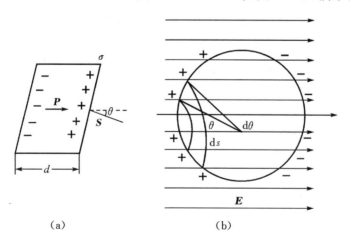

（a）　　　　　　　　　　　　　（b）

图 2-7　洛伦兹球内电场计算图

由图 2-7(b)模型,可求得洛伦兹球内分子受到球形空穴内表面形成的束缚电荷 σ'' 形成的电场强度 E_1''。

σ'' 在球心的电场,可以分为与外电场 E 平行和垂直两种分量。由于球对称,垂直方向电场上下相互抵消,故只存在与电场平行的分量。

$$dE_1'' = \frac{\sigma'' dS}{4\pi\varepsilon_0 r^2}\cos\theta$$

$$dS = 2\pi r^2 \sin\theta d\theta\;;$$

$$dE_1'' = \frac{P\sin\theta(\cos\theta)^2 d\theta}{2\varepsilon_0}$$

$$E_1'' = \frac{1}{2\varepsilon_0}\int_0^\pi P\,(\cos\theta)^2\sin\theta d\theta = -\frac{P}{2\varepsilon_0}\int_1^{-1}(\cos\theta)^2 d\cos\theta = \frac{P}{3\varepsilon_0}$$

$$\boldsymbol{E_1}'' = \frac{\boldsymbol{P}}{3\varepsilon_0} \tag{2-23}$$

因此,作用在球心分子上的有效电场强度为

$$\boldsymbol{E}_i = \boldsymbol{E}_0 - (\frac{\boldsymbol{P}}{\varepsilon_0}) + (\frac{\boldsymbol{P}}{3\varepsilon_0}) + \boldsymbol{E}_2 = \boldsymbol{E} + (\frac{\boldsymbol{P}}{3\varepsilon_0}) + \boldsymbol{E}_2 \tag{2-24}$$

将式(2-20)代入式(2-24),则有

$$\boldsymbol{E}_i = \frac{(\varepsilon_r + 2)\boldsymbol{E}}{3} + \boldsymbol{E}_2 \tag{2-25}$$

对于球内分子电矩在球心产生的电场的计算,必须根据介质的微观结构才能决定。在非极性液体情况下,分子是混乱分布的,球内某一分子电矩在球心产生的电场,总可能与另一些对称位置上分子电矩产生的作用相抵消。因而应有 $\boldsymbol{E}_2 = 0$。

$$\boldsymbol{E}_i = \boldsymbol{E} + (\frac{\boldsymbol{P}}{3\varepsilon_0}) = \frac{(\varepsilon_r + 2)}{3}\boldsymbol{E} \tag{2-26}$$

代入极化的普适方程式(2-13),可得

$$\frac{\varepsilon_r - 1}{\varepsilon_r + 2} = \frac{n_0 \alpha}{3\varepsilon_0} \tag{2-27}$$

此式称为克劳修斯-莫索提方程(Clausius-Mossotti Equation),简称克-莫方程。式(2-27)两边乘摩尔体积 $V = M/\rho$ (M 为摩尔质量,单位为 kg/mol; ρ 为介质密度,单位为 kg/m³),则有

$$\Pi = \frac{(\varepsilon_r - 1)}{(\varepsilon_r + 2)}(\frac{M}{\rho}) = \frac{N_0 \alpha}{3\varepsilon_0} \tag{2-28}$$

式中, N_0 为阿伏伽德罗(Avogadro)常数,其值为 6.02×10^{26} kmol^{-1}; Π 为电介质的摩尔极化。

在非极性介质中,主要存在电子位移极化, $\alpha = \alpha_e$。在光频下的介电常数与它

的折射率之间存在麦克斯韦关系：

$$\varepsilon_r = \varepsilon_{r\infty} \approx n^2 \tag{2-29}$$

代入式（2-28），则可得洛伦兹-洛伦茨方程（Lorentz-Lorenz Equation）

$$\Pi_R = \frac{(n^2-1)}{(n^2+2)}\left(\frac{M}{\rho}\right) = \frac{(N_0\alpha_e)}{3\varepsilon_0} \tag{2-30}$$

式中 Π_R 称为摩尔折射。上式不仅能用于非极性介质，对于其他介质在光频下也适用，因为光频下除电子位移 α_e 之外其他极化方式均来不及建立。

利用克-莫方程即可定性定量分析温度、压力等因素对非极性介质 ε_r 的影响。式（2-27）中 α、ε_0 均与外因无关，所以 ε_r 主要受介质密度 n_0 的影响。对于气体，温度上升，气压下降均使 n_0 下降，故 ε_r 下降。对于非极性液体、固体，温度上升 n_0 下降，ε_r 也降低，故 $d\varepsilon_r/dT < 0$，并可计算求得 ε_r 随温度的相对变化率 β_T。

$$\beta_T = \frac{1}{\varepsilon_r} \cdot \frac{d\varepsilon_r}{dT} = -\frac{(\varepsilon_r-1)(\varepsilon_r+2)}{3\varepsilon_r}\beta_V \tag{2-31}$$

式中，β_V 为介质的体膨胀系数，一般非极性气体 $\varepsilon_r \approx 1$，非极性固体、液体 $\varepsilon_r \approx 2$。

气体：　　　　　　　　$\beta_T \approx -(\varepsilon_r-1)\beta_V$

液体、固体：　　　　　$\beta_T \approx -(2/3)\beta_V$

非极性气体（空气）：　$\beta_T = -2\times10^{-6}$ （$1/°$）

非极性液体（矿物油）：$\beta_T \approx -10^{-3}$ （$1/°$）

非极性固体（聚乙烯）：$\beta_T \approx -10^{-4}$ （$1/°$）

非极性液体的 β_V、β_T 都较高，所以在制造要求电容量不变的标准电容器时，首选的介质为非极性气体，其次是非极性固体。为提高气体介质电容器的耐压，可提高气体压力，故高压标准电容器，常用充气结构。表 2-3 给出一些非极性固体介质的物理参数实测值，数据表明它与克-莫方程的计算结果基本一致。

表 2-3　非极性固体介质的介质特性

介质特性 ＼ 介质名称	金刚石	萘	聚乙烯	聚四氟乙烯	聚苯乙烯
化学式	C	$C_{10}H_8$	$(C_2H_4)_n$	$(C_2F_4)_n$	$[CH_2CH(C_6H_5)]_n$
折射率 n	2.4	1.58	1.55	1.43	1.5～1.6
n^2	5.7	2.5	2.4	2.1	2.3～2.5
相对介电常数 ε_r	5.7	2.5	2.3～2.4	1.9～2.2	2.5～2.6
密度 $\rho/(kg/m^3)$	3.5	1.15	0.92～0.95	2.2～2.3	1.04～1.06
分子量 M/kg	12	128	$28\times n$	$100\times n$	$104\times n$

介质名称 / 介质特性	金刚石	萘	聚乙烯	聚四氟乙烯	聚苯乙烯
单一结构基团的极化率 $\alpha \times 10^{40}/(\text{F} \cdot \text{m}^2)$	0.93	16.2	4.1	5.1	14.0
线膨胀系数 $\beta_T \times 10^4/(1/°)$	—	—	1~5	4~5	1
ε_r 的温度系数 $|\beta_T \times 10^4|$ $(1/°)$	—	—	3~13	8.5~11	2.5

2.1.3　极性介质的转向极化

由极性分子组成的极性介质的每一分子具有一定的电偶极矩 $\boldsymbol{\mu}_0$。在无外电场作用时,由于 $\boldsymbol{\mu}_0$ 在空间分布是混乱任意的,因而在各个方向具有相同的几率,平均宏观电矩为零。当对极性介质施加电场时,偶极分子受到电场力的作用,偶极矩有沿着电场方向定向排列的趋势。但由于热运动的作用,并非所有分子偶极矩都能沿着电场方向定向。实际上,$\boldsymbol{\mu}_0$ 的方向仍然是混乱的,各个方向都有一定可能,只是分布几率与电场方向有关,因而,沿电场方向出现宏观剩余电矩。这种极化方式称为偶极转向极化。

根据极性分子被束缚的强弱,转向极化可分为两类:

(1)热转向极化:极性介质分子偶极矩相互联系较弱,偶极矩可看做是处于可以自由运动状态,此时阻止极性分子偶极矩定向在电场方向的因素是热运动。这种情况在极性气体、液体和固体中都可能存在,也是生物介质中极为广泛的一种极化方式;

(2)弹性联系转向极化:极性介质分子的偶极矩相互联系很强,分子之间的束缚力是阻止偶极矩定向在电场方向的主要因素。这种情况,主要在极性固体中存在,特别是在极性高分子介质中经常出现。

1.热转向极化与德拜方程

在极性气体中,由于分子之间距离大、联系弱,因此极性气体分子可以完全自由运动。当无外电场作用时,极性分子的运动状态完全由热运动所决定,它们进行紊乱的移动和转动,分子偶极矩的方向在空间分布平均而言是均匀的,因而总的极化强度为零

$$P = \sum_{i=1}^{n_0} \boldsymbol{\mu}_{0i} = 0$$

当极性气体受到均匀恒定
电场作用时,分子运动除受热的
影响之外,还受到电场的控制。
因为,电场的存在使定向在空间
不同方向的偶极子具有不同的
势能,处于低势能的分子概率
大,从而改变了分子偶极矩在空
间的分布。

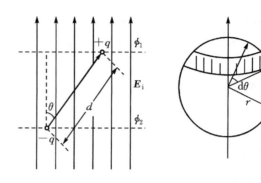

图 2-8　极性分子在电场作用下定向分布计算图

设极性分子的偶极矩 $\boldsymbol{\mu}_0$ 处
于电场 E_i 中,$\boldsymbol{\mu}_0$ 与 E_i 呈 θ 夹角,见图 2-8,此时,极性分子在电场中的势能

$$U = -q(\varphi_1 - \varphi_2) = -q(E_i \cdot d\cos\theta) = -\mu_0 \cos\theta E_i \qquad (2-32)$$

这时 $\boldsymbol{\mu}_0$ 定向在空间方向上的几率将有改变,不再均匀分布,而与电场强度及 θ 角
有关。根据麦克斯韦-玻尔兹曼能量分配率,可求得 $\boldsymbol{\mu}_0$ 定向在空间方向 $\theta \sim \theta + \mathrm{d}\theta$
之间的几率密度为

$$N = A\exp(-\frac{U}{kT}) = A\exp\frac{\mu_0 E_i \cos\theta}{kT} \qquad (2-33)$$

如果极性分子的密度为 n_0 ,则定向在空间方向 $\theta \sim \theta + \mathrm{d}\theta$ 之间的极性分子数为

$$\mathrm{d}n = n_0 \cdot N \cdot \mathrm{d}\Omega = n_0 A\exp(\frac{\mu_0 E_i \cos\theta}{kT}) \cdot \mathrm{d}\Omega$$

式中,$\mathrm{d}\Omega$ 为空间角的微分增量,由于球形轴对称,此时

$$\mathrm{d}\Omega = \frac{2\pi r \cdot \sin\theta \cdot r\mathrm{d}\theta}{r^2} = 2\pi\sin\theta\mathrm{d}\theta$$

由此,可求得这些偶极矩在电场方向分量的平均值为

$$\bar{\mu}_E = \frac{\int_\Omega \mu_0 \cos\theta \mathrm{d}\Omega}{\int_\Omega \mathrm{d}\Omega} = \mu_0(\coth a - \frac{1}{a}) = \mu_0 L(a) \qquad (2-34)$$

其中,$a = \dfrac{\mu_0 E_i}{kT}$;$L(a)$ 为朗之万(Langevin)函数:

$$L(a) = \left[(\frac{a}{3}) - (\frac{a^3}{45}) + (\frac{2a^3}{945}) - \cdots \right]$$

当 $a \ll 1$ 时,$L(a) \approx a/3$;当 $a = \to \infty$ 时,$L(a) \to 1$。

在常温下,电场强度不很大时,可以满足 $a \ll 1$。如 $\mu_0 = 10^{-29}$ C·m;
$E_i = 10^{-6}$ V/m,$k = 1.37 \times 10^{-23}$ J/K,$T = 300$ K,$kT = 4 \times 10^{-21}$ J,这时

$$a = \frac{\mu_0 E_i}{kT} = (10^{-29} \cdot 10^6)/(4 \times 10^{-21}) = 0.25 \times 10^{-2} \ll 1$$

一般气体在 $E_i = 10^6 \, \text{V/m}$ 的电场强度下已临近击穿,因此在气体介质中,$a \ll 1$ 条件通常是能满足的,这时

$$\bar{\mu}_E = \frac{\mu_0 a}{3} = \left(\frac{\mu_0^2}{3kT}\right) E_i \qquad (2-35)$$

热转向极化率

$$\alpha_{\mu T} = \frac{\bar{\mu}_E}{E_i} = \frac{\mu_0^2}{3kT} \qquad (2-36)$$

但受到压缩的极性气体可承受更高的场强,再加上低温条件,也有可能达到 $a > 1$,而发生极化的饱和现象。这时极性分子的电矩将全部定向在外电场方向,即使电场强度再大,极化强度 $P = n_0 \mu_0 =$ 常数,不再增大。

这一转向极化理论,不仅对于极性气体适用,而且在非极性液体中高度稀释的极性液体介质也适用,但对极性液体和固体则将有明显的误差。

在极性气体情况下,由于气体密度很小,极性分子之间的距离较大,相邻分子之间的影响可以忽略。这时,近似的可以认为 $E_2 = 0$,因而克-莫方程有效,但分子极化率 α 应该考虑电子位移极化 α_e 和热转向极化 $\alpha_{\mu T}$ 两项。

$$\Pi = \frac{(\varepsilon_r - 1) M}{(\varepsilon_r + 2) \rho} = \frac{N_0 (\alpha_e + \alpha_{\mu T})}{3\varepsilon_0} \qquad (2-37)$$

在极性气体介质上施加的电场强度不很高($E \leqslant 10^5 \, \text{V/m}$)的情况下,极性分子的定向不接近饱和,并满足 $\mu_0 E_i / (kT) \ll 1$ 的条件。这时将 $\alpha_{\mu T} = \mu_0^2 / (3kT)$ 代入式(2-37)则可得出著名的德拜(Debye)方程式:

$$\Pi = \frac{(\varepsilon_r - 1) M}{(\varepsilon_r + 2) \rho} = \frac{N_0}{3\varepsilon_0} \left(\alpha_e + \frac{\mu_0^2}{3kT}\right) \text{ 或 } \frac{(\varepsilon_r - 1)}{(\varepsilon_r + 2)} = \frac{n_0}{3\varepsilon_0} \left(\alpha_e + \frac{\mu_0^2}{3kT}\right) \quad (2-38)$$

与热运动有关的极化方式建立需较长的时间 $\tau = 10^{-12} \sim 10^{-2} \, \text{s}$。

以上是克-莫方程在极性气体中的推广。用此方程可以求出极性气体的分子固有电矩 μ_0 这一分子特性常数。μ_0 对于了解分子中原子在空间的相对排列是极有意义的。

当温度改变时,极性气体分子的摩尔极化 Π,将随温度的上升而下降。从式(2-38)得出

$$\Pi = \frac{N_0 \alpha_e}{3\varepsilon_0} + \frac{N_0 \mu_0^2}{9\varepsilon_0 kT} = a + \frac{b}{T} \qquad (2-39)$$

式中,$a = \dfrac{N_0 \alpha_e}{3\varepsilon_0}$ 与温度无关;$b = \dfrac{N_0 \mu_0^2}{9\varepsilon_0 k}$ 可以从 $\Pi \sim 1/T$ 直线的斜率求出。因此,就可以决定气体分子的固有电偶极矩为

$$\mu_0 = \left(\frac{9\varepsilon_0 kb}{N_0}\right)^{1/2} \tag{2-40}$$

此外,用德拜方程,亦可分析不同湿度下空气的 ε_r 随温度的变化,见图 2-9。由于气体 $\varepsilon_r \approx 1$,故分子内电场 $E_i \approx E$,德拜方程可近似为

$$\varepsilon_r - 1 = \frac{n_0}{\varepsilon_0}\left(\alpha_e + \frac{\mu_0^{\ 2}}{3kT}\right)$$

$$\varepsilon_r = 1 + \frac{n_0}{\varepsilon_0}\left(\alpha_e + \frac{\mu_0^{\ 2}}{3kT}\right)$$

$$\tag{2-41}$$

空气中含水蒸气时可用复合方程

$$\varepsilon_r = 1 + \frac{1}{\varepsilon_0}\sum_{i=1}^{m} n_i \alpha_i = 1 + \frac{n_0}{\varepsilon_0}\sum_{i=1}^{m} f_i \alpha_i \tag{2-42}$$

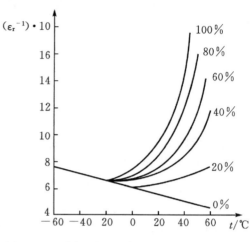

图 2-9　不同湿度下空气的 ε_r 随温度的变化

其中,$f_i = \dfrac{n_i}{n_0}$ 表示第 i 种分子的相对分子浓度;α_i 表示第 i 种分子的分子极化率。

2. 极性液体介质极化

由于极性液体介质(如水、乙醇、丙酮、氯苯、硝基苯、液体脂类等)是由具有固有电矩的分子组成的,因此除具有电子位移极化和原子位移极化之外,还应该有热转向极化存在,即

$$\alpha = \alpha_e + \alpha_T = \alpha_e + \left(\frac{\mu_0^{\ 2}}{3kT}\right) \tag{2-43}$$

所以,它们的介电常数一般远大于 2,而且 $\varepsilon_r \gg n^2$(见表 2-4)。

极性液体介质分子之间的距离较小,近邻分子的偶极矩对被研究分子的作用电场不能忽略,一般而言,也不能互相抵消。因此洛伦兹球内分子电矩所形成的电场 E_2 不为零,德拜方程失效。如果根据极性液体在高温气态下的 ε_r 值,用德拜方程求得分子固有偶极矩 μ_0,再将 μ_0 值及 n_0、k、T 等物理量参数代入德拜方程,将得出与实际结果相差很远的 ε_r 值。如水的固有偶极矩 $\mu_0 = 1.87D = 8.2\times10^{-30}$ C·m,当 $T = 293$ K 时,$n_0 = 33.7\times10^{27}$ m^{-2},代入德拜方程将算得 $\varepsilon_r = -2.83$。而实测水的 $\varepsilon_r = 81$。对于其他极性液体介质,亦有相似结果,见表 2-5。显然德拜方程不能适用于极性液体介质。

为正确估计极性液体介质中的分子有效电场,并求出能较准确地反映 ε_r 和 μ_0 等分子参数之间关系的极化方程,许多学者进行过研究,但至今尚未得到最满意的解决。下面介绍几种较为典型的修正理论。

表 2-4 极性液体的 ε_r 与 n^2

液体	温度/℃	ε_r	n^2
甲醇	14.0	32.6~32.7	1.8
丙醇	14.0	22.8	1.93
戊醇	13.5	15.9	2.02
甲酸甲酯	13.5	10.0	—
甲酸乙酯	14.0	9.1	1.82
甲酸异丁酯	13.5	8.4	—
甲酸戊酯	15.0	7.7	2.00
乙酸甲酯	14.0	7.7~7.8	1.9
乙酸乙酯	14.0	6.5	1.9
乙酸丙酯	13.0	6.3	1.9
乙酸异丁酯	14.5	5.8	2.0
乙酸戊酯	14.5	5.2	2.0
丙酸乙酯	14.0	6.0	—
丁酸乙酯	14.0	5.3	—
苯胺	14.0	7.5	
水	13.0~13.5	83.1~84.5	>1.77

表 2-5 几种极性液体的 ε_r 测量值和计算值比较

项目	水 (H_2O)	硝基苯 ($C_8H_5NO_2$)	乙醇 (C_8H_5H)	丙醇 (C_3H_7OH)	氯苯 (C_8H_5Cl)	三氯甲烷 ($CHCl_3$)
分子偶极矩 μ_0/D	1.87	3.87	1.7	1.66	1.56	1.05
分子量 M/kg	18	125	46.	66	112.5	119.2
密度 ρ(20℃) /(kg/m^3)	0.99×10^3	1.20×10^3	0.79×10^3	0.80×10^3	1.106×10^3	1.498×10^3
分子浓度 $n_0/(1/m^3)$	3.37×10^{28}	0.582×10^{28}	1.04×10^{28}	0.807×10^{28}	0.596×10^{28}	0.756×10^{28}
光折射率 n_D, n_D^2	1.32,1.77	1.553,2.405	1.362,1.850	1.385,1.920	1.525,2.325	1.416,2.090
ε_r(20℃)	81	36.45	25.8	22.2	10.3	5.1
按德拜方程计算 ε_r 值	−2.83	−3.75	−13.5	−337	12.8	4.62
按昂札杰公式计算 ε_r 值	31.6	30.1	9.85	7.82	6.05	3.95
按柯克伍德公式计算 ε_r 值	67—82	—	9.67	8 1	—	—

1)德拜修正理论

德拜对极性液体介质分子的有效电场进行了修正,认为由于外电场引起介质分子上的作用电场,仍然是洛伦兹内电场($E_i = E + \dfrac{P}{3\varepsilon_0}$),而洛伦兹球内分子的作用电场 E_2,则用一个邻近分子内电场 F 来表示。因为液体分子的热运动较强,分子间的相对位置是不断变化的,所以,F 不断改变它的大小和方向。为简化起见,德拜假设分子内电场 F 是一数值恒定,但方向在慢慢变化的矢量场,而外电场一般比邻近分子内电场要小得多,并设 F 在空间任意方向定向的概率均相等,而与外电场无关。

按德拜对极性液体的极化修正理论模型,假定极性介质分子基本上是定向在分子内电场 F 的方向作热运动,在无外电场作用时($E = 0$),极性分子在内电场 F 方向投影分量的平均电矩 $\overline{\mu}_F$ 可按式(2-34)求得:

$$\overline{\mu}_F = \mu_0 L\left(\frac{\mu_0 F}{kT}\right) \tag{2-44}$$

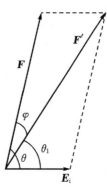

假设 F 大小恒定,方向紊乱,即 F 在任意空间方向具有相同的定向概率,所以此时每一极性分子的 $\boldsymbol{\mu}_F \neq 0$,而介质总的平均电矩为零。

当有外电场存在时($E \neq 0$),作用在极性分子上的定向电场将由 F 变为 F'。

$$F' = F + E_i \tag{2-45}$$

此时 μ_0 在 F' 方向的投影分量为

$$\overline{\mu}_{F'} = \mu_0 L\left(\frac{\mu_0 F'}{kT}\right) \tag{2-46}$$

式中,$L(a)$ 为朗之万函数。$\overline{\mu}_F$ 在 E_i 方向的平均的投影分量见图 2-10。

图 2-10　德拜修正理论内电场示意图

$$\overline{\mu}_{E_i} = \overline{\mu}_F \cos\theta_1 = \mu_0 L\left(\frac{\mu_0 F'}{kT}\right)\cos\theta_1 \tag{2-47}$$

在 $\dfrac{E_i}{F} \ll 1$ 的弱电场作用下,可以求得

$$F' \approx F\left[1 + \left(\frac{E_i}{F}\right)\cos\theta\right] \tag{2-48}$$

$$\overline{\mu}_{E_i} = \left(\frac{\mu_0^2 E_i}{3kT}\right)\left[1 - L^2\left(\frac{\mu_0 F}{kT}\right)\right] = \left(\frac{\mu_0^2 E_i}{3kT}\right)R(Y) \tag{2-49}$$

德拜称 $R(Y) = 1 - L^2\left(\dfrac{\mu_0 F}{kT}\right)$ 为极性分子旋转的减少因素;$R \leqslant 1$,这可以看成是由于极性分子相互作用的邻近分子内电场阻碍了极性分子沿外电场方向定向

的几率，它将使外电场方向形成的平均剩余电矩 $\overline{\mu}_{E_i}$ 减少，等效热转向极化率 $\alpha_{\mu T}$ 降低。

$$\alpha_{\mu T} = \frac{\overline{\mu}_{E_i}}{E_i} = \frac{\mu_0^2}{3kT}\left[1 - L^2\left(\frac{\mu_E F}{kT}\right)\right] = \frac{\mu_0^2}{3kT}R(Y) \qquad (2-50)$$

德拜方程可修正如下：

$$\Pi = \frac{(\varepsilon_r - 1)M}{(\varepsilon_r + 2)\rho} = \frac{N_0}{3\varepsilon_0}\left[\alpha_e + \frac{\mu_0^2}{3kT}R(Y)\right] \qquad (2-51)$$

当邻近分子内电场 F 比 E_i 大，但 $Y = \mu_0 F/(kT) < 1$ 时，则 $L^2(Y) = Y^2/9$，$R(Y) = 1 - Y^2/9$。当极性液体介质气化为气体时，分子之间距离变大，分子之间内电场 F 很小，即 $Y \approx 0$，因而 $R(Y) \approx 1$，德拜修正方程式(2-51)就可以变为对极性气体介质适用的德拜方程(2-39)。

如用极性介质处于气态情况下的 ε_r 值，代入德拜方程求得极性分子的固有电矩 μ_0 及位移极化率 α_e，再将介质处于液态时测得的 ε_r、M、ρ、N_0 等值代入式(2-49)，即可求得 $R(Y)$ 估算出极性分子之间内电场 F 值的大小。以水为例，$R(Y) = 0.2$，$Y = 10$，$F = 6 \times 10^7$ V/cm。显然，此值比一般外电场 E 要强得多，但与水分子偶极子在分子距离上所产生的电场强度有相同的数量级。由于这样高的相邻分子内电场 F 存在，决定分子定向的电场将是 $\boldsymbol{F}' = \boldsymbol{F} + \boldsymbol{E}_i$，而不是 $\boldsymbol{E}_i$，偶极子将趋向在 $\boldsymbol{F}'$ 方向定向，同时 $\boldsymbol{E}_i \ll \boldsymbol{F}$，所以，由德拜修正理论所得，极性液体介质在强电场下发生介电常数饱和效应也比从自由旋转理论所得出的要弱的多，实验结果也证明了这一结论。

安瑟伦(Anselm)还对德拜方程作了进一步的修正，他考虑到外电场存在时引起分子内电场 F 的变化，使德拜修正方程更为合理。然而这些理论中，对分子内电场 F 都是一种理想化的假设，它的大小只能通过实验值和修正方程来间接推定，而不能从介质微观结构参数直接求得 F 值，这是此理论的不足之处。

2）昂萨格(Onsager)理论

昂萨格理论假定：被考察的极性分子可看成是一个半径为 a 的空球，球心有一个点偶极子，其偶极矩为 $\boldsymbol{m}$，而

$$\boldsymbol{m} = \boldsymbol{\mu}_0 + \alpha \boldsymbol{E}_i \qquad (2-52)$$

式中，$\boldsymbol{E}_i$ 为作用在极性分子上有效电场；α 为分子位移极化率，它包括电子位移极化率 α_e 及原子极化率 α_a；$\boldsymbol{\mu}_0$ 为极性分子的固有偶极矩。

分子球外的介质认为是具有宏观介电常数的连续介质，球内媒质认为是真空。在有外电场作用时，极性液体分子受到空球电场（$\boldsymbol{G}$）的作用和反作用电场（$\boldsymbol{R}$）的作用，如图 2-11 所示。

$$\boldsymbol{E}_i = \boldsymbol{G} + \boldsymbol{R} \qquad (2-53)$$

空球电场(G)是外电场在球内造成的电场,它不等于宏观平均电场,也不等于洛伦兹内电场,用拉普拉斯方程可以解出。

$$G = \frac{3\varepsilon_r}{2\varepsilon_r + 1} E \qquad (2-54)$$

G 与外施电场 E 方向相同。

反作用电场则是位于空球中心上的电偶极子使周围介质极化形成感应电荷,这些感应电荷在球内产生的电场,可用拉普拉斯方程解出。

$$R = \frac{2(\varepsilon_r - 1)}{2\varepsilon_r + 1} \frac{m}{4\pi\varepsilon_0 a^2} \qquad (2-55)$$

昂萨格又假定分子球的体积等于分子的固有体积

$$\frac{4\pi n_0 a^3}{3} = 1 \qquad (2-56)$$

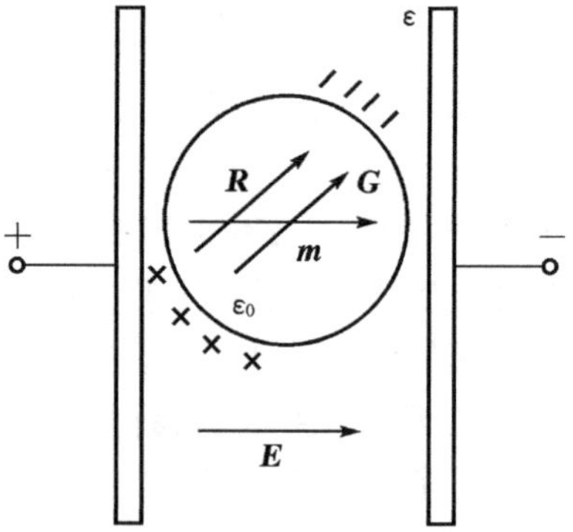

并考虑到光频下 $\varepsilon_\infty \approx n^2$,此时只存在分子位移极化 α,故 n^2 与 α 的关系符合克-莫方程,即

图 2-11　昂萨格理论中对极性分子作用内电场示意图

$$\frac{(n^2 - 1)}{(n^2 + 2)} = \frac{n_0 \alpha}{3\varepsilon_0} \qquad (2-57)$$

联合式(2-52)～式(2-57)可得

$$m = \mu_1 + \alpha_1 E \qquad (2-58)$$

其中

$$\mu_1 = \frac{(n^2 + 2)(2\varepsilon_r - 1)}{3(2\varepsilon_r + n^2)} \mu_0 \qquad (2-59a)$$

$$\alpha_1 = \frac{(n^2 + 2)\varepsilon_r}{3(2\varepsilon_r + n^2)} \alpha = \frac{\varepsilon_r(n^2 - 1)}{2\varepsilon_r + n^2} 4\pi\varepsilon_0 a^3 \qquad (2-59b)$$

μ_1 是极化时极性分子总电矩 m 在原分子 μ_0 电矩方向的分量,也代表无外电场存在时($E = 0$)液体中极性分子的真实电矩,它比 μ_0 要大,这是由于反作用电场 R 对该分子的极化作用使该极性分子的偶极矩增加所致。

α_1 是电场作用下极性分子在外电场方向的等值位移极化率,显然,此时在外电场作用下,位移极化强度 P_1 可写为

$$P_1 = n_0 \alpha_1 E = \frac{(n^2 - 1)\varepsilon_r}{2\varepsilon_r + n^2} 4\pi\varepsilon_0 a^3 n_0 E \qquad (2-60)$$

极性分子转向所产生的感应电矩,则要由 μ_1 的空间分布情况的变化所决定。μ_1 在电场方向分量的平均值,可用极性气体热转向极化率相似的方法求得。此时

决定分子转向的电场是 $\boldsymbol{G}$, $\boldsymbol{R}$ 与 $\boldsymbol{\mu}_1$ 同方向故不涉及分子的转向势能变化,即

$$\overline{\mu_1} = = \frac{\mu_1 \int_0^\pi \cos\theta \exp(-\frac{\mu_1 G\cos\theta}{kT})\sin\theta d\theta}{\int_0^\pi \exp(-\frac{\mu_1 G\cos\theta}{kT})\sin\theta d\theta} = \mu_1 L(\frac{\mu_1 G}{kT}) \qquad (2-61)$$

当 $\frac{\mu_1 G}{kT} \ll 1$ 时, $\mu_1 = \frac{\mu_1^2 G}{3kT}$, μ_1 所形成的极化强度用 $\boldsymbol{P}_2$ 表示,则

$$\boldsymbol{P}_2 = \frac{n_0 \mu_1^2 \boldsymbol{G}}{3kT} = \frac{n_0 \mu_1^2}{3kT}\frac{3\varepsilon_r}{2\varepsilon_r + 1}\boldsymbol{E} \qquad (2-62)$$

总极化强度 $\boldsymbol{P} = \boldsymbol{P}_1 + \boldsymbol{P}_2$

$$\boldsymbol{P} = n_0 \alpha_1 \boldsymbol{E} + \frac{n_0 \mu_1^2}{3kT}\frac{3\varepsilon_r}{2\varepsilon_r + 1}\boldsymbol{E} \qquad (2-63)$$

考虑到 $\boldsymbol{P} = \varepsilon_0(\varepsilon_r - 1)\boldsymbol{E}$,并把 α_1 用式(2-59b)代入可得

$$\varepsilon_0(\varepsilon_r - 1) = \frac{(n^2 - 1)\varepsilon_r}{2\varepsilon_r + n^2}4\pi\varepsilon_0 n_0 a^3 + \frac{n_0 \mu_1^2}{3kT}\frac{3\varepsilon_r}{2\varepsilon_r + 1}E \qquad (2-64)$$

再将 $\boldsymbol{\mu}_1$ 用式(2-59a)代入,并用式(2-56)条件,最后整理可得昂萨格方程的一般形式:

$$\frac{(2\varepsilon_r + n^2)(\varepsilon_r - n^2)}{\varepsilon_r (n^2 + 2)^2} = \frac{n_0 \mu_0^2}{9\varepsilon_0 kT} \qquad (2-65)$$

当强极性液体 $\varepsilon_r \gg n^2$,即偶极子转向极化对总极化的贡献远比位移极化大时,上式可化简为

$$\varepsilon_r = \frac{(n^2 + 2)^2 \mu_0^2 n_0}{18\varepsilon_0 kT} \qquad (2-66)$$

显然,当 μ_0 很大时,上式不会像德拜方程得到负的 ε_r 值。若将 $\mu_0 = 0$ 及 $\varepsilon_r = n^2$ 代入式(2-64)及式(2-59b),则可得到克-莫方程

$$\varepsilon_0(\varepsilon_r - 1) = \frac{[n_0 \alpha(\varepsilon_r + 2)]}{3}$$

即

$$\frac{(\varepsilon_r - 1)}{(\varepsilon_r + 2)} = \frac{n_0 \alpha}{3\varepsilon_0}$$

由上述讨论可以看出,昂萨格理论比克-莫方程及德拜方程有所进展。如把从极性气体求得的极性分子偶极矩 μ_0 ,代入极性液体介质,用昂萨格方程计算所得的 ε_r 与实验值能定性相符,见表2-5。其中(n_0 , μ_0^2)值较大的强极性液体,按昂萨格方程计算的 ε_r 值及实验值都较大,但严格定量比较,计算值与实验值还有明显相差,计算值都偏低,这是由于昂萨格模型本身有一定的缺点所致。其主要缺点如下:

(1)昂萨格极性分子的模型,采用了位于空球中心的点偶极子作模型,忽略了

极性分子内原子的复杂排列情况。

（2）被研究极性分子之外的所有的极化，都用具有一定宏观介电系数 ε_r 的连续介质来考虑，完全忽略了临近分子的影响，这对含有氢键的强极性介质（如水、乙醇等）将引入明显的误差。

3）柯克伍德(Kirkwood)统计理论

柯克伍德统计理论是针对昂萨格理论的缺点加以修正的，他考虑了分子间的转向相互作用，并运用吉布斯统计方法进行推求。柯克伍德分析转向极化时，不像昂萨格那样只考察一个分子，而是考察包括周围分子所组成的一个球形介质区 B，此球半径 r_0 比分子尺寸大得多，而且是整个介质 A 的一部分。为简化计算，取介质总体 A 也为球形，其半径 $R \gg r_0$，这样，球 B 外面的介质极化作用就可当作具有宏观介电常数 ε 的均匀连续介质来处理，见图 2-12。

设介质球 A 处于电场强度为 E_0 的均匀电场中，如球 B 中心有一分子其偶极矩为 μ_i，由于分子之间的相互影响作用，整个球 B 的分子都将以一定方式发生偏转，在整个球 B 中心形成一电矩 M_B，此电矩大小与 μ_i 不同，由于对称性和周围都是同种分子，具有相同的 μ_i，故可以认为 M_B 的方向与 μ_i 一致，大小与 μ_i 成比例，即

$$M_B = g\mu_i \tag{2-67}$$

由于 μ_i、M_B 的作用，球 A 上也形成一感应电矩 M_A，柯克伍德通过解静电场的拉普拉斯方程，用 $R \to \infty$，以忽略 A 球表面形成感应电荷的影响，求得

$$M_A = \frac{9\varepsilon_r M_B}{(\varepsilon_r + 2)(2\varepsilon_r + 1)} \tag{2-68}$$

对于极性分子转向形成的剩余电矩，则用吉布斯公式来求取，但极性分子与外电场的相互作用能，此处是用位能（$M_A \cdot E_0$）来考虑。

$$\mu_{iE} = \frac{\int \cdots \int \mu_{iE} \exp[-\dfrac{U_N - M_A \cdot E_0}{kT}] \mathrm{d}\tau_1 \cdots \mathrm{d}\tau_K}{\int \cdots \int \exp[-\dfrac{U_N - M_A \cdot E_0}{kT}] \mathrm{d}\tau_1 \cdots \mathrm{d}\tau_K} \tag{2-69}$$

式中，U_N 为分子间的相互作用势能；M_A 为分子偶极矩 μ_i，使介质球 A 形成的电矩；$\mathrm{d}\tau_K$ 为第 K 个分子单元位移空间，表示它的位移和转向。

把积分函数按 E_0 作幂级数展开，并取一次项可得

$$\overline{\mu_{iE}} = \frac{E_0}{KT} \overline{\mu_{iE} M_{AB}} \tag{2-70}$$

$$\overline{\mu_{iE} M_{AE}} = \mu_{iE} \left(\sum_{K=1}^{M} M_{AK}\right)_E \tag{2-71}$$

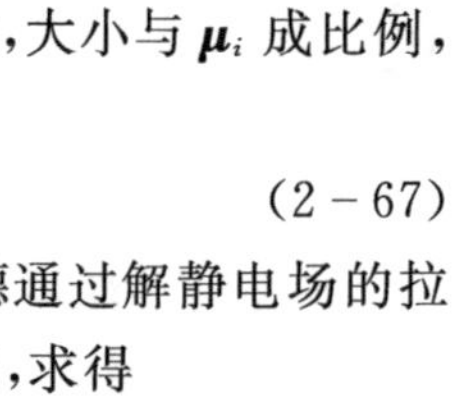

图 2-12　柯克伍德统计理论计算示意图

式中：$\overline{\mu_{iE}M_{AE}}$ ——无外电场情况下 $\mu_{iE}M_{AE}$ 的平均值；

$\quad$ M_{AE} ——在 μ_i 方向一定，介质中其他分子的偶极矩处于某些确定方向时，

$\quad\quad\quad\quad$ 球 A 形成的感应电矩 $M_A{}'$ 在电场强度 E_0 方向的投影，$M_{AB} = $

$\quad\quad\quad\quad$ $(\sum\limits_{K=i}^{M}\boldsymbol{M}_{AK})_E$；

$\quad$ M_{AK} ——第 K 个分子偶极矩 μ_K 定向在一定方向时，球 A 产生的感应电矩。

$\quad\quad\quad\quad$ 在无外电场情况下，$K\neq i$ 时 $\overline{\mu_{iE}M_{AKE}}=0$，而 $K=i$ 时 $\overline{\mu_{iE}M_{AiK}}\neq0$。

$$\overline{\mu_{iE}M_{AE}} = \overline{\mu_{iE}M_{AiE}} = \overline{\mu_i\cos\theta_i M_{Ai}\cos\theta_i} = \overline{\mu_i M_{Ai}\cos\theta_i{}^2} = \mu_i M_{Ai}\overline{\cos^2\theta_i}$$

$$(2-72)$$

式中：μ_i ——介质中某一分子的偶极矩，若介质由同一种介质组成，则 μ_i 为一恒定

$\quad\quad\quad\quad$ 值 μ，而且 $\mu_i = \mu$；

$\quad$ $\overline{M_{Ai}}$ ——由于 μ_i 定向球 A 感应出电矩的平均值，它与电场的方向和强度无

$\quad\quad\quad\quad$ 关，因此与 θ_i 无关，所以可以独立求取，在同种分子组成的介质中

$\quad\quad\quad\quad$ $\overline{M_{Ai}} = M_A$；

$\quad$ θ_i ——偶极子 $\boldsymbol{\mu}_i$ 与外电场 $\boldsymbol{E}_0$ 的夹角，由于此时是求取在无外电场情况下的

$\quad\quad\quad\quad$ 平均值，因此对于空间定向任意的 $\overline{\mu}_i$，有

$$\cos^2\theta_i = \frac{1}{3}$$

$$\overline{\mu_E} = \frac{\mu M_A E_0}{3kT} \qquad (2-73)$$

按在球形介质中计算电场的方法，解拉普拉斯方程，可以求得外电场强度 E_0 与介质球 A 内的电场强度 E 之间的关系式：

$$E_0 = (\varepsilon_r + 2)\frac{E}{3} \qquad (2-74)$$

综合前式可得

$$P = n_0\overline{m}_K = \frac{n_0 g\mu^2\varepsilon_r}{(2\varepsilon_r+1)kT}E + \frac{3n_0\alpha_e\varepsilon_r}{(2\varepsilon_r+1)}E \qquad (2-75)$$

$$\varepsilon_r - 1 = \frac{P}{\varepsilon_0 E} = \frac{3\varepsilon_r}{\varepsilon_0(2\varepsilon_r+1)}n_0(\alpha_e + \frac{g\mu^2}{3kT}) \qquad (2-76)$$

当 $\varepsilon_r \gg 1$ 时，上式可近似为

$$\varepsilon_r - 1 = \frac{3n_0}{2\varepsilon_0}(\alpha_e + \frac{g\mu^2}{3kT}) \qquad (2-77)$$

$\quad\quad$ 对于水，柯克伍德假定，只考虑最邻近的 Z 个偶极分子的定向，并计算这些分子在 μ 方向的平均投影，可得 $g = (1 + Z\cos\gamma)$。

$\quad\quad$ 取 $Z=4$，$\cos\gamma=0.41$，$g=2.64$，按式（2-73）求得水的 $\varepsilon_r=67$，如取 $\cos\gamma=$

0.5,则 $\varepsilon_r = 82$,就与实验值 $\varepsilon_r = 81$ 相当一致。然而各种极性液体介质的 g 值还不能从液体介质的微观结构参数中直接求得,通常多由 ε_r 值来反推 g 值,这样计算值与实验值的相符就没有什么理论意义了。因此,目前极性液体介质的极化理论还是不完善的。

3. 极性固体介质的极化

极性固体介质由具有偶极矩的分子所组成,因此极化时不仅具有电子位移极化,而且存在转向极化。在低温下,分子间的束缚能力增加,分子热动能减少,分子不足以产生整个分子和基团的自由转动,此时转向极化机理主要为弹性转向极化。在高温时,则基团极化具有热转向极化方式。

由于极性固体分子中内电场难以定量决定,因此目前适合于极性固体的极化方程未能建立,一些已知的极化理论只能对实验结果作定性的说明。下面把弹性联系转向极化机理作一分析。

设一具有偶极矩为 μ_0 的极性分子,由于受到分子间的束缚势垒 $|U_0|$ 而束缚在某一方向,束缚势垒对 μ_0 的作用可用一分子束缚内电场 F 来表征,$\boldsymbol{\mu}_0$ 定向在 $\boldsymbol{F}$ 方向。

$$|U_0| = F\mu_0$$

当加以均匀的恒定电场到介质分子上,如 E_i 与 F 成一 θ 角时,μ_0 将受到一转矩,使 μ_0 偏转 $\Delta\theta$ 角,此力矩 M_E 可写成

$$\boldsymbol{M}_E = \boldsymbol{\mu}_0 \times \boldsymbol{E}_i = -\mu_0 E_i \sin(\theta - \Delta\theta) ,$$

由于 μ_0 的偏转将产生一反转矩,在 $\Delta\theta$ 较小时,此转矩 M_F 可写成

$$\boldsymbol{M}_F = \boldsymbol{\mu}_0 \times \boldsymbol{F} = \mu_0 F\sin(\Delta\theta) \tag{2-78}$$

平衡态下,如图 2-13 所示,

$$\boldsymbol{M}_E + \boldsymbol{M}_F = 0$$

$$\mu_0 E_i \sin(\theta - \Delta\theta) = \mu_0 F\sin(\Delta\theta)$$

则

$$\sin(\Delta\theta) = \frac{E_i}{F}\sin(\theta - \Delta\theta) \tag{2-79}$$

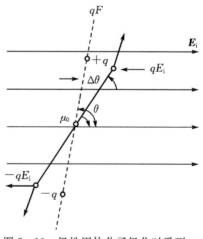

图 2-13　极性固体分子极化时受到
　　　　　分子内电场示意图

当极性分子束缚很强,而外电场不很大时,$F \gg E_i$,$\Delta\theta$ 很小,可得到

$$\sin(\Delta\theta) = \frac{E_i}{F}\sin\theta \tag{2-80}$$

由于这一 $\Delta\theta$ 的偏转,分子偶极矩 μ_0 在外电场方向的分量将有一增量

$$\Delta\mu = \mu_0 \cos(\theta - \Delta\theta) - \mu_0 \cos\theta$$
$$= \mu_0 [\cos\theta\cos(\Delta\theta) + \sin\theta\sin(\Delta\theta) - \cos\theta]$$
$$= \mu_0 \left[\sin\theta\sin(\Delta\theta) - 2\sin^2\left(\frac{\Delta\theta}{2}\right)\cos\theta\right]$$

当 $\Delta\theta$ 很小时,后一项相对于前一项可以忽略,即

$$\Delta\mu \approx \mu_0 \sin\theta\sin(\Delta\theta) = \mu_0 E_i \sin^2\frac{\theta}{F} = \frac{\mu_0^2 \sin^2\theta}{|U_0|}E_i \qquad (2-81)$$

极性分子的弹性转向极化率为

$$\alpha_\mu = \frac{\Delta\mu}{E_i} = \frac{\mu_0^2 \sin^2\theta}{|U_0|} \qquad (2-82)$$

介质的极化强度为

$$P = n_0 \oint_s \frac{\Delta\mu \mathrm{d}\Omega}{\Omega} = n_0 \left[\frac{\mu_0^2 E_i}{4\pi |U_0|}\right] \int_0^\pi \sin^2\theta \cdot 2\pi\sin\theta\mathrm{d}\theta$$
$$= \frac{2n_0\mu_0^2 E_i}{3|U_0|} \qquad (2-83)$$

极性分子的宏观平均弹性转向极化率为

$$\overline{\alpha}_\mu = \frac{P}{n_0 E_i} = \frac{2\mu_0^2}{3|U_0|}$$

这种极化建立时间很快,$\tau = 10^{-12}$ s,通常难以与原子位移极化分开,所以,有的书中就不作为一种独立的极化方式来讨论,但要注意的是这种弹性转向极化率与温度有关,随着温度的上升,分子之间的距离增大,束缚势垒 $|U_0|$ 下降,α_μ 增大,这与原子位移极化 α 与温度无关不同。在极性高分子材料中,往往极性基团呈热转向极化特性。而整个分子或长的链节,在常温固态下,则为弹性转向极化,因而导致介电常数 ε 随温度的变化具有多种特性。

有些极性介质如硝基甲烷(CH_3NO_2)在凝固点($T = 244.68$ K)处,从液态转化为固态时,ε_r 会突然由 45.5 剧降为 3.93,温度再降,ε_r 变化不大,如图 2-14 所示。其他如硝基苯、苯胺等亦有类似现象。可以认为这些物质分子在凝固时,由于晶体内极性分子的排列规则形成很强烈的内电场,此时极性分子失去热转向极化的可能,只有弹性转向极化和电子位移极化存在,故 ε_r 激烈下降。另一类极性晶体如冰 $\varepsilon_r = 80 \sim 81$,与其液态下的 ε_r 差不多相等。这可能是由于在熔点下冰的密度小于水的密度,表明冰的分子排列还不及水的紧密。冰晶体中的极性集团(羟基OH)仍能自由转动,极化机理在凝固点处未发生重大变化,故无 ε_r 跃变。固态盐酸(HCl)亦属此类。

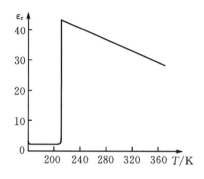
　图 2-14　硝基甲烷 ε_r 随温度的变化

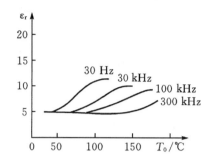
图 2-15　不同频率下未增塑聚氯乙烯的 $\varepsilon_r = f(T)$

　　在工程中广泛应用的有机固体介质,大多数是高分子聚合物。其中许多是由不对称的极性链节所构成,如聚氯乙烯、纤维素、聚酯等,它们都属于极性固体介质。它们没有明显的熔点,热转向极化主要是由极性基团的转动所贡献,而整个大分子是不能完全自由定向的,在玻璃化温度 T_g 以上,聚合物处于高弹性状态,同时,在非晶相区的分子,较大链节能够运动,这就产生热转向极化,ε_r 上升。当温度再增高时,由于热运动阻碍了极性基团和分子链节在电场方向的定向,因而 ε_r 又逐渐下降,所以 ε_r 随温度的变化出现一峰值,见图 2-15。

2.1.4　离子型固体介质的极化

　　无机固体电介质大多数是由离子构成的,按其结构状态可分为两大类。

　　(1)离子晶体:如各种碱卤晶体($NaCl$、KB_r 等),金红石(T_iO_2)、钙钛矿($CaTiO_3$)、钛酸钡($BaTiO_3$)等,它们是具有规则点阵排列的物质。

　　(2)离子型非晶体:如各种玻璃,它们由 SiO_2 或 B_2O_3 形成主结构键,同时存在许多碱金属离子和碱土金属离子,以离子键与主结构键相连,成为结构不规则的非晶体。有些介质,如陶瓷,则有许多细晶体和玻璃相混合组成。

　　离子晶体的极化主要是电子位移极化和离子位移极化,由于存在弱束缚离子,因此还具有明显的热离子极化。这类固体介质按其结构组成的不同,ε_r 和 n_D^2 可能在很大的范围内变化,见表 2-6,而且 ε_r 远大于 n_D^2,这主要是由于不同形式的内电场引起不同程度的离子位移极化所致。某些特定结构的离子晶体,如 $BaTiO_3$,还能形成具有强烈局部定向极化电畴的铁电体,这种晶体具有很高的介电常数,并有许多的特殊功能特性,故它已发展成电介质中独特的一类。

表 2-6　离子型固体介质的相对介电常数 ε_r 和折射率 n_D 值

介质名称	n_D	$n_D{}^2$	ε_r
NaCl	1.54	2.37	6.3
KCl	1.49	2.22	4.9
KNO₃	1.50	2.25	5.0
CaCO₃	1.66	2.78	6.14
CuO	2.63	6.92	18.0
SnO₂	2.09	4.37	24.0
PbO	2.60	6.76	14.0
PbS	3.91	15.3	26.0
Pb(CO₃)₂	2.08	4.34	18.0
CaTiO₃	2.30	5.29	13～15
TiO₂	2.70	7.3	114
BaTiO₃			1000～10000
PbSO₄	1.88	3.54	14.0

1. 离子型固体介质的电子位移极化

离子型固体介质极化包含电子位移极化和离子位移极化两部分。离子位移极化建立的时间为 $10^{-13} \sim 10^{-12}$ s,比电子位移极化建立所需的时间($10^{-15} \sim 10^{-14}$ s)要长,因此在可见光频下($f = 3.2 \sim 7.5 \times 10^{14}$ Hz),离子介质中,离子位移极化来不及建立,仅存在电子位移极化。此时相对介电常数 $\varepsilon_{r\infty} = n^2$、$P = n_0 \alpha_0 E_i$,由于 $n_0 \propto 1/a^3$ 所以

$$\varepsilon_{r\infty} - 1 = n^2 - 1 = \frac{P}{\varepsilon_0} E = \frac{n_0 \alpha_0 E_i}{\varepsilon_0 E} \propto \frac{\alpha_0}{a^3} \qquad (2-84)$$

式中,$\varepsilon_{r\infty}$ 为光频下介质的相对介电常数;a 为离子半径;n 为光折射率。

显然,要介质具有较高的折射率就必需选择有较高的 a_e/a^3 值的离子来构成,就是要选用具有较大 K 值的离子来构成($K = \dfrac{\alpha_e}{4\pi a^3}$)。$O^{2-}$、$S^{2-}$、$P_b^{2+}$、$T_i^{4+}$ 等离子 K 值较高,所以光学仪器中,所用高折射率晶体材料多采用含铅玻璃制备,光纤通讯应用不同折射率的光纤材料,也可通过调节材料组成成分,以控制光介质的电子位移极化率来获得。

2. 离子型介质的离子弹性位移极化

离子型介质在低频下 $\varepsilon_r > n^2$,其主要原因是由于存在离子极化,而按离子极

化的方式有两种类型：

(1)离子弹性位移极化：离子型介质中普遍存在的一种极化方式。

(2)热离子位移极化：存在于具有弱束缚离子和高低势垒的非晶态介质中。

本节首先讨论以离子弹性位移极化为主要极化方式的离子型介质。它们包含 ε_r 较低($\varepsilon_r < 10$)晶体结构对称的一类离子晶体(如 NaCl 等碱卤晶体)和 ε_r 较高($\varepsilon_r > 10$)的一类离子晶体(如 TiO_2 等)。

1)离子弹性位移极化率 α_i 与 ε_r 较低离子晶体的极化方程

离子键组成的介质，在电场作用下，除了离子中的电子相对于核要产生电子位移极化外，正负离子也要发生相对弹性位移，产生感应电矩，这种极化方式就成为离子弹性位移极化。这种极化在离子晶体中表现最为典型，我们首先取立方晶体(NaCl)为例，来讨论此种极化的机理和离子弹性位移极化率 α_i 与物质结构参数的关系。

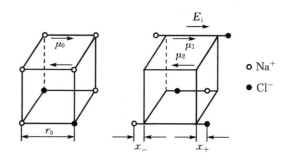

图 2 - 16　离子晶体弹性离子位移极化示意图

NaCl 离子晶体是由带正电的阳离子 Na^+ 和带负电的阴离子 Cl^- 所构成，正负相间地排列成立方体点阵，离子间的距离为 r_0。NaCl 晶体的晶胞，可以看做由四对 Na^+ — Cl^- 离子所组成，见图 2 - 16，每对正负离子构成一个电偶极矩 $\mu_0 = qr_0$，晶体晶胞中共构成四个电偶极矩，但两个向左，两个向右，故总的电矩为零。在无外电场作用时，整个 NaCl 晶体的总电矩也应为零。

如 NaCl 晶体处于电场中，离子受到电场 E_i 的作用，Na^+ 将沿电场方向移动一个距离 x_+，Cl^- 则沿反电场方向移动一个距离 x_-，两离子之间的距离将有一变量 $x = x_+ + x_-$。这时，与 E_i 同向的电矩，将增加 qx，$\mu_1 = \mu_0 + qx$，而与 E_i 有相反方向的电矩，将减少 qx，$\mu_2 = -(\mu_0 - qx) = -\mu_0 + qx$。因此每一对 Na^+—Cl^- 离子均在电场方向形成一感应电矩 m_i

$$m_i = qx \qquad\qquad (2-85)$$

式中，x 为正负离子的位移，方向取 x_+ 移动方向为正。在电场强度 E_i 不很强时，x 与 r_0 相比较小时，则离子的恢复力 F 将与 x 成正比，方向与 x 相反，即 F 为一准弹性力，

$$F = -Kx \qquad\qquad (2-86)$$

在电场作用下，离子将受到电场力 F' 和离子恢复力 F 的共同作用，此两力平衡

$$\boldsymbol{F}' = -\boldsymbol{F}\ ,\ \boldsymbol{F}' = q\boldsymbol{E}_{\mathrm{i}}$$

所以 $q\boldsymbol{E}_{\mathrm{i}} = K\boldsymbol{x}$ ，代入式（2-85）即可求得晶体的离子极化率：

$$\alpha_{\mathrm{i}} = \frac{\boldsymbol{m}_{\mathrm{i}}}{\boldsymbol{E}_{\mathrm{i}\,i}} = \frac{q\boldsymbol{x}}{\boldsymbol{E}_{\mathrm{i}\,i}} = \frac{q^2}{K} \tag{2-87}$$

离子晶体中的弹性联系系数 K，可通过晶体中的势能变化来求得。设离子在晶体中势能为 U，当产生离子极化时引起的势能增量与位移 x 有关时，如位移较小，此时的势能 $U(r_0,x)$ 可用泰勒（Taylor）级数展开，

$$U(r_0,x) = U(r_0,0) + \frac{\mathrm{d}U(r_0,x)}{\mathrm{d}x}\Big|_{x=0}x + \frac{\mathrm{d}^2 U(r_0,x)}{\mathrm{d}x^2}\Big|_{x=0}x^2 + \cdots \tag{2-88}$$

式中，$U(r_0,0)$ 为离子晶体上未施加电场时，离子的相互作用势能；$U(r_0,x)$ 为离子晶体上加以电场，离子产生位移极化时，离子的相互作用势能。

平衡状态下 $U(r_0 x)$ 在 $x=0$ 处势能最低，故 $\mathrm{d}U(r_0,x)/\mathrm{d}x_{x=0} = 0$ 。

离子在准弹性力（$\boldsymbol{F} = -K\boldsymbol{x}$）的作用下引起的势能变化可以写成位移 x 的函数，即

$$U(r_0,x) = U(r_0,0) + \frac{Kx^2}{2} \tag{2-89}$$

比较式（2-88）和式（2-89），考虑到晶体处于稳态下，并忽略式（2-88）中的 x 高次项，可以得到

$$K = \frac{\mathrm{d}^2 U(r_0,x)}{\mathrm{d}x^2}\Big|_{x=0} \tag{2-90}$$

因此有

$$\alpha_{\mathrm{i}} = \frac{q^2}{\dfrac{\mathrm{d}^2 U(r_0,x)}{\mathrm{d}x^2}\Big|_{x=0}} \tag{2-91}$$

这对于一般离子化合物均可适用，为运算方便我们仍以 NaCl 立方晶体为例，来定量讨论 $U(x)$ 和 α_{i} 值与晶体常数的关系。

从固体物理已知，NaCl 晶体中 Na^+ 离子的势能主要是周围离子（Na^+、Cl^-）的静电能 U_1 和附近离子的电子云排斥能 U_2。总的稳态势能 $U(r) = U_1(r) + U_2(r)$，如图 1-10 和图 1-16 所示。

$$U_1(r) = \frac{-Ae^2}{4\pi\varepsilon_0 r} \tag{2-92}$$

式中，A 为马德隆（Madelung）常数，对于 NaCl 晶体，$A=1.75$。

$$U_2(r) = \frac{6b}{4\pi\varepsilon_0 r^n} \tag{2-93}$$

式中，b 为常数；n 为电子云排斥能指数，对于 NaCl，$n=7.8\sim11.3$。

在发生离子位移极化时，静电能对位移 x 在 $x=0$ 处的二阶导数 $\mathrm{d}^2 U_1/\mathrm{d}x^2$ 经

计算为零,故只要确定 $\mathrm{d}^2 U_2/\mathrm{d}x^2$ 即可求得 α_i。

如果考虑 Na^+ 离子最近四周的 6 个 CI^- 离子的电子云排斥作用,并采用 $\dfrac{\mathrm{d}U}{\mathrm{d}x}=0$ 条件即可求得

$$\left.\frac{\mathrm{d}^2 U}{\mathrm{d}x^2}\right|_{x=0}=\left.\frac{\mathrm{d}^2 U_2}{\mathrm{d}x^2}\right|_{x=0}=\frac{A(n-1)e^2}{12\pi\varepsilon_0 r^3}$$

$$\alpha_i=\frac{e^2}{\left.\dfrac{\mathrm{d}^2 U}{\mathrm{d}x^2}\right|_{x=0}}=\frac{12\pi\varepsilon_0 r_0^3}{A(n-1)} \tag{2-94}$$

以 $A=1.75,n=9$ 代入,可得 NaCl 晶体的离子极化率为

$$\alpha_i\approx 0.24\times 10^{-10}r_0^3 \tag{2-95}$$

取 $r_0=10^{-10}$ m 来估算 $\alpha_i=0.2\times 10^{-40}$ F·m²,α_i 与电子位移极化率 α_e 有相似的数量级。此种极化的建立速度比电子位移极化建立的速度要慢 2~3 个数量级,为 $10^{-13}\sim 10^{-12}$ s,在低于红外光频率下,离子弹性位移极化就来得及建立。其他离子晶体的极化率 α_i 亦有与 NaCl 类似的关系。由于 r_0 随温度的增加而稍有增加,故 α_i 亦随温度的增加而有少许的增长。

极性分子中的带电原子或原子团,在电场作用下它们相互之间的距离也会有所变化,因而产生感应电矩。这种在分子中产生的极化称为原子位移极化,它常常被归入电子和离子位移极化中,不作单独一种极化方式来考虑。

2) 玻恩理论

玻恩(Born)还从离子振动固有频率 ν 和 K 的关系来决定各种离子晶体 α_i 值。离子晶体中,离子弹性联系系数与晶体固有振动频率有关。

$$K=m\omega^2=\frac{m_1 m_2 (20\pi\nu)^2}{m_1+m_2} \tag{2-96}$$

式中,m 为一对离子的折合质量,$m=\dfrac{m_1 m_2}{m_1+m_2}$;$m_1$、$m_2$ 分别为正负离子的质量;ν 为离子晶体中离子振动的固有频率,

$$\nu=\frac{c}{\lambda} \tag{2-97}$$

式中,c 为光速;λ 为离子晶体中离子振动的波长。故

$$\alpha_i=\frac{q^2}{K}=\frac{q^2(m_1+m_2)\lambda^2}{4\pi^2 m_1 m_2 c^2} \tag{2-98}$$

以 $m_1=\dfrac{M_1}{N_0}$,$m_2=\dfrac{M_2}{N_0}$ 代入上式,得

$$\alpha_i=\frac{q^2(M_1+M_2)N_0\lambda^2}{4\pi^2 M_1 M_2 c^2} \tag{2-99}$$

式中，M_1、M_2 分别为正负离子的原子量；N_0 为阿伏伽德罗常数。

玻恩假设近似地取 $E_i = E$，来计算离子晶体的 ε_r 值，此时

$$\varepsilon_r - 1 = \frac{n_0\alpha}{\varepsilon_0} = \frac{n_0(\alpha_0 + \alpha_i)}{\varepsilon_0} = (n^2 - 1) + \frac{n_0\alpha_i}{\varepsilon_0}$$

所以

$$\varepsilon_r = n^2 + \frac{n_0 q^2(M_1 + M_2)N_0\lambda^2}{4\pi^2 M_1 M_2 c^2 \varepsilon_0} \qquad (2-100)$$

以 $q = 1.6 \times 10^{-10}$ C, $N_0 = 6.023 \times 10^{26}$ kmol^{-1}, $c = 3 \times 10^8$ m/s, $\varepsilon_0 = 8.85 \times 10^{12}$ C^2/(N · m^2)

代入上式，则有

$$\varepsilon_r = n^2 + 2.95 \times 10^8 \frac{\rho\lambda^2}{M_1 M_2} \qquad (2-101)$$

式中，$\rho = n_0(m_1 + m_2) = \dfrac{n_0(M_1 + M_2)}{N_0}$，为体积密度。上式称为玻恩公式。

表 2 - 7　玻恩公式的实验比较结果

晶体	n^2	λ/μm	从玻恩公式计算 ε_r	ε_r实测值	
				最小	最大
LiF	1.92	32.6	8.1	9.2	10.0
NaCI	2.33	61.1	5.3	5.60	6.36
KCI	2.17	70.7	4.3	4.51	4.94
AgCI	4.04	97	8.1	11.2	12.6
TiCI	5.10	150	11.1	26.5	34.7
TiBr	5.41	202	11.0	29.8	32.7
PbCI$_2$	4.50	114	110.8	33.5	37.0
TiO$_2$	7.3	39	25.8	110	114

按玻恩公式计算所得 ε_r 值与实测值比较见表 2 - 7，由此可见，在 $\varepsilon_r < 10$ 的低介电常数介质中，计算值与实测值比较符合；在 $\varepsilon_r > 10$ 的高介质常数介质中则不符合。看来，这是与玻恩把分子内电场强度 E_i 假定等于宏观电场强度 E 所引起的。ε_r 较小时，E_i 与 E 的相差较小，但 ε_r 较高时，E_i 与 E 的相差较大不能忽略。

3）斯卡那维理论

表 2 - 7 的数据表明，对于 TiO$_2$ 等具有 $\varepsilon_r > 10$ 的一些离子晶体，玻恩公式不适用，因此必须对离子上所受到的分子内电场作仔细的分析。按洛伦兹观点，可以认为作用在离子上的内电场强度为

$$E_i = E + \frac{P}{3\varepsilon_0} + E_2 \qquad (2-102)$$

式中，E_2 为洛伦兹球内离子极化后对中心离子的作用，对于 TiO_2、$CaTiO_3$ 等晶体，E_2 可能达到较高的值，以致在较小的外电场作用下产生高的极化强度，引起 ε_r 的增高。

斯卡那维(Skanavi)用位于阵点上的点电荷和点偶极子来代替实际极化的离子，对于 TiO_2、$CaTiO_3$ 的 E_2 和 ε_r 值进行理论计算，得到了满意的结果。

设位于直角坐标(x，y，z)位置上有一与 z 轴平行的点偶极子，此偶极子在原点 O 所产生的沿 z 轴的电场强度分量(见图 $2-17$)为

$$E_{zO} = \frac{m[2z^2 - (x^2 + y^2)]}{4\pi\varepsilon_0 (x^2 + y^2 + z^2)^{\frac{5}{2}}} \qquad (2-103)$$

在晶体结构已知，外电场方向与 z 轴平行的情况下，可求得洛伦兹球内 N 个离子极化电矩 m_j 对球心造成之附加电场在 z 轴方向的分量和 E_{2z}

$$E_{2z} = \sum_{j=1}^{N} \frac{2z_j^2 - (x_j^2 + y_j^2)}{(x_j^2 + y_j^2 + z_j^2)^{\frac{5}{2}}} \frac{m_j}{4\pi\varepsilon_0}$$

$$(2-104)$$

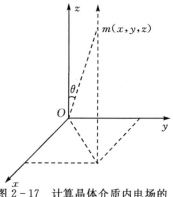

图 $2-17$　计算晶体介质内电场的坐标图示

式中，m_j 为外电场引起球内离子极化感应产生的电矩，$m_j = \alpha_j E_{ij}$；x_j、y_j、z_j 为 m_j 在直角坐标中的位置；N 为洛伦兹球内的离子数(所考察球心离子除外)。

如极化的离子中有 n 种不同类或不同配位的离子，由于同类离子 α 相同，同种配位离子的 E_i 相等，因此位于同一配位的同类离子的 m_j 可以从式($2-104$)的求和中提出，便可改写成

$$E_{2z} = \frac{\alpha_1 E_{i1}}{4\pi\varepsilon_0} \sum_{j=1}^{N_1} \frac{2z_j^2 - (x_j^2 + y_j^2)}{(x_j^2 + y_j^2 + z_j^2)^{\frac{5}{2}}} + \frac{\alpha_2 E_{i2}}{4\pi\varepsilon_0} \sum_{j=N_1+1}^{N_2} \frac{2z_j^2 - (x_j^2 + y_j^2)}{(x_j^2 + y_j^2 + z_j^2)^{\frac{5}{2}}}$$

$$+ \cdots + \frac{\alpha_K E_{iK}}{4\pi\varepsilon_0} \sum_{j=N_{K-1}+1}^{N_K} \frac{2z_j^2 - (x_j^2 + y_j^2)}{(x_j^2 + y_j^2 + z_j^2)^{\frac{5}{2}}} + \cdots$$

$$+ \frac{\alpha_{in} E_{in}}{4\pi\varepsilon_0} \sum_{j=N_{n-1}+1}^{N_n} \frac{2z_j^2 - (x_j^2 + y_j^2)}{(x_j^2 + y_j^2 + z_j^2)^{\frac{5}{2}}} \qquad (2-105)$$

周围第 K 种离子作用到所研究的第 e 种离子的电场强度为

$$E_{(2z)eK} = \frac{\alpha_K E_{iK}}{4\pi\varepsilon_0} \sum_{j=N_{K-1}+1}^{N_K} \frac{2z_j^2 - (x_j^2 + y_j^2)}{(x_j^2 + y_j^2 + z_j^2)^{\frac{5}{2}}} = \alpha_K E_{iK} C_{eK} \qquad (2-106)$$

式中，C_{eK} 为第 K 种离子极化形成的感应电矩对第 e 种离子引起附加电场结构系数，它只与晶体的结构有关。

介质受到外电场作用发生极化时，作用于第 e 类离子上的附加电场 $E_{(2z)e}$ 可以写成

$$E_{(2z)e} = \sum_{K=1}^{n} \alpha_K E_{iK} C_{eK} \tag{2-107}$$

对于金红石晶体（TiO_2），只有两种离子 T_i^{4+} 和 O^{2-}，而所有 T_i^{4+} 和 O^{2-} 在晶体中所处的相对位置只有一种，因此 $n=2$。用"1"表示钛离子 Ti^{4+}，用"2"表示氧离子 O^{2-}，在研究 TiO_2 光频下的电子位移极化时，钛离子和氧离子上所受到的内电场强度，可分别写为

$$\begin{cases} E_{i1} = E + \dfrac{P}{3\varepsilon_0} + \alpha_1 C_{11} E_{i1} + \alpha_2 C_{12} E_{i2} \\[3mm] E_{i2} = E + \dfrac{P}{3\varepsilon_0} + \alpha_1 C_{21} E_{i1} + \alpha_2 C_{22} E_{i2} \end{cases} \tag{2-108}$$

式中，α_1、α_2 为分别是钛离子和氧离子的电子位移极化率。把 $(\varepsilon_{r\infty} - 1)E = \dfrac{P}{3\varepsilon_0}$，（$\varepsilon_{r\infty}$ 为光频下的相对介电常数）代入上式可得

$$\begin{cases} E_{i1} = \dfrac{\varepsilon_{r\infty} + 2}{3} E + \alpha_1 C_{11} E_{i1} + \alpha_2 C_{12} E_{i2} \\[3mm] E_{i2} = \dfrac{\varepsilon_{r\infty} + 2}{3} E + \alpha_1 C_{21} E_{i1} + \alpha_2 C_{22} E_{i2} \end{cases} \tag{2-109}$$

解得

$$\frac{E_{i2}}{E_{i1}} = \frac{[1 - \alpha_1(C_{11} - C_{21})]}{[1 + \alpha_2(C_{12} - C_{22})]} \tag{2-110}$$

如单位体积内有 n_1 个钛离子、n_2 个氧离子，则 $P = n_1\alpha_1 E_{i1} + n_2\alpha_2 E_{i2}$，而对 TiO_2 $n_2 = 2n_1 = 2n_0$，代入上式可得

$$P = n_0 \left[\alpha_1 + 2\alpha_2 \frac{E_{i2}}{E_{i1}} \right] E_{i1} \tag{2-111}$$

从式（2-109）可得

$$E = \frac{3}{\varepsilon_{r\infty} + 2} \left[1 - \alpha_1 C_{11} - \alpha_2 C_{12} \frac{E_{i2}}{E_{i1}} \right] E_{i1} \tag{2-112}$$

将式（2-111）与式（2-112）代入 $(\varepsilon_{r\infty} - 1)E = \dfrac{P}{\varepsilon_0}$，消去 E 可得

$$\frac{\varepsilon_{r\infty} - 1}{\varepsilon_{r\infty} + 2} = \frac{n_0}{3\varepsilon_0} \frac{\left(\alpha_1 + 2\alpha_2 \dfrac{E_{i2}}{E_{i1}} \right)}{\left[1 - \alpha_1 C_{11} - \alpha_2 C_{12} \dfrac{E_{i2}}{E_{i1}} \right]} \tag{2-113}$$

当 $C_{11} = C_{12} = C_{22} = C_{21} = 0$ 时，无疑 $E_{i2} = E_{i1}$，式（2-113）变为克-莫方程

$$\frac{\varepsilon_{r\infty} - 1}{\varepsilon_{r\infty} + 2} = \frac{n_0}{3\varepsilon_0}(\alpha_1 + 2\alpha_2) \tag{2-114}$$

表2-8　金红石晶体结构的内电场强度系数计算

周围离子 中心离子	Ti^{4+}	O^{2-}
Ti^{4+}	$C_{11} = -(0.8/4\pi\varepsilon_0 a^3)$ $= -7.5 \times 10^{37}$	$C_{12} = (36.3/4\pi\varepsilon_0 a^3)$ $= 3.4 \times 10^{39}$
O^{2-}	$C_{21} = (18.15/4\pi\varepsilon_0 a^3)$ $= 1.7 \times 10^{39}$	$C_{22} = -(12.00/4\pi\varepsilon_0 a^3)$ $= -1.12 \times 10^{39}$

注：TiO_2 晶胞的边长 $a = 4.58 \times 10^{-10}$ m。

斯卡那维根据金红石晶体结构（见图 2-18），对 150 个周围离子计算得到内电场强度系数，见表 2-8。C_{11}、C_{22} 为负值，表示有同种离子形成的附加内电场与外电场方向相反，削弱外电场，C_{12}、C_{21} 为正值则加强内电场。以 Ti^{4+} 离子的电子极化率 $\alpha_1 = 0.262 \times 10^{-40}$ F·m²，和 O^{-2} 离子的电子极化率 $\alpha_2 = 3.06 \times 10^{-40}$ F·m² 代入式（2-113），计算 $\varepsilon_{r\infty}$ 并与克-莫方程

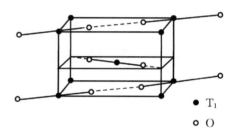

图 2-18　TiO_2 晶体结构图

计算结果比较见表 2-9。表上 MgF_2 为金红石型晶体，其结构系数可采用 TiO_2 的相应值进行计算。计算结果表明，斯卡那维所得到结果与实验值较为一致；而按克-莫方程计算值偏高的原因是 TiO_2 型晶体的电子极化主要是由极化率高的氧离子提供的，而氧离子之间的电场结构系数 $C_{22} < 0$，因而使氧离子上的电场强度实际上低于洛伦兹场强，故总的极化强度减小，$\varepsilon_{r\infty}$ 值比按洛伦兹电场的计算值要低。

表2-9　不同方法计算结果比较

晶体	α_1（阳离子）/ （F·m²）	α_2（阴离子）/ （F·m²）	$\varepsilon_{r\infty}$（实验值）	克-莫方程 计算值	式（2-114） 计算值
TiO_2	0.262×10^{-40}	3.06×10^{-40}	7.3	11.4	6.9
MgF_2	0.13×10^{-40}	1.06×10^{-40}	1.91	2.08	1.91

TiO_2 在直流和非光频交变电场作用下极化时，必须考虑离子位移极化及对内电场的影响。一个 TiO_2 分子，由于离子位移极化形成的感应电矩为

$$m_i = m_{i1} + m_{i2} = \frac{q_1^2 E_{i1}}{K_1} + \frac{2q_2^2 E_{i2}}{K_2} \tag{2-115}$$

式中，m_{i1}、m_{i2} 分别为钛离子和氧离子发生离子位移极化时形成的感应电矩；K_1、K_2 分别钛离子和氧离子相对于它们的平衡位置时的弹性联系系数。

由于一个 Ti^{4+} 与两个 O^{2-} 相联系，故 $K_1 = 2K_2$，且 $q_1 = 2q_2$，所以

$$m_i = 2\frac{q_1^2}{K_1}\left(\frac{E_{i1}+E_{i2}}{2}\right) = \alpha_i\left(\frac{E_{i1}+E_{i2}}{2}\right) \tag{2-116}$$

式中，α_i 为 TiO_2 分子的平均离子位移极化率；$\dfrac{E_{i1}+E_{i2}}{2}$ 为作用于 TiO_2 分子上的平均电场强度。

在讨论钛离子上的有效内电场时，可以认为钛离子不动，而氧离子相对于钛离子产生位移形成离子位移极化感应电矩 m_i，每一氧离子的感应电矩为

$$m_{i-} = \frac{m_i}{2} = \frac{\alpha_i}{2}\left(\frac{E_{i1}+E_{i2}}{2}\right) \tag{2-117}$$

相反，在讨论氧离子上有效内电场时，则可以把氧离子看为不动，而钛离子相对于氧离子产生位移形成感应电矩为

$$m_{i+} = m_i = \alpha_i\left(\frac{E_{i1}+E_{i2}}{2}\right) \tag{2-118}$$

研究 TiO_2 在直流和非光频交流电场作用下发生的极化，应考虑到 m_{i-}、m_{i+} 的作用，此时作用在离子上的有效内电场可写成

$$E_{i1} = \frac{\varepsilon_r+2}{3}E + \alpha_1 C_{11}E_{i1} + \alpha_2 C_{12}E_{i2} + \frac{\alpha_i}{2}C_{12}\left(\frac{E_{i1}+E_{i2}}{2}\right)$$

$$E_{i2} = \frac{\varepsilon_r+2}{3}E + \alpha_1 C_{21}E_{i1} + \alpha_2 C_{22}E_{i2} + \alpha_i C_{21}\left(\frac{E_{i1}+E_{i2}}{2}\right)$$

类似于式(2-110)求解可得

$$\begin{aligned}
\frac{\varepsilon_r-1}{\varepsilon_r+2} = \frac{n_0}{3\varepsilon_0}\Bigg\{ & \frac{\alpha_1+2\alpha_2+\alpha_i+\alpha_1\alpha_2(C_{12}-C_{22})+2\alpha_1\alpha_2(C_{21}-C_{11})}{1-\alpha_1 C_{11}-\alpha_2 C_{22}-\alpha_i C_{21}-\alpha_1\alpha_2(C_{11}C_{21}-C_{11}C_{22})} \\
& \frac{+(\frac{\alpha_i}{2})[\alpha_2(C_{12}-C_{22})+\alpha_1(C_{21}-C_{11})]}{-(\frac{\alpha_i}{2})C_{21}[\alpha_2(C_{12}-C_{22})+\alpha_1(C_{21}-C_{11})]}\Bigg\}
\end{aligned} \tag{2-119}$$

由于 TiO_2 的 $|C_{11}| \ll |C_{22}|$，而且 $\alpha_1 C_{IK} \ll 1$，所以含 $|C_{11}|$ 和 $\alpha_1 C_{IK}$ 的各项可以近似忽略，即氧离子极化贡献大于钛离子，式(2-119)可近似为式(2-120)：

$$\frac{\varepsilon_r-1}{\varepsilon_r+2} \approx \frac{n_0}{3\varepsilon_0}\left\{\frac{\alpha_1+2\alpha_2+\alpha_i(1+\frac{\alpha_2}{2}C_{12}+\frac{\alpha_2}{2}|C_{22}|)}{1+\alpha_2|C_{22}|-\alpha_i C_{21}(1+\frac{\alpha_2}{2}C_{12}+\frac{\alpha_2}{2}|C_{22}|)}\right\} \tag{2-120}$$

在光频电场下极化时，α_i 项不存在，则有

$$\frac{\varepsilon_{r\infty}-1}{\varepsilon_{r\infty}+2}=\frac{n_0}{3\varepsilon_0}\left\{\frac{\alpha_1+2\alpha_2}{1+\alpha_2\mid C_{22}\mid}\right\} \tag{2-121}$$

比较式(2-120)与式(2-121)可以看出,TiO_2的ε_r值大到100以上的原因,是由于周围异号离子的离子位移极化感应电矩产生较强的附加内电场所致(即分别含α_i、C_{21}项的作用)。

用式(2-117)代入金红石晶体的已知参数和在主晶体方向的相对介电常数($\varepsilon_r=173$),可推算出此晶体所必须的离子位移极化率为$\alpha_i=1.1\times10^{-40}$ F·m^2,其数值与一般的电子位移极化率数量级相同。显然,ε_r远大于$\varepsilon_{r\infty}$主要是由于离子位移极化电矩加大了氧离子上的附加内电场,导致总的感应电矩增加,使ε_r比$\varepsilon_{r\infty}$大得多,这一理论是可信的。

金红石型的其他晶体,如SnO_2、PbO等和钙钛矿型晶体,如$BaTiO_3$、$CaTiO_3$、$SrTiO_3$等亦具有较一般立方晶格结构的离子晶体高得多的ε_r值见表2-10,其机制也可用离子位移极化引起附加内电场促使氧离子的电子位移极化和离子位移极化增强来解释。

表 2-10　金红石型和钙钛矿型晶体的

晶　体	结　　构	$\varepsilon_{r\infty}=n^2$	ε_r(多晶状态下)
TiO_2	金红石型	7.3	110-114
SnO_2	金红石型	4.37	24.0
PbO_2	金红石型	6.76	26.0
$BeTiO_3$	钙钛矿型	—	60
$CaTiO_3$	钙钛矿型	5.3	130
$SrTiO_3$	钙钛矿型	—	200
$CaZrO_3$	钙钛矿型	—	28
$BaZrO_3$	钙钛矿型	—	20

上述各种离子晶体介电系数随温度的变化,要考虑n_0、α_i、C_{eK}等微观参量随温度的变化。通常$dn_0/dT<0$,$d\alpha_i/dT>0$,$dC_{eK}/dT<0$,在$E_2=0$的NaCl型立方离子晶体中$d\alpha_0/dT$起主导作用,其$d\varepsilon_r/dT>0$。而T_iO_2和钙钛矿以及金红石或钙钛矿多的陶瓷介质的介电系数在广阔的温度范围内有随温度的升高而减小的现象,这可用$dn_0/dT<0$,$dC_{eK}/dT<0$起主导作用来解释,对$d\varepsilon_r/dT$定量分析可用式(2-121)来进行计算,见图2-19。由于无机离子型介质中有$d\varepsilon_r/dT\geqslant0$介质特性的材料存在,因而用此类材料来制备电容器可以使其电容器随温度变化稳定$dC/dT=0$,或为正值,以补偿电感元件的$dL/dT<0$,获得电磁振荡频率稳定$d\omega/dT\approx0$的效果,故具有明显的工业应用价值。

目前由于计算机技术的发展,这对应用斯卡那维极化理论模型,来计算各种晶体结构的电场结构参数 C_{lK} 带来了很大方便,用它来研究新型结构介质的介电常数,是有意义的途径。

3. 非晶态固体型介质中的热离子极化

在非晶态固体介质中的离子,有的处于联系较弱的位置上,它们在热的作用下能够迁移。同时非晶态固体中质点的排列只有近规则性,对于离子的势垒结构也只有局部周期性,如图 2-20 所示。所以,一部分能量不十分高的离子只能在局部地区内运动。当无外电场作用时,由于热运动是无规则的,离子在空间各个方向运动的几率可以认为相同,平均而言离子分布均匀没有宏观电矩存在。当介质受到电场作用时,介质中弱

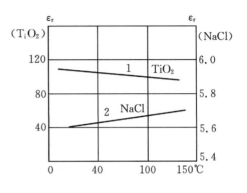

图 2-19　晶体的相对介电系数 ε_r 随温度的变化

束缚离子的分布将受到电场的影响不再均匀,而会形成宏观电矩,介质产生弱束缚离子位移极化。由于这种弱束缚离子极化与热运动密切相关,因此称为"热离子极化",以区别于强束缚离子在电场作用下形成而与热运动关系不明显的"离子弹性位移极化"。

热离子极化在无机玻璃中明显存在。无机玻璃以 SiO_2、B_2O_2 等为主体并含有少量 Na_2O、K_2O、Li_2O、CaO、MgO 等金属氧化物,在玻璃中 Na^+、K^+、Li^+ 就易成为弱束缚离子,它们在具有高低势垒(u'、u)能级图的势能最低位置(A、B、C 等)上作热运动,当离子的热运动达到足以克服低势垒 u 而不能越过高势垒 u' 时,

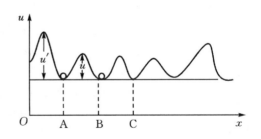

图 2-20　非晶态固体中势垒结构图

它们将被束缚在高势垒(u')之间的区域内运动。现研究位于两个相邻的位置 A、B 上离子的运动。

设位于 A、B 等位置上的弱束缚离子单位体积内有 n_0 个,它们都以每秒 ν 次的频率作振动,离子的振动能按玻尔兹曼分布,因此每秒钟内单位体积中由于热运动动能等于或超过势垒 u,而能发生跃迁的离子应为 $n_0\nu e^{-\frac{u}{kT}}$。由于离子跃迁的方向是任意的,为计算方便起见,可以等效地认为离子沿空间三个垂直的 x、y、z 坐标

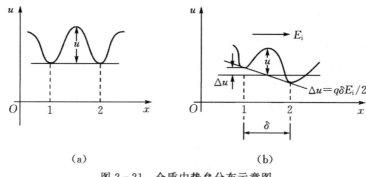

图 2 - 21　介质中势垒分布示意图

(a) $E = 0$；(b) $E \neq 0$

轴方向运动。那么,在每一个轴的方向跃迁的离子数将为总数的 1/3,而沿正负方向各占一半。在无电场作用时,离子的势能图见图 2 - 21(a),此时每秒钟内沿正 x 方向跃迁的离子数为

$$n_{1 \to 2} = \frac{n_0}{6} \nu \mathrm{e}^{-\frac{u}{kT}} \qquad (2 - 122)$$

而沿负 x 方向跃迁离子数为

$$n_{2 \to 1} = \frac{n_0}{6} \nu \mathrm{e}^{-\frac{u}{kT}}$$

宏观上离子不存在定向迁移,热离子均匀分布,无宏观电矩存在。

当沿正 x 轴方向加以电场时,介质内势垒发生变化。若电场均匀,则电场内离子的势垒随距离将作线形变动,全部势垒随距离的变化曲线见图 2 - 21(b),这时由 1 位置跃迁到 2 位置所需克服的势垒高度将降低,变为 $u - \Delta u$,$\Delta u = q\delta E_i/2$,离子由 2 位置跃迁到 1 位置所需克服的势垒高度将增加到 $u + \Delta u$。因此,离子由 1 位置跃迁到 2 位置的几率将高于反向跃迁的几率,直到处于 1 位置的离子浓度高于 2 位置的离子浓度才能达到动态平衡,这时,由于离子分布不均匀,将形成感应电矩。

现在讨论一维情况下热离子极化的建立过程。设电场沿 x 轴正向均匀分布,并假定处于 1 位置的运动离子浓度为 n_1,处于 2 位置的离子运动浓度为 n_2,按前面简化方式可以不考虑在 y、z 方向离子的运动,则

$$n_1 + n_2 = \frac{n_0}{3} \qquad (2 - 123)$$

由于电场造成势垒变化,因而引起了跃迁离子数的变化:

$$n_{1 \to 2} = n_1 \nu \mathrm{e}^{\frac{-(u - \Delta u)}{kT}}$$

$$n_{2 \to 1} = n_2 \nu \mathrm{e}^{\frac{-(u + \Delta u)}{kT}}$$

由于跃迁离子数的不等,会造成位置 1、2 上离子浓度的变化。

$$\mathrm{d}n_2 = -\,\mathrm{d}n_1 = (n_{1\to2} - n_{2\to1})\mathrm{d}t$$

$$\mathrm{d}n_2 = (n_1 \nu \mathrm{e}^{\frac{-(u-\Delta u)}{KT}} - n_2 \nu \mathrm{e}^{\frac{-(u+\Delta u)}{KT}})\mathrm{d}t$$

若以 Δn_t 表示电场的作用引起 2 位置离子浓度 n_2 相对于 $n_0/6$ 的增加量,由于 $n_1 + n_2 = n_0/3$,所以 Δn_t 也代表 1 位置离子浓度 n_1 相对于 $n_0/6$ 减少量,即

$$\Delta n_t = n_2 - \frac{n_0}{6} = \frac{n_0}{6} - n_1$$

考虑到在弱电场下

$$\Delta u = \frac{q\delta E}{2} \ll kT \;,\; \mathrm{e}^{\pm\frac{\Delta u}{kT}} \approx 1 \pm \frac{\Delta u}{kT}$$

$$\frac{\mathrm{d}(\Delta n_t)}{\mathrm{d}t} = -\,2\Delta n_t \nu \mathrm{e}^{-\frac{u}{kT}} + \frac{n_0 \Delta u \nu \mathrm{e}^{-\frac{u}{kT}}}{3kT} \tag{2-124}$$

解以上微分方程,并考虑初始条件 $t = 0$ 时 $\Delta n_t = 0$,可解得

$$\Delta n_t = \frac{n_0 \Delta u(1 - \mathrm{e}^{\frac{-t}{\tau}})}{6kT}$$

$$\tau = \frac{1}{2\nu}\mathrm{e}^{\frac{u}{kT}} \tag{2-125}$$

式中,τ 为热离子极化的松弛时间,它反应了热离子极化建立的快慢。

当 $t \gg \tau$ 时,这表示热离子极化已建立的稳态情况。

$$\Delta n_0 = \frac{n_0 \Delta u}{6kT} = \frac{n_0 q\delta^2 E_i}{12kT} \tag{2-126}$$

这种跃迁在单位体积内造成的电矩

$$P = \Delta n_0 q\delta = \frac{n_0 q^2 \delta^2 E_i}{12kT} \tag{2-127}$$

把 P 平均到每一热离子上,则可求得热离子极化率:

$$\alpha_{\mathrm{iT}} = \frac{P}{n_0 E_i} = \frac{q^2 \delta^2}{12kT} \tag{2-128}$$

一般而言,此种离子极化强度与外电压时间有关,当加以直流电场 E 后,其极化强度 P 是一加压时间的函数:

$$P(t) = \Delta n_t q\delta = \frac{n_0 q^2 \delta^2 E_i(1 - \mathrm{e}^{\frac{-t}{\tau}})}{12kT}$$

$$= P(1 - \mathrm{e}^{\frac{-t}{\tau}}) \tag{2-129}$$

$$\tau = \frac{1}{2\nu}\mathrm{e}^{\frac{u}{kT}}$$

此规律对于所有极化建立需要一定时延的热松弛极化都可适用,只是 P、τ 具

有不同的形式而已。

　　玻璃是典型的离子型非晶体介质,它的主结构由 SiO_2 和 B_2O_3 构成,具有近规则结构的点阵网(或微晶),很纯净的玻璃中(如石英玻璃、纯硼玻璃等),只有电子及离子位移极化,ε_r 与 n^2 近于相等,且 ε_r 随温度的变化较小。

　　一般工业用玻璃都含有碱金属或碱土金属氧化物,因而使玻璃的结构发生了变化,如玻璃中加入一价的碱金属离子,玻璃的网状结构将在这些离子处发生键的断裂,以一个价键与氧联系的碱金属离子,有较大的移动自由。这些与主键结构联系较弱的离子,能在具有高低势垒分布的玻璃中形成热离子极化。这种极化由于建立时间较长($\tau = 10^{-7} \sim 10^{-2}$ s),因而仅在直流和低频交流电场下才能来得及形成。所以,含有碱金属氧化物的玻璃,其相对介电常数远高于折射率的平方值,并随碱金属氧化物杂质的含量而变化,而且 ε_r 值与温度及频率明显有关。

　　玻璃中加入二价的碱金属离子(BaO、CaO、ZnO 等)与加入一价的离子不同。因为二价碱金属离子可与两个氧原子相联系,与主结构的联系比较紧密,网状结构点阵也不会中断。因此,含二价碱土金属离子的玻璃中,并不存在明显的热离子极化,故其 ε_r 不很大,随温度及频率的变化也较小。

　　斯卡那维对玻璃的热离子极化模型作了这样的假设:

　　在含有少量碱金属氧化物的玻璃中,碱金属离子被相对介电系数为 $\varepsilon_{r\infty}$(纯玻璃的相对介电常数)的介质所包围。由于一价金属离子要引起玻璃结构的局部松散,因而在离子所处位置附近,可看做存在一圆形空穴,离子则位于其中。因离子处于球心处位能较高,而处于球表面附近位能较低,故可认为离子通常都被吸附在球的内表面附近,并以频率 ν 作热振动。在外电场作用下,热动能较高的离子将越过中部的高势垒,而产生热离子极化。用此模型,并设离子所受到的有效内电场为洛伦兹电场,则可得到具有热离子极化的离子型非晶体极化方程:

$$\frac{\varepsilon_r - 1}{\varepsilon_r + 2} = \frac{\varepsilon_{r\infty} - 1}{\varepsilon_{r\infty} + 2} + \frac{n_{01}\alpha_1}{3\varepsilon_0} + \frac{n_0 q^2 \delta^2}{3\varepsilon_0 12kT} \qquad (2-130)$$

式中,n_{01} 为离子浓度;n_0 为热离子浓度。

　　斯卡那维等学者自 1950 年以来,发现 TiO_2 中加入 CaO、MgO、SrO、BaO 等添加物形成的多晶体,其 ε_r 值要比 TiO_2 的高得多,有的可达 1000 以上。ε_r 激烈增加的原因可能是由于此类介质中含有类似 TiO_2 的微晶结构,产生强烈的内电场,又有一些联系较弱的离子可以产生热离子极化。这两种因素的共同作用,引起强烈的松弛性热离子极化,从而使此类介质取得很大的极化强度和 ε_r 值。而松弛性极化产生的极化强度又将与频率有关。这一类介质,由于不存在铁电体相击穿强度较高,因此成为重要的高耐压、高 ε_r 陶瓷材料。

　　在有机固体介质中能否引入可形成热离子极化的弱束缚离子和强的内电场,

从而制备出很高 ε_r 的有机介质,是一值得研究探索的问题。

2.1.5　铁电体的极化

铁电体的极化性能与铁磁材料磁化性能有类似的对应关系。例如:

(1)铁电体具有高的介电常数(铁磁材料具有高的磁导率)。

(2)铁电体的介电常数与电场强度大小有关,具有非线性特性(铁磁材料的磁导率与磁场强度大小有关)。

(3)铁电体的极化强度 P 与电场强度 E 的关系曲线与磁性材料的 BH 曲线形状相似,P 为 E 的多值函数并形成回线,与磁滞回线相对应,称为"电滞回线",如图 2 - 22 所示。因此,这类电介质称为铁电体,但材料中并不含有铁,故也有人称它为强电体,如酒石酸钾钠($NaKC_6 \cdot 4H_2O$)、磷酸二氢钾(KH_2PO_4)、钛酸钡($BaTiO_3$)等。

相应于铁磁体的磁畴学说,人们引用"电畴"概念来说明铁电体的极化机理。在铁电体中,由于分子偶极子之间的相互作用很强,即使无外电场作用,在小体积范围内,极性分子也会相互平行排列,分子偶极矩定向在相同的方向,这一具有平行偶极矩的小单元就称为"电畴"。当无外电场作用时,电畴中分子已被自发极化,被称为"自持性极化"。

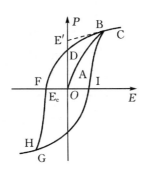

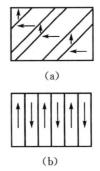

(a)

(b)

图 2 - 23　铁电体的电畴结构

图 2 - 22　铁电体的电滞回线　　　　(a)90°电畴;(b)180°电畴

如果铁电体内的所有电畴偶极矩都定向在同一方向,那么铁电体周围将储存很大的静电能而不稳定。因而,在无外电场作用的情况下铁电体内部将分成许多电畴,在每一电畴中的偶极矩方向相同,而相邻电畴的偶极矩方向相差 90°或 180°,见图 2 - 23。这样就铁电体整体而言,对于外界将不呈现极化状态。在外电场作用下,铁电体中的电畴偶极矩(注意,不是整个电畴本身)将转向外电场方向,因而使介质的极化强度随电场的增强而迅速增长,如图 2 - 22 中 A 至 B 段,图中 B

点相当于全部电畴偶极矩已定向到电场方向,进一步增加电场强度,只增加感应极化强度,P-E 曲线斜率减小(B 至 C 段)。如电场强度降低,曲线从 C 点下降,由于自发极化偶极矩仍大部保持原定向方向,故 P-E 曲线将沿 CD 曲线而缓慢下降,当 E 下降到零时,极化强度 P 并不降低到零而有一剩余极化强度,它相对应于图 2-22 中的 OD 线段,这是自发极化的剩余部分,而不是自发极化的全部。自发极化强度 P_s 应等于 OE′,E′为 CB 直线与 P 轴的交点。外加电场反向时,电畴偶极矩反转,P-E 特性沿 DFG 曲线变化,当电场强度 $E = E_c$ 时,$P = 0$,E_c 称为"矫顽电场强度"。FG 为电畴反向定向区,至 G 点自发极化偶极矩的反向定向达到饱和,反向电场强度进一步增加。GH 段与 BC 段相似,只增加感应极化强度,曲线斜率减小。若反向电场强度降低,则 P-E 曲线经 FGIC 返回,从而构成一个封闭的"电滞回线"。电滞回线包围的面积表示每一电场变化周期单位体积铁电体所消耗的能量。因此有自发极化过程的铁电体介质损耗较高,如图 2-24 所示。

铁电体的自发极化与温度有密切的关系,如 $BaTiO_3$ 在 120 ℃(T_c)以上时自发电畴将消失,见图 2-25,介质成为"非铁电体",或称为"顺电性介质"。转变温度 T_c 称为"居里点温度",在"居里点温度"附近,出现相对介电常数陡然上升,达数千甚至一万以上。因此,铁电体可作为小型化电容器的介质,但介电系数温度稳定性差。

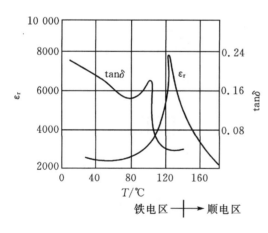

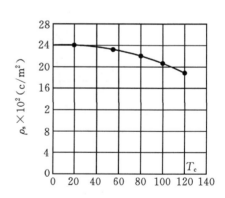

图 2-24　钛酸钡陶瓷 ε、$\tan\delta$ 与温度的关系　　　图 2-25　$BaTiO_3$ 自发极化的温度变化关系

按微观结构,铁电体可分为偶极子有序型和离子位移型两类。偶极子有序型铁电体是指晶体内含有能够旋转的固有偶极子,在居里点以下,由于强烈的电场作用,这些偶极子形成长程有序,因而呈现自发极化电畴。如酒石酸钾钠、磷酸二氢钾、三甘氨酸硫酸盐 [$(NH_2 CH_2 COOH)_3 \cdot H_2 SO_4$,简称 TGS]、亚硝酸钠($NaNO_2$)等就属于这种类型铁电体。

　　离子型铁电体是晶体内部离子在居里点以下的温度区内,由于强烈的离子位移引起晶体的对称性降低,而形成自发极化电畴的介质。钛酸钡($BaTiO_3$)是这一类铁电体的代表。铌酸铅($PbNb_2O_6$)、焦铌酸镉($Cd_2Nb_2O_7$)、铌酸锂($LiNbO_3$)、钛酸铅($PbTiO_3$)等均属于这类铁电体。

　　最早发现的铁电体——酒石酸钾钠晶体,是属于斜方晶体,各向异性。酒石酸钾钠晶体沿晶轴 a 的方向具有自发式极化和极高的介电常数(ε_a),而在其余方向晶体则不具有铁电性(ε_b,ε_c),与一般晶体没有显著区别,见图 2-26。

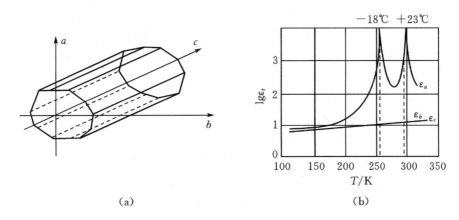

(a)　　　　　　　　　　　　　　　(b)

图 2-26　酒石酸钾钠晶体在不同轴向的相对介电常数与温度关系

(a)酒石酸钾钠晶体的轴线位置;(b)酒石酸钾钠在不同轴向的 $\varepsilon_r = f(T)$

　　在弱电场下,酒石酸钾钠晶体沿 a 轴的介电常数与温度的关系,在 $+23℃$ 和 $-18℃$ 两个居里点处相对介电常数 ε_r 出现最大值,这两个居里点之间的温度范围内,该晶体具有自发极化,在自发极化区外,晶体由铁电相变为顺电相。在居里点附近的温度范围内,介质极化系数 X 满足居里-外斯定律,即

$$X(T - T_c) = C \qquad (2-131)$$

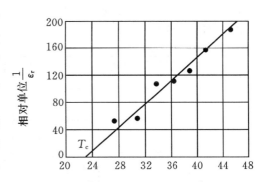

图 2-27　酒石酸钾钠在 $T > T_c$ 区的 $\dfrac{1}{\varepsilon_r} = f(T)$

式中，T_c 为居里点温度；C 为居里常数。$X = \varepsilon_r - 1$，当 $\varepsilon_r \gg 1$ 时，$X \approx \varepsilon_r$，则式(2-131)可写成

$$\frac{1}{\varepsilon_r} = \frac{1}{C}(T - T_c) \tag{2-132}$$

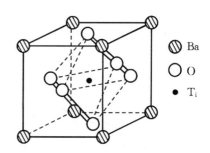

酒石酸钾钠的相对介电常数与温度关系实验结果如图 2-27 所示，它符合居里-外斯(Curie-Weiss)定律。

目前使用最广泛的铁电晶体(钛酸钡 Ba-TiO₃)的介电常数随温度的变化，亦与晶体的晶轴方向及晶体结构有关。在高于 120 ℃时，钛酸钡晶体为对称的正方体形结构，晶胞如图 2-28 所示，Ba^{2+} 位于立方体的四角，O^{-2} 在面心位置，Ti^{4+} 在体心位置上，形成钙钛矿型结构。此时晶体具有各向同性的电

图 2-28　BaTiO₃ 立方晶体的单位细胞

性，并为一顺电性晶体，其介电常数与温度的关系，遵从居里-外斯定律。当温度降到 120℃ 居里点温度以下时，晶体晶胞沿着立方体的某一棱的方向伸展而成为正方体，此伸展方向就是四方晶体的 c 轴方向(见图 2-29)。Ti^{4+} 离子沿 c 轴方向位移，产生自发极化，晶体转变为铁电晶体。此时，晶体各向异性，沿与 c 轴垂直的 a 轴方向的介电常数，比沿 c 轴方向的值要高，这说明钛离子较易沿 a 轴方向位移。至 5℃ 附近又发生相变，晶体变成斜方晶体。温度降到 -70℃ 时再次发生相变，晶体转成菱面体。在每个相变点都伴随有介电常数的突变，晶体均为各向异性的钛电体，如图 2-29 所示。

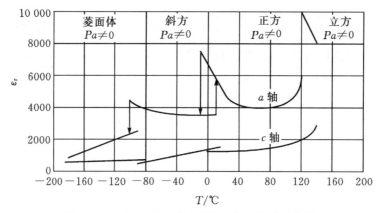

图 2-29　BaTiO₃ 相对介电常数与温度的关系曲线

铁电体介电常数还与电场强度大小有关,如 $BaTiO_3$ 在常温弱电场下,$\varepsilon_r = f(E)$ 呈线性上升的关系,在电场强度为 $700 \sim 1000$ kV/m 时达到饱和。当温度超过居里点温度时,相对介电常数则与电场强度无关,见图 2 – 30。

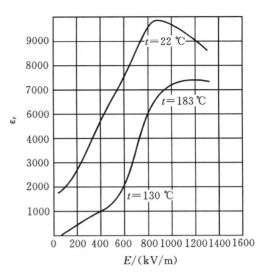

图 2 – 30　不同温度下 $BaTiO_3$ 的 $\varepsilon - f(E)$ 关系

1. $BaTiO_3$ 自发极化机理

$BaTiO_3$ 在高于居里温度(120 ℃)时,为具有钙钛矿($CaTiO_3$)相似的立方晶体结构。它与非铁电体 $CaTiO_3$ 晶体的主要区别在于 Ba^{2+} 离子半径大(Ba^{2+} 离子半径为 1.43 Å,Ca^{2+} 离子半径为 1.06 Å),因而,由八个 Ba^{2+} 位于顶点构成的简立方晶格体积就较大,位于中心的 Ti^{4+} 的离子半径较小(0.64 Å),束缚较弱,所以 Ti^{4+} 离子易于产生位移,形成较大的极化偶极矩。由于在钙钛矿结构中,离子位移极化能形成较强的内电场,因此,极化强度进一步增加,介电常数增大。在低于居里温度时,因为热扰动较弱,且离子位移与电场力呈非线性关系,则有可能形成偶极矩相互平行的电畴,介质呈现铁电性。

2. 偶极子自发极化理论

设被研究的电介质由多种分子所构成,其单位体积内的分子数、分子极化率分别为 N_i、α_i,则介质的极化强度 P 为

$$P = \sum_{j=1}^{m} N_j \alpha_i (E_i)_j = \sum_{j=1}^{m} N_j \alpha_j (E + \beta_j \frac{P}{\varepsilon_0}) \tag{2 – 133}$$

移项得:

$$P = \frac{\sum_{j=1}^{m} N_j \alpha E}{1 - \sum_{j=1}^{m} \frac{N_j \alpha_j \beta_j}{\varepsilon_0}} \tag{2 – 134}$$

式中,E_i 为作用于分子上的内电场;β_j 为内电场修正系数;E 为宏观平均电场。

$$X = \frac{P}{\varepsilon_0 E} = \frac{\sum_{j=1}^{m} N_j \alpha_j}{\varepsilon_0 - \sum_{j=1}^{m} N_j \alpha_j \beta_j} \tag{2 – 135}$$

一般来说，分子极化率应包括电子极化率 α_e、离子极化率 α_a 和偶极子极化率 α_d 等分量。α_d 还可分为固有偶极子有序化的转向极化率 $\alpha_{\mu T} = \dfrac{\mu_0^2}{3kT}$ 和位移型偶极子极化率 α_μ 两部分，因此

$$\alpha = \alpha_e + \alpha_a + \frac{\mu_0^2}{3kT} + \alpha_\mu \qquad (2-136)$$

式(2-135)中，α_j 包含与温度有关的 $\alpha_{\mu T}$ 和 α_μ 项，因此，X 与温度有关。当式(2-135)中的分母为零时，X 变成无穷大，此点相对应的温度就是居里点温度，其临界条件为

$$\sum_{j=1}^{m} N_j \beta_j \left[(\alpha_e)_j + (\alpha_a)_j + \frac{\mu_{0j}^2}{3kT} + (\alpha_\mu)_j \right] = \varepsilon_0 \qquad (2-137)$$

在固体中，N_j 较大，如 $\dfrac{\mu_{0j}^2}{3kT}$ 或 $(\alpha_\mu)_j$ 在某一温度范围数值较高时，则可能满足上述方程出现自发极化，形成 X 反常增大。

在偶极子有序型铁电体中，有转向极化和电子、离子位移极化，如 $\alpha_\mu \approx 0$，$\alpha_{\mu T} = \dfrac{\mu_0^2}{3kT}$。在居里温度点（$T = T_c$）处，式(2-137)可写成

$$\sum_{j=1}^{m} N_j \beta_j \left[(\alpha_e)_j + (\alpha_a)_j \right] + \frac{1}{3kT_c} \sum_{j=1}^{m} N_j \beta_j \mu_{0j}^2 = \varepsilon_0 \qquad (2-138)$$

$$T_c = \frac{\dfrac{1}{3k} \displaystyle\sum_{j=1}^{m} N_j \beta_j \mu_{0j}^2}{\varepsilon_0 - \displaystyle\sum_{j=1}^{m} N_j \beta_j \left[(\alpha_e)_j + (\alpha_a)_j \right]} \qquad (2-139)$$

综合上述各式则可得

$$X = \frac{X_0 T}{T - T_c} + \frac{C}{T - T_c} \qquad (2-140)$$

式中，X_0 为只有电子、离子极化时的介质极化系数；C 为居里常数，它们分别等于

$$X_0 = \frac{\displaystyle\sum_{j=1}^{m} N_j \left[(\alpha_e)_j + (\alpha_a)_j \right]}{\varepsilon_0 - \displaystyle\sum_{j=1}^{m} N_j \beta_j \left[(\alpha_e)_j + (\alpha_a)_j \right]} \qquad (2-141)$$

$$C = \frac{\dfrac{1}{3k} \displaystyle\sum_{j=1}^{m} N_j \mu_{0j}^2}{\varepsilon_0 - \displaystyle\sum_{j=1}^{m} N_j \beta_j \left[(\alpha_e) + (\alpha_a)_j \right]} \qquad (2-142)$$

从式(2-140)可以看出,在 $T \gg T_c$ 的高温区 $X \approx X_0 + \dfrac{C}{T - T_c}$,如忽略 X_0 的贡献,式(2-140)即可变为居里-外斯公式:

$$X = \frac{C}{T - T_c} \qquad (2-143)$$

用式(2-142)去除式(2-139),并忽略 β_j 的区别($\beta_j = \beta$),可得

$$\frac{T_c}{C} = \frac{\displaystyle\sum_{j=1}^{m} N_j \beta_j \mu_{0j}^2}{\displaystyle\sum_{j=1}^{m} N_j \mu_{0j}^2} = \beta \qquad (2-144)$$

根据实测的 T_c、C 值可以计算出 β ,由于莫索提内电场 $\beta = \dfrac{1}{3}$ 故可令 $\beta = \dfrac{r}{3}$ 。对于 $NaNO_2$,计算得 $r = 0.64$, r 小于 1,分子内电场低于莫索提内电场,此与一些极性介质极化理论相一致。

2.2　电介质电导

电介质并非理想化的绝缘体,它们在电场下总会有一些泄漏电流通过,这种物理现象就称为电介质的电导。

电介质的电导性能,通常用电阻率(ρ)或电导率(γ)来表示。电介质的电阻率和电导率分别规定为单位长度和单位截面积电介质材料的电阻和电导。SI 国际单位制中,电阻单位为欧姆(Ω),电阻率的单位为欧姆·米($\Omega \cdot m$);电导的单位为西门子或 1/欧姆(S),电导率的单位西门子/米或 1/(欧姆·米)(S/m)。电阻率和电导率是表征材料导电性能的宏观参数,它们与材料的几何尺寸无关,它们不仅用于电介质,也用于表征导体、半导体的电导性能。

电导率被定义为通过材料的电流密度 j 与电场强度 E 之比,它主要应用于线性电介质中。此材料中 $j \propto E$, γ 为一与电场 E 无关的物理参数。

$$\gamma = \frac{j}{E} \qquad (2-145)$$

通过介质材料的电流密度 j 由介质中的自由电荷密度即载流子密度 n_0、载流子在电场作用下平均迁移速度 v 和载流子的电荷 q 乘积所决定。

在图 2-31 中,设电介质在均匀电场强度 E 作用下,在 Δt 时间之内通过截面积 S 的总电荷量 $\Delta Q = q n_0 S \Delta l$,Δl 为载流子在 Δt 时间之内沿电场方向迁移的距离 $\Delta l = v \cdot \Delta t$

$$j = \frac{I}{S} = \frac{\Delta Q}{S \Delta t} = q n_0 v \qquad (2-146)$$

在弱电场作用下,载流子的平均迁移速度一般与电场强度成正比关系,可写成

$$v = \mu E \qquad (2-147)$$

式中 μ 为载流子的迁移率,单位为 $m^2/(V \cdot s)$。由以上三式可得

$$\gamma = q n_0 \mu \qquad (2-148)$$

此式是表征物质导电性能的宏观参数 γ 与其微观参数 n_0、μ 的一般关系式,也是研究各种物质电导最基本的普适关系式。

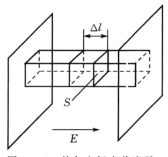

图 2-31　均匀电场中载流子
导电图示

物质的电导按导电载流子的种类来区别,可分为电子电导、离子电导、胶粒电导。

电子电导中的载流子是电子和空穴,介质中载流子通过光激发、热激发、电极注入等方式产生,由于从固体能带理论角度来看,介质的禁带宽度 E_g 较大,在常温下热激发载流子很少,所以只在光照或强场电极注入的情况下才有明显的电子电导,这在以后章节中再作仔细介绍。本节着重讨论离子电导和胶粒电导。

固体和液体电介质在弱电场下主要的载流子是离子,离子的来源可能是杂质的离解,也可能由组成介质本身分子离解而形成,前者成为杂质离子,后者成为本征离子。能够参与介质导电的载流子并非介质中的全部离子,而往往只是与主体结构联系较弱或易于迁移的部分活化离子。这些活化离子的产生和在电场作用下的定向漂移都与质点的热运动有关,所以也有"热离子电导"之称。我们现在以离子晶体为例来讨论此种电导的机制。

2.2.1　离子晶体的离子电导

离子晶体由正负离子以离子键相结合并周期性的排列为点阵所组成。离子晶体中绝大部分离子都在晶格点阵的格点上作热运动,并不直接参与导电。直接参与导电的载流子,只是由于热激发从格点上跃迁到点阵间的填隙离子和点阵上失去了离子的点阵空位,从而构成离子电导和离子空位电导。

离子晶体中载流子的形成是与晶体中缺陷的产生有关,晶体中缺陷的产生有两种情况:

(1)弗仑克尔(Frenkel)缺陷。离子晶体中如含有半径较小的离子,由于热激发这些离子有可能从晶格点位置跃迁到点阵间形成填隙离子,同时在点阵上产生一个空位。这种点阵填隙离子和点阵上离子空位,同时成对产生的缺陷,称为"弗仑克尔缺陷",见图 2-32(a)。

　　(2)肖特基(Shottky)缺陷。构成离子晶体的离子半径较大,难以进入点阵间形成稳定的填隙离子,离开离子晶格点的离子将达到晶体的表面构成新的晶格点阵,因此晶格内只留下空位而无填隙离子。这种只形成单一的离子空位的缺陷,称为肖特基缺陷,见图 2-32(b)。

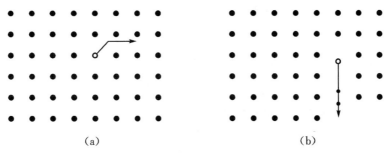

(a)　　　　　　　　　　　　　　(b)

图 2-32　离子晶体中的缺陷图示

(a)弗仑克尔缺陷;(b)肖特基缺陷

　　由于热运动,离子晶体中的缺陷不断地产生又不断地复合消失。在一定温度下,缺陷的产生和复合处于动态平衡,缺陷的浓度保持一恒定值。根据热力学和统计力学,可以计算出在一定温度下平衡状态离子缺陷的浓度值,这也就是离子晶体中的载流子浓度。

　　根据热力学,体系自由能 F 与体系内能 U 和熵 S 有下列关系:

$$F = U - TS \tag{2-149}$$

系统的熵 S 与系统的微观状态数 W 遵从下述关系

$$S = k\ln W \tag{2-150}$$

式中 k 为玻尔兹曼常数。

　　系统的内能 U 及微观状态数 W 均与缺陷浓度 n 有关,当系统处于平衡状态下应有

$$(\partial F/\partial n)_\text{T} = 0 \tag{2-151}$$

根据上式就可确定离子晶体中的缺陷浓度。

　　(1)弗仑克尔缺陷浓度。此时微观状态数为

$$W_\text{f} = \frac{(N + N')!}{(N - n_\text{f})!(N' - n'_\text{f})!n_\text{f}!n'_\text{f}!} \tag{2-152}$$

式中,N 为晶体点阵上格点浓度;N' 为晶体点阵间位置的浓度;n_f 为晶体点阵上的离子空位浓度;n'_f 为晶体点阵间的填隙离子浓度。

　　如此时离开格点的离子都跃迁到点阵间成为填隙离子,则点阵上的空位浓度 n_f 应与点阵间的填隙离子浓度 n'_f 相等,代入式(2-149)、(2-150)和(2-152)则有

$$F = n_{\mathrm{f}}u_{\mathrm{f}} - kT\ln\frac{(N+N')!}{(N-n_{\mathrm{f}})!(N'-n_{\mathrm{f}}')![(n_{\mathrm{f}}!)^2]}$$

式中，u_{f} 为晶体点阵上离子达到阵间形成填隙离子和离子空位所需的能量。

按斯特林(Stirling)公式 $\ln(n!) = n\ln(n) - n$，代入上式，再根据式(2-151)可求得平衡态下弗仑克尔缺陷浓度：

$$n_{\mathrm{f}} = n_{\mathrm{f}}' = \left[(N-n_{\mathrm{f}})(N'-n_{\mathrm{f}}')\right]^{\frac{1}{2}}\mathrm{e}^{-\left(\frac{u_{\mathrm{f}}}{2kT}\right)}$$

一般情况下，$N \gg n_{\mathrm{f}}'$、$N' \gg n_{\mathrm{f}}'$，则有

$$n_{\mathrm{f}} = n_{\mathrm{f}}' = (NN')^{\frac{1}{2}}\mathrm{e}^{-\left(\frac{u_{\mathrm{f}}}{2kT}\right)} \tag{2-153}$$

(2)肖特基缺陷浓度。此时，微观状态数为

$$W_{\mathrm{s}} = \frac{(N+n_{\mathrm{s}})!}{N!n_{\mathrm{s}}!} \tag{2-154}$$

则

$$F = n_{\mathrm{s}}u_{\mathrm{s}} - kT\ln\left[\frac{(N+n_{\mathrm{s}})!}{(N!n_{\mathrm{s}}!)}\right] \tag{2-155}$$

式中，n_{s} 为晶体点阵上的离子空位浓度；N 为晶体点阵上的离子浓度；u_{s} 为晶体点阵上离子离开格点到达晶体表面所需的能量。

同样应用斯特林公式和式(2-155)，可以得到平衡态下肖特基缺陷浓度：

$$n_{\mathrm{s}} = (N+n_{\mathrm{s}})\mathrm{e}^{-\left(\frac{u_{\mathrm{s}}}{kT}\right)} \tag{2-156}$$

一般情况下 $N \gg n_{\infty}$，则有

$$n_{\mathrm{s}} = N\mathrm{e}^{-\left(\frac{u_{\mathrm{s}}}{kT}\right)} \tag{2-157}$$

显然，离子晶体的本征离子电导载流子浓度，将根据晶体结构的紧密程度和离子半径的大小决定。导电离子半径大，而晶体结构由紧密的离子晶体所构成 $u_{\mathrm{f}} \gg u_{\mathrm{s}}$，主要形成肖特基缺陷，由离子空位形成空位电导。相反，$u_{\mathrm{f}} \ll u_{\mathrm{s}}$，则主要形成弗仑克尔缺陷，由点阵空间的填隙离子及点阵上的离子空位形成离子电导和空位电导。

离子晶体中载流子在电场作用下的迁移具有热跃迁的性质。以离子晶体中的填隙离子为例，这些由于热运动离开格点进入点阵间的填隙离子，可以称为活化离子。它们也非完全自由，它们仍被周围邻近离子所束缚，而处在一最低势能位置作热运动。只有当离子的热振动能超过周围临近分子对它的束缚势垒 u_0 时，离子才能离开其原先的位置而迁移(见图2-33(a))。这种由于热振动而引起的离子的迁移，在无外电场作用时也是存在的。电场只是改变了离子在不同方向的迁移数，从而产生了宏观的定向迁移。

为定量地计算载流子的迁移率，作以下的简化：假设离子沿三个轴线互相垂直

的六个方向跃迁的几率是相等的,因此当活化离子的浓度为 n_0 时,在每一个方向可跃迁的活化离子浓度应为 $n_0/6$。考虑到离子热振动的能量服从玻尔茨曼分布,热振动的频率为 ν,因此可以得到,沿某一规定方向,每秒钟内克服跃迁势垒 u_0,跃迁到新的平衡位置的活化离子浓度 n 为

$$n = (\frac{n_0}{6})\nu e^{-(\frac{u_0}{kT})} \qquad (2-158)$$

如取笛卡尔坐标的三个轴 x、y、z 的正负方向,作为规定的六个方向,在无外电场存在时,沿每一规定方向的离子迁移几率均相等,因此总的离子定向跃迁数为零,无离子电流。如晶体介质上加以外电场强度 E 时,由于外电场的作用使势垒图发生变化,沿电场方向引起较多的离子迁移,从而产生离子的定向迁移,构成离子电导电流。

设活化的填隙离子带正电 q,电场沿 x 正方向。由于电场的作用,离子沿 x 方向由 A 向 B 迁移所需克服的势垒将降低 Δu,而由 B 向 A 迁移所需克服的势垒则相反,将上升 Δu。

$$\Delta u = \frac{q\delta E}{2}$$

活化离子在外电场 E 的作用下,每秒钟内沿 x 方向产生的过剩迁移离子等于:

$$\Delta n = n_{A\to B} - n_{B\to A} = (\frac{n_0}{6})\nu e^{-\frac{u_0}{kT}}(e^{\frac{\Delta u}{kT}} - e^{\frac{\Delta u}{kT}})$$

在弱电场下,当 $\Delta u = \frac{q\delta E}{2} \ll kT$ 时

$$e^{\pm(\frac{\Delta u}{kT})} \approx 1 \pm \frac{\Delta u_0}{kT} = 1 \pm (\frac{q\delta E}{2kT})$$

代入上式可得

$$\Delta n = \left(\frac{n_0 q\delta\nu}{6kT}\right)e^{-\frac{u_0}{kT}}E$$

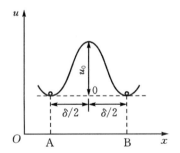

离子每次跃迁的距离为 δ,由此可求得在弱电场下活化离子在电场方向的平均漂移速度 v 和迁移率 μ

$$v = \frac{\Delta n\delta}{n_0} = (\frac{q\delta^2\nu}{6kT})e^{-\frac{u_0}{kT}}E$$

$$\mu = \frac{v}{E} = (\frac{q\delta^2\nu}{6kT})e^{-\frac{u_0}{kT}} \qquad (2-159)$$

在强电场下:$\Delta u > kT$ 时,$e^{\frac{\Delta u}{kT}} \gg e^{-\frac{\Delta u}{kT}}$

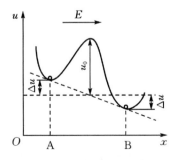

图 2-33 介质中势能图

$$\mu = (\frac{\delta \nu}{6E})e^{\frac{u_0}{kT}}e^{\frac{q\delta E}{2kT}} \qquad (2-160)$$

从上面对离子晶体中的载流子浓度 n 和载流子迁移率的讨论可以看出,它们都与温度明显有关。因此由它们决定的离子电导率 γ 亦将与温度有关。填隙离子所引起的离子电导

$$\gamma = n_f' q \mu = [\frac{(NN')^{\frac{1}{2}} q^2 \delta^2 \nu}{6kT}]e^{\frac{-(2u_0+u_f)}{2kT}} \qquad (2-161)$$

由于离子空位的热迁移所引起的离子空位电导,有与填隙离子电导相似的迁移率,只是 u_0 有所不同,此处以 u_0' 来表示。这种电导在具有肖特基缺陷的晶体中比较明显,此时的离子空位电导可写为

$$\gamma = n_0 q \mu = (\frac{N_0 q^2 \delta^2 \nu}{6kT})e^{\frac{-(u_0'+u_s)}{kT}} \qquad (2-162)$$

上述两种机制的离子晶体电导随温度的变化规律相似,均可写成下面的形式:

$$\gamma = Ae^{-B/T} \qquad (2-163)$$

式中 A、B 均为常数,A 虽与温度有关,但与指数项相比可以忽略,通过 B 可以决定离子电导的总势垒 $u(u=Bk)$。

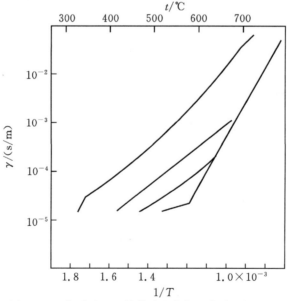

图 2-34　杂质对 KCl 晶体导电率与温度关系的影响

1、2、3、4,分别含 $S_rCl_2 19×10^{-4}$、$6.1×10^{-4}$、$1.9×10^{-4}$ 和 0。

在肖特基离子空穴导电情况下 $u = u_0 + u_s$,弗仑克尔填隙离子导电情况下

$u = u_0 + (\dfrac{u_f}{2})$ 。离子晶体的电导率的对数 $\ln\gamma$ 与 $1/T$ 的关系往往是-折线,如图 2-34 所示,这说明离子晶体中除了本征离子电导之外,还存在与杂质含量有关的杂质离子电导,在此晶体中杂质离子电导主要在低温区比较明显,而在高温区的电导则与杂质含量无关,主要是由本征离子电导所决定。因此一般离子晶体的电导率与温度的关系式可用两项来表示:

$$\gamma = A_1 e^{-\frac{B_1}{T}} + A_2 e^{-\frac{B_2}{T}} \qquad (2-164)$$

设式中第一项表示本征离子电导,第二项表示杂质离子(或弱束缚离子)电导,则 $A_1 > A_2$, $B_1 > B_2$, $u_1 > u_2$,即本征离子电导的总势垒比杂质离子电导的总势垒要高,而本征离子源浓度则远高于杂质离子源浓度。

根据许多作者所得多种碱卤晶体的电导率与温度关系,求得温度指数 B 和离子电导总势垒 u 表明,碱卤晶体中的负离子半径按 F、Cl、Br、I 次序增大,离子电导势垒显著下降,见图 2-35,熔点亦降低,这说明晶体结构的松弛,引起离子活化能及跃迁势垒的降低,故电导总势垒下降。

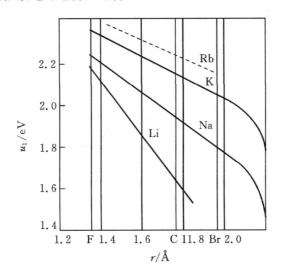

图 2-35　碱卤晶体中离子导电势垒 u_1 与离子半径 r 的关系

2.2.2　非离子性介质的离子电导

一些非离子性介质如石英、高分子有机介质、液体介质等,它们的主要组成是由共价键结合原子而成的分子。在弱电场下这类介质的电导主要由杂质离子所引起,但也会存在电子及胶体产生的电导。一般电导率很低,如聚苯乙烯在室温下 $\gamma = 10^{-17} \sim 10^{-16}$ S/m;一般工程塑料 $\gamma = 10^{-14} \sim 10^{-11}$ S/m,而且它们的电阻率 ρ 随温度的变化也都遵从热离子电导相似的规律,即符合以下的方程:

$$\rho = \frac{1}{r} = Ae^{\frac{B}{T}} \tag{2-165}$$

含有较多金属氧化物的玻璃、陶瓷,它们的电导也主要由引入的金属离子杂质所决定。特别是一价碱金属离子,它们的引入不仅使能参与电导的载流子增多而且结构变松使离子电导的总势垒下降,因而电导率激烈上升,但引入两种碱金属离子比同数量的一种金属离子对电导的增量要小,此称为"中和效应"。如引入二价碱土金属氧化物对玻璃、陶瓷的电导影响则小,而且有时会使电导下降,此称为"压抑效应"。此规律用于高压直流玻璃绝缘子中得到很好的效果。图 2-36 中的电工瓷就是含有较多一价碱金属氧化物的陶瓷,其电阻率较低;而高频瓷,引入了 BaO 等二价金属氧化物质取代了部分碱金属氧化物,电阻率有所提高;刚玉瓷则主要是纯矾土(Al_2O_3)加以少量助熔剂高温煅烧而成;低价金属杂质很少,电阻率很高,是良好的绝缘介质。

液体介质往往都存在离子电导,根据液体介质中离子来源的不同,离子电导可分为本征离子电导和杂质离子电导两种。

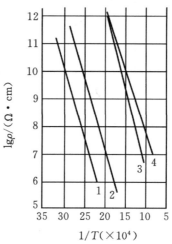

1—电工瓷;2—高频瓷;3—超高频瓷;4—刚玉瓷

图 2-36　各种陶瓷材料的电阻率 ρ 与温度的关系

本征离子电导由组成有机介质本身的基本分子热离解而产生的离子所形成,它在强极性液体介质中(如有机酸、醇、酯类等)才明显存在。

杂质离子是外来杂质分子(如水、酸、有机盐等)或液体的基本分子老化的产物

（如有机酸、醇、酯、酚等）离解而产生的离子，它们往往是液体介质中离子的主要来源。

极性液体分子和杂质分子在液体中，仅有极少的一部分离解成为离子参与导电。液体中离子的形成是通过分子的离解，即分子通过热运动克服势垒 u_a，形成正负离子（$AB \rightarrow A_+ + B_+$），$N = N_0 \nu_0 \mathrm{e}^{-\frac{u_a}{kT}} = K_0 N_0$。同时又存在正负离子复合再形成分子的过程（$A_+ + B_+ \rightarrow AB$），$Z = \xi n_0^2$。以上两种过程同时存在，处于动平衡的状态（$N = Z$）。由此关系可以求得导电离子的浓度 n_0 和分子的离解度 θ。

$$n_0 = \left(\frac{K_0 N_0}{\xi}\right)^{\frac{1}{2}} = \left(\frac{N_0 \nu_0}{\xi}\right)^{\frac{1}{2}} \mathrm{e}^{-\left(\frac{u_a}{2kT}\right)} \tag{2-166}$$

由此可得分子的离解度：

$$\theta = \frac{n_0}{N_0} = \left(\frac{K_0}{\xi N_0}\right)^{\frac{1}{2}} = \left(\frac{\nu_0}{\xi N_0}\right)^{\frac{1}{2}} \mathrm{e}^{-\left(\frac{u_a}{2kT}\right)} \tag{2-167}$$

式中，ξ 为离子的复合系数；ν_0 为 AB 原子团间的相对热振动频率；N_0 为 AB 分子的浓度。

液体中离子的迁移率与固体中离子热迁跃相似，在弱电场下

$$\mu = \left(\frac{q\delta^2 \nu}{6kT}\right) \mathrm{e}^{\left(\frac{u_0}{kT}\right)}$$

因而液体介质中的离子电导率与温度及物质特性参数的关系式可以得到为

$$\gamma = \left(\frac{q\delta^2 \nu}{6kT}\right) \times \left(\frac{N_0 \nu_0}{\xi}\right)^{\frac{1}{2}} \mathrm{e}^{-\left(\frac{2u_0 + u_a}{2kT}\right)} \tag{2-168}$$

在讨论离子电导率随温度的变化时，可忽略系数项随温度的变化，亦可近似地写成

$$\gamma = A\mathrm{e}^{-\frac{B}{T}} \tag{2-169}$$

一般极性的液体介质 $\ln\gamma = f(1/T)$ 曲线有时成为由两条直线构成的折线。这可用杂质离子电导和本征离子电导同时存在来说明，电导率与温度的关系式可写成式（2-164）形式。在温度范围变动不大的区域亦可采用下述近似式：

$$\gamma = \gamma_0 \mathrm{e}^{\alpha t} \tag{2-170}$$

式中，γ_0 为摄氏零度下的介质电导；t 为摄氏温度；α 为介质电导的温度指数常数，

$$\alpha \approx \frac{B}{(273)^2}$$

上式常用于工程计算之中，它是式（2-169）以 $T = 273 + t$ 代入的近似方程。

2.2.3　液体介质中的电泳电导与华尔屯定律

在液体介质中，往往存在一些不同组成的胶粒，如变压器油中的杂质，这是一

种胶体溶液,此外,水分子进入某些液体介质也可能造成乳化状态的胶体溶液,这些胶粒均带有一定的电荷。当胶粒的介电常数大于液体的介电常数时,胶粒往往带正电;反之,胶粒带负电。胶粒相对于液体的电位 U_0 一般是恒定的($0.05\sim0.07$ V)。胶粒在电场作用下作定向的迁移构成"电泳电导",胶粒为液体介质中导电的一种重要载流子。

设胶粒成球形,球体的半径为 r,液体的相对介电常数为 ε_r,电泳导电球体的电位 $U_0 = \dfrac{q}{4\pi r\varepsilon_r\varepsilon_0}$,所以胶粒的带电量 $q = 4\pi r\varepsilon_r\varepsilon_0 U_0$,它在电场 E 的作用下,受到的电场力等于

$$F = qE = 4\pi r\varepsilon_r\varepsilon_0 U_0 E \tag{2-171}$$

胶粒小球在液体中运动,还将受到液体对小球的摩擦阻力作用。根据斯托克定律有

$$F' = 6\pi r\eta v \tag{2-172}$$

式中,F' 为摩擦阻力(N);v 为胶体的运动速度(m/s);η 为液体介质的粘度(N·s/m²)。

电场力与摩擦力相平衡,胶粒在液体介质中作稳定恒速运动时,应有

$$qE = 6\pi r\eta v$$
$$v = \frac{qE}{6\pi r\eta} = \frac{2\varepsilon_r\varepsilon_0 U_0 E}{3\eta} \tag{2-173}$$

胶体迁移率:
$$\mu = \frac{v}{E} = \frac{q}{6\pi r\eta} = \frac{2\varepsilon_r\varepsilon_0 U_0}{3\eta} \tag{2-174}$$

由此可得电泳电导率:

$$\gamma = n_0 q\mu = \frac{n_0 q^2}{6\pi r\eta} = \frac{8\pi r n_0\varepsilon_r^2\varepsilon_0^2 U_0^2}{3\eta} \tag{2-175}$$

$$\gamma\eta = \frac{n_0 q^2}{6\pi r} = \frac{8\pi r n_0\varepsilon_r^2\varepsilon_0^2 U_0^2}{3} \tag{2-176}$$

在 n_0、ε_r、U_0 保持不变的情况下,$\gamma\eta$ 将为一常数,这一关系称为华尔屯定律。此定律表明,液体介质的电泳电导率 γ 和粘度 η 虽然都与温度有关,但电泳电导率与粘度的乘积为一与温度无关的常数。$\gamma\eta = C$(常数)。

华尔屯定律($\gamma\eta = C$)在本征离子电导中尚可近似符合,但在杂质离子电导中不符,这也是区别胶体电导和杂质离子电导机理的方法之一。

2.2.4　气体介质的电导

在常温低压下气体介质的电导是由外来辐射源引起的气体分子电离形成的离

子电导。它的漏电流密度 $j<10^{-14}\,\mathrm{A/m}$,而且在较低的场强下即发生饱和。实验表明,气体中的电导电流密度(j)与电场强度(E)的特性关系具有图2-37所示的形式,图中曲线可分为三个区域:

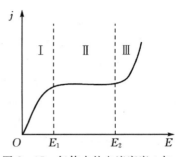

图 2-37　气体中的电流密度 j 与电场强度 E 的关系图

　　Ⅰ 欧姆电导区　　$j\propto E$
　　Ⅱ 饱和电流区　　$j=$ 常数
　　Ⅲ 电流激增区　　$j=j_0 e^{\alpha d}$

　　在高场强区产生电子碰撞电离,电离系数 $\alpha=f(E)$,d 为电极间距离。

　　在欧姆电导区的电导率的载流子 n_0 由电离产生的离子对 N 与复合($\xi n_0{}^2$)相平衡所决定,电导率:

$$\gamma = q(\mu_+ + \mu_-)\times(N\xi)^{\frac{1}{2}} \qquad (2-177)$$

在饱和区电流密度:

$$j_0 = Nqd \qquad (2-178)$$

式中,q 为离子电荷,通常 $q=e$(电子电荷)$=1.6\times10^{-19}\,\mathrm{C}$;$N$ 为气体单位体积内每秒电离形成的离子对,$N=4\times10^6$ 对/(秒·米³);ξ 为气体中离子复合系数;μ_+、μ_- 分别为正负离子的迁移率。

　　通常在 $E<10^6\,\mathrm{V/m}$ 的低场强下,空气是良好的绝缘体,但当 $E>10^6\,\mathrm{V/m}$ 时,气体将发生碰撞电离,电流将呈指数式激增并会导致击穿。人们研究气体的击穿是对介质击穿研究的先导,而巴申(Paschen)定律和汤森(Townsend)理论则是介质击穿实验和理论研究的开篇,它们至今还有着指导实践和理论发展的意义,详见强场电导和击穿章节。

2.3　电介质损耗

2.3.1　极化的建立过程

　　在 2.1 节中讨论过各种介质极化形式,这些极化的建立都不是瞬时完成的,必须经过一定的时间。其中电子位移极化建立最快,为 $10^{-15}\sim10^{-14}\,\mathrm{s}$;而与热运动有关的松弛极化建立,则需要较长的时间($10^{-7}\sim10^{-2}\,\mathrm{s}$)。因此在介质上加以较高频率的电场时,往往仅有建立较快的位移极化能够跟得上建立。此时,介质的介电常数值将比在直流和工频电场下的值要低。所以介质的介电常数,不仅与温度有关,而且与加在介质上的电场频率有关,即

$$\varepsilon = \varepsilon(\omega, T)$$

　　同时由于极化建立过程,相对于电场的滞后作用,往往还会引起一部分电能转化为热的效应,此称为"介质损耗"。在电气工程中常以正弦电压作用下,通过介质的有功电流(I_a)与无功电流(I_c)之比,或有功损耗与无功功率之比,即介质损耗角的正切($\tan\delta$)来作为介质损耗的特性参数(见图 2-38)。

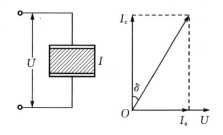

图 2-38　介质损耗特性 $\tan\delta$ 示意图

$$\tan\delta = \frac{I_a}{I_c} = \frac{P_a}{P_c} \qquad (2-179)$$

而在高频下,还可以用复介电常数 ε^* ($\varepsilon^* = \varepsilon' - j\varepsilon''$)的虚部 ε'' 来表征介质损耗(此亦称为介质损耗因数)。反映介质损耗的这些特征参数,都与极化的本质和极化建立过程密切有关。下面以热离子极化的形成过程为例,说明这一问题。前面已讨论过当直流电场加在介质上,热离子的极化建立过程是作指数式上升的,即

$$P_t = P_T(1 - e^{-\frac{t}{\tau}})$$

$$P_T = \frac{(n_0 q^2 \delta^2)}{12kT} E_i \qquad (2-180)$$

$$\tau = \frac{e^{\frac{u_0}{kT}}}{2\nu}$$

此一结果对于热转向松弛极化也是适用的,只是 P_T、τ 的表达式有所不同。

　　对于实际的电介质,在恒定电场的作用下除有热松弛极化而外,还有能快速及时建立的位移极化存在,此时,总的极化强度可以写成

$$P_t = n_0 \alpha_D E_i + P_T(1 - e^{-\frac{t}{\tau}}) \qquad (2-181)$$

式中,α_D 为快速位移极化的总极化率。为简化计算,可取 $E_i = E$,并把能快速及时建立的位移极化强度以 $P_\infty = n_0 \alpha_D E = (\varepsilon_\infty - \varepsilon_0)E$ 代入,则有

$$P_t = (\varepsilon_\infty - \varepsilon_0)E + P_T(1 - e^{-\frac{t}{\tau}})$$

设 $t \to \infty$,$P_t \to P_s$,P_s 为极化达到稳态时的极化强度,$P_s = (\varepsilon_\infty - \varepsilon_0)E + P_T$

　　因而,具有热松弛极化的介质,其极化强度随时间的变化过程可以写成以下一般的形式:

$$P_t = P_\infty + (P_s - P_\infty)(1 - e^{-\frac{t}{\tau}}) \qquad (2-182)$$

　　如果考虑到作用在介质分子和离子上的电场强度 E_i 与宏观平均电场的不同,即分子内电场为洛伦兹内电场 $E_i = \frac{(\varepsilon_r + 2)}{3}E$,亦可得到上述类似的方程

$$P_t = P_\infty + (P_s - P_\infty)(1 - e^{-\frac{t}{\theta}}) \qquad (2-183)$$

$$\theta = \{\frac{(\varepsilon_r + 2)}{(\varepsilon_\infty + 2)}\}\tau$$

对于极性介质的热转向极化,德拜曾用分子摩擦的概念研究了它们的建立过程,所得结果与式(2-183)相似,只是此时

$$P_\mathrm{T} = P_s - P_\infty = \frac{n_0 \mu_0{}^2 E}{3kT} \tag{2-184}$$

$$\tau = \frac{\xi}{2kT} = \frac{4\pi\eta r^3}{kT}$$

式中,ξ 为分子小球在粘性液体中旋转的摩擦系数($\xi = 8\pi\eta r^3$);r 为分子小球的半径。

　　上述具有热松弛极化的介质,处于一平行板型电极之间,并加以均匀直流电场时,介质中将有极化引起的瞬态电流通过,此电流称为吸收电流,其电流密度为

$$j_\mathrm{P} = \frac{\mathrm{d}p(t)}{\mathrm{d}t} = \left(\frac{P_s - P_\infty}{\tau}\right)\mathrm{e}^{-\frac{t}{\tau}} = \left(\frac{P_\mathrm{T}}{\tau}\right)\mathrm{e}^{-\frac{t}{\tau}}$$
$$= \left(\frac{n_0 \alpha_\mathrm{T}}{\tau}\right) E \mathrm{e}^{-\frac{t}{\tau}} = gE\mathrm{e}^{-\frac{t}{\tau}} = gE\varphi(t) \tag{2-185}$$

式中,α_T 为热松弛极化率,在热转向极化情况下 $\alpha_\mathrm{T} = \dfrac{\mu_0^2}{3kT}$,在热离子极化情况下 $\alpha_\mathrm{T} = \dfrac{q^2 \delta^2}{12kT}$;$g$ 为吸收电流密度的起始电导率;$g\varphi(\tau)$ 为降落函数,在单一 τ 的情况下,为指数式 $\mathrm{e}^{-t/\tau}$。

　　一些实际介质往往 τ 并非是一单一值,而是聚集在某一 τ_0 附近作连续分布的值,此时的降落函数为

$$\varphi(t) = \sum_{i=1}^{n} n_{\tau_i} \mathrm{e}^{-\frac{t}{\tau_i}} \Delta\tau_i$$
$$\varphi(t) = \int_0^\infty n_\tau \mathrm{e}^{-\frac{t}{\tau}} \mathrm{d}t \tag{2-186}$$

式中,$n_{\tau_i} \cdot \Delta\tau$ 为 τ 出现在 τ_i 附近 $\Delta\tau$ 区内的概率,如 n_τ 在 τ_0 附近有最大的概率,而其分布如按以下函数分布(见图 2-39):

$$n_\tau = \left(\frac{n_0 b}{\pi^{1/2} \tau_0}\right) \times \mathrm{e}^{-cb\ln\left(\frac{\tau}{\tau_0}\right)} \tag{2-187}$$

当 b 较小时,可以得到

$$\phi(t) = At^{-n} \tag{2-188}$$

通过对多种介质的吸收电流测试表明,上式与实验结果相符。居里首先在 1889 年测出介质中的吸收电流,其结果为

$$I = at^{-n} \tag{2-189}$$

式中,a、n 均为常数,此式称为居里公式。显然此式在 $t=0$ 处不适用,否则 $I \to \infty$。

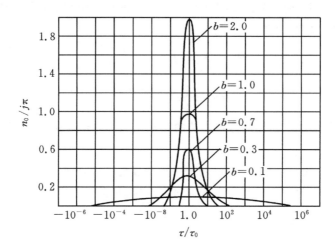

图 2-39　介质中 τ 呈分布状态的分布概率

2.3.2　在交变电场下电介质的损耗理论

前节已分析过,当介质上加以直流电场时,在具有松弛极化的介质中,会有吸收电流 $j_P = gE\varphi(t)$ 通过。在交变电场作用下,介质中引起电流和等效参数的变化,可以通过等效电路或重叠原理来求得,由于后者的物理意义较清晰,下面以此思路作一说明。

如介质有线性的电特性,即 $j_P \propto E$,当介质上加以变化的电场时,通过介质的电流密度可以通过"重叠原理"来求得。即

$$j_t = \sum_{i=1}^{n} \Delta j_{Pi} = \sum_{i=1}^{n} \Delta E_i g \varphi(t - t_i) \qquad (2-190)$$

式中,g 为一与电场强度无关的常数;t_i 为增加电场 ΔE_i 的时刻;t 为计算电流密度的时刻;ΔE_i 为在 $t = t_i$ 时,加到介质上的电场强度增量。

图 2-40 为 $n=2$ 的一个简例。如介质加上对于时间连续可导的变动电场时,则式(2-190)可以写成积分式

$$j = g \int_{-\infty}^{t} \frac{\mathrm{d}E(t')}{\mathrm{d}t'} \varphi(t - t') \mathrm{d}t' \qquad (2-191)$$

积分下限取 $-\infty$,是表示考虑到 t 以前任何时间的电场强度的变动对此电流的影响。如 $E(t')$ 为一周期性的变化量,积分值就可表示吸收电流的稳态值。

如在具有单松弛时间的松弛性极化的介质上,加以正弦交流电场时,则

$$E(t') = E_m \mathrm{e}^{\mathrm{i}\omega t'} ;$$

$$\varphi(t - t') = \mathrm{e}^{-\frac{(t - t')}{\tau}} \qquad (2-192)$$

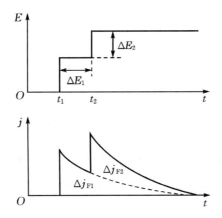

图 2 - 40　变动电场 E 加在介质上,介质中电流变化示意图

$$j = g \int_{-\infty}^{t} i\omega E_m e^{i\omega t'} e^{-\frac{(t-t')}{\tau}} dt' = i\omega g E_m e^{-\frac{t}{\tau}} \int_{-\infty}^{t} e^{(\frac{1+i\omega t}{\tau})t'}$$

$$dt' = \frac{i\omega\tau g}{1+i\omega\tau} E_m e^{i\omega t} = \frac{\omega^2\tau^2 g + i\omega\tau g}{1+\omega^2\tau^2} E_m e^{i\omega t} = j_a + ij_c \qquad (2-193)$$

$$j_a = \frac{\omega^2\tau^2 g}{1+\omega^2\tau^2} E_m e^{i\omega t} \qquad (2-194)$$

$$j_c = \frac{\omega\tau g}{1+\omega^2\tau^2} E_m e^{i\omega t} \qquad (2-195)$$

式中,j_a 为电流密度有功分量;j_c 为电流密度无功分量。

显然,在 $\omega\tau \ll 1$ 时,$j_a \approx 0$;$j_c = (\omega\tau g)E_m e^{i\omega t}$,此时只存在电容电流。当 $\omega\tau \gg 1$ 时,则 $j_a = gE_m e^{i\omega t}$,$j_c \approx 0$,此时松弛极化将引起有功损耗电流,即在高频下($\omega\tau \gg 1$)时,热松弛极化难以充分建立,由它提供的电容电流贡献 j_c 趋于 0,但极化滞后的效应仍存在,损耗电流分量 j_a 趋于最大,即介质损耗亦趋于最大。

一般实际介质中,还存在与电场同相位变化的电导电流

$$j_\gamma = \gamma_\nu E_m e^{i\omega t} \qquad (2-196)$$

并有建立很快的位移极化和真空电场在正弦交变电场下引起的无功电容电流

$$j_{c0} = i\omega\varepsilon_\infty E_m e^{i\omega t} \qquad (2-197)$$

因此,在介质中引起的总电流密度可以写成

$$j = (\gamma_\nu + \frac{\omega^2\tau^2 g}{1+\omega^2\tau^2})E_m e^{i\omega t} + i(\omega\varepsilon_\infty + \frac{\omega\tau g}{1+\omega^2\tau^2})E_m e^{i\omega t} \qquad (2-198)$$

式中,$\tau g = \frac{P_T}{E} = \varepsilon_0 - \varepsilon_\infty = \Delta\varepsilon$;并考虑在高频条件下可忽略电导引起的损耗电流墩,则有

$$j = \frac{\omega^2 \tau \Delta\varepsilon}{1 + \omega^2 \tau^2} E_{\mathrm{m}} \mathrm{e}^{i\omega t} + i(\omega\varepsilon_\infty + \frac{\omega\Delta\varepsilon}{1 + \omega^2 \tau^2}) E_{\mathrm{m}} \mathrm{e}^{i\omega t} \qquad (2-199)$$

$$\tan\delta = \frac{j_{\mathrm{a}}}{j_{\mathrm{c}}} = \frac{\omega\tau\Delta\varepsilon}{\varepsilon_{\mathrm{s}} + \varepsilon_\infty \omega^2 \tau^2} \ , \ \varepsilon_{\mathrm{s}} = \varepsilon_\infty + \Delta\varepsilon \qquad (2-200)$$

而等效的介电常数

$$\varepsilon = \frac{j_{\mathrm{c}}}{\omega E_{\mathrm{m}} \mathrm{e}^{i\omega t}} = \varepsilon_\infty + \frac{\Delta\varepsilon}{1 + \omega^2 \tau^2} \qquad (2-201)$$

由上述二式可知在正弦交变电场下，具有松弛极化的介电常数 ε 和介质损耗角正切 $\tan\delta$，都将与 ω 有关，在 $\omega\tau = \sqrt{\dfrac{\varepsilon_0}{\varepsilon_\infty}}$ 的频率下 $\tan\delta$ 得到极值，而此时 $\tan\delta$ 随频率 ω 上升而下降的趋势变化很快。

$$\tan\delta_{\mathrm{m}} = \frac{\Delta\varepsilon}{2\sqrt{\varepsilon_{\mathrm{s}}\varepsilon_\infty}} \qquad (2-202)$$

在 $\tau = 1$ 的条件下

$$\varepsilon = \varepsilon_\infty + \frac{\Delta\varepsilon}{2} = \frac{(\varepsilon_{\mathrm{s}} + \varepsilon_\infty)}{2} \qquad (2-203)$$

从 ε 的中值点处的频率可求得松弛极化的松弛时间 τ。图 2-41(a)就是具有松弛性极化介质材料的介电谱。

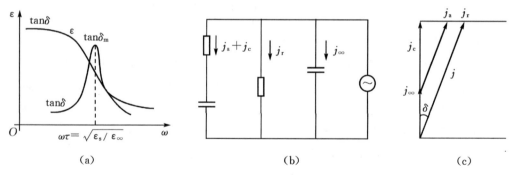

(a)　　　　　　　　　　　(b)　　　　　　　　　　　(c)

图 2-41　松弛极化介质等效示意图

(a)介电谱；(b)等效电路；(c)矢量图

从式(2-180)可知 $\Delta\varepsilon$、P_{T}、τ 均与温度有关；$\Delta\varepsilon \propto 1/T$；$\tau \propto \mathrm{e}^{C/T}$，即温度增加 $\Delta\varepsilon$ 下降，而松弛时间 τ 下降得更快。因此，在频率恒定的电场作用下，改变介质的温度亦可测得 ε、$\tan\delta$ 随温度的变化均有峰值出现(见图 2-42)，由 $\tan\delta$、ε 随温度、频率的变化曲线可以决定极性介质分子的一些重要特性参数(τ、α_{T} 等)。

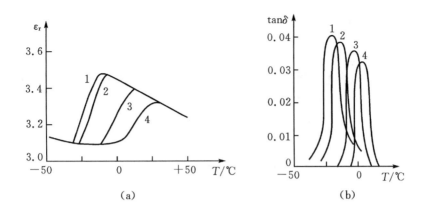

1—200 Hz;2—1 kHz;3—50 kHz;4—1.5 MHz

图 2 - 42　极性介质聚苯基、甲基硅氧烷在不同频率下 ε_r、$\tan\delta$ 随温度的变化

(a)ε_r;(b)$\tan\delta$

2.3.3　复介电常数与科尔-科尔(Cole-Cole)图

在 2.1 节中曾给出介质的介电常数 ε,也可由电位移 $\boldsymbol{D}$ 和电场强度之间的关系式求出:

$$\varepsilon = \frac{\boldsymbol{D}}{\boldsymbol{E}} \tag{2-204}$$

如介质上加以低频正弦交变电场 $\dot{E} = E_{\mathrm{m}}\mathrm{e}^{\mathrm{i}\omega t}$,而介质中的极化完全来得及跟上电场的变化,则电位移 $\boldsymbol{D}$ 将与 $\boldsymbol{E}$ 同相位。

$$\dot{D} = \varepsilon E_{\mathrm{m}}\mathrm{e}^{\mathrm{i}\omega t} + P\mathrm{e}^{\mathrm{i}\omega t} = (\varepsilon_0 E_{\mathrm{m}} + P)\mathrm{e}^{\mathrm{i}\omega t} = D_{\mathrm{m}}\mathrm{e}^{\mathrm{i}\omega t} = \varepsilon_0 \dot{E} + \dot{P} \tag{2-205}$$

所以有

$$\varepsilon = \frac{D_{\mathrm{m}}\mathrm{e}^{\mathrm{i}\omega t}}{E_{\mathrm{m}}\mathrm{e}^{\mathrm{i}\omega t}} = \frac{\dot{D}}{\dot{E}}$$

当介质上所加交变电场的频率增加到介质的松弛极化相对于电场的变化有所滞后时,通过介质的电位移 $\boldsymbol{D}$ 将因极化强度 $\boldsymbol{P}$ 的滞后,而滞后于电场 $\boldsymbol{E}$ 一个 δ 相位角。因此,要保持式(2 - 205)的普适性,就必须把 ε 看成一个复数 ε^* 此称为复介电常数。

$$\varepsilon^* = \frac{\dot{D}}{\dot{E}} = \frac{D_{\mathrm{m}}\mathrm{e}^{\mathrm{i}(\omega t-\delta)}}{E_{\mathrm{m}}\mathrm{e}^{\mathrm{i}\omega t}} = \left(\frac{D_{\mathrm{m}}}{E_{\mathrm{m}}}\right)\mathrm{e}^{-\mathrm{i}\delta} = \varepsilon' - \mathrm{i}\varepsilon'' \tag{2-206}$$

此时形成的位移电流密度:

$$j = \frac{\mathrm{d}D}{\mathrm{d}t} = \varepsilon^* \frac{\mathrm{d}E}{\mathrm{d}t} = \mathrm{i}\omega\varepsilon^* E_\mathrm{m}\mathrm{e}^{\mathrm{i}\omega t}$$

$$= \mathrm{i}\omega\varepsilon' E_\mathrm{m}\mathrm{e}^{\mathrm{i}\omega t} + \omega\varepsilon'' E_\mathrm{m}\mathrm{e}^{\mathrm{i}\omega t} = j_Q + j_P \tag{2-207}$$

显然，ε' 与电容电流密度 j_Q 有关，而 ε'' 则与损耗电流密度 j_P 有关，将上式与式(2-199)和式(2-200)比较可得

$$\varepsilon' = \frac{(\varepsilon_\infty + \Delta\varepsilon)}{(1 + \omega^2\tau^2)}, \ \varepsilon'' = \frac{\Delta\varepsilon\omega\tau}{(1 + \omega^2\tau^2)}, \tan\delta = \frac{\varepsilon''}{\varepsilon'}$$

$$\varepsilon^* = \varepsilon' - \mathrm{i}\varepsilon'' = \varepsilon_\infty + \frac{\Delta\varepsilon}{(1 + \mathrm{i}\omega\tau)} \tag{2-208}$$

由式(2-208)消去 $\omega\tau$ 则有

$$\left[\varepsilon' - \frac{(\varepsilon_s + \varepsilon_\infty)}{2}\right]^2 + \varepsilon''^2 = \left(\frac{\Delta\varepsilon}{2}\right)^2 \tag{2-209}$$

式中 $\varepsilon_s = \varepsilon_\infty + \Delta\varepsilon$ 如作 $\varepsilon'' - \varepsilon'$ 图，则上式是以 $[(\varepsilon_s + \varepsilon_\infty)/2, 0]$ 为圆心，$\Delta\varepsilon/2$ 为半径的半圆(见图2-43)，随着电场频率的增加，介质的复介电常数 ε^* 相应点的轨迹是由(ε_s, 0)为起点，沿半圆转向(ε_∞, 0)点。而在 $\omega\tau = 1$, $\varepsilon' = (\varepsilon_s + \varepsilon_\infty)/2$ 时 ε'' 达到最大，$\varepsilon'' = \frac{\Delta\varepsilon}{2} = \frac{\varepsilon_\mathrm{m} - \varepsilon_\infty}{2}$。此圆首先由 K. S. Cole 和 R. H. Cole 两学者提出，所以也称为科尔-科尔圆图。

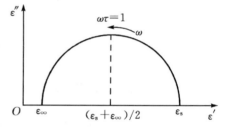

图 2-43　科尔-科尔圆图

利用科尔-科尔圆图来处理在一定温度下，电介质的 ε'、ε'' 随频率的变化规律，就能判断介质中是否存在松弛极化，并可从 ε'' 的极值点相应的交流频率 ω_m 推算出介质松弛的时间常数 $\tau = 1/\omega_\mathrm{m}$。根据实际测得的结果，冰和水的科尔-科尔圆图都是些很规整的半圆，(见图2-44)，图上圆半径的不同是由于在不同温度下冰和水具有不同结构和 ε_s、ε_∞ 值所引起。图

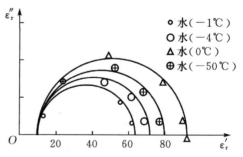

图 2-44　在不同温度下水或冰的科尔-科尔图

中采用了相对介电常数 ε_r，$\varepsilon' = \varepsilon_0\varepsilon'_r$，$\varepsilon'' = \varepsilon_0\varepsilon''_r$。从图上结果可以认为水和冰都是一种典型的具有单一松弛特性的极性介质，而且即使在 -40 ℃下，冰晶体中的偶极分子亦具有旋转定向的能力，但松弛时间有较大的增长。

有些极性电介质往往结构比较复杂,在极性分子中会有多种基团,这时松弛极化的时间常数就会出现两个或多个值,若这些值相差较远,而且是几个单一的值,则科尔-科尔图就由几个独立的半圆所构成(见图 2-45)。但也有的电介质科尔-科尔圆图为一圆心下移的圆弧而非半圆(见图 2-46)。这可以用此种电介质的松弛时间非单一值,而是聚集在 τ_β 周围的一组 τ 所组成来解释。K. S. Cole 和 R. S. Cole 提出一经验式,即把复介电常数的表达式改写为式(2-210)的形式。

$$\varepsilon^* = \varepsilon' - j\varepsilon'' = \varepsilon_\infty + \frac{\Delta\varepsilon}{1 + (i\omega\tau_\beta)^{1-\alpha}} \qquad (2-210)$$

式中 α 表示松弛时间分散度的常数 $o < \alpha < 1$,以

$(i)^{1-\alpha} = (e^{\frac{i\pi}{2}})^{1-\alpha} = e^{i(\frac{\pi}{2} - \frac{\alpha\pi}{2})} = \cos[\frac{\pi}{2} - (\frac{\alpha\pi}{2})] + i\sin[\frac{\pi}{2} - (\frac{\alpha\pi}{2})] = \sin(\frac{\alpha\pi}{2}) + i\cos(\frac{\alpha\pi}{2})]$

代入式(2-210)可得

$$\varepsilon^* = \varepsilon_\infty + \frac{\Delta\varepsilon}{1 + (\omega\tau_B)^{1-\alpha}[\sin(\frac{\alpha\pi}{2}) + i\cos(\frac{\alpha\pi}{2})]} \qquad (2-211)$$

设 $t = (\omega\tau_B)^{1-\alpha}\sin(\frac{\alpha\pi}{2})$,并对上式作整理可得

$$\varepsilon' - \varepsilon_\infty = \frac{\Delta\varepsilon(1+t)}{1 + 2t + \dfrac{t^2}{\sin^2(\frac{\alpha\pi}{2})}}$$

$$\varepsilon'' = \frac{t\Delta\varepsilon\tan(\frac{\alpha\pi}{2})}{1 + 2t + \dfrac{t^2}{\sin^2(\frac{\alpha\pi}{2})}} \qquad (2-212)$$

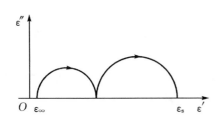

图 2-45　具有双松弛时间的科尔-科尔图

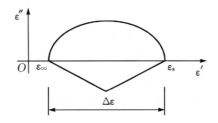

图 2-46　具有圆弧型的科尔-科尔图

消去 t 可得

$$\left[\varepsilon' - \frac{\varepsilon_0 + \varepsilon_\infty}{2}\right]^2 + \left[\varepsilon'' + (\frac{\Delta\varepsilon}{2})\tan(\frac{\alpha\pi}{2})\right]^2 = \left[(\frac{\Delta\varepsilon}{2})\sec(\frac{\alpha\pi}{2})\right]^2 \qquad (2-213)$$

此式为一圆心位于 $\left[\dfrac{(\varepsilon_s+\varepsilon_\infty)}{2},-\left(\dfrac{\Delta\varepsilon}{2}\right)\tan\left(\dfrac{\alpha\pi}{2}\right)\right]$，半径为 $R=\left(\dfrac{\Delta\varepsilon}{2}\right)\sec\left(\dfrac{\alpha\pi}{2}\right)\geqslant\dfrac{\Delta\varepsilon}{2}$

的圆，而加上 $\varepsilon''>0$ 的条件，即为一圆弧。在 $\omega\tau_B=1$ 的情况下，$t=\sin\left(\dfrac{\alpha\pi}{2}\right)$，$\varepsilon'=$

$\dfrac{(\varepsilon_s+\varepsilon_\infty)}{2}$，

$$\varepsilon''=\varepsilon''_{max}=\frac{\Delta\varepsilon\left[1-\sin\left(\dfrac{\alpha\pi}{2}\right)\right]}{2\cos\left(\dfrac{\alpha\pi}{2}\right)}<\frac{\Delta\varepsilon}{2} \tag{2-214}$$

图 2-47 即为甲基磷二氯苯的科尔-科尔圆图，实验数值表明它的 $\varepsilon'-\varepsilon''$，或 $\varepsilon'_r-\varepsilon''_r$ 图为一圆弧，此可用上述分析方法来决定其松弛时间 τ_β 及 α 值。这种分析是基于已知实验结果，引入经验参数加以扩展单一松弛时间的损耗理论公式，使之与实验相符的处理方法，但松弛时间的分布函数还是未知的。

图 2-47　1、2、3、4、四甲基，5、6 磷二氯苯科尔-科尔图

另一种分析方法是根据某一假定的介质松弛时间的分布几率函数 $f(\tau)$，来推算具有分散松弛时间常数介质的复介电常数值 ε^*：

$$\varepsilon^*=\varepsilon_\infty+(\varepsilon_s-\varepsilon_\infty)\int_0^\infty\frac{f(\tau)\mathrm{d}\tau}{(1+\mathrm{i}\omega\tau)} \tag{2-215}$$

$$\varepsilon'=\varepsilon_\infty+(\varepsilon_s-\varepsilon_\infty)\int_0^\infty\frac{f(\tau)\mathrm{d}\tau}{(1+\omega^2\tau^2)} \tag{2-216}$$

$$\varepsilon''=(\varepsilon_s-\varepsilon_\infty)\int_0^\infty\frac{f(\tau)\omega\tau\mathrm{d}\tau}{(1+\omega^2\tau^2)} \tag{2-217}$$

上述三式称为施维德方程（Schwieder），这是德拜方程的推广。如给定 $f(\tau)$ 即可求得 ε'、ε'' 随 ω 的变化规律。

瓦格纳（Wagner）认为对于一些松弛性电介质，几率函数 $f(\tau)$ 可用高斯分布率来处理，对于中心松弛时间为 τ_0 的高斯分布函数可以写成以下形式。

$$f(\tau)\mathrm{d}\tau=\frac{b}{\sqrt{\pi}}\mathrm{e}^{-b^2z^2}\mathrm{d}z \tag{2-218}$$

式中，$z=\log\tau/\tau_0$；b 为常数

在不同的 b 值下，$f(\tau)\cdot\sqrt{\pi}\tau_0\sim\log(\tau/\tau_0)$ 的关系曲线表示在图 2-48 上。把

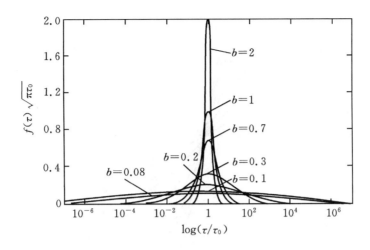

图 2 - 48　分布常数 b 对几率分布的影响

式 (2 - 218) 代入式 (2 - 215)，$\varepsilon_s = 2\varepsilon_\infty$，$\Delta\varepsilon = \varepsilon_s - \varepsilon_\infty = \varepsilon_\infty$，则可得

$$\varepsilon' = \varepsilon_\infty \left[\left(1 + \frac{b}{\sqrt{\pi}} \right) e^{-b^2 z^2} \int_0^\infty e^{-b^2 u^2} \frac{\cosh\left[(2b^2 z^2 - 1)u \right]}{\cosh u} du \right]$$

$$\varepsilon'' = \varepsilon_\infty \frac{b}{\sqrt{\pi}} e^{-b^2 z^2} \int_0^\infty e^{-b^2 z^2} \frac{\cosh(2b^2 z^2 u)}{\cosh u} du \qquad (2 - 219)$$

上式称为瓦格纳公式，由于此二积分式不能用初等函数表示，因此瓦格纳用数值计算法算出数值积分，得到 $(\varepsilon' - \varepsilon_\infty)/\varepsilon_\infty$ 及 $(\varepsilon''/\varepsilon_\infty)$ 随 $\omega\tau_0$ 值的变化曲线如图 2 - 49 所示。从图中结果可以看到：

当 $\omega\tau_0 = 1$ 时，$\varepsilon' = \dfrac{3\varepsilon_\infty}{2}$

$$\varepsilon'' = \varepsilon''_{max} = \varepsilon_\infty b / (\pi^{1/2}) \int_0^\infty \frac{e^{-b^2 u^2}}{\cosh u} du \qquad (2 - 220)$$

$$b \to \infty, \varepsilon'' = \varepsilon_\infty / 2$$

当 $\omega\tau_0 = 0$ 时，$\varepsilon' = \varepsilon_s = 2\varepsilon_\infty$，$\varepsilon'' = 0$。

当 $\omega\tau_0 \to \infty$ 时，$\varepsilon' = \varepsilon_\infty$，$\varepsilon'' = 0$。

如电介质中松弛时间具有较明显的分散性，将使损耗因数 ε'' 的峰值降低，介电常数 ε' 随 ω 的变化变缓。

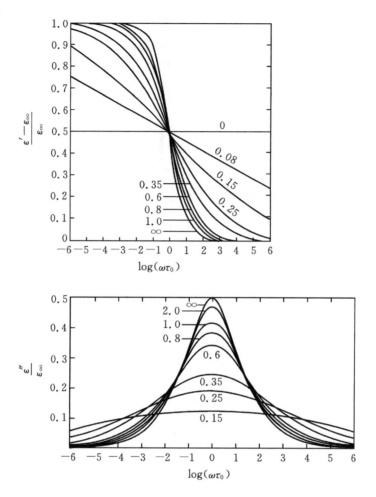

图 2-49　介质的 τ 为分布态时的极化参数计算值

2.3.4　电介质在正弦交变电场下的极化损耗特性

上面几节重点讨论了松弛极化在交流电场下引起的损耗机理,故对电导在介质中引起的损耗加以忽略,同时也未考虑到介质的宏观不均匀性。实际上电介质无论在直流或交流电场下均有一贯穿介质的电导电流流过,其电流密度在弱电场下与电场强度 E 成正比,在正弦电场强度 $E = E_m e^{i\omega t}$ 的作用下,则为与电场同相位的电导电流,其电流密度为

$$j_\gamma = \gamma E_m e^{i\omega t} \qquad (2-221)$$

因此,在正弦交变电场的作用下,通过松弛性介质的总电流密度

$$j = j_a + j_c = (\gamma + \frac{\omega^2 \tau^2 g}{1+\omega^2\tau^2})E_m e^{i\omega t} + i\omega(\varepsilon_\infty + \frac{\Delta\varepsilon}{1+\omega^2\tau^2})E_m e^{i\omega t} \quad (2-222)$$

$$\varepsilon' = \varepsilon_\infty + \frac{\Delta\varepsilon}{1+\omega^2\tau^2},$$

$$\varepsilon'' = \frac{\gamma}{\omega} + \frac{\omega\tau\Delta\varepsilon}{1+\omega^2\tau^2}, \quad \Delta\varepsilon = \tau g$$

$$\tan\delta = \frac{\varepsilon''}{\varepsilon'}, \quad P = \frac{j_{Pm}E_m}{2} = \frac{\omega\varepsilon'' E_m^2}{2} = \omega\varepsilon'\tan\delta E_m^2 \quad (2-223)$$

根据上式,即可分析具有松弛性极化介质的介电常数 ε'、介质损耗因数 ε''、介质损耗角正切 $\tan\delta$ 和介质损耗 P 随频率、温度的变化规律。

1. 频率特性

(1)低频区: $\omega\tau \ll 1$

$$\varepsilon' = \varepsilon_\infty + \Delta\varepsilon = \varepsilon_s, \quad \varepsilon'' = \frac{\gamma}{\omega}$$

$$\tan\delta = \frac{\gamma}{\omega\varepsilon_s}, \quad P = \frac{\gamma E_m^2}{2}$$

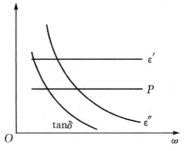

图 2 - 50　低频率区 ε'、ε''、$\tan\delta$、P 随频率的变化

此时各种极化均来得及建立, ε' 与直流下介电常数 ε_s 一致,损耗只有与频率无关的电导损耗。因而 ε''、$\tan\delta$ 随频率增加而倒数式地下降,见图 2 - 50,这是由于无功电容电流随频率作线性增加的缘故。

(2)松弛区: $\omega\tau \approx 1$ 和 $\gamma \ll g$ 条件下

$$\varepsilon' = \varepsilon_\infty + \frac{\Delta\varepsilon}{1+\omega^2\tau^2}$$

$$\varepsilon'' = \frac{\omega\tau\Delta\varepsilon}{1+\omega^2\tau^2}$$

$$\tan\delta = \frac{\omega\tau\Delta\varepsilon}{\varepsilon_s + \omega^2\tau^2\varepsilon_\infty}$$

$$P = \frac{\omega^2\tau^2 g}{2(1+\omega^2\tau^2)}E_m^2$$

在 $\omega\tau = 1$ 处

$$\varepsilon' = \frac{\varepsilon_s + \varepsilon_\infty}{2}, \quad \varepsilon'' = \varepsilon''_{max} = \frac{\Delta\varepsilon}{2} = \frac{\varepsilon_s - \varepsilon_\infty}{2}$$

在 $\omega\tau = \left[\frac{\varepsilon_s}{\varepsilon_\infty}\right]^{\frac{1}{2}}$ 处

$$\tan\delta = \tan\delta_{\max} = \frac{\Delta\varepsilon}{2\left(\varepsilon_s\varepsilon_\infty\right)^{\frac{1}{2}}} = \frac{\varepsilon_s - \varepsilon_\infty}{2\left(\varepsilon_s\varepsilon_\infty\right)^{\frac{1}{2}}}$$

(3)高频区：$\omega\tau \gg 1$

$$\varepsilon' = \varepsilon_\infty \ , \ \varepsilon'' = \frac{g}{\omega} \ , \ \tan\delta = \frac{g}{\omega\varepsilon_\infty} \ , \ P = \frac{g}{2}E_m^2$$

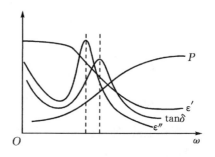

此区 $P = P_{\max}$、ε''、$\tan\delta$ 随频率作倒数式下降。

在分析上述参数的频率变化规律时，要注意单位体积的介质损耗 P 与介质损耗角的正切 $\tan\delta$ 及损耗因素 ε'' 相互有关，但并非同一含义，实际上，$\tan\delta$ 及 ε'' 表征了介质在每一周期中的损耗，故它们与频率的关系与 P 不同。另外在高频区的损耗 $P = P_{\max}$ 通常远大于纯电导损耗 $\gamma E_m^2/2$，见图 2-51。

图 2-51　具有松弛性极化介质的 ε'、ε''、$\tan\delta$、P 随频率的变化规律

2. 具有松弛极化的实际介质 ε'、ε''、$\tan\delta$、P 随温度的变化

从前面已知，介质的松弛时间 τ 随温度的上升作指数式下降。同时介质的电导率 γ 随温度的上升而做指数式的增加。此外，n_0、α_τ 均随温度的上升而有所下降，因此 ε_∞、ε_s、$\Delta\varepsilon$、g 等参数亦随温度的上升而有所下降。所以实际电介质的极化、损耗参数将随温度作比较复杂的变化，见图 2-52。

(1)低温区：此时热运动很弱，τ 很大，$\omega\tau \gg 1$，与热运动有关的松弛极化来不及建立，因而它们对 ε' 的贡献可以忽略。电导损耗在低温下也可忽略。此时的损耗往往主要是松弛损耗（$g \gg \gamma$），见图 2-52 的 a 区，如考虑到 τ 与温度的关系 $\tau = ce^{u_0/(kT)}$，则 ε''、$\tan\delta$、P 均随温度作指数式上升，而 ε_r 则随温度上升而略有下降。

$$\varepsilon' = \varepsilon_\infty \ , \ \varepsilon'' = \frac{g}{\omega} = \left(\frac{\Delta\varepsilon}{c\omega}\right)e^{-\frac{u_0}{kT}}$$

$$\tan\delta = \frac{g}{\omega\varepsilon} = \left(\frac{\Delta\varepsilon}{c\omega\varepsilon_\infty}\right)e^{-\frac{u_0}{kT}} \ , \ P = \left(\frac{g}{2}\right)E_m^2 = \left(\frac{\Delta\varepsilon}{2c}\right)e^{-\frac{u_0}{kT}}E_m^2$$

(2)松弛损耗区：温度较高，τ 在下降，当达到 $\omega\tau \approx 1$ 区域内时，松弛极化的建立较之电场的变化有明显的滞后现象，松弛损耗仍然存在，同时，松弛极化对 ε' 已有明显的贡献，因而 ε' 激烈增加，ε''、P 值均出现峰值，见图 2-52 的 b 区。

$$\varepsilon' = \varepsilon_\infty + \frac{\Delta\varepsilon}{1+\omega^2\tau^2} = \frac{\varepsilon_s + \varepsilon_\infty\omega^2\tau^2}{1+\omega^2\tau^2} \ , \ \varepsilon'' = \frac{\omega\tau\Delta\varepsilon}{1+\omega^2\tau^2}$$

$$\tan\delta = \frac{\omega\tau\Delta\varepsilon}{\varepsilon_s + \varepsilon_\infty\omega^2\tau^2} \ , \ P = \frac{\omega^2\tau\Delta\varepsilon}{2(1+\omega^2\tau^2)}E_m^2$$

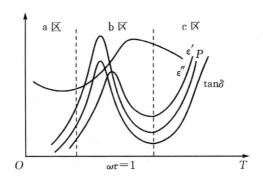

图 2-52　具有松弛性极化介质的 ε'、ε''、$\tan\delta$、P 随温度的变化规律

由于 ε_s、ε_∞、$\Delta\varepsilon$ 等参数比 τ 随温度的变化要弱得多,所以在决定 ε''、$\tan\delta$、P 的峰值点时,可以忽略 ε_∞、ε_s、$\Delta\varepsilon$ 变化。由此可以求得

$$\omega\tau = 1 \text{ 时},\ \varepsilon''_{max} = \frac{\Delta\varepsilon}{2} = \frac{\varepsilon_s - \varepsilon_\infty}{2};\ P_{max} = (\frac{g}{4})E_m^2$$

$$\omega\tau = \frac{\varepsilon_s}{\varepsilon_\infty} \text{ 时},\ \tan\delta_{max} = \frac{\Delta\varepsilon}{\sqrt{2\varepsilon_s\varepsilon_\infty}}$$

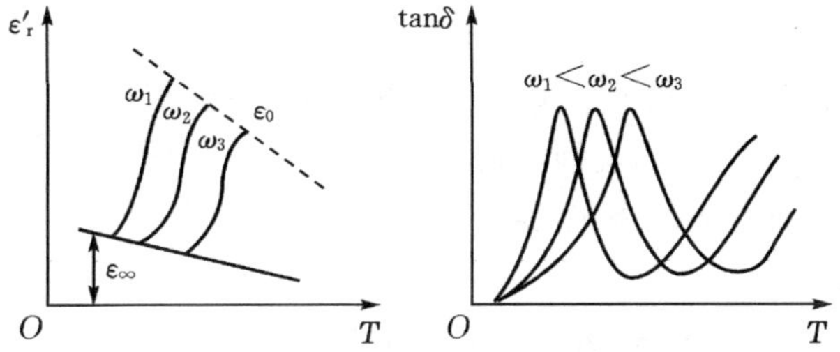

图 2-53　甘油在不同频率下 ε'_r、$\tan\delta$ 随温度变化

(3)高温区:高温下 τ 变得很小,$\omega\tau \ll 1$,松弛极化建立较快,足以跟得上电场的变化。所以不再出现明显的松弛性损耗,电导是此时损耗的主要来源。此区的 ε''、$\tan\delta$、P 都随温度增加再次作指数式上升,见图 2-52 的 c 区。

由于介质的介电参数用温度谱和频谱测试比较方便,因而常被研究者采用,许多极性介质都可测得上述的变化规律。当测试介质温度谱的电场频率增高时,ε''、$\tan\delta$、P 的峰值点则向高温平移,如图 2-53 所示。

2.3.5 复合介质的极化和损耗

实际上电介质往往是由多种物质所组成的复合体,如高压设备的组合绝缘、生物体中组织、细胞等均为复合介质。这些不同组成的介质多具有不同的介电常数 ε 和电导率 γ,因而在交流电压下除了贯穿整个复合介质的电导损耗之外,还可能存在由于介质的不均匀分布,在介质交界面上形成空间电荷的周期变化而造成局部的电导损耗。同时,等值电容增加,最典型的复合介质是串联的双层介质。麦克斯韦在 1876 年就曾首先对此作过分析。因此称为麦克斯韦夹层损耗理论。

1. 麦克斯韦损耗理论

如两个介质的厚度分别为 d_1、d_2,相对介电常数及电导率分别为 ε_1、γ_1 和 ε_2、γ_2,介质的横断面积为 S,见图 $2-54$(a)。麦克斯韦假定,具有不同介电参数 ε、γ 的介质串联组合而成的双层介质,它的等效电路见图 $2-54$(b)。

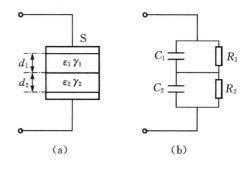

图 $2-54$ 双层介质的图示及其等效电路
(a)双层介质;(b)等效电路

如果双层介质上加以直流电压 U,由于刚加上直流电压时,层间电荷为零,两层介质上的电压应按电容分配,即 $t=0$ 时,

$$Q_1 = Q_2 \ , \ C_1 U_1 = C_2 U_2$$

$$U_1 = \left[\frac{C_2}{(C_1 + C_2)}\right]U$$

$$U_2 = \left[\frac{C_1}{(C_1 + C_2)}\right]U$$

而在稳态情况下,根据电流连续性原理,两层介质上的电压则按电阻分配,即 $t \to \infty$ 时,

$$I_1 = I_2 \ , \quad \frac{U_1}{R_1} = \frac{U_2}{R_2}$$

$$U_1 = \frac{R_1 U}{R_1 + R_2} \ , \ U_2 = \frac{R_2 U}{R_1 + R_2}$$

因此在双层介质上加上直流电压之后将有一暂态过程,U_1、U_2 都将为时间的函数,并有吸收电流存在。

根据电流连续性原理 $I_1 = I_2$ ，此时，电流应包含电导电流和电容电流两项，即

$$\frac{U_1}{R_1} + C_1 \frac{\mathrm{d}U_1}{\mathrm{d}t} = \frac{U_2}{R_2} + C_2 \frac{\mathrm{d}U_2}{\mathrm{d}t} \qquad (2-224)$$

并考虑到 $U = U_1 + U_2$ ，通过解微分方程并引入初始条件可以求得

$$I = I_1 = I_2 = \frac{U}{R_1 + R_2} + \frac{(R_2 C_2 - R_1 C_1)^2 U}{R_1 R_2 (C_1 + C_2)^2 (R_1 + R_2)} \mathrm{e}^{-\frac{t}{\theta}}$$

设贯穿电导的等值电阻 $R = R_1 + R_2$

$$I = \frac{U}{R} + gU \mathrm{e}^{-\frac{t}{\theta}}$$

$$g = \frac{(R_2 C_2 - R_1 C_1)^2}{R_1 R_2 R (C_1 + C_2)^2}$$

$$\theta = \frac{R_1 R_2 (C_2 + C_1)}{R_1 + R_2} \qquad (2-225)$$

上式中的前项是双层介质的贯穿电导电流，而后项则是层间的空间电荷变化引起的吸收电流。此种双层介质上加以正弦交变电压 $\dot{U} = U_m \mathrm{e}^{i\omega t}$ 时，应用重叠原理可以求得相应的极化电流和损耗电流。

$$\dot{I} = \int_{-\infty}^{t} \frac{\mathrm{d}U}{\mathrm{d}t'} g \mathrm{e}^{-\frac{(t-t')}{\theta}} \mathrm{d}t' = \frac{\omega^2 \theta^2 g}{1 + \omega^2 \theta^2} \dot{U} + \frac{i\omega \theta g}{1 + \omega^2 \theta^2} \dot{U} = \dot{I}_a + \dot{I}_c \quad (2-226)$$

式中，$\dot{I}_a = \frac{\omega^2 \theta^2 g \dot{U}}{1 + \omega^2 \theta^2}$ 为与电压同相位的夹层损耗电流分量；$\dot{I}_c = \frac{i\theta \omega g \dot{U}}{1 + \omega^2 \theta^2}$ 为比电压导前 90° 的电容电流分量。

双层介质总的损耗电流和损耗功率，还应加上贯穿电导电流和它引起的损耗。因而有

$$\dot{I}_P = \dot{I}_R + \dot{I}_a = \left(\frac{1}{R} + \frac{\omega^2 \theta^2 g}{1 + \omega^2 \theta^2}\right) \dot{U} \qquad (2-227)$$

$$P = \left(\frac{1}{R_1 + R_2} + \frac{\omega^2 \theta^2 g}{1 + \omega^2 \theta^2}\right) \frac{U_m^2}{2} \qquad (2-228)$$

双层介质的总电容和电容电流还应考虑串联等值初始电容，$C_\infty = \frac{C_1 C_2}{C_1 + C_2}$ 的作用，总的电容电流为

$$\dot{I}_c = i\omega (C_\infty + \frac{\theta g}{1 + \omega^2 \theta^2}) \dot{U} = i\omega C \dot{U} \qquad (2-229)$$

$$C = C_\infty + \frac{\theta g}{1 + \omega^2 \theta^2} = \frac{C_1 C_2}{C_1 + C_2} + \frac{\theta g}{1 + \omega^2 \theta^2} \qquad (2-230)$$

$$\tan\delta = \frac{I_{pm}}{I_{cm}} = \frac{\dfrac{1}{R} + \dfrac{\omega^2 \theta^2 g}{1 + \omega^2 \theta^2}}{\omega \left(C_\infty + \dfrac{\theta g}{1 + \omega^2 \theta^2}\right)} \qquad (2-231)$$

在低频下，$\omega\theta \ll 1$，$C = C_\infty + \theta g$

$$\tan\delta = \frac{1}{\omega R(C_\infty + \theta g)} \qquad (2-232)$$

在高频下，$\omega\theta \gg 1$，$C = C_\infty$

$$\tan\delta = \frac{1 + Rg}{\omega R C_\infty} \qquad (2-233)$$

在 $\omega\theta \approx 1$ 区，忽略贯穿电导损耗，则有

$$C = C_\infty + \frac{\theta g}{1 + \omega^2\theta^2}, \quad \tan\delta = \frac{\omega\theta^2 g}{(C_\infty + \theta g) + C_\infty \omega^2\theta^2} \qquad (2-234)$$

双层介质的总电容 C 和介质损耗 $\tan\delta$ 随角频率 ω 的变化见图 $2-55$，此与松弛极化损耗具有相似的变化规律，$\tan\delta$ 在 $\omega = \frac{1}{\theta}\left(1 + \frac{\theta g}{C_\infty}\right)^{1/2}$ 的频率下出现极值。此极值在较低频率（工频、音频）下已能出现。

以图 $2-54$ 中参数及介质的截面积 S，$X_1 = d_1/d$，$X_2 = d_2/d$ 代入 R、C，可得到等效的 ε'、ε''、$\tan\delta$ 值：

$$\varepsilon' = \varepsilon_\infty + \frac{\theta g d}{S(1 + \omega^2\theta^2)}$$

$$\varepsilon_\infty = \frac{\varepsilon_1\varepsilon_2}{X_1\varepsilon_1 + X_2\varepsilon_2}$$

$$\theta = \frac{X_1\varepsilon_1 + X_2\varepsilon_2}{X_1\gamma_2 + X_2\gamma_1} \qquad (2-235)$$

$$g = \frac{S(\gamma_1\varepsilon_2 - \gamma_2\varepsilon_1)^2}{d\left(\frac{\gamma_1}{X_1} + \frac{\gamma_2}{X_2}\right)(X_1\varepsilon_2 + X_2\varepsilon_1)^2}$$

$$(2-236)$$

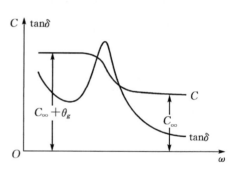

图 $2-55$　双层介质的 C、$\tan\delta$ 随频率的变化

在忽略贯穿性电导损耗时

$$\tan\delta = \frac{\omega\theta^2 g}{\varepsilon_\infty \dfrac{S(1 + \omega^2\theta^2)}{d} + \theta g} \qquad (2-237)$$

当 $\gamma_1/\gamma_2 = \varepsilon_1/\varepsilon_2$ 时，则 $g = 0$ 时 $\varepsilon' = \varepsilon_\infty$，$\tan\delta = 0$ 即无夹层损耗存在。这是由于在此条件下，电压刚加至双层介质上时的电场分布与稳态时间相同，层间不出现层间电荷，因而夹层吸收电流及夹层损耗不再出现。就夹层损耗的本质来看，仍为介质电导损耗。

2. 复合介质的等效极化、损耗参数的计算

如果我们已知某种复合介质体系的组合方式以及其各个组成介质的极化、损耗参数 ε、$\tan\delta$，亦可不再考虑其微观机制而用等效电路方法来决定总的介质等效

参数 ε、$\tan\delta$。最典型的组合方式,大体可分为三种,即并联组合、串联组合和均匀混合组合。

1)并联组合介质的 ε、$\tan\delta$ 值

设一复合介质是由两种材料并联所组成,ε_1、ε_2、$\tan\delta_1$、$\tan\delta_2$ 分别为两种介质的介电常数和介质损耗角正切,S_1、S_2 分别为二种介质的截面积,而介质的厚度 d 相等,并联处于一平板电极之间(见图 2-56)。此时有

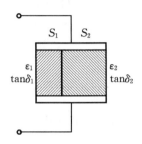

图 2-56　介质并联组合图示

$$C = C_1 + C_2 \ , \qquad \frac{\varepsilon_s}{d} = \frac{\varepsilon_1 S_1}{d} + \frac{\varepsilon_2 S_2}{d}$$

设体积组合的百分率

$$X_1 = \frac{V_1}{V} = \frac{S_1 d}{Sd} = \frac{S_1}{S}$$

$$X_2 = \frac{V_2}{V} = \frac{S_2 d}{Sd} = \frac{S_2}{S}$$

可得

$$\varepsilon = X_1\varepsilon_1 + X_2\varepsilon_2 \qquad\qquad (2-238)$$

推广到复合介电常数则有

$$\varepsilon^* = X_1\varepsilon_1^* + X_2\varepsilon_2^* \qquad\qquad (2-239)$$

$$\varepsilon' = X_1\varepsilon_1' + X_2\varepsilon_2' \qquad\qquad (2-240)$$

$$\varepsilon'' = X_1\varepsilon_1'' + X_1\varepsilon_2'' \qquad\qquad (2-241)$$

式(2-240)与式(2-238)是一致的

$$\tan\delta = \frac{\varepsilon''}{\varepsilon'} = \frac{X_1\varepsilon_1'' + X_2\varepsilon_2''}{X_1\varepsilon_1' + X_2\varepsilon_2'} \qquad\qquad (2-242)$$

以 $\tan\delta_1 = \dfrac{\varepsilon_1''}{\varepsilon_1'}$,$\tan\delta_2 = \dfrac{\varepsilon_2''}{\varepsilon_2'}$,$\dfrac{X_2}{X_1} = \mu$,$\dfrac{\varepsilon_1'}{\varepsilon_2'} = \eta$ 代入可得

$$\tan\delta = \tan\delta_1 + \frac{(\tan\delta_2 - \tan\delta_1)\mu}{\mu + \eta} \qquad\qquad (2-243)$$

此时,ε 介于 ε_1、ε_2 之间,而 $\tan\delta$ 介于 $\tan\delta_1$、$\tan\delta_2$ 之间。

2) 串联复合介质的 ε、$\tan\delta$

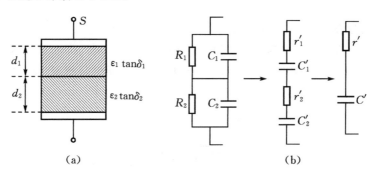

图 2 - 57　介质串联组合图示

此时,假设复合介质具有相同的横截面积 S,而具有不同的厚度 d_1、d_2 串联组合(见图 2 - 57),在高频下,

$$\frac{1}{C} = \frac{1}{C_1} + \frac{1}{C_2}$$

$$\frac{d}{\varepsilon} = \frac{d_1}{\varepsilon_1} + \frac{d_2}{\varepsilon_2}$$

设 $X_1 = d_1/d$, $X_2 = d_2/d$,则

$$\varepsilon^{-1} = X_1\varepsilon^{-1} + X_2\varepsilon_2^{-1} \tag{2-244}$$

而在一般情况下,则需要通过串联电路的变换来决定其 $\tan\delta$、ε

$$\tan\delta = \frac{I^2(r'_1 + r'_2)}{I^2\left(\dfrac{1}{\omega C'_1} + \dfrac{1}{\omega C'_2}\right)} = \frac{C'_2\tan\delta_1 + C'_1\tan\delta_2}{C'_1 + C'_2} \tag{2-245}$$

等效串联电容:

$$C'_1 = C_1(1 + \tan^2\delta_1) \ , \ \tan\delta_1 = r'_1\omega C'_1 \ , \ r'_1 = \frac{R_1\tan^2\delta_1}{1 + \tan^2\delta_1}$$

$$C''_2 = C_1(1 + \tan^2\delta_2) \ , \ \tan\delta_2 = r'_2\omega C'_2 \ ; \ r'_2 = \frac{R_2\tan^2\delta_2}{1 + \tan^2\delta_2}$$

$$\tan\delta = \tan\delta_1 + \frac{C_1(1 + \tan^2\delta_2)(\tan\delta_2 - \tan\delta_1)}{C_1(1 + \tan^2\delta_1) + C_2(1 + \tan^2\delta_2)} \tag{2-246}$$

考虑到 $\dfrac{C_1}{C_2} = \dfrac{\varepsilon_1 d_2}{\varepsilon_2 d_1} = \eta\mu$,则

$$\tan\delta = \tan\delta_1 + \frac{\mu\eta(\tan\delta_2 - \tan\delta_1)}{\mu\eta + \dfrac{(1 + \tan^2\delta_2)}{(1 + \tan^2\delta_1)}} \tag{2-247}$$

此一结果与式(2 - 231)是一致的,只要考虑到 $\tan\delta_1$、$\tan\delta_2$ 与频率的关系即可。

　　3)均匀混合介质的 ε 和 $\tan\delta$

　　对于非层状的任意混合状态介质的极化、损耗等参数的计算比较困难,但仍可采用近似的方法来作估算。

　　从前两节已知,复合介质的介电常数可以写成

$$\varepsilon^K = X_1\varepsilon_1^K + X_2\varepsilon_2^K \tag{2-248}$$

式中, X_1、X_2 分别是两种介质的体积浓度。

　　在并联复合情况下 $K = 1$,在串联复合情况下 $K = -1$,如在两种介质中相互混合均匀的情况下,可取 $-1 < K < 1$ 。将式(2-262)作全微分,则有

$$K\varepsilon^{K-1}\mathrm{d}\varepsilon = KX_1\varepsilon_1^{K-1}\mathrm{d}\varepsilon_1 + KX_2\varepsilon_2^{K-1}\mathrm{d}\varepsilon_2$$

当 $K \to 0$ 时,可得 $\dfrac{\mathrm{d}\varepsilon}{\varepsilon} = X_1\dfrac{\mathrm{d}\varepsilon_1}{\varepsilon_1} + X_2\dfrac{\mathrm{d}\varepsilon_2}{\varepsilon_2}$,两边积分可得

$$\ln\varepsilon = X_1\ln\varepsilon_1 + X_2\ln\varepsilon_2 \tag{2-249}$$

　　对于均匀复合介质如假定对于复合介电常数中的 ε'、ε'' 分别都可以用式(2-249)类似的经验式,即

$$\ln\varepsilon' = X_1\ln\varepsilon_1' + X_2\ln\varepsilon_2'$$
$$\ln\varepsilon'' = X_1\ln\varepsilon_1'' + X_2\ln\varepsilon_2''$$

两式分别相减则可证明对于 $\tan\delta$ 亦可用类似的经验式来计算

$$\ln(\tan\delta) = X_1\ln(\tan\delta_1) + X_2\ln(\tan\delta_2) \tag{2-250}$$

　　以上公式为粗略的经验式,对于具体情况选择哪个公式进行计算,需要与实验数据进行比较才能确定。

第 3 章　电介质的强场电导与击穿

把电介质的强场电导与击穿问题放在一个专题进行研究是从 20 世纪 60 年代开始的,其原因可以归结为以下两个主要方面。

(1)电介质的强场电导规律与传统概念的介质电导规律有很大差别,后者是用欧姆定律来描述的线性规律,而强场电导却是非欧姆性的,即强电场时介质具有非线性伏安特性关系,如图 3-1(a)所示,故对其规律与本质的研究是有意义的。

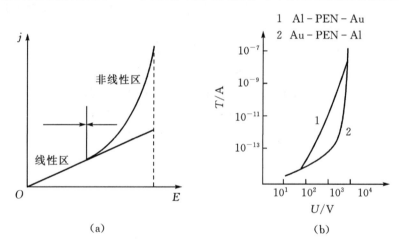

图 3-1　强电场下的非线性伏安特性

(a)非线性 j-E 特性示意图;(b)聚乙烯萘 PEN 的实验数据

根据固体能带理论的观点,电介质的禁带宽度至少要大于 5 eV。材料的禁带宽度相当于材料光吸收限的能量。表 3-1 简要地给出了禁带宽度为 1 eV 量级(如硅和锗)的半导体的电导率与禁带宽度为 5 eV 量级的电介质的电导率之间的比较。由表可以看出:①由电子(或空穴)热激发带间跃迁所产生的本征载流子对电介质的电导电流没有明显贡献;②在室温或低于室温时,由杂质能级中电子(或空穴)热激发所产生的非本征载流子对电介质的电导电流也没有明显贡献。在较高温度下(500 K),由于杂质的热电离而产生的电导电流才达到可检测的极限值,即电导率约为 $10^{-21}(\Omega \cdot m)^{-1}$ 量级。

表 3 - 1　若干半导体与绝缘体的电性能比较

物理性质	典型的半导体 如硅、锗等	典型的绝缘体 如 NaCl、聚合物等
禁带能量宽度 E_g/eV	$0.8 \sim 1.2$	$\geqslant 5.0$
本征载流子浓度/m^{-3}	$2.8 \times 10^{12}(T=300 \text{ K})$	$10^{-18}(T=300 \text{ K})$，$1(T=500 \text{ K})$
载流子迁移率 μ /(m^2 · V^{-1} · s^{-1})	$10^{-4} \sim 1$	$\leqslant 10^{-8}$
电导率 $\gamma = ne\mu$ /(Ω · m)$^{-1}$	$4.5 \times 10^{-5} \sim 0.45$	$\leqslant 10^{-45}(T=300 \text{ K})$，$\leqslant 10^{-27}(T=500 \text{ K})$
电离杂质浓度/m^{-3}	$10^{18} \sim 10^{24}$ 大多在室温下电离	$\leqslant 2 \times 10^{-9}(T=300 \text{ K})$，$\leqslant 10^{5}(T=500 \text{ K})$
杂质电导率/(Ω · m)$^{-1}$	$1.6 \times 10^{-5} \sim 1.6 \times 10^{5}$	$\leqslant 10^{-35}(T=300 \text{ K})$，$\leqslant 2 \times 10^{-22}(T=500 \text{ K})$

实际上,对于处在高电场强度($E \geqslant 10^7$ V · m^{-1})下的薄膜介质试样,在比较严格的测试条件下,不仅可以测量到有明显的电流通过,并且电流与电极材料有关,图 3 - 1(b)的实验数据即为一例。在室温和 10^7 V · m^{-1} 的外场条件下,流过表面积为 10^{-3} m^2、厚度为 $100~\mu$m 的聚合物试样可测电流的典型值约为 10^{-12} A 量级,这相当于电导率 γ 为 10^{-16}(Ω · m)$^{-1}$,这个数值虽然较小,但仍比表 3 - 1 中所列出的值要高得多。这一电流通常是非欧姆型的,当外场增加时,它的增加远比线性关系要快,典型的关系是,在一定的外场范围内,它的增加正比于 $E^n(2 \leqslant n \leqslant 3)$,这就提出了有关强场电导率的物理意义的基本问题。电流的这种非线性的特性,除表 3 - 1 中所讨论的载流子参与电导以外还有其他来源的载流子参与了电导。

强电场施加于介质除增大自由载流子迁移速度外,还将引起电荷从电极的注入、载流子在介质体内的倍增和空间电荷的积聚等,使决定介质电导率的主要因素载流子浓度和迁移率由与外场无关而变为随外电场而激烈变化,电流密度与电场强度间的欧姆关系不再成立,介质电导率 γ 成为场强的函数。这种强场非线性电导现象在一些导热性比较好的材料中很容易观察到,但在一些导热性差而耐热低的材料(如聚合物等有机材料)中常常因导致击穿而难以获得理想的实验曲线。

(2)电介质短时间击穿问题的研究几十年来虽有进展,但总不能令人满意,人们的注意力自然转向作为击穿前现象的强场非线性电导,期望能有助于发展介质击穿理论。

在非线性导电区,电流密度随场强的提高而增长极快,即 dI/dU 很大,故电场的进一步上升就将导致发生介质击穿。介质击穿是介质由绝缘态转变为导电态的突变过程,绝大部分介质材料发生这种击穿突变是不可逆的,即材料发生了本质上的破坏,如穿孔或开裂等,电气工程应用中必须防止发生介质击穿。但存在某些导热性好的介质,如半导体 PN 结、ZnO 非欧姆陶瓷等,其击穿过程是可逆的,这些材料的可逆击穿效应已经得到很多应用。

理论上讲,介质击穿分为短期击穿和长期老化击穿,短期击穿又分为电击穿、热击穿。电击穿被认为是电介质在强电场作用下产生的本征电物理过程,而热击穿则与介质的几何形状与散热条件等非本征因素有关。但实际上往往较难把电和热(甚至还有力学性甚至化学性的因素)的影响区别开来。再者,实际应用的电介质包括气态、固态、液态以及它们的复合共存态,介质的凝聚状态不同,在强电场作用下的微观过程有很大差别,因而其击穿过程更为复杂。气体电介质的击穿理论比较完善;固体电介质的击穿理论研究较多、内容浩繁,但还仍不完善,正处在研究发展之中;液体电介质虽然应用很多,但是系统理论却较少,研究工作也受到一定重视。本章对击穿理论模型和实验现象的介绍就以气体与固体电介质为主,液体电介质的有关理论工程性更强,参阅有关液体电介质击穿的专著更为合适。

一般来说,作为高压绝缘设计参数的介质击穿场强常常比实验室中在严格条件下的测量值要低 1~2 个数量级,所以提高绝缘材料的工程耐电强度和开发新型高耐电强度材料一直是一个十分重要的研究课题。

介质击穿作为一个伴随有光、热和力学现象的特殊物理过程也发展了它的其他方面的应用,如利用气体放电发光现象的气体光源及利用气体放电可恢复性的一些气隙开关和放电管等;利用液体介质击穿时产生的强大冲击波发展液中爆破和探测等;利用脆性固体介质击穿的力学粉碎作用而发展的电力破碎等。对介质击穿过程的新应用还在不断开拓,关注这一领域也是有意义的。

值得一提的是,如果我们扩大电介质强场电导与击穿问题为电介质的强场特性(或称强场效应)问题,那么有待关注研究的物理现象与由此而发展的应用技术将更多。这里仅举一例便可明白,如强场非线性极化与强场克尔光电效应。当电场不太强时,介质分子因极化而产生的感应偶极矩正比于电场强度,其一般关系是 $\mu = \alpha E$,但当电场足够强而与分子内电场可比时,极化率 α 将变成与场强有关的物理量,感应偶极矩与场强亦有非线性关系。显然,这种非线性规律反映极化强度的饱和现象。用在强直流电场作用下叠加小信号交流电场测量介电常数的实验方法也证明有介电常数 ε 随直流电场进一步增强而下降的现象,$\Delta\varepsilon/\varepsilon$ 大致在 10^{-6}~10^{-3} 范围。强场非线性极化现象与介质的分子结构与运动规律有密切的关系,因而对这一现象的研究可以获得有关介质微观结构及分子运动的重要信息。

如提高交变电场的频率至光频范围,所揭示的现象就完全进入电子运动的范围,强电场对介质极化的影响反映为对光折射率的作用,透明介质最易观察这种作用,如透明介质的克尔双折射效应:当电场加在光各向同性的透明介质时,在光电场矢量垂直和平行于外电场的两个方向上折射率不相等,介质变为光各向异性的,

存在着折射率差 $\Delta n \propto E^2$ 的非线性关系。强电场下克尔效应表现尤为明显。克尔效应与分子极化的各向异性有明显关系，因而对这一现象的研究可以深入获得有关介质分子结构的有用信息。在工程上的意义除利用介质克尔效应的光开关作用外，尤其重要的是利用折射率与场强的关系来测量透明介质中的电场分布、强电场时的空间电荷的产生与分布等，这对研究击穿前现象有重要作用，因而近年来颇受关注。

3.1　电接触界面性质

在讨论电介质强电场特性之前，需要增加一些关于电接触方面的基本知识和处理界面问题的主要物理模型和方法。

各种物体之间的接触面通常称为界面，而物体与真空间的界面则称为物体的表面，真空中物质粒子之间可以忽略相互作用，粒子看做是完全自由的，因而传统上常把真空作为参考点来讨论问题。

这里所讨论的电接触界面指的是金属电极与非金属介质或半导体之间的接触，界面是电流必须通过的部分，界面电接触可以使载流子容易从电极注入到介质或半导体内，或者起阻挡载流子注入的作用，这里主要讨论有关载流子从电极注入的作用。

3.1.1　逸出功

逸出功又称功函数。电子从金属内部跃迁到外部真空中去，需要耗费一定的能量，即需要克服一个势垒，常用逸出功来表征这种性质。定义金属中的电子由费米能级跃至真空中电子的最低能级（真空能级）所需的能量为金属的逸出功，如图 3-2(a)用 φ_m 表示。

对于非金属材料，逸出功定义为使一个电子从表面费米能级移至外部真空最低能级所需的能量。以 E_F 为费米能级（它是温度、杂质浓度和外界压力的函数），X 为电子亲合能，E_c 为导带底能级，则半导体或介质的逸出功如图 3-2(b)表示为

$$\varphi = X + (E_c - E_F) \tag{3-1}$$

一些金属材料的逸出功实验数据如表 3-2，这些数据能给我们一个量的概念，测量是以金属为热阴极在真空电子管中进行的。

表 3-2　一些金属的逸出功

金属	Pt	W	Cu	Au	Th	Ba	Cs
功函数/eV	5.61	4.52	4.33	4.32	3.35	2.11	1.81

...

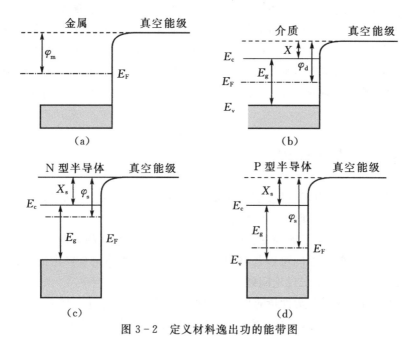

图 3-2　定义材料逸出功的能带图

(a)金属的逸出功 φ_m ；(b)电介质的逸出功 φ_d ；(c)N 型半导体；(d)P 型半导体的逸出功 φ_s

3.1.2　界面接触势垒

在材料逸出功概念的基础上，不同材料之间的电接触问题就可转化为两种不同逸出功材料间的接触问题了。接触时，由于电子热平衡分布的要求，在材料之间会产生电势差，一般称为接触电势差，这种接触电势差可简单定义为等于两种材料逸出功之差。以 $\varphi_\mathrm{m} > \varphi_\mathrm{s}$ 的金属与 N 型半导体接触为例，其接触电势差 u 应为

$$u = \frac{\varphi_\mathrm{m} - \varphi_\mathrm{s}}{q} = \frac{\varphi_\mathrm{m} - X_\mathrm{s} - (E_\mathrm{c} - E_\mathrm{F})}{q} \qquad (3-2)$$

接触势垒能量为

$$\varphi_\mathrm{B} = qu \qquad (3-3)$$

式中 q 是电子电量。由于 $E_\mathrm{c} - E_\mathrm{F}$ 是温度和杂质浓度的函数，接触电势差 u 也依赖于温度和杂质浓度。图 3-3(a) 为接触前孤立的金属和半导体中的电子能带，接触势垒的形成可以金属与半导体接触为例，作如下简要的说明：电子要离开物体进入真空必须克服的势垒为各自的逸出功，当两种物体相接触时，由于建立系统热平衡的需要，金属与半导体的费米能级需处于同一水平，因此导致电子在接触体之间发生转移，这样就使相接触的两表面区能带发生变化，这个变化表现为能带的弯

曲,如图 3-3(b) 所示。能带弯曲的结果使在靠近的两表面处形成空间电荷区,这一空间电荷区建立的静电场阻止电子继续移动。因为半导体中自由载流子密度比金属中小得多,空间电荷在半导体内的扩展将表现得明显,接触电势也就主要降落在半导体的空间电荷区,而金属内部空间电荷区是极薄的,因而常可忽略。

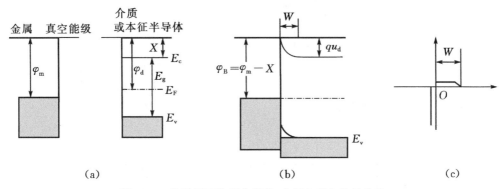

图 3-3 接触界面的弯曲能带、空间电荷与接触势垒
(a)接触前的能带;(b)界面能带;(c)界面的空间电荷偶电层图

金属与半导体中的空间电荷数量相等,但符号相反,因此知电接触自然地被一个偶电层所伴随。偶电层的宽度由图 3-3(c) 中 W 表示,此时,在半导体导带底的电子要能离开半导体而进入金属侧需要具有等于或大于势垒高度 φ_B 的能量(图 3-3(b))。而金属费米能级上的电子要能从金属注入到半导体内,必须具有等于大于势垒高度 $\varphi_m - X_s$ 的能量。这种类型的界面势垒通常又称为肖特基势垒。

3.1.3 金属与介质间的电接触

金属与介质形成电接触时的情况,可以借鉴金属与本征半导体接触来分析。本征半导体的能带特征是费米能级位于禁带中央,这与介质是相同的。

1. 阻挡接触

这里设定条件为 $\varphi_m > \varphi_d$,接触前的能带和接触后界面能带的弯曲如图 3-4 (a)所示,电子从半导体流向金属的势垒 $\varphi_{BS} = qu$,而电子由金属流向半导体的势垒为 $\varphi_{Bm} = \varphi_m - X$,所以半导体一边的电子更易于注入金属,这样,在半导体内近界面处便形成正的空间电荷区,图中 W 代表空间电荷区(亦称耗尽区)宽度。可以理解,这种接触具有整流作用,因为在金属为正、半导体为负的正向偏压下,电子容易从半导体流向金属,而在金属为负、半导体为正的反向偏压下,金属中的电子流向半导体受到较高势垒的限制。定义这样的接触为阻挡接触。阻挡接触是产生一

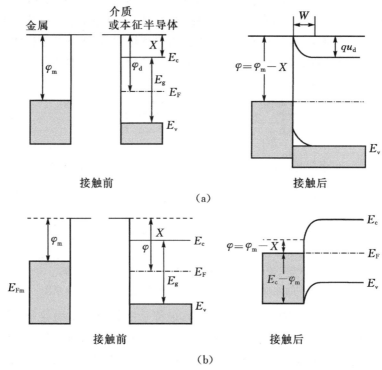

图 3 - 4　金属和电介质(或本征半导体)间的阻挡接触与欧姆接触

(a)对电子的阻挡接触($\varphi_m > \varphi_d$);(b)对电子的欧姆接触 ($\varphi_m < \varphi_d$)

个从界面扩展至半导体内部的耗尽区的接触。

当考虑金属中的空穴被阻挡的条件,则是属 $\varphi_m < \varphi_s$ 情况,如需详细了解,可以参阅有关书籍。

对于本征半导体,如果温度条件使 $kT > \dfrac{E_g}{2}$,导带和满带会有一定浓度的电子和空穴存在,但对电介质,正如本章序言已谈到的,热电离电子是难以形成的,因而阻挡接触的情况可能是不具实际意义的。

2. 欧姆接触

当存在条件 $\varphi_m < \varphi_d$ 时,接触后界面能带的弯曲方向与阻挡接触时相反,如图 3 - 4(b)所示。由于界面处费米能级向导带靠近,意味着在接触处及其附近的自由载流子密度比体内要高得多,界面成为载流子积累层。故这种接触也定义为能产生一个从界面至体内载流子积累层的接触。因接触处的阻抗比体内的串联阻抗小得可以忽略,故称其为欧姆接触,载流子积累层也可称为势垒层。可知,产生欧姆接触的方法是,对于电子注入,选择低功函数的金属作为电极,即使 $\varphi_m < \varphi_s$(对金

属/ N 型半导体接触)或 $\varphi_m < \varphi_d$(对金属/本征半导体或绝缘体接触),以降低有效热电子发射的势垒,使接触处自由载流子密度高于体内的值。通常,绝缘体或多数有机半导体的体电阻率是很高的,电接触阻抗与之相比可以认为是小得可以忽略,故一般可认为都是欧姆接触。欧姆接触时,金属电极中的电子将注入体内,体内电导就由半导体(或介质)体内的阻抗决定,因此是体限制的。而阻挡接触时,电导是由接触势垒限制的。

当没有外电场并忽略几何因素时,对接触区附近载流子分布和势能变化可作一维简单分析。

采用如下泊松方程:

$$\frac{\mathrm{d}^2\psi(x)}{\mathrm{d}x^2} = \frac{qn(x)}{\varepsilon} \qquad (3-4)$$

和电流连续方程

$$J = q\mu n(x)F - qD\frac{\mathrm{d}n(x)}{\mathrm{d}x} = 0 \qquad (3-5)$$

为避免与能带参数的混淆,这里用 F 代表势垒区中的电场强度,n、q、ε、μ、J、D 分别代表载流子密度、电子电荷、介电常数、载流子迁移率、电流密度和扩散系数,以 $\psi(x)$ 表示势能函数,应有下式成立:

$$\frac{\psi(x)}{q} - \frac{\varphi_m - X}{q} = -\int_0^x F\mathrm{d}x \qquad (3-6)$$

利用爱因斯坦关系

$$\frac{D}{\mu} = \frac{kT}{q} \qquad (3-7)$$

得到:

$$n(x) = n_s\exp\left[-\frac{\psi(x) - \varphi_m + X}{kT}\right] \qquad (3-8)$$

式中,n_s 为 $x = 0$ 处的电子密度(此处 $\psi = \varphi_m - X$),将 $n(x)$ 代入 式(3-4),有

$$\frac{\mathrm{d}^2\psi(x)}{\mathrm{d}x^2} = -\frac{q^2 n_s}{\varepsilon}\exp\left[-\frac{\psi(x) - \varphi_m + X}{kT}\right] \qquad (3-9)$$

把介质体内的条件作为右边界条件,即在体内有 $\mathrm{d}\psi/\mathrm{d}x = 0$ 和 $\psi = \varphi - X$,方程(3-9)的解为

$$\frac{\mathrm{d}\psi}{\mathrm{d}x} = \left(\frac{2q^2 n_s kT}{\varepsilon}\right)^{\frac{1}{2}}\left[\exp\left(-\frac{\psi - \varphi_m + X}{kT}\right) - \exp\left(-\frac{\varphi - \varphi_m}{kT}\right)\right]^{\frac{1}{2}} \qquad (3-10)$$

用 $W = \int\mathrm{d}x$ 积分,便得到界面势垒区的宽度为:

$$W = \left(\frac{2\varepsilon kT}{q^2 n_s}\right)^{\frac{1}{2}}\exp\left(\frac{\varphi - X}{2kT}\right)\left\{\frac{\pi}{2} - \sin^{-1}\left[\exp\left(-\frac{\varphi - \varphi_m}{2kT}\right)\right]\right\} \qquad (3-11)$$

可以看出,当 $\varphi-\varphi_m<4kT$ 时, $\varphi-\varphi_m/(2kT)<2$,式(3-11)的右边最后部分近于1,这时 W 随 φ_m-X 的增大而增加。而当 $\varphi-\varphi_m>4kT$ 时,式(3-11)可近似化成

$$W \cong \frac{\pi}{2}\left(\frac{2\varepsilon kT}{q^2 n_s}\right)^{1/2}\exp\left(\frac{\varphi-X}{2kT}\right) \tag{3-12}$$

此时, W 与界面势垒高度 φ_m-X 以及电极逸出功 φ_m 无关,而仅依赖于费米能级和导带底边之间的能量间隔 $\varphi-X$,即 $\frac{1}{2}E_g$,或者说依赖于体内的载流子密度,这也就是说随着体内的载流子密度下降, W 将增加。对于介质,其费米能级和导带底边之间的能量间隔很大,如考虑这一因素,所形成的势垒区(即空间电荷区)应该是较宽的(至今仍未能确定接触处注入的载流子密度)。

3.1.4　外电场对接触势垒的影响

欧姆接触时,注入的空间电荷密度随离 $x=0$ 距离增大而下降,注入空间电荷产生的内部电场也随着距离的增加而减弱。在施加外电场时,外电场将对空间电荷电场产生影响,外电场与空间电荷电场方向相反,总存在一叠加电场为零的平衡点,该处 $dV/dx=0$,以 $x=W_c$ 代表平衡点离 $x=0$ 的距离,表面能带的弯曲就应发生如图(3-5)所示的改变。 $x=W_c$ 即为该外电压下的势垒区宽度,当外加电压增加到 $V_2(>V_1)$ 时,内电场与外加电场的平衡点移动到 $x=W'_c(<W_c)$ 处,对应更高的内部电场,当外电场升高到平衡点与接触面位置相重合时, $W_c \rightarrow 0$ 空间电荷效应消失。超过此数值时,外加电场的任何进一步增加就将会使电导从体限制过渡到电极限制。因为电导变成了由阴极来的电子(这是有限的)注入的速率所决定。如果 φ_m-X 大,外加电场足够高,但不高到击穿,此时的势垒可能变得很薄,隧道效应将成为主要过程。

3.2　强电场下电介质中载流子的增殖过程

前节中为更方便说明接触界面的电特性,较多借鉴了有关半导体的概念,本节所讨论的对象就主要集中于电介质了。由介质电导的基本微观关系 $\gamma=nq\mu$ 出发,强场电导的非线性现象应可以从载流子浓度和迁移率两方面来探究其机理,即强电场下电介质中载流子的增殖过程和强电场下电介质中载流子的输运问题,这就是以下两节中将要讨论的问题。

导致电流非欧姆特性的载流子增殖的可能原因,可以从电极界面过程与电介质体过程这两个方面进行讨论。

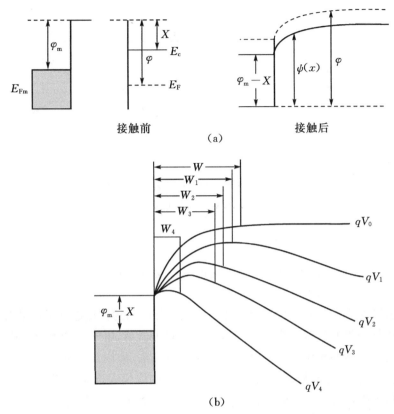

图 3-5 外加电压作用对界面能带弯曲的影响($V_4 > V_3 > V_2 > V_1 > 0$)
(a)加电场前;(b)加电场后

3.2.1 电极效应

1. 场助热电子发射——肖特基效应

电极发射过程是指电子或空穴离开电极进入电介质的过程。在高温的情况下,载流子获得足够的动能,可能跃出电极金属进入电介质。在极高电场的情况下,电场也可能把电子从金属中拉出到电介质中。前者称为热电子发射,后者称为场致发射。而在中等场强及中等温度下,将构成场助热发射。

金属向真空发射电子必须克服相当于其逸出功的势垒,设电子由于升高电极温度而获得能量,热发射电流与温度有密切关系。以图 3-6 的矩形势垒模型导出的金属电极向真空热发射电流密度可用以下理查森方程描述:

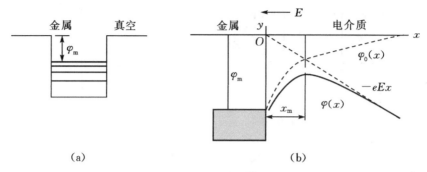

图 3-6　矩形势垒模型和肖特基效应势垒模型
(a)矩形势垒模型;(b)肖特基效应势垒模型

$$J(T,0) = AT^2 \exp\left(-\frac{\varphi_m}{kT}\right) \qquad (3-13)$$

式中,$J(T,0)$ 代表 $T \neq 0$、电场 $E = 0$ 时的电极发射电流密度;φ_m 为金属的逸出功;A 为与电子质量和电量等有关的常数。

　　肖特基对金属与介质接触界面势垒曲线及外电场的作用进行了定量处理。金属与介质接触界面肖特基势垒曲线如图 3-6(b) 所示,电子从金属进入电介质所需克服的势垒是接触势垒 φ_B,定量处理采用镜像法,即以注入的电子与其在金属表面感应电荷(镜像电荷)间的作用形成的势能曲线代表弯曲的能带曲线 $\varphi(x)$。设一个从电极发射出来的电子在与金属接触的电介质中 x 点,它将在金属中感应出一个正电荷,电子受到其镜像点处的正电荷电场所产生的作用即为镜像力。电子受到的镜像力可用库仑定律写出

$$F_1 = \frac{-e^2}{4\pi\varepsilon\varepsilon_0\,(2x)^2} \qquad (3-14)$$

式中,ε_0 为真空电容率;ε 是电介质的电容率。电子在镜像电荷电场中的电势为

$$\varphi_0(x) = \int_x^\infty F_1 \mathrm{d}x = -\frac{e^2}{16\pi\varepsilon\varepsilon_0 x} \qquad (3-15)$$

它等于将一个电子从金属表面处的某点移至无限远处所必须做的功。这里假定电子在金属外无限远处的电势为零。

　　设施加外电场 E 使指向 x 的负方向,显然,外电场将起帮助电子克服镜象力而脱离金属表面的作用。这时合成的电子电势与距离金属表面距离 x 的关系为

$$\varphi(x) = -eEx - \frac{e^2}{16\pi\varepsilon\varepsilon_0 x} \qquad (3-16)$$

通过 $\dfrac{\partial \varphi(x)}{\partial x} = 0$ 可求出 $\varphi(x)$ 取极大值时的距离为

$$x_{\mathrm{m}} = \left(\frac{e}{16\pi\varepsilon\varepsilon_0 E}\right)^{\frac{1}{2}} \tag{3-17}$$

将 x_{m} 代入式 (3-16)可得到相应的势垒高度值为

$$\varphi_{\max} = -\left(\frac{e^3}{4\pi\varepsilon_0}\right)^{1/2} E^{1/2} \tag{3-18}$$

由图 3-6 可以看出,如采用矩形界面势垒模型,电子由电极进入电介质所需克服的势垒为金属逸出功 $\varphi_{\mathrm{m}} - X$,采用肖特基势垒模型,界面势垒变为 $\varphi_{\mathrm{m}} - X - \varphi_0(x)$,当加有外电场时,注入势垒进一步降低为 $\varphi_{\mathrm{m}} - X - \varphi(x)$ 。

外电场使电子逸出电极所需克服的势垒降低了 $\Delta\varphi$ 。

$$\Delta\varphi = \left(\frac{e^3}{4\pi\varepsilon\varepsilon_0}\right)^{\frac{1}{2}} E^{\frac{1}{2}} = \beta_{\mathrm{sc}} E^{\frac{1}{2}} \tag{3-19}$$

外电场降低界面势垒的这种作用称为肖特基效应,

$$\beta_{\mathrm{sc}} = \left(\frac{e^3}{4\pi\varepsilon\varepsilon_0}\right)^{\frac{1}{2}} \tag{3-20}$$

为肖特基系数。当 $E \neq 0$ 时,电子的场助热发射的有效逸出功为 $\varphi(E)$ 。

$$\varphi(E) = \varphi_{\mathrm{m}} - \left(\frac{e^2}{4\pi\varepsilon\varepsilon_0}\right)^{\frac{1}{2}} E^{\frac{1}{2}} = \varphi_{\mathrm{m}} - \Delta\varphi \tag{3-21}$$

利用理查森(Richardson)方程及上式,可得出场助热电子发射电流密度为

$$j(T,E) = AT^2 \exp\left[-\frac{(\varphi_{\mathrm{m}} - \Delta\varphi)}{kT}\right] = j(T,0)\exp\left(\frac{\Delta\varphi}{kT}\right)$$

$$= j(T,0)\exp\left(\frac{\beta_{\mathrm{sc}} E^{\frac{1}{2}}}{kT}\right) \tag{3-22}$$

此即为肖特基电流方程。显然,电场 E 增加,$j(T,E)$ 呈指数式上升。$\log j - E^{1/2}$ 关系为一直线,直线方程为 $\log j = \log j_0 + (\beta_{\mathrm{sc}}/(kT))\sqrt{E}$,或写为 $\log j = \log j_0 + b\sqrt{E}$, $b = \beta_{\mathrm{sc}}/(kT)$ 。

如果在电场帮助下由金属向真空发射载流子,则肖特基系数为

$$\beta_{\mathrm{sc}} = \frac{e^3}{4\pi\varepsilon_0} \tag{3-23}$$

应当指出,首先,电介质(或半导体)与金属电极的界面态以及电介质体内空间电荷分布等诸多因素都会影响界面的电子发射。例如,在 x_m 范围内的空间电荷足够多,则将明显改变金属电极附近的电场,致使上式不再适用,而必须对其进行修正。其次,应该只有当通过电介质的电流完全是由电极发射控制时,才能通过试验测量得到肖特基发射电流,这就常常给试验研究肖特基发射电流带来困难。

2. 场致发射——福勒-诺德海姆(Fowler - Nordheim)方程

由以上讨论知,电场使界面势垒减低 $\Delta\varphi$,外推到足够强的临界电场 E_c 下,界

面势垒将减低至零,即

$$\varphi_m - \Delta\varphi = \varphi_m - \left(\frac{e^3}{4\pi\varepsilon\varepsilon_0}\right)^{\frac{1}{2}} E^{1/2} \rightarrow 0 \qquad (3-24)$$

从而可得到一临界场强

$$E_c = \left(\frac{4\pi\varepsilon\varepsilon_0}{e^3}\right)\varphi_m{}^2 \qquad (3-25)$$

当金属的 φ_m 为几个电子伏时,可估计 E_c 的大小约在 10^8 V/cm 量级。在接近 E_c 时应伴随很大的注入电流,即使在 $T=0$K 也如此,就是说,当 $T \rightarrow 0$ 时,电子也会从金属向真空或介质注入电荷。

但实验证明,达到 E_c 的 1%,即 10^6 V/cm 时,即使温度很低,电介质中的非欧姆电流已相当明显,这就不能仅用肖特基发射来解释。而用量子隧道效应可以解释这一现象,按照量子隧道效应理论,电子的能量即使低于势垒的高度,从金属向介质发射电子也是可能的,即电子能够以某一几率穿过界面势垒 $\varphi(x)$,此处常称之为场致发射。场致发射电流的求取主要在于电子穿透势垒几率的计算。场致发射过程依赖电子的波动特性,严格的求解需用量子力学方法,这里仅考虑建立一个物理概念,所以用比较简单的绝对零度附近电子从金属隧道注入真空时的简单物理模型。

量子力学认为,假如与电子相关的几率波(德布罗意波)的波长大于势垒的厚度(或薄层介质的厚度),那么,这些电子在没有获得能跃过势垒的能量时可以一定几率穿过势垒。

如图 3-7 的近似三角形势垒模型,在费米能级处,与 φ_m 相应的势垒厚度为 $x_F = \varphi_m/E$。当 $\varphi_m = 5$ eV 和 $E = 5\times10^8$ V/m 时,$x_F = 100$ Å。具有动量为 P 的电子德布罗意波波长为 $\lambda = h/p$,h 为普朗克常数。因此,如果具有能量达到费米能量的电子垂直入射,相关的波长为
$\lambda = h/(2m^*\varphi)^{1/2} = 6\times10^{-8}$m $= 600$ Å
式中的 m^* 为电子有效质量。这一波长大于相应场强下的势垒厚度,因此,电子应能隧穿通过势垒而贡献给电极发射电流。

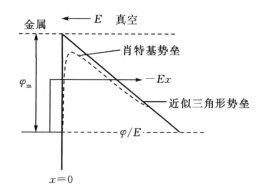

图 3-7　电子隧道注入真空时的简化势垒模型

由金属向真空发射的隧道电流密度可写为如下关系

$$J = \int \mathrm{d}j = \int enp\,\mathrm{d}u \qquad (3-26)$$

式中，P 为具有一定能量的电子对势垒的透射几率，它等于透射波的强度与入射波的强度之比；u 为电子能量；n 为相应能量电子的密度。当然透射几率和电子的密度都是电子能量和势垒高度的函数，积分的上、下限可定为 $-\infty \to 0$。

但即使仅考虑简单的三角形势垒，精确求解隧道电流也是非常困难的。

1928 年，福勒和诺德海姆在他们的经典论述中，采用了布里渊（Brillouin）近似法（WKB 法），根据这种近似方法，能量为 u 的电子对势垒 $\varphi(x)$ 的透射几率为

$$p(u_x) = \exp \frac{(2m^*)^{1/2}}{h} \int (\varphi - u_x)^{\frac{1}{2}} \mathrm{d}x \qquad (3-27)$$

对于具有线性势垒的简单模型，WKB 近似解为

$$p(u_x) = \exp \frac{-8\pi (2m^*)^{\frac{1}{2}} u_x^{3/2}}{3ehE} \qquad (3-28)$$

隧道电流 J 为

$$J = \frac{4\pi m^* e}{h^2} \int (u_x - \varphi) \exp \frac{-8\pi (2m^*)^{1/2} u_x^{3/2}}{3ehE} \mathrm{d}u_x \qquad (3-29)$$

由于 $u_x^{3/2}$ 是在指数中，这个积分不可能直接进行解析计算，采用泰勒（Taylor）展开近似，将 $u_x^{3/2}$ 在任何固定值的附近近似地表示为 u_x 整数幂的多项式，如在 $u_x^{3/2} = \varphi_m$ 附近，即在费米能级附近可近似为

$$u_x^{3/2} = \varphi_m^{3/2} + \left(\frac{2}{3} u_x - \varphi_m \right) \varphi_m^{1/2} + \cdots \qquad (3-30)$$

把 u_x 的泰勒展开式代入 J，得出比较容易积分计算，这里略去中间过程，给出解得的最后结果为

$$J = \frac{e^3 E^2}{(8\pi h \varphi_m)^2} \exp \frac{-8\pi (2m^*)^{1/2} \varphi_m^{3/2}}{3ehE} \qquad (3-31)$$

将 e、h 和 m^* 在 S.I 单位制中的数值代入上式，得到

$$J = 1.54 \times 10^{-10} \frac{E^2}{\varphi_m} \exp\left(-6.83 \times 10^9 \frac{\varphi_m^{3/2}}{E} \right) \qquad (3-32)$$

简写为

$$J = AE^2 \exp\left(-\frac{B}{E} \right) \qquad (3-33)$$

其中势垒以 eV 为单位，E 以 V/m 为单位，A、B 代表式中的常数。这个关系预示，当 E 低于 10^8 V/m 时，所发射的隧道电流密度小到可以忽略不计，但在更强的电场下，所发射的隧道电流密度急剧增加。如果把 J/E 对 $1/E$ 的关系绘成曲线，在 $1/E$ 坐标轴上，一个十进标度内可以获得一段直线，这条直线的斜率可给出电极界面势垒的近似值。

在考虑电极向电介质的场致发射时,由于介质的存在要影响逸出功和势垒曲线的形状,实际情况要复杂的多,三角势垒模型过于简单,真正完善的理论仍有待建立。但通常都用以上近似关系作定性说明。

3. 电极表面的离子撞击电子发射

在气体电介质的情况下,当在电场中因加速而达到一定能量的正离子冲击阴极金属表面时,将会传递能量给电子,使电子从金属发射出来,这种从阴极表面因正离子冲击而发射电子的过程可称为离子撞击发射。

正离子引起的阴极表面电子发射,只有在正离子动能大于金属表面逸出功时才可能发生。当具有一定动能的离子运动到接近金属表面约几个原子半径的距离时,正离子通过场的作用激励金属原子中的外层电子,首先使电子进入其高能级,处于激励态,当离子更接近金属表面时,激励态电子进一步获得能量脱离金属原子发射出来。具有更大能量的正离子,例如能量大于 $10^6 \mathrm{eV}$ 的 α 粒子入射金属表面时时,每个入射粒子可以导致释放出 $10 \sim 30$ 个电子,这些电子的能量甚至可以达到几千电子伏。

阴极发射的电子数还和阴极材料有关,即和其逸出功及表面状态有关。定义一个正离子碰撞阴极表面时造成表面发射电子的几率为 γ,称其为阴极表面电子发射系数,用来表征阴极材料与表面状态的影响,也称这种电极发射过程为阴极 γ 过程。显然,如撞击电极单位面积的离子数为 n_0,则由于撞击发射而产生的二次电子数为 $n = \gamma n_0$。

3.2.2　体效应

介质体内可能存在的载流子增殖因素也有两方面,一是类似于电极的肖特基效应,在电介质内部受到库仑电势约束的电子(例如,带正电的陷阱中心所俘获的电子、原子或离子中的电子等),在较强电场作用下,其库仑势垒的高度降低,从而使电子易于由约束状态释放出来,导致载流子数迅速增加,这称为普尔-弗仑克尔(Poole-Frenkel)效应,又称为内肖特基效应。另一种体效应是昂萨格提出来的,在禁带相对较窄而存在热激发电子-空穴对的电介质中,电子-空穴对(或电子与类施主陷阱对)可能由于热活化而保持一定几率 $\rho(r,\theta,E)$,外电场作用使偶合着的载流子对分开,从而增大载流子浓度。这称为昂萨格效应。

1. 普尔-弗仑克尔效应

普尔-弗仑克尔效应有时称为内肖特基效应,因为其机理与被俘获的电子或被俘获的空穴从陷阱中的电场增强热激发有关,它的处理方法十分类似于肖特基效应。在如图 3-8 所示的一维模型中,由电子和正电荷中心的库仑相互作用产生普尔-弗仑克尔势垒,外加电场起到降低被俘获电子逃逸束缚所需克服的势垒,与肖特基效应势垒模型之间的差别是,这里电子与固定的正电荷中心的距离是 r ,而产生肖特基势垒的正电荷是距离电子 $2x$ 的镜像电荷。这便使由普尔-弗仑克尔效应引起的势垒降低的高度是由肖特基效应引起的两倍。由普尔-弗仑克尔效应作用,势垒降低量为

$$\Delta \varphi_{pf} = \left(\frac{e^3 E}{\pi \varepsilon \varepsilon_0} \right)^{\frac{1}{2}} = \beta_{pf} E^{1/2} \tag{3-34}$$

式中,β_{pf} 称为普尔-弗仑克尔系数

$$\beta_{pf} = \left(\frac{e^3}{\pi \varepsilon \varepsilon_0} \right)^{\frac{1}{2}} \tag{3-35}$$

式(3-33)比式(3-20)给出的 $\Delta \Phi$ 系数相差 2 倍 ,这也是因为对于普尔-弗仑克尔效应,电子受到的库仑引力为 $\dfrac{e^2}{4 \pi \varepsilon \varepsilon_0 \, (r_{pf})^2}$,而对肖特基效应,此力为 $\dfrac{e^2}{4 \pi \varepsilon \varepsilon_0 \, (2x_m)}$ 。

　　显然,普尔-弗仑克尔效应仅对填充电子时是中性、且电子释放后带正电的陷阱有效。而对于空着时是中性、填充时带电的陷阱来说,由于没有库仑相互作用,故不会表现出这种效应。而且,普尔-弗仑克尔效应在电导为体限制时才能观察到,而肖特基效应则在电导为电极限制时才能观察到。对于这两种情况,均存在 $\log j \propto \sqrt{E}$ 。为区别两种效应,理论上可以依赖 β_{sc} 和 β_{pf} 的实验和理论值间的对比,如果已知电介质高频介电常数 ε 值,则由公式可以十分精确地算出 β_{sc} 和 β_{pf} 。但有许多研究工作者报道,从 $\log j \propto \sqrt{E}$ 图形的斜率确定的 β_{pf} 的数值与从实验的 $J-V$ 特性曲线中的整个范围内的理论值并不相符。在 $\log j \propto \sqrt{E}$ 图形中可能存在几段直线。同时,从拟合曲线 β_{pf} 值确定的 ε 值通常也并不接近于已知值。一种

解释是受俘获的电子不仅可以在外加电场的正方向(即在电场使势垒降低的方向)产生热释放,而且也可以在另外的方向产生几率较小热释放。受俘获的电子在正方向和反向(即势垒增高的方向)热释放的相对几率也是与电场有关的,而普尔-弗仑克尔效应的简单表达式是仅依据一维模型导出的。

　　按普尔-弗仑克尔效应,可写出发射电流式为

$$j = j_0 \exp \frac{\beta_{pf}}{2kT} \sqrt{E} \tag{3-36}$$

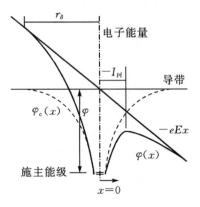

图 3-8　内肖特基效应势垒模型

等效的强场电导率 $\gamma_{\text{eff}} = j/E$ 与温度和场强应有如下关系：

$$\gamma = \frac{j_0}{E}\exp\frac{\beta_{\text{pf}}}{2kT}E^{1/2} = \gamma_0\exp\frac{\beta_{\text{pf}}}{2kT}\sqrt{E} \qquad (3-37)$$

式中 γ_0 为低电场电导率。哈特克(Hartke)和家田正之(Ieda)等研究了三维处理的方法，得到了不同的电导率与场强和温度的关系。由三维势垒模型，在均匀电场影响下，位于 $r=0$ 处带正电陷阱中心场附近的电子势能可以写成

$$\varphi(x) = -\frac{e^2}{4\pi r} - eE(r) \qquad (3-38)$$

设 $\mathrm{d}\varphi/\mathrm{d}r = 0$，可得出势垒降低的值与 E 方向和 r 的夹角 θ 有关，即

$$\Delta\varphi_{\text{pf}} = \beta_{\text{pf}}(E\cos\theta)^{1/2} \qquad (3-39)$$

势垒仅在 $0\leqslant\theta\leqslant\pi/2$ 的正方向出现降低，在反方向上，假定一个可用 δ 表示的状态，由于与声子的相互作用，处在这个状态的电子跃迁到成为自由载流子的距离 r_δ 的几率比回到基态的几率要大得多，于是导出 r_δ 的近似表达式为

$$r_\delta = \frac{e^2}{4\pi\varepsilon\delta} \qquad (3-40)$$

而在反方向上势垒增加的表达式是

$$\Delta\varphi_\delta = \frac{\beta_{\text{pf}}^2 E\cos\theta}{4\delta} \qquad (3-41)$$

当 $r_{\text{pf}}\leqslant r_\delta$ 时，在正方向上有效势垒的降低变为

$$\Delta\varphi'_{\text{pf}} = \beta_{\text{pf}}(E\cos\theta)^{1/2} - \delta \qquad (3-42)$$

和在 $r_{\text{pf}}\geqslant r_\delta$ 时有效势垒的降低式(3-41)，近似得到等效电导率在电场较低时为

$$\gamma = \gamma_0\frac{8\delta}{E\beta_{\text{pf}}^2}\sinh\left(\frac{E\delta}{8kT}\right) \qquad (3-43)$$

在电场较低时亦趋近式(3-37)的关系。说明考虑三维模型是更严格些，但与介电常数即极化场如何统一仍要进一步研究，可能需要建立全新物理模型。

2. 昂萨格模型

昂萨格模型是对电介质中可能存在着的电子－空穴对或电子与类施主陷阱对的复合几率与电场强度关系而提出的。假定由于热、光或电极注入等原因在介质中生成电子空穴对，起初，电子与空穴间有库仑作用的约束，因而它们可能进而复合，但也可能分离成自由电子与空穴。昂萨格研究它们起始分离的几率，这种几率与电子空穴间的距离 r、外电场 E 及 r 与 E 间的夹角 θ 有关，记为 $P(r, \theta, E)$，经过一些简化和复杂的运算，最后导出电子-空穴对的分离几率为

$$\frac{p(E)}{p(0)} \propto E^{\frac{1}{2}}$$

并且给出区分自由电子和被束缚电子间的临界距离 $r_c = \dfrac{e^2}{4\pi\varepsilon\varepsilon_0 kT}$，具体计算可以

证明,昂萨格几率是一种比弗仑克尔几率要弱的载流子增殖几率。

3. 电子碰撞电离效应

电子碰撞电离效应的提出、发展和应用都源于气体电介质,气体虽不属于凝聚态物质,但却属于电介质,更属广泛应用的绝缘介质,尤其是其有关理论已成为研究凝聚态电介质强电场特性的重要基础之一。

由于 γ 射线等宇宙射线高能粒子的作用,在气体中,通常存在少量的自由电子,当自由电子从强电场获得足够的能量后与电介质中分子发生碰撞,便可能导致发生碰撞电离,释放出新的电子,此过程称电子碰撞电离。由于气体中电子的平均自由行程大,在外电场作用下,电子可被电场加速可获得足够的能量,所以碰撞电离最容易发生在气体介质中。

电子使气体分子产生碰撞电离的条件为电子获得的动能等于或大于气体分子的电离能,表示为

$$\frac{1}{2}mv^2 = eEx \geqslant w_i \qquad (3-44)$$

式中,v 为电子速度;E 为外电场强度;w_i 为分子电离能;x 为电子的自由行程,它与气体的压力和温度等有关,服从玻尔兹曼统计分布。

由上式可知,在外电场一定时,满足碰撞电离的条件的电子必需达到的临界自由行程为

$$x_i = \frac{w_i}{eE} \qquad (3-45)$$

以氢气为例,氢的电离能为 16.1 eV,已知其平均击穿场强约为 $E = 20$ kV/cm,在相近的电场时,临界自由行程 x_i 约为 70 μm。气体中电子自由行程服从玻尔兹曼统计分布,在一定的气压与温度下,具有某一自由行程的电子数有一定分布几率。提高电场强度,可以在较小的临界自由行程条件下,达到碰撞电离的条件。

为定量分析电子碰撞电离过程,将一个电子在外电场中经过单位路径时产生的碰撞电离次数定义为电子碰撞电离系数,用 α 表示。显然,气压增高时,电子平均自由行程减小,能达到临界自由行程的几率降低,α 将减小。其与气压和场强的关系可导出如下:

设 λ 为电子的平均自由行程,初始电子浓度为 n_0,在电场作用下经过 x 后,其中未发生碰撞电离的电子为 $n_x = n_0\exp(-x/\lambda)$,那么,$n_x/n_0$ 即为 n_0 个电子中自由行程大于 x 的几率,也是一个电子行进过 x 距离而为遭遇碰撞的几率,所以电子自由行程大于 x 的几率为 $\mathrm{e}^{-x_i/\lambda}$。电子在行进单位距离所遭遇的平均碰撞次数 $Z = 1/\lambda$,故其中能产生碰撞电离的次数为 $Z\mathrm{e}^{-x_i/\lambda}$,此即为碰撞电离系数,所以有

$$\alpha - \frac{1}{\lambda}\exp\left(-\frac{x_i}{\lambda}\right) = \frac{1}{\lambda}\exp\left(-\frac{w_i}{E\lambda}\right) \qquad (3-46)$$

已知当气体温度一定时,平均自由行程与气压成反比,$1/\lambda = Ap$,A为比例系数,代入上式,并用 $B = Aw_i$,便得

$$\alpha = Ap\exp\left(-\frac{Bp}{E}\right)$$

(3-47)

α/p 与 E/p 的关系举例如图 3-9 所示。

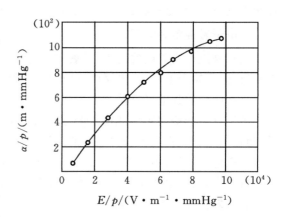

图 3-9　空气的 α/p 与 E/p 的关系

描述气体介质内均匀电场下电子碰撞电离过程的简单物理模型是电子雪崩(简称电子崩)模型,电子雪崩过程产生的电子数可以用几何级数进行估算,理论计算应用积分关系。假定单位时间内在离阴极距离为 x 处单位面积上的电子数为 $n(x)$,则在 x 和 $x + \mathrm{d}x$ 之间因碰撞电离而增加的电子数 $\mathrm{d}n(x)$ 为

$$\mathrm{d}n(x) = \alpha n(x)\mathrm{d}x$$

(3-48)

引入边界条件 $x = 0$,$n(0) = n_0$ 后,对上式进行积分

在均匀电场下,α 与 x 无关时

$$n(x) = n_0\mathrm{e}^{\alpha x}$$

(3-49)

若电场不均匀,α 与 x 有关,则

$$n(x) = n_0\left(\int\alpha\mathrm{d}x\right)$$

(3-50)

到达阳极($x = d$)处,电子浓度变为

$$n(d) = n_0\mathrm{e}^{\alpha d} \qquad (3-51)$$

或

$$n(d) = n_0\exp\int_0^d\alpha\mathrm{d}x \qquad (3-52)$$

上式表明,电极间距离 d 及碰撞电离系数 α 增加将导致电子浓度指数式上升。但如考虑 α 与场强有关,上两式的精确求解需要知道电场分布才可进行。

对式(3-48)与式(3-50)两边乘以电子电荷,便可得与碰撞电离相关的电流密度

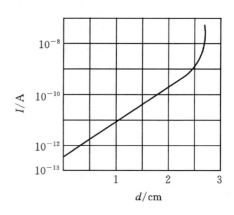

图 3-10　氮气中电流与电极间距离的关系

$$j = j_0 e^{a(E)x} \text{ 和 } j = j_0 e^{a(E)d} \tag{3-53}$$

显然,当电场一定时,在电极处收集的电流密度是与电极间距离 d 有关的常数,如图 3-10 所示,这一关系得到了试验证明。

3.3　强场下介质中的电子输运

前节讨论了电场增强至一定程度时,电极效应与体效应都会造成介质中载流子的非线性增殖,使介质中的载流子浓度变成为电场强度的函数。本节进一步讨论所增殖的载流子在介质中的输运过程,这实际上是一个比增殖过程更为复杂而理论尚不完善的问题。与电介质在弱电场欧姆电导区多属离子电导的情况不同,强电场的载流子输运过程已明确是指电子迁移过程,所以首先涉及的是电子能带结构,能带结构与电介质的凝聚态密切有关,对固体即包括结晶态与非晶态问题,后者也可认为包括多晶体。所以本节就以下几种典型结构介质的电子输运问题进行讨论。

3.3.1　单晶介质的能带导电模型——扩展态迁移率问题

电子在导带、空穴在价带的能态,又称为扩展态,而在禁带中的带尾能级统称为局域态或定域态。

电子在能带扩展态内的输运和电子与杂质、缺陷及晶格振动相互作用引起的散射有密切关系,电子被这些因素引起的散射几率 p 是可加的,即有

$$p_0 = p_p + p_d + p_i + \cdots \tag{3-54}$$

这里下标 p 表示声子散射,d 表示缺陷散射,i 表示杂质散射。以 τ 表示对应的散射弛豫时间, $p = \dfrac{1}{\tau}$,因此有,

$$\frac{1}{\tau_0} = \frac{1}{\tau_p} + \frac{1}{\tau_d} + \frac{1}{\tau_i} + \cdots \tag{3-55}$$

散射几率最大的相互作用过程将是影响电子输运的主要因素,并将由它决定迁移率的温度关系。实验证明,金属的电子迁移率随温度降低而增大,金属的晶格振动对散射起主导作用。因为温度下降,晶格振动减弱,故散射几率降低。这也是温度下降,金属电阻率减小的原因。对半导体单晶,其扩展态电子迁移率与金属是一样的,所不同的是,低温时,电离杂质散射将起主要作用。

要了解各种散射过程对电子在能带扩展态中迁移的影响,固体物理有关章节都有较详细的介绍,这里仍采用简单的物理模型仅求达到概念上的清晰理解。

设有 n 个电子以速度 v 沿 x 方向运动,在时间 t 到 $t + \Delta t$ 间受到散射,即遭遇碰撞的电子数应与 $n(t)$ 与 Δt 成比例,可写为

$$n(t) - n(t + \Delta t) = n(t) p \Delta t \tag{3-56}$$

式中比例常数代表在单位时间中每个电子受到碰撞的几率。等式右边为在 $t + \Delta t$ 内遭遇碰撞的电子数,也可写为

$$\frac{\mathrm{d}}{\mathrm{d}t} n(t) = - pn(t) \tag{3-57}$$

方程的解为
$$n(t) = n_0 \mathrm{e}^{-pt} \tag{3-58}$$

式中, n_0 是 $t = 0$ 时的电子数。这样在 t 到 $t + \Delta t$ 间受到碰撞的电子数就有

$$\mathrm{d}n = n_0 p \mathrm{e}^{-pt} \mathrm{d}t$$

积分得相邻两次碰撞间的平均自由时间 τ 即为

$$\tau = \frac{1}{n_0} \int_0^\infty n_0 p \mathrm{e}^{-pt} t \, \mathrm{d}t = \frac{1}{p} \tag{3-59}$$

如沿 x 方向施加外电场 E,设有一个电子在 $t = 0$ 时遭遇碰撞,则在再次碰撞前的时间 t 中被加速,其沿 x 方向的速度为

$$v_x = v_{x0} - \frac{e}{m^*} Et \tag{3-60}$$

式中, m^* 为电子的有效质量。考虑该电子在 t 到 $t + \Delta t$ 中遭遇碰撞的几率 $\frac{1}{\tau} \mathrm{e}^{-t/\tau} \mathrm{d}t$,其平均速度便为

$$\overline{v_x} = \overline{v_{x0}} - \frac{e}{m^*} \frac{E}{\tau} \int_0^\infty t \mathrm{e}^{-t/\tau} \mathrm{d}t = \overline{v_{x0}} - \frac{eE}{m^*} \tau \tag{3-61}$$

可以认为每次碰撞后,电子都全部丧失其能量,使 $v_{x0} = 0$,所以有

$$\overline{v_x} = - \frac{eE}{m^*} \tau \tag{3-62}$$

其电子迁移率即为

$$\mu = \frac{e\tau}{m^*} \tag{3-63}$$

从电子在扩展态中的迁移率与扩散系数 D 的关系服从爱因斯坦关系,即

$$\frac{\mu}{D} = \frac{e}{kT}$$

以"电子气"看待金属电子,也可借鉴气体分子运动论,D 可以表示成为电子速度 v 与其平均自由程 λ 乘积之平均值。因此,电子的迁移率可以写成

$$\mu = \frac{ev\lambda}{kT} \tag{3-64}$$

τ 是电子相邻两次碰撞间的平均时间即平均自由行程时间,平均自由行程 $\lambda = v\tau$ 。
代入上式便得

$$\mu = \frac{ev^2\tau}{kT} = \frac{e\tau}{m^*} \qquad (3-65)$$

以上得到的 μ 通常称为能带迁移率,适用于在扩展态内电子的平均自由程比原子间距离大得多的情况。

迁移率具有负温度系数是这种碰撞迁移过程的一个特征。

上述电子在扩展态的物理模型,实际上和气体中的情况是十分相似的。

但电介质晶体属于禁带很宽而导带很窄的情况,因而在导带中运动的电子除上述散射外,还不可避免地极易受到带边散射等,故电子平均自由程很小,虽然尚没有建立系统理论,但可以认为其扩展态迁移率很低。可以认为扩展态电子迁移率对介质强场电导的影响不是主要的。

上述扩展态电子迁移率是与外电场作用无关,主要受温度的影响。但当电场很强时,导带中的电子可以从电场中获得足够的能量,引起碰撞电离。在半导体单晶 PN 结中,导带电子碰撞电离过程导致电击穿,有关的研究很多,并已得到实际应用,本书后面部分有专题进行讨论。导带电子碰撞电离过程对电介质击穿的作用则是本章第 4、5 节讨论的重点。

3.3.2　非晶态介质的跳跃电导模型——局域态迁移率问题

根据在安德森(Anderson)局域化理论基础上发展的非晶态结构莫特-CFO (Mott-CFO)能带模型见图 3-11。非晶态介质中局域态(又称定域态)密度很

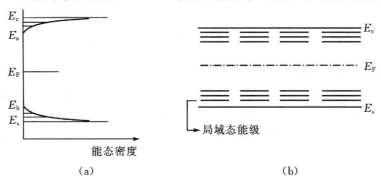

图 3-11　禁带中的局域态莫特-CFO 模型
(a)能带尾表示法;(b)局域态表示法

大,电子多处于局域态中,因而局域态间电子迁移是主要过程,即电子通过跳跃过势垒的方式,由一个原子迁移到另一个原子。电子由一个局域态到另一个局域态间的迁移过程形象地描述为跳跃迁移,电子依靠与晶格热振动相互作用获得能量,才能跳过局域态间的势垒,所以这是一个热活化跳跃过程,类似于热离子电导模型。温度低时,电子不易获得足够的能量,跳跃迁移率很低,温度升高可使跳跃迁移率增大。

电子在相邻两个局域态间的跳跃几率与两个态间的空间距离 a 及能量差有关。参考处理热离子跃过势垒迁移率的方法,设需要跳过的势能高度为 u_0 时,则跳跃迁移率 μ_{hop} 可表示为

$$\mu_{\text{hop}} = \mu_0 \exp\left(-\frac{u_0}{kT}\right) \quad (3-66)$$

式中 μ_0 表示温度趋于无穷大时局域态间的迁移率,图 3-12 是测量得到的各种 PE 的载流子迁移率举例。显然温度很低时电子不能从晶格振动获得能量,但电子在局域态间的迁移还可能通过隧道输运方式进行,见图 3-13,理论导出隧道迁移时的迁移率为

$$\mu_0 = \frac{\nu e a^2}{6kT} \exp(-2\beta a)$$

$$(3-67)$$

式中,a 是隧道势垒的厚度,即局域态之间的平均距离;ν 为热振动几率;β 为电子波函数在局域态边缘的衰减常数。

局域态电子跳跃迁移过程与温度密切有关,温度升高,μ_{hop} 增大,因而迁移率正温度系

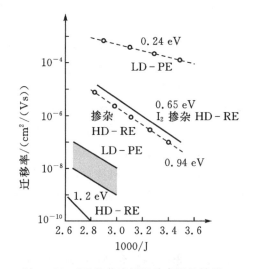

图 3-12　PE 的载流子迁移率测量结果

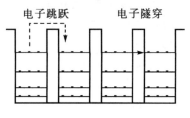

图 3-13　局域态电子隧道模型

数是其特征之一。可以知道,电介质的电子电导仍可能表现为温度升高电阻率降低的特点。

3.4　电介质在强电场下的电流特性

电介质在强电场时的非欧姆电流主要来源于载流子浓度随电场的加强而迅速

增加,这种增加有电极效应和体效应两种情况,强电场非欧姆电流特性应该存在电极控制和体特性控制两种现象。有关的试验与理论研究一般是沿此观点进行的,本节以下作简单介绍。

3.4.1　陷阱态与空间电荷

首先需要重点介绍关于介质中的陷阱态与空间电荷。

空间电荷的一般概念是指局部空间出现的非平衡电荷或过剩电荷,不同物体在不同条件下形成的空间电荷可以分为以下三类:

第一类是真空电子管的热阴极注入到真空中的电子形成的空间电荷,它们是真空中出现的由自由电子构成的单极性电荷。很容易理解,这种自由电子空间电荷在空间处于不断的漂移与扩散状态。第二类是半导体 P N 结载流子耗尽区中留下的电离施主空间电荷,显然,施主中心的分布就是空间电荷分布,所以是不可移动的空间电荷。类似的观点也用于不同逸出功材料接触界面形成的双电层空间电荷区。第三类是在真空与半导体空间电荷理论的基础上,发展形成的固体电介质中的空间电荷概念,认为由电极注入到介质中的非平衡电荷,被电介质中存在的载流子陷阱所俘获形成空间电荷,可称其为陷阱空间电荷。

大部分工程电介质不具有长程有序的结构,其禁带中存在大量陷阱能级,故这里重点关注的是陷阱空间电荷。空间电荷影响电场分布,当然就影响一切与电场作用有关的过程,包括电流特性。空间电荷分布受陷阱态分布的影响,与陷阱态对载流子的俘获特性有关。此处不讨论电子从陷阱态中因电场或热作用向外发射的过程,也不讨论电子在陷阱态间的热跳跃迁移过程,注意力集中于陷阱态空间电荷的形成及对电流的影响。

能够俘获载流子的局域态称为陷阱或俘获中心。固体电介质陷阱密度的变化范围在 $10^{-12}\,\mathrm{cm}^{-3}$(半导体单晶)到 $10^{19}\,\mathrm{cm}^{-3}$(绝缘体),其对载流子的俘获截面范围是 $10^{-21}\,\mathrm{cm}^2$ 到 $10^{-11}\,\mathrm{cm}^2$。俘获截面是陷阱对载流子俘获作用强弱的一种表征量,大致可以按俘获截面的大小把俘获中心分为三种情况,它们是库仑吸引中心、库仑中性中心和库仑排斥中心。具有库仑吸引作用的陷阱,其俘获截面大,而库仑排斥作用的陷阱俘获截面小,库仑中性作用的陷阱当然界于两者之间。库仑吸引中心在俘获了异性载流子后,一般就表现为电中性。库仑中性中心俘获了载流子后表现为正电荷(俘获空穴)或负电荷(俘获电子)。库仑排斥中心俘获同号载流子的能力应是很弱的。以 e 代表电子,以 M^+、M^0、M^- 分别代表吸引中心、中性中心和排斥中心,三种俘获中心对电子俘获与去俘获的过程如下:

$$M^+ + e \Leftrightarrow M^0$$

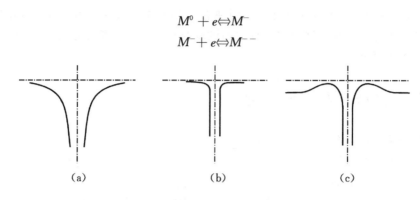

$$M^0 + e \Leftrightarrow M^-$$
$$M^- + e \Leftrightarrow M^{--}$$

(a)　　　　　　　　　(b)　　　　　　　　　(c)

图 3 - 14　三种俘获中心的势能变化示意
(a)库仑吸引中心；(b)库仑中性中心；(c)库仑排斥中心

可以看出,中性中心和排斥中心在俘获电子后成为负空间电荷,同理可知,中性中心和吸引中心在俘获空穴后成为正空间电荷。而形成 M^0 的俘获过程并不能产生空间电荷。三种作用的势能变化大致如图 3 - 14 所示。

对半导体单晶因杂质或晶格缺陷形成的载流子陷阱,可以通过少子寿命来进行测量,但对电介质,目前公认较好的测量载流子陷阱的方法是 TSC(热刺激电流,Thermally Stimulated Current)技术,属于间接测量方法。间接测量空间电荷的技术已有多种。

3.4.2　空间电荷限制电流

外电场存在下,当有电极注入电流存在时,流经介质的电流应是电极注入电流 I_s 和体内漂移(或者包括扩散)电流 I_b 连续而成,稳态情况下,应有 $I_s = I_b$。如果出现 $I_s \neq I_b$,将在介质中形成过剩电荷,过剩电荷将被载流子陷阱所俘获形成陷阱空间电荷。当 $I_s > I_b$ 时,阴极附近形成负空间电荷,反之,形成正空间电荷。空间电荷的出现必然影响介质内的电场分布,制约注入电流和介质内的传导电流。

当空间电荷产生的电场与外电场达到平衡时,注入电流进入稳定状态,此时介质中的电流是一种受空间电荷电场制约的电流,称为空间电荷限制电流。空间电荷限制电流应该是空间电荷电场与外电场共同作用下的电流。在不能确定空间电荷 $n(x, y, z)$ 的分布时,详解此问题是很困难的。在无限大平行平面电极,即均匀外电场下,稳定注入的一维模型条件时,有一较简单的求解结果。

首先假定介质内载流子迁移率 μ 与电场无关,通过介质的稳定均匀电流密度为

$$j_s = en(x)\mu E(x) + \frac{\mu kT}{e}\frac{\mathrm{d}n(x)}{\mathrm{d}x} \tag{3-68}$$

式中,$n(x)$、$E(x)$分别为载流子浓度与电场强度,第一项是漂移电流,第二项为扩散电流。

为求解此方程,首先借助处理真空中自由空间电荷的方法,真空中的电流是外电场作用下由电极注入的自由空间电荷的漂移与扩散形成的,此时,用泊松(Poisson)方程可把电荷密度$en(x)$与其所产生的电场$E(x)$联系起来

$$\frac{\mathrm{d}E(x)}{\mathrm{d}x} = \frac{en(x)}{\varepsilon_0} \tag{3-69}$$

由于真空的电子迁移率很大,可忽略扩散项作用,再假定可以只考虑空间电荷电场的作用,将式(3-69)带入式(3-68)有

$$\int j_s \mathrm{d}x = \int \varepsilon_0 \varepsilon \mu E \mathrm{d}E \tag{3-70}$$

积分运算得

$$E(x) = \left[\frac{2j_s}{\varepsilon_0 \varepsilon \mu}(x+x_0)\right]^{\frac{1}{2}} \tag{3-71}$$

式中x_0为积分常数。设界面处为$x=0$,此处$E=E_0$可决定,

$$E_0 = \left[\frac{2j_s}{\varepsilon_0 \varepsilon \mu}x_0\right]^{1/2} \tag{3-72}$$

以该处$n=n_0$和上式可以得

$$x_0 = \frac{\varepsilon_0 \varepsilon j_s}{2\mu n_0^2 e^2} \tag{3-73}$$

在介质厚度为d,外加电压为U时,无论电场做何种分布,$U = \int_0^d E(x)\mathrm{d}x$关系总将成立。将式(3-73)代入作定积分,取$x_0 \ll d$,而忽略$x_0$最后得

$$U = \frac{2}{3}\left(\frac{2j_s d^3}{\varepsilon_0 \mu}\right)^{\frac{1}{2}} \tag{3-74}$$

$$j_s = \frac{9}{8}\varepsilon_0 \mu \frac{U^2}{d^3} \tag{3-75}$$

取平均场强$E_a = U/d$,得到表示式

$$j_s = \frac{9}{8}\varepsilon_0 \mu \frac{E_a^2}{d} \tag{3-76}$$

所以,空间电荷限制电流密度是与电场强度平方成正比,与厚度成反比的函数。该关系式称为莫特-古奈关系。

如果可以简单地把真空中的空间电荷限制电流用于固体电介质,则莫特-古奈

关系仅需用介质的介电系数来修正为

$$j_s = \frac{9}{8}\varepsilon_0\varepsilon\mu\,\frac{E_a^{\,2}}{d} \tag{3-77}$$

但在存在陷阱空间电荷的固体介质情况下,当考虑存在一定的陷阱空间电荷密度 $n_t(x)$ 时,方程(3-69)就应为

$$\frac{\mathrm{d}E(x)}{\mathrm{d}x} = \frac{e[n(x)+n_t(x)]}{\varepsilon\varepsilon_0}$$

在不能给出陷阱空间电荷分布的条件下,简单的解决方法是引入一个系数 θ_a 来代表与陷阱密度有关的修正系数,

$$\theta_a = \frac{n}{n+n_t} \tag{3-78}$$

对注入电荷将大部分被陷阱俘获,形成陷阱空间电荷的情况,$\theta_a \ll 1$,因而电流密度应减小,故可简单地将式(3-72)改写为

$$j_s = \frac{9}{8}\varepsilon_0\varepsilon\mu\theta_a\,\frac{U^2}{d_{\mathrm{eff}}^{\,3}} \tag{3-79}$$

式中,d_{eff} 代表介质有效厚度,用它定性地反映因陷阱不均匀分布而导致的陷阱空间电荷的不均匀分布。

注入电流很强,陷阱可以被注入电荷填满时,情况似将恢复到陷阱密度为零的状态,空间电荷限制电流密度急剧增加,仍遵循莫特-古奈关系。

理论上电介质的空间电荷限制电流与电压关系如图3-15所示。图中 E_{iT} 为从欧姆电流过渡到空间电荷限制电流的场强,其值可以用欧姆电流密度与空间电荷限制电流密度相等来估计

$$E_{iT} = \frac{8}{9}\,\frac{en_0 d}{\varepsilon_0\varepsilon} \tag{3-80}$$

空间电荷限制电流密度提供了介质载流子迁移率的一种测量途径,由电流与场强平方关系的直线斜率得到的电子迁移率数量级约为 10^{-10} ~$10^{-8}\,\mathrm{m^2/V \cdot s}$,这与其他途径对介质电子迁移率的估计数据大致相同。

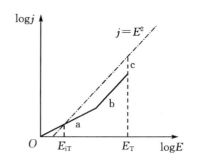

图3-15　空间电荷限制电流示意图

可以认为,式(3-80)说明介质中的空间电荷限制电流不再遵从莫特-古奈关系,建立更合理明确的空间电荷限制电流有待进一步研究。尤其还应考虑两种情况的陷阱,一是俘获电子后成中性的陷阱,它们减低载流子密度,但不影响空间电荷电场,另一种是在俘获电子后带负电的陷阱,它们不仅影响空间电荷限制

电流密度,而且应该影响空间电荷电场,在后者的情况下,进一步修正是必要的。

科埃略介绍了对无限大平行板电极以外情况的求解结果,如无限长圆柱、同心球和点对面电极等条件下的空间电荷限制电流,给出了的几种求解结果为:

圆柱电极 $I_\mathrm{s} = 2\pi\varepsilon_0\varepsilon\mu \dfrac{U}{r^2\left(k-\dfrac{\pi}{2}\right)^2}$

同心球电极 $I_\mathrm{s} = 3\varepsilon_0\varepsilon\mu\Omega r \dfrac{E^2(r)}{1-\dfrac{r_\mathrm{i}^{\,2}}{r^3}}$

针对平板电极 $I_\mathrm{s} = \dfrac{\pi}{0.78}\varepsilon_0\varepsilon\mu \dfrac{U^2}{a}$

一般来说,电介质因其体电导率很低,所认为其电流均属体限制过程,但在条件变化时下,其高场非欧姆电导是否从体效应限制转变为电极效应限制还仍是一个正在研究的课题。高锟(Charles Kuen Kao)在其著作中提出了注入电流等于空间电荷限制电流时的电压是从体限制至电极限制过渡的临界电压的观点,可作为讨论这一问题的起点。

利用注入电流与空间电荷限制电流的相等,可得这一转变临界电压为

$$V_\mathrm{C} = T\left(\frac{8Ad^3}{9\mu\varepsilon_0\varepsilon\theta_\mathrm{a}}\right)^{1/2}\exp\left(\frac{\beta E^{1/2}-\varphi_\mathrm{B}}{2kT}\right)$$

3.4.3　界面势垒控制电流现象

对于一些由大量晶粒与晶界构成的特殊多晶电介质,例如某些陶瓷材料等,在晶粒晶界处,其结构和成分与晶粒内部往往有很大差异。当晶界是高电阻而晶粒相是低阻半导体时,这类材料可看成是晶粒相与晶界相两相结构的空间分布,即电介质晶界相与半导体晶粒相的空间分布。于是,其导电过程在晶粒内是导带的扩展态电导,但在晶界处有许多结构缺陷(甚至是无定型态)与杂质,故电子在其中的迁移为局域态跳跃电导,其迁移率很低。在晶粒与晶间相的界面处,有晶界势垒存在,晶界势垒效应主宰这类结构电介质的导电特性。

以 ZnO 复合陶瓷材料为例,其为大量半导体晶粒与绝缘晶界组成的结构,如图 3-16 所示,当半导体晶粒相的电子逸出功 φ_s 小于绝缘晶界的电子逸出功 φ_d 时,形成对绝缘晶界的欧姆接触。无外电场时电子由晶粒注入晶界并被晶界陷阱俘获,在晶界中形成负空间电荷区,在晶粒表面形成正空间电荷区。施加外电场时,在肖特基效应的作用下,电场降低晶界势垒高度,电子借助于热运动更易于跃过界面势垒,所以电导与温度和电场有密切的关系。

　　当晶界区很薄,而外电场足够强时,电流是势垒控制的,即晶界控制电流,这一电流的特点是与温度有密切关系。电场如进一步增加至足够强时,将发生穿透晶界势垒的隧道效应,此时系统的电流由肖特基效应转变为晶界隧道效应控制电流,隧道电流的特点是与温度没有关系。当隧道电流足够大时,晶界等效阻抗急剧降低,晶粒阻抗成为不能忽略的因素,体系的电流特性就由晶界控制过渡为晶粒控制。如果晶粒与晶界都是发育良好、均匀分布的,则所有或大部分晶界都同时进行这种过渡,介质体内就可均匀通过大的电流而不致热破坏。上述的全部过程就成为可逆过程。多元掺杂的几种非欧姆金属氧化物陶瓷就具有这样的导电特性,图3-17(a)所示为氧化锌系非欧姆陶瓷 $I-V$ 特性的一例,图3-17(b)、(c)分别是其符合式(3-22) $\log j - E^{1/2}$ 的场助热发射电流关系的一段和符合式(3-32) $\log j - \dfrac{1}{E}$ 隧道效应电流关系的另一段。

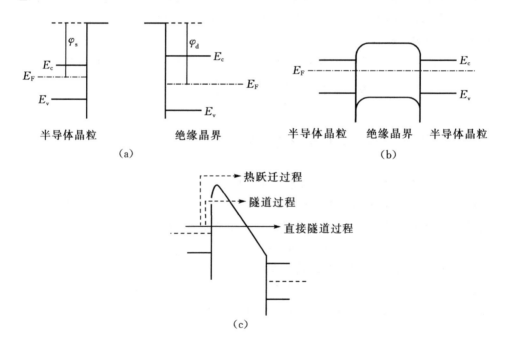

图 3-16　$\varphi_s < \varphi_d$ 时的晶界势垒模型

(a)半导体与绝缘体的能带;(b)无外电场时的晶界势垒;(c)外加强电场时的势垒与电子迁移过程;

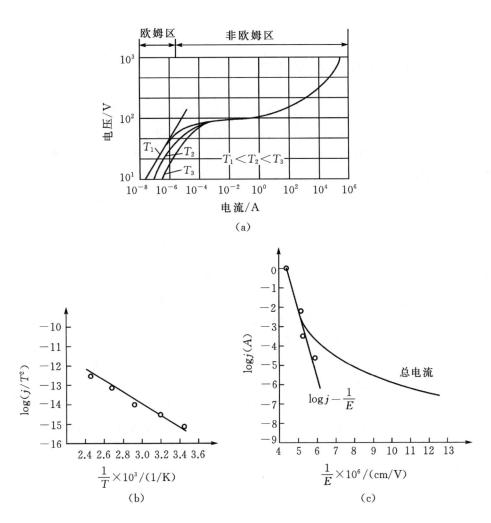

图 3-17　晶界效应非欧姆 V-I 特性举例

(a)非欧姆 V-I 特性；(b)电流与温度关系拟合曲线；(c)高电场下隧道电流拟合曲线

　　类推可知，如果由于某种物理原因（如相变等），使低势垒晶界变为高势垒晶界，则材料电导就可能由晶粒控制过渡到晶界控制，其电导特性就可由低电阻状态突变为高电阻状态。

3.5　气体介质的碰撞电离击穿

3.5.1　汤森理论与巴申曲线

汤森气体放电理论是根据大量实验事实提出的比较系统的气体放电理论,也是最早提出电子碰撞电离击穿的理论。该理论解释了均匀电场中气体介质的放电击穿过程,导出了放电电流和击穿电压的理论公式。气体碰撞电离理论所描述的基本物理过程是研究各类介质(包括半导体)击穿的重要物理基础,具有普遍意义。

理论认为,由于外电离因素如光辐射等的作用,气体中总存在少数自由电子。在电场作用下,自由电子在向阳极运动的过程中得到加速,动能增大。同时电子在其运动过程中又不断和气体分子碰撞。粒子间通过碰撞而交换能量的过程可以有弹性碰撞和非弹性碰撞两类,非弹性碰撞意味着粒子的内能发生了变化,这些变化可包括:①使中性分子的电子进入激发态——激发碰撞;②使中性分子的电子被电离出来,同时生成正离子——电离碰撞;③电子与正离子相遇复合成中性分子——复合碰撞;④电子被吸附于负电性强的粒子,生成负离子——附着碰撞。四种过程中仅电离碰撞属导致载流子增加的效应,这在 3.2 节中已有介绍。

当外电场强到能满足电子碰撞电离条件时,运动的电子与气体分子碰撞将引起电离,电离产生的新电子继续在电场作用下加速而积聚能量,进行碰撞电离,这样就形成电子雪崩似地增殖,气体中的电子密度迅速增大。以 α 表示碰撞电离系数时,显然,对于均匀电场,α 不随空间位置变化,由碰撞电离引起的电子增长规律已由式(3-51)给出,相应的电子电流增长规律如式(3-53)。令 $x=d$,可得进入阳极的电子密度和电子电流分别为

$$n_d = n_0 \exp \alpha d$$
$$I_d = I_0 \exp \alpha d \qquad (3-81)$$

$I/I_0 = M = e^{\alpha d}$ 为电流倍增系数。α 越大,电流倍增越快。而 α 是随电场强度以指数规律增长的,所以外电场提高,将使电流倍增作用更强。因此,气体电子碰撞电离的这种倍增作用也可看成是一种放大作用,如由外界因素使气隙中产生极少电子,只要电场足够强,立即就会由于碰撞电离而增加许多电子,从而使外界信号得以放大。这种效应便是已经应用于实际的气体探测器的基本原理。

式(3-81)还表明,在一定的 α 值下,即当电场强度及气体状态不变时,电流和极间距离成指数关系。由图 3-10 可知,当电极间距离在一定范围内时,在单对数坐标系中,电流和极间距离的关系为一直线,由此直线的斜率可得 α,在直线部分任择两点,求得相应的 I_1、d_1 及 I_2、d_2 值,可算出该 E/P 下的 α 值

$$\alpha = \frac{\ln(I_2 - I_1)}{d_1 - d_2} \qquad (3-82)$$

根据气体中电子碰撞电离导致电流倍增的关系式(3-79)，如 $I_0=0$，便有 $I=0$，因为一旦去除外电离因素，碰撞电离产生的电子流运动到阳极，过程即行停止，所以这样的过程依赖于外界条件。可见仅仅由于初始电子产生的电子碰撞过程的作用不可能维持气体介质中出现的倍增电流，因此，这种过程为非自持过程，有时也称非自持放电。

在碰撞电离过程中，与新电子产生的同时亦产生了同样数量的正离子，在电场作用下电子向阳极移动，正离子向阴极移动。在正离子达到阴极附近时，由于正离子撞击阴极表面将引起新的电子发射，即离子撞击发射的 γ 过程，并设 γ 为离子碰撞电离系数。显然，阴极发射的二次电子对放电过程起重要的作用。二次电子在电场作用下自阴极出发向阳极运动的过程中，被电场加速进行碰撞电离，在间隙中以同样的方式形成电子崩与正离子，放电过程便得以继续。对这一过程可简单推演如下：

初始电子形成的一个电子崩中有 $e^{\alpha d}-1$ 个正离子将达到阴极，因此有 $\gamma(e^{\alpha d}-1)$ 个二次电子会因阴极的 γ 过程而发射出来，这 $\gamma e^{\alpha d}-1$ 个二次电子各自通过 α 过程形成新的电子崩，到达阳极的电子数和到达阴极正离子数发展为 $\gamma(e^{\alpha d}-1)e^{\alpha d}$。设在阳极上最后获得总电子数为 Z，由此可以写出

$$Z = e^{\alpha d} + \gamma(e^{\alpha d}-1)e^{\alpha d} + \gamma^2(e^{\alpha d}-1)^2 e^{\alpha d} + \cdots$$

当 $\gamma(e^{\alpha d}-1) < 1$ 时，这一级数收敛为

$$Z = \frac{e^{\alpha d}}{1 - \gamma(e^{\alpha d}-1)} \qquad (3-83)$$

如果单位时间内阴极表面单位面积存在 n_0 个起始电子，那么经过一段碰撞电离过程后，单位时间内进入阳极表面单位面积的电子数 n_a 将为

$$n_a = \frac{n_0 e^{\alpha d}}{1 - \gamma(e^{\alpha d}-1)} \qquad (3-84)$$

因此回路中电流应可简单地写为

$$I = \frac{I_0 e^{\alpha d}}{1 - \gamma(e^{\alpha d}-1)} \qquad (3-85)$$

式中，I_0 是由外电离因素决定的初始饱和电流，同样可根据电流 I 和电极间距离 d 的实验曲线决定其值。

从式(3-83)可得

$$\gamma = \frac{I - I_0 e^{\alpha d}}{I e^{\alpha d}} = e^{-\alpha d} - \frac{I_0}{I} \qquad (3-86)$$

如图 3-14 所示，可先从 d 较小时的直线部分决定 α，然后根据上式从 d 较大时电

流增加更快的部分决定 γ。铜电极在空气中 γ 的经验值为 0.025。

当式(3-85)分母中 $\gamma(e^{\alpha d}-1) \to 1$ 时,阳极电流 $I \to \infty$,这样便得到了定量的气体放电条件,即

$$\gamma(e^{\alpha d}-1) = 1 \qquad\qquad (3-87)$$

推广到不均匀电场时,由于电场强度 E 处处不同,所以电离系数 α 也是位置的函数,到达阳极的电流表达式应为

$$I_d = \frac{I_0 \exp\left(\int_0^d \alpha \mathrm{d}x\right)}{1 - \gamma\left[\exp\left(\int_0^d \alpha \mathrm{d}x\right) - 1\right]} \qquad\qquad (3-88)$$

放电条件则为

$$\gamma\left[\exp\left(\int_0^d \alpha \mathrm{d}x\right) - 1\right] = 1 \qquad\qquad (3-89)$$

上述自持放电条件定性表述为:一个从阴极出发的初始电子至阳极时,通过碰撞电离产生 $e^{\alpha d}$ 个电子及 $e^{\alpha d}-1$ 个正离子,其中除第一个初始电子外的 $e^{\alpha d}-1$ 个正离子运动到阴极,通过 γ 作用产生 $\gamma(e^{\alpha d}-1)$ 个二次电子,当二次电子数最少为一个时,即 $\gamma(e^{\alpha d}-1) = 1$ 时,这个二次电子便可代替初始电子的作用,继续不断地造成从阴极出发的电子崩,这时电离便不依赖于外界电离因素所造成的初始电子,此时的放电称为自持放电。自持放电条件的达到即为气体击穿的开始,自持放电条件说明气体击穿与 α 和 γ 两个物理过程以及气体间隙宽度有关,影响碰撞电离系数 α 的因素有电场强度分布(即电极几何形状等)、气体成分及气压和温度,影响阴极表面发射系数的因素有阴极材料、表面状态。

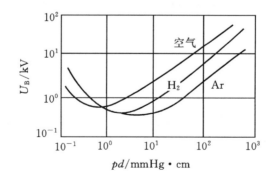

图 3-18　几种气体 U_B 与 pd 关系的巴申实验曲线

　　早在汤森气体放电的碰撞电离理论建立以前,巴申(Pachen)已得到了均匀电场中气体放电电压与气压及气隙宽度间的实验关系,即著名的巴申曲线,如图 3 - 18 所示。巴申发现:①气隙放电电压 U_B 与气压 p 和气隙宽度 d 的乘积 pd 有关,当 p、d 同时变化,而 pd 不变时,放电电压不变;②在某一 pd 值下,气隙放电电压出现最低值。巴申之后的许多研究者也都证实了类似实验规律的存在。汤森理论比较满意地解释了巴申曲线并导出放电电压与 pd 的理论关系。

　　由均匀电场的自持放电条件式(3 - 85)知,放电时

$$\alpha d = \ln(1 + \frac{1}{\gamma}) \tag{3 - 90}$$

将 $\alpha = Ap\mathrm{e}^{-Bp/E}$ 代入式(5 - 88)得

$$Ap\mathrm{e}^{\frac{-Bp}{E}}d = \ln(1 + \frac{1}{\gamma}) \tag{3 - 91}$$

实验证明 γ 与电场强度关系不大,可近似地看做常数。再用均匀电场条件 $E_B = U_B/d$,代入式(3 - 90),便得气隙放电电压为

$$U_B = \frac{Bpd}{\ln\left[\dfrac{Apd}{\ln(1 + \dfrac{1}{\gamma})}\right]} \tag{3 - 92}$$

简记为 $U_B = F(pd)$ 。

　　式(3 - 91)是一个用于定量计算放电电压 U_B 的显函数式,称为巴申定律。

　　为求得一种气体的最小放电电压,可将式(5 - 91)对 pd 微分,使 $dU_B/d(pd) = 0$,这样得到间隙最小放电电压 U_{B0} 为

$$U_{B0} = B \cdot (pd)_0 \tag{3 - 93}$$

$$(pd)_0 = \frac{\mathrm{e}}{A}\ln(1 + \frac{1}{\gamma}) \tag{3 - 94}$$

式中,e 是自然对数的底。

　　但实验研究表明,在 pd 值很小时,实验值比理论值小得多,当 pd 很大(约大于 5 mmHg·m)时,理论曲线与实验数据的偏离逐步明显,说明薄层气隙、长间隙、高真空放电和各种非均匀电场中过程仅用巴申公式不能给出很好的解释,进一步的理论发展涉及空间电荷、流注放电理论等。但由于碰撞电离理论能够较满意地解释均匀电场气体放电的实验规律,所以被公认为是适合于气体击穿的基本理论,而且碰撞电离概念还被扩展应用于液体与固体介质的击穿,成为各种电击穿理论的重要物理基础。

　　前已述及,气体间隙的击穿与诸多因素有关,详细了解可参阅有关专著,下面仅讨论其中两个对介质绝缘技术尤其重要的问题,

3.5.2　气体放电的空间电荷效应

气体放电时的空间电荷效应是研究不均匀电场放电以及长间隙放电机理时提出的,由初始电子碰撞电离形成的电子崩中的电子和正离子,一边在电场作用下作漂移运动,一边也作粒子扩散运动,电子集中于电子崩的头部,运动向阳极,正离子位于电子崩尾部,运动向阴极,电子崩的中部是电子和正离子的混合离子区。这样电子崩头部是负空间电荷区,电子崩尾是正空间电荷区,中部为混合空间电荷区,可用图 3-19 来说明。这种空间电荷的影响在间隙较长或电场分布不均匀时就会突出起来。

当间隙较长,电子崩渡越间隙到达对面电极所需时间亦较长时,电子崩中部等离子体区的复合过程便不能忽略,两个高能量粒子的复合碰撞在生成中性粒子的同时,将以光子的形式放出能量,所放出的光子可能引起其他分子的光电离,光电离产生新的二次电子,又形成二次电子崩。光子所到之处,二次电子崩可能立即形成并向两极延伸,所以间隙放电的发展加快,当等离子体区到达两极时,便形成贯通间隙的高导电通道,成为气体放电现象中可观察的明亮而狭窄光带。这种由于空间电荷区光电离作用,使电子崩的增长转变为等离子体区的发展,称为流注放电。借助数字技术和高速摄影技术,肯尼迪(J. T. Kennedy)等研究了从电子崩到流注形成的发展过程。对阳极流注和阴极流注的形成可以给出更满意的解释。

空间电荷所形成的电场叠加于外电场必然要影响间隙中的电场分布,电子崩发展至空间电荷不能忽略之后,空间电离过程实际上是空间电荷电场控制下的发展过程。空间电荷对间隙放电的影响是不能忽略的,空间电荷是个动态的粒子群,粒子不仅边漂移边扩散,而且进行各种碰撞运动,所以其浓度、

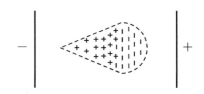

图 3-19　电子崩中的空间电荷模型

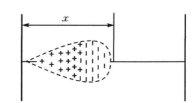

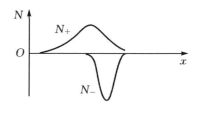

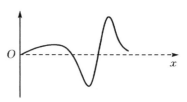

图 3-20　电子崩空间电荷对电场的影响

速度既是坐标的函数,又是时间的函数,还与电场变化有关,求解是非常困难的。图 3-20 是近似值数解法得到的电子崩空间电荷对电场的影响。

在典型的极不均匀电场针对板电极系统中,空间电荷对电场的影响表现将更为明显,它是导致极不均匀电场放电极性效应的主要原因。

3.5.3 负电性气体的放电条件

对于具有较大电子亲合能的气体,即容易吸附电子的负电性气体,必需考虑负离子的生成对放电过程的影响。如表 3-3 所列数据表明,电子亲合能大的一些气体,如含卤素元素的气体,其电离能远没有 Ne、He、Ar 等一类惰性气体大,但其在相同 pd 时与空气的耐压比却显著的大,而惰性气体的耐压比却很低,说明这类气体耐压比高并非因其电离能大或电子自由行程短之故,而是由于电子亲合能大,容易吸附电子生成负离子。对于这类气体,必须计及电子附着效应,修正上述放电理论。

表 3-3 各种气体的电离能、电子亲合能、分子量、分子平均自由行程及与空气的耐压比

气体成分	电离能 /eV	电子亲合能 /eV	分子量	分子平均自由行程 $\times 10^{-8}$/m	与空气的耐压比
空气	—	—	—	—	1.00
He	24.5	−0.53	4.00	18.00~18.62	0.11
H_2	16.1	0.71	2.02	11.20~11.77	0.60
N_2	15.8		28.02	5.95~6.28	1.03
O_2	12.3	3.80	32.00	6.43~6.79	0.91
Cl_2	13.20	3.74	35.45	2.75	—
HCl	13.8	—	36.47	2.74~4.44	1.14
C_6H_6	9.6	—	78.05	1.54	1.79
CCl_4	11.0	—	153.84	1.37	4.98
SO_2	13.1	—	64.06	2.74	2.20
SF_6	14.1		146.07	—	3.00

气体分子的电子附着效应用附着系数 η 来表征。在电场作用下,n_0 个电子经过单位距离后,因附着效应使 n 个电子变为负离子,$\eta = n/n_0$ 即为附着系数。由于电子附着效应使碰撞产生的自由电子变成负离子,因而自由电子数减少,所以负电性气体中的有效电离系数实际上比 α 小。考虑附着系数 η 的影响,电子在走过行程 x 中净产生的电子数为

$$n(x) = n_0 \exp(\alpha - \eta)x \qquad (3-95)$$

其中因附着作用而产生的负离子数为

$$n_i(x) = n_0 \frac{\eta}{\alpha - \eta} [e^{(\alpha-\eta)x} - 1] \qquad (3-96)$$

到达阳极的净电子浓度和负离子浓度分别为

$$n_d = n_0 \exp(\alpha - \eta)d \qquad (3-97)$$

$$n_i(d) = n_0 \frac{\eta}{\alpha - \eta} [e^{(\alpha-\eta)d} - 1] \qquad (3-98)$$

在此过程中同时产生的正离子浓度应为

$$n_+ = n_d + n_i - n_0 = n_0 \frac{\alpha}{\alpha - \eta} [e^{(\alpha-\eta)d} - 1] \qquad (3-99)$$

正离子到达阴极时,由于 γ 效应而产生的二次电子浓度为

$$n_s = \gamma n_+ = \gamma n_0 \frac{\alpha}{\alpha - \eta} [e^{(\alpha-\eta)d} - 1] \qquad (3-100)$$

用类似汤森放电条件的概念来决定有电子附着效应存在时气体的放电条件,负电性气体的自持放电条件可写为

$$\gamma n_0 \frac{\alpha}{\alpha - \eta} [e^{(\alpha-\eta)d} - 1] = n_0$$

即

$$\gamma \frac{\alpha}{\alpha - \eta} [e^{(\alpha-\eta)d} - 1] = 1 \qquad (3-101)$$

在高压绝缘技术的应用中,感兴趣的是常压附近间隙距离不太小的情况,亦即 pd 值较大的情况。为得到这种情况下比较简化的自持放电条件,改写式(3-101)为

$$\gamma \frac{\alpha}{\alpha - \eta} [e^{\frac{\alpha-\eta}{p}(pd)} - 1] = 1 \qquad (3-102)$$

当 $\alpha \gg \eta$ 时,式(3-102)与汤森自持放电条件形式是一致的。

目前已知的一些负电性很强的气体,$\frac{\alpha-\eta}{p}$ 随 E/p 的变化很快,因而在 $\frac{\alpha-\eta}{p} \approx 0$ 以上,E/p 再稍有增加,$\alpha - \eta$ 便迅速变化到 $\alpha > \eta$ 时的放电条件,在压力一定时,使 $\alpha/p \approx \eta$ 的场强应该就是这种气体的击穿场强。实验证明(见图 3-21),对空气来说,常压下这一临界场强约为 2.7×10^6 V/m,对 SF_6 来说约为 8.9×10^6 V/m。图 3-22 中 E_B/p 与 pd 的实验结果也是大致符合的。

负电性气体目前在工业上具有很高应用价值,已成为各种高低压电气设备的主要绝缘材料,但发现其存在破坏地球臭氧层问题,寻找新的替代材料的研究正在进行。

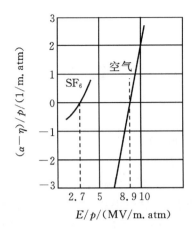

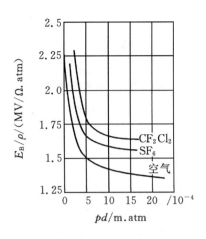

图 3-21　空气及 SF_6 的 $(\alpha-\eta)/p$ 与 E/p 关系　　图 3-22　几种气体 E_B/p 与 pd 关系

3.6　固体介质电击穿的试验现象与理论模型

前人对固体电介质击穿进行过大量的研究,提出了多种理论模型,一般将其归纳为电击穿、热击穿和长期击穿三类。就工程技术应用来看,不均匀电场击穿和复合介质击穿问题更需要回答,因此,如果展开来看,击穿理论的内容是非常丰富而浩繁的,但由于实际击穿过程特有的复杂性,例如击穿总伴随有材料不可恢复的破坏(形成熔洞、裂隙等)通道等,使作为表征材料电性能之一的击穿场强,实际上是一个受到多方面因素制约的物理量,理论模型与击穿场强试验往往难以进行定量比较,或者说尚未得到概念清晰而表达简洁的定量关系。鉴于此一情况,对介质击穿丰富实验现象的关注具有一定的重要意义。

限于篇幅,本节仅就重要实验现象、电击穿理论模型、热击穿的简单计算进行介绍和讨论。

3.6.1　固体介质电击穿的实验现象

在保证消除边缘效应且取得均匀电场的严格条件下进行固体击穿试验(包括强场电导电流的测量),方可以得到反映固体介质电击穿特性的实验数据。为得到均匀电场并消除边缘面放电效应,有效方法是采用成型试样和高击穿强度的液体介质或气体介质作为环境媒质。图 3-23(a)为成型氯化钠单晶试样,而在图 3-23(b)所示的情况下,即使放入高击穿强度的媒质环境中,亦为不均匀电场。

图 3-24 是几种介质击穿场强随温度变化的典型试验数据,图 3-25 是介质击穿场强随厚度变化的典型实验结果,图 3-26 是杂质对介质击穿场强影响举例。

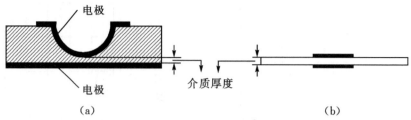

图 3 - 23　实现均匀电场的氯化钠单晶试样

(a)均匀电场；(b)不均匀电场

由图可看出存在如下现象：①在较低温度区，击穿场强随温度升高而增大，而较高温度下，随温度升高而降低；②适当杂质的引入，导致击穿场强升高；③介质材料结构的不均匀性增强在低温区会导致击穿场强升高，如无定型石英的击穿场强高于晶体石英，聚合物的击穿场强高于晶体材料；④当厚度在微米级以下时，击穿场强随厚度减小而增大。这些宝贵的实验现象是提出理论模型的重要依据。

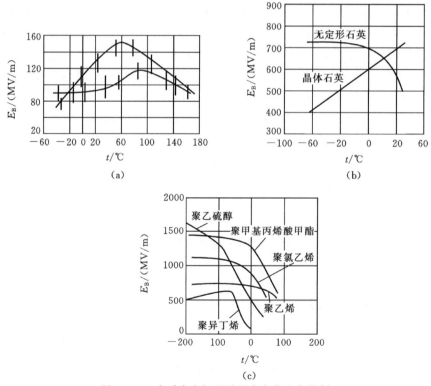

图 3 - 24　介质击穿场强随温度变化现象举例

(a)NaCl 单晶；(b)晶体石英与无定型石英；(c)几种聚合物

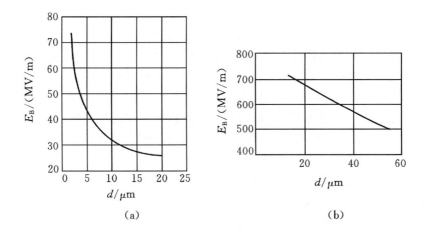

图 3 - 25　介质击穿场强随厚度变化的实验结果
(a)NaCl;(b)聚乙烯

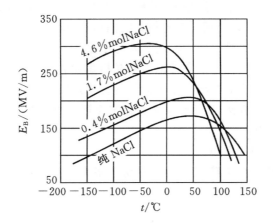

图 3 - 26　杂质对介质击穿场强影响举例

3.6.2　本征电击穿的理论模型

固体介质电击穿理论主要包括在气体碰撞电离击穿基础上建立的碰撞电离理论,和在半导体隧道击穿基础上建立的薄层介质隧道击穿理论,前者实际是量子碰撞电离击穿理论,后者原就属量子力学的范畴。

大约在上世纪 30 年代开始,以 Hipple 和弗罗利希(Frohlich)为代表,发展建立了晶体介质电击穿的碰撞电离理论。这一理论可简单叙述如下：

在强电场下,固体的导带中可能因电极发射而存在一些电子,这些电子一面在外电场作用下被加速而获得动能,一面与晶格振动相互作用而激发晶格振动,把电场的能量传递给晶格。当这两个过程在一定的温度和场强下平衡时,固体介质有稳定的电子电导,此电导属于前述的扩展态电导。当电子从电场中得到的能量大于相互作用损失的能量时,电子就可以积累能量,其动能就越来越大,当电子能量大到一定值时,电子与晶格振动的相互作用便导致固体原子电离产生新的电子,自由电子数迅速增加,电导进入不稳定阶段,直至发生介质击穿。

按击穿发生的判定条件不同,电击穿理论可分为两大类：

(1)以碰撞电离的起始作为击穿判据,即碰撞电离开始就作为击穿开始。称这类理论为碰撞电离理论或称本征电击穿理论。

(2)以电离开始后,电子数雪崩倍增到一定数值,足以破坏介质绝缘状态作为击穿判据。称这类理论为雪崩电击穿理论。

固体晶格节点上的原子处于不停歇的热振动中,而每一个晶格原子的热运动又都是与其周围晶格节点相联系的,晶格振动力学在量子力学与统计物理的基础上,把晶格节点的热振动处理为不同频率的晶格波,高频部分为光频波,低频部分为声频波。本征电击穿理论的中心问题就是处理电子波与晶格波的相互作用。一方面由于详细地了解固体击穿理论需要晶格振动力学的基础,另一方面非常烦难的理论推导过程并不能给出击穿场强与各种物理因素的明确关系,所以这里不对有关理论进行系统介绍,以下仅简要介绍击穿理论的基本物理概念,需要详细了解时可参阅有关著作。

本征电击穿的理论模型如下：

设自由电子从电场中获得能量的平均速率为 A,则 A 与场强及电子能量有关,写为

$$A = A(E, u) \qquad (3-103)$$

其中 u 代表电子能量,E 为电场强度。自由电子从电场中获得能量的大小决定于其自由行程时间,或称松弛时间。定义电子的能量由于与晶格波作用而减小到 $1/e$(e 为自然对数的底)所经过的时间为松弛时间 τ,可以理解为 τ 类似于经典物理中运动粒子两次碰撞之间的平均自由行程时间。这样,被电场加速的自由电子的平均速度可简单表示为

$$v_E = -\frac{eE}{m^*}\tau \qquad (3-104)$$

单位时间电子从电场获得的能量为

$$A = (-eE)\left(\frac{-eE\tau}{m^*}\right) = \frac{e^2 E^2}{m^*}\tau \qquad (3-105)$$

式中 m^* 是电子有效质量。以 B 表示电子与晶格波相互作用单位时间中能量的损失。晶格波的能量是量子化的,角频率为 ω 的晶格波具有能量为 $\hbar\omega$（$\hbar$ 是普朗克常数),因此电子与晶格波交换的能量亦必须是 $\hbar\omega$ 的整数倍,用 $c\hbar\omega$ 表示,c 代表整数。单位时间中,电子与晶格相互作用 $1/\tau$ 次,因而电子单位时间中损失给晶格的能量 B 可表示为

$$B = \frac{c\hbar\omega}{\tau} \tag{3-106}$$

由于晶格振动与温度有关,B 也可写为

$$B = B(T_0, u) \tag{3-106'}$$

式中 T_0 代表晶格温度。

以 $A = B$ 为临界平衡点,此时

$$\frac{e^2 E^2}{m^*}\tau = \frac{c\hbar\omega}{\tau} \tag{3-107}$$

可得临界平衡场强

$$E = \frac{m^*}{e^2}\frac{c\hbar\omega}{\tau^2} \tag{3-108}$$

当电场上升到使平衡破坏时,碰撞电离过程立即发生,所以使式（3-107）成立的临界场强可以认为就是碰撞电离开始发生的起始场强。把这一场强作为介质击穿场强的理论为本征电击穿理论。当然,$c\hbar\omega$ 和 τ 都需要由量子力学薛定锷方程及晶格振动力学方程进行求解,求解的复杂性导致提出下面两种近似理论模型。

1. 单电子近似模型

单电子近似理论是本征电击穿理论中最简单的一种,它忽略介质中电子间的相互影响,通过强电场作用下单个电子的平均特性来计算击穿临界场强。利用量子力学方法,把导电电子与晶格波的相互作用看做是对晶格周期势场的微扰,用微扰理论解出相互作用时晶格波损失能量和获得能量的概率,然后通过能量平衡方程求出临界场强。推导得出,电子单位时间损失的能量 B 与电子能量的关系大致如图 3-27 所示,而电子从电场获得的能量除与电子能量有关外,还与电场强度有关。不同场强时曲线 A 和 B 的交点相当于该电场下的平衡点。

Hipple 以 B 达到最大值（$u \cong 4\hbar\omega$）时的平衡条件作为击穿临界条件,即 $u = u_c$ 时式(3-109)的平衡关系成立

$$A(E_x, u_c) = B(T_0, u_c) \tag{3-109}$$

由图中 B 的曲线知,具有能量 $u \cong 4\hbar\omega$ 的电子属于能量不高的电子。即低能电子。Hipple 的击穿条件意味着,低能电子从电场获得的能量超过最大能量损耗时,才能导致碰撞电离发生。当然,能量大于 $4\hbar\omega$ 的其他电子,也一定可以从电场

得到足够的能量而引起碰撞电离。
所以 Hipple 的上述击穿判据被称
为低能判据，E_H 被称为 Hipple 击
穿场强。

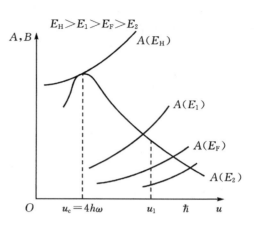

弗罗利希则以电子能量达到电
离能 $u = u_i$ 时的平衡条件作为临界
条件。弗罗利希认为，晶体导带中
电子是按能量以一定几率分布的，
具有各种能量的电子都以一定几率
存在，其中能量在电离能 u_i 附近的
高能电子也是有的，只要把能量略
低于 u_i 的电子加速到发生碰撞电离
就足以导致介质击穿了，据此，弗罗
利希的击穿判据为

图 3 - 27　碰撞电离击穿的低能判据与高能判据

$$A(E_F, u_i) = B(T_0, u_i) \qquad (3-110)$$

这一击穿标准称为高能标准，E_F 称为弗罗利希击穿场强。显然 $E_H > E_F$。

　　根据单电子理论的观点，由于温度升高而引起晶格振动加强，以及由于掺杂而
引起晶格周期势场的混乱，都应使所遭遇的碰撞几率增大，平均自由行程时间变
短，从而使击穿场强提高。这一推论和晶体介质在低温范围内的击穿实验规律是
定性相符的，一般常用击穿场强随温度升高而增大的关系，即以 $dE_B/dT > 0$ 作为
碰撞电离击穿的特征。依据上述理论可以对结构简单的离子晶体进行大致的计
算，表 3-4 为部分碱卤晶体击穿场强的理论计算结果。

表 3 - 4　由 Hipple 理论计算的部分碱卤晶体击穿场强与实验结果比较

晶体	ε_s	ε_∞	$\hbar\omega_t$ /eV	晶格常数 a /10^{-10} m	E_B 在 $T=288$K 时 /(10^8 V/m)	
					理论值	实验值
LiF	9.27	1.92	0.720	2.07	8.80	3.11
NaF	6.00	1.74	0.033	2.31	3.57	2.40
NaCl	5.62	2.52	0.024	2.81	1.57	1.50
KBr	4.78	2.33	0.015	3.29	0.85	1.20
KCl	4.68	2.13	0.019	3.14	1.20	1.20

　　表中的晶格波的声子能量 $\hbar\omega_t$ 亦为理论值。数据说明，理论值与实验值在数
量级是一致的。

2. 集合电子近似模型

对于无定型固体介质或含杂质、缺陷很多的晶体介质,其禁带中存在有许多陷阱能级和其激发态(也称为深陷阱和浅陷阱)能级。低温时,陷阱能级激发态上的电子是很少的,因而可以忽略它们之间的相互作用。但当温度较高时,处在陷阱能级激发态上的电子数增多,其相互间的作用便不可忽略,导带电子把能量传递给陷阱能级激发态的电子,这些电子再把能量递给晶格。当导电电子的密度比较高,使电子间的相互作用不能忽略时,导带电子受电场加速能量升高后,一面互相间交换能量,达到一个平衡状态;一面与晶格交换能量,达到另一个平衡状态。第一个平衡状态用电子系温度 T_e 来表征,第二个平衡态便是电场作用下电子系与晶格波之间能量得失的平衡关系,可以表示为

$$A(E_c, T_e, T_0) = B(T_e, T_0)$$

式中 A 表示获得能量速率的平均值, B 表示损失能量速率的平均值, T_e 为电子温度, T_0 为介质温度。

当 $E > E_c$,平衡破坏时,电子系温度 T_0 失去稳定,电子平均地被加速至发生碰撞电离,导致介质击穿, E_c 便是集合电子近似的击穿强度。集合电子理论对上述模型的求解结果为

$$\ln E_c = 常数 + \frac{\Delta u}{2kT} \tag{3-111}$$

式中, Δu 代表能带中陷阱能级激发态的宽度,图 3-28 为其能带模型。

式(3-111)表明,随晶格温度 T_0 的增高,击穿场强 E_c 下降,这与介质高温击穿的实验规律是一致的。它也是由弗罗利希所建立的,故又常称为弗罗利希高温电击穿理论。近年来,陷阱能级在固体击穿中的作用开始倍受重视,集合电子理论值得再次关注。

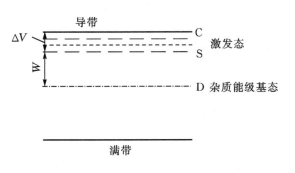

图 3-28　集合电子理论的能带图

3.6.3　碰撞电离雪崩击穿模型

与气体碰撞电离击穿的理论模型类似,认为介质中碰撞电离开始后,电子一面向阳极运动,一面发展碰撞电离形成电子崩。赛兹(Seitz)提出以电子崩传递给介

质的能量足以破坏介质晶格结构作为击穿判据,用如下的方法来估算介质击穿场强:

设电场强度为 10^8 V/m,电子迁移率 $\mu=10^{-4}$ m^2/(V·s),这种状态下的电子相当于 1 μs 中运动 1 cm 距离。从阴极出发的电子一面进行雪崩倍增,一面向阳极运动,与此同时也在垂直于电子崩的前进方向进行浓度扩散。若其扩散系数 D $=10^{-4}$ m^2/S,则在 $t=1$ μs 的时间中,崩头的扩散长度约为 $r=\sqrt{2Dt}\cong10^{-5}$ m,近似认为,在这个半径为 r、长度为 1 cm 的圆柱形体积 π×10^{-12} m^3 中产生的电子都给出能量,其中共有原子数约为 π×10^{-12}×10^{+29}≈10^{17} 个,破坏每一晶格所需能量约为 10 eV,则破坏上述小体积介质总共需要 10^{18} eV 能量。当场强为 10^8 V/m 时,每个电子经过 1 cm 距离由电场加速获得能量约为 10^6 eV,则共需要崩内有电子 10^{12} 个就足以破坏介质晶格。已知在碰撞电离过程中,一个电子碰撞一次产生两个电子,经过 n 次碰撞,电子数近似以 2^n 关系增加,当 $2^n=10^{12}$,即 $n=40$ 时,介质晶格就被破坏了。也就是说,由阴极出发的一个初始电子,在其向阳极运动过程中,1 cm 内电离次数达到 40 次,产生 10^{12} 个新电子时,介质便发生击穿。赛兹的上述估计虽然粗略,但概念明确,因此一般被用来说明雪崩击穿的形成,并称之为电子的四十代增殖模型。更严格的数学计算,得出 $\alpha=38$,说明赛兹的估计误差是不太大的。

由电子四十代增殖模型可以推断,当介质厚度很薄,碰撞电离不足以发展到四十代,电子崩已进入阳极复合时,介质击穿现象就不能发生,即这时的介质击穿场强将更高。这可定性地解释薄层介质具有较高的击穿场强的现象。

3.6.4　隧道击穿模型

由隧道效应使介质中电流激增至介质失去绝缘性能的现象称为隧道击穿,隧道击穿是发生在薄层介质中的现象。已知,隧道电流的一般表达式为

$$J = AE^2\exp\left(-\frac{B}{E}\right)$$

用类似的关系式计算具有不同禁带宽度的介质在不同电场强度时的体隧道电流密度如表 3-5 所示。由表中数据可看出:

(1) 在强电场时,隧道电流随场强升高而迅速增大。

介质电流的快速增大,必将最终导致介质失去绝缘性能。弗兰兹(Franz)提出用隧道电流导致介质温升达到一定值作为介质隧道击穿的判据。在工程上,对于以隧道效应工作的一些半导体器件,通常用电流随电压的相对变化率 $\dfrac{\mathrm{d}I/\mathrm{d}U}{I/U}$ 达到一定数值作为经验击穿判据。

(2)隧道电流与禁带宽度有密切的关系,禁带狭窄时,较低场强下就有很大的

隧道电流。一般电介质,禁带宽度都在 5 eV 以上,因而在场低于 10^9 V/m 时,隧道击穿的可能性不大,但不能排除介质中局部电场集中达到引起出现局部隧道电流击穿的可能性。

(3)隧道电流与温度没有明显关系,这常被作为隧道击穿的一个特点。

隧道击穿理论是低电压半导体器件(如隧道二极管)的重要理论基础,也是解释一些功能介质晶界效应(如非欧姆氧化锌陶瓷)的基本理论依据。

表 3 - 5 　电极隧道电流密度

禁带宽度/eV	E/(V/m)		j/(A/m²)	
2	6×10^7	2×10^8	$\sim 10^2$	$\sim 10^8$
4	2×10^8	4×10^8	~ 10	$\sim 10^7$
5	5×10^8	10^9	$\sim 10^2$	$\sim 10^7$

3.6.5　陷阱空间电荷的影响

20 世纪 80 年代以前对固体电介质击穿问题的理论模型可归纳为表 3 - 6。实际发生的介质击穿往往是多因素的综合作用,至今尚没有令人满意的全面理论,有待于继续研究发展。聚合物击穿和陷阱空间电荷对击穿影响的研究比较活跃,一些新的观点值得注意,以下仅作简单介绍。

表 3 - 6 　固体电介质击穿理论归纳表

短时击穿	电击穿	本征击穿	单电子近似 $dE_B/dT > 0$	低能判据 高能判据
			集体电子近似	单晶体 $dE_B/dT > 0$ 非晶体 $dE_B/dT < 0$
		雪崩击穿	电子增殖四十代判据	
		场致发射击穿(即隧道击穿)		
	热击穿	稳态热击穿 $dE_B/dT < 0$ 瞬态热击穿 $dE_B/dT < 0$		
	二次效应	空间电荷效应		
长时间击穿	放电老化 电热老化	局部放电老化,树枝化老化 $dE_B/dT < 0$,　$dE_B/dd < 0$		

(1)近年的研究中,从对单晶介质击穿转向对聚合物介质的研究是一大趋势,但由于聚合物结构与成分的复杂性,这种研究还处于积累实验数据的阶段。实验证明,聚合物分子极性、分子量、交联度、杂质、电极材料等都影响其击穿特性。

（2）空间电荷是影响击穿过程的重要二次效应。空间电荷由电极注入而形成，其分布影响强场电导与击穿，理论上推断介质中空间电荷分布有如图 3-29 所示的同极性分布与异极性分布两种情况。但实验证明，针尖电极附近总出现同极性电荷。图 3-30 所示的直流预压击穿试验是证明空间电荷存在的典型试验方法。对许多聚合物材料进行预加直流试验表明，预加直流电压形成的空间电荷对不同聚合物脉冲击穿表现的影响是极为不同的。例如，直流预压作用对 PE（聚乙烯）、PC（聚碳酸酯）和 PET（聚对苯二甲酸乙二醇酯）是使其后的反极性脉冲击穿场强降低，但对 PP 与 PS（聚苯乙烯）却没有影响，这表明仍有必要进一步研究。

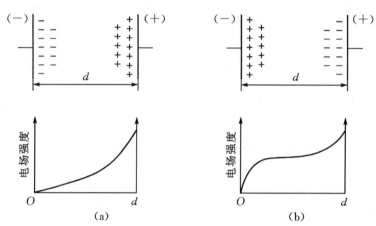

图 3-29　同极性与异极性空间电荷形成与分布的示意
（a）同极性电荷；（b）异极性电荷

空间电荷对聚合物中电树枝的引发与发展有很大影响，用直流和脉冲极性反转或短路等试验方法可获得这种影响的试验规律。

（3）介质中载流子陷阱能态的密度与分布对空间电荷的形成有很大影响。聚合物是具有高密度陷阱态的材料，从对聚合物强场电导和击穿的研究出发，探索陷阱的起因、分布与影响因素成为热门研究课题。公认测量介质中陷阱态密度与分布的较为令人信服的方法是 TSC 法。由注入或高能射线

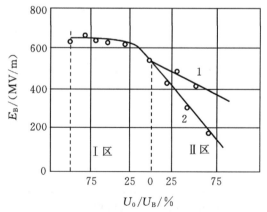

1—预直流后 5 μs 加脉冲；2—预直流后立即加脉冲；
Ⅰ区—脉冲与预直流同极性；Ⅱ区—脉冲与预直流反极性
图 3-30　聚乙烯的直流预压脉冲击穿试验结果

激励所产生的电子(或空穴),在较低的温度下被陷阱俘获,升高温度可使它们释放出来,一部分在偏置电压下形成 TSC 峰,一部分可能复合产生萤光效应(Thermo-luminescence,TL),TSC 与萤光 TL 峰谱可以给出较全面的关于陷阱的信息。TSC 与 TL 峰谱的分析使对聚合物陷阱态的认识前进了一步,已经证明,分子结构与聚集态、杂质等对陷阱分布有很大影响,因而也对空间电荷有很大影响。如 HD-PE(高密度 PE)、MD-PE(中密度 PE)和 LD-PE(低密度 PE)中有不同的陷阱分布,对同一分子量的 PE,不同温度时也有不同的陷阱分布。30~50 ℃范围内,LD-PE 中没有具有俘获载流子能力的陷阱,因此注入的载流子全部成为导电电子,与此相应的是测不出明显的空间电荷。HD-PE 在 90 ℃附近的情况与此相同。相反的是,HD-PE 在

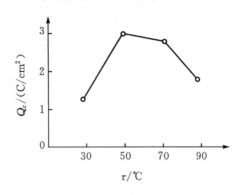

图 3-31　PE 中的陷阱电荷峰值随温度的变化

30 ℃附近注入电子易于被陷阱在靠近阴极处俘获,使阴极附近积累负空间电荷,但其阻止注入效应的发展,因此介质体内空间电荷总量也不多。而在 50~70 ℃中,注入电子被俘获经释放、迁移可再俘获,这种情况下介质中空间电荷量最大。图 3-31便是 PE 典型的试验结果。同理大致可以解释 PP(聚丙烯)与 PS 的脉冲击穿场强不受直流预极性影响的实验结果。

(4)直接从理论上研究介质中陷阱对击穿过程影响的新观点主要有以下两类:

以克莱因(Klein)为代表的观点认为,在碰撞电离过程中应考虑陷阱俘获作用的影响,注入电子与空穴通过陷阱过程而间接复合是阻碍碰撞电离的主要因素,据此提出的击穿条件为电子-空穴复合数等于碰撞电离产生数。

以高锟为代表的观点认为,聚合物有很宽的禁带,但有很窄的导带(仅约0.1 eV),因而注入的电子在导带运动不可能有足够的自由行程使其从电场获取可以直接引起介质分子碰撞电离的能量。合理的过程是电子被陷阱俘获时,将其能量转移给另一电子,使另一电子成为热电子,具有约 4 eV 能量的热电子,可以打断分子链,使大分子一步步变为小分子,在阴极附近形成低密度区,其后才在这低密度区发生碰撞电离,导致电树枝起始并发展直至击穿。

3.7　电介质的热击穿

热击穿是介质在电压作用下发生热不稳定过程导致介质热破坏的一种现象。

当介质材料在外电压下,因漏电流和松弛损耗产生的焦耳热不能及时发散,就可能使介质失去热平衡,温度快速升高,发生完全是热作用引起的击穿破坏过程,称其为介质热击穿。显然,介质热击穿与介质的发热因素、散热条件以及环境温度有密切关系。介质的发热决定于介质电导与松弛损耗,影响介质电导与松弛损耗的因素在前章已做了详尽的讨论,不仅与介质材料的电导率 γ 和损耗因数 ε'' 有关,后者还与外加电场的频率有关。散热条件和环境温度则与介质作为绝缘材料使用时的具体工作条件有关,所以介质热击穿问题应属于一个典型的工程绝缘技术问题,但作为介质击穿的物理现象之一,在本章作简单讨论亦是必要的。

3.7.1　热平衡基本方程

由于任何实际介质都具有一定的漏电流和松弛损耗,当施加电场于介质时就要产生焦耳热,使介质温度升高,但同时也通过热传导向周围环境散热,如环境温度为 T_0,介质温度为 T,一般散热与温度梯度成正比,介质温升则与其比热容和时间有关,发热功率取决于有功电流和外加电压,所以在无限大平板介质单位面积厚度为 $\mathrm{d}x$ 的体积内,包括发热、散热和温升因素的一维热平衡基本方程为

$$C_{\mathrm{v}}\frac{\mathrm{d}T}{\mathrm{d}t} - K\frac{\mathrm{d}^2 T}{\mathrm{d}x^2} = \gamma E^2 \qquad (3-112)$$

方程的第一项是介质温度随时间变化项,第二项表示散热正比于温度梯度并指向温度降低的方向,方程中 γ 代表包括漏电流和松弛损耗在内的有效电导率,E 为电场强度,C_{v} 代表介质比热容,K 代表散热系数。方程的一般形式可写为

$$C_{\mathrm{v}}\frac{\mathrm{d}T}{\mathrm{d}t} - \mathrm{div}(K\,\mathrm{grad}\,T) = \gamma E^2 \qquad (3-113)$$

最一般的情况下,介质温度 T 是时间和位置的函数,外电场 E 是时间和位置的函数,γ 与材料、温度及频率有关,K 不仅与材料导热性有关,还与几何结构等有关,所以要得到热平衡基本方程的普遍解是困难的。但实际情况是,介质材料通常总是使用在交直流电压作用下或脉冲电压短时作用下,所以首先可以近似简化为以下两种极端的情况来处理:

(1)稳态电压作用时,介质温度变化很慢,即热稳定情况,称这种情况下发生的热击穿为稳态热击穿。

(2)电压作用时间很短(或脉冲电压下),散热来不及进行的情况,这种情况时的热击穿称为脉冲热击穿。

下面分别讨论这两种情况。

3.7.2　稳态热击穿

稳态条件下,简化为只考虑发热与散热项,而忽略介质的温升项,即忽略 $C_v \dfrac{\mathrm{d}T}{\mathrm{d}t}$ 项,于是方程变为

$$K \frac{\mathrm{d}^2 T}{\mathrm{d}x^2} - \gamma E^2 = 0 \tag{3-114}$$

此方程看似简单,但其具体求解仍与绝缘结构有关。瓦格纳最早提出的简化求解是一个易于理解的分析方法,其内容如下。

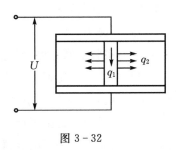

取介质厚度为 d 的无限大平板电容器结构,设介质中心 $x = 0$ 处的电阻比其周围小得多,电流主要集中于此面积为 $s = \pi r^2$ 的低阻通道中,当然此处温度最高,周围介质温度是均一的并等于环境温度,如图 3-32 所示。

图 3-32

并设外施直流电压 U,通道内由于电流流过每秒发生的热量为

$$q_1 = \frac{U^2}{R} = U^2 \frac{s}{d\rho} = U^2 \frac{s}{\rho_0 d} \mathrm{e}^{-aT} \tag{3-115}$$

式中,等效电阻率用 $\rho = \rho_0 \mathrm{e}^{aT}$ 表示。通道每秒散到其傍侧介质中的热量与通道侧面积及通道平均温度 T 和介质温度(即环境温度)T_0 之差成正比

$$q_2 = K(T - T_0) 2\pi r d \tag{3-116}$$

q_1、q_2 有如图 3-33 所示的温度关系。

由图明显看出,当电压为 U_2 时,发热曲线 q_1 (U_2) 一直大于散热,系统不会有热平衡,而在电压 U_1 时,发热曲线 $q_1(U_1)$ 与散热曲线在 T_1 处达到平衡,其后若温度再有升高,因散热随温度梯度线性上升,所以将因散热大于发热而使系统温度保持在 T_1 附近,系统不会失去热平衡。只有在 $q_1(U_c)$ 点,发热与散热仅在 T_c 点能维持热平衡,所以该点是临界平衡点。

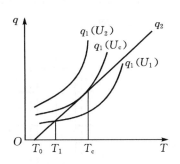

图 3-33　散热 q_2 与发热 q_1 曲线的关系

根据上述关系,可以写出临界平衡点的以下两个特征,决定介质热击穿电压:

$$q_1 = q_2 , \qquad\qquad T = T_c$$

$$\frac{\mathrm{d}q_1}{\mathrm{d}T} = \frac{\mathrm{d}q_2}{\mathrm{d}T} , \qquad\qquad T = T_c$$

瓦格纳以临界平衡条件时的电压 U_c 为热击穿电压,最后得到

$$U_B = \sqrt{\frac{K\rho_0}{sae}} d\, \mathrm{e}^{-\frac{a}{2}T_0} \qquad\qquad (3-117)$$

式(3-117)给出了热击穿电压随温度升高而降低的关系,其变化的规律和电阻率相似,但其曲线指数减半。这一点已得到许多实验的证实,图 3-23 便为一例。公式还说明,热击穿电压与厚度有正比关系,对部分介质材料仅在一定温度范围内,也与实验结果一致,更高温度时,热击穿电压将随厚度增大而下降。

但瓦格纳的上述理论计算毕竟假设的条件较多,尤其是发热必须仅限于低阻通道中,一般认为它能用于理解宏观均匀性较差的工程介质材料的热击穿。

比较一般的解是由怀特海德(Whitehead)1950 年给出的,见图 3-34,仍采用厚度为 d 的无限大平板电容器模型,取中心层处为坐标原点 $x = 0$,此处亦是温度最高处 $T = T_m$,设环境温度为 T_0 、介质表面温度为 T_1 。单位体积介质中的热平衡方程简化为

$$K\frac{\mathrm{d}^2 T}{\mathrm{d}x^2} - \gamma E^2 = 0 \qquad\qquad (3-118)$$

由 $E = -\mathrm{d}U/\mathrm{d}x$,电流密度 $j = -\gamma \mathrm{d}U/\mathrm{d}x$,上式可化为

$$K\frac{\mathrm{d}^2 T}{\mathrm{d}x^2} - j\frac{\mathrm{d}U}{\mathrm{d}x} = 0 \qquad\qquad (3-119)$$

如图 3-35 所示,边界条件为由于 $x = 0$ 处, $\mathrm{d}T/\mathrm{d}x = 0$, $U = 0$,所以积分常数为 0,由中心到任意点 x 积分后得

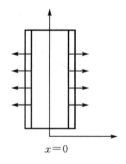

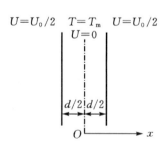

图 3-34　怀特海德模型　　　图 3-35　假定的边界条件

$$jU = \int_0^x \frac{\mathrm{d}}{\mathrm{d}x}(K\frac{\mathrm{d}T}{\mathrm{d}x})\mathrm{d}x = K\frac{\mathrm{d}T}{\mathrm{d}x} \tag{3-120}$$

再用 j 与 γ 关系,上式可化为

$$U\mathrm{d}U = -\frac{K}{\gamma}\mathrm{d}T \tag{3-121}$$

从中心 $x = 0$、$U = 0$、$T = T_{\mathrm{m}}$ 到任意点进行积分,并颠倒上下限得

$$U^2 = 2\int_T^{T_{\mathrm{m}}} \frac{K}{\gamma}\mathrm{d}T \tag{3-122}$$

以电极电位 $U = U_0/2$、$x = d/2$、$T = T_1$ 代入,式(3-121)变为

$$U_0{}^2 = 8\int_{T_1}^{T_{\mathrm{m}}} \frac{K}{\gamma}\mathrm{d}T \tag{3-123}$$

在最有效的散热条件下,$T_1 = T_0$,在达到某一 T_{m} 时介质发生热击穿,于是热击穿电压为

$$U_{\mathrm{oc}}{}^2 = 8\int_{T_0}^{T_{\mathrm{m}}} \frac{K}{\gamma}\mathrm{d}T \tag{3-124}$$

此处介质电导率用 $\gamma = \gamma_0 e^{-B/T_0}$ 代入,取散热系数 K 为常数,得到近似式

$$U_{\mathrm{oc}} \cong \left[\frac{8KT_0{}^2}{B\gamma_0}\right]^{\frac{1}{2}} \mathrm{e}^{\frac{B}{2T_0}} \tag{3-125}$$

此关系式也说明,上述简单的平板绝缘结构中介质热击穿电压和介质电阻率一样随温度上升有指数式下降的关系,其下降斜率为电阻率下降斜率的一半。此理论关系对均匀固体介质得到了试验验证,图 3-36(a)所示 NaCl 单晶热击穿电压与温度的实验曲线即为一例。上述公式还表明,热击穿电压与介质厚度无关,图 3-37 (b)表明 700 ℃时 NaCl 试样在 $d = 10^{-3}$ mm 以上时,热击穿电压大致不随厚度变化的事实。

怀特海德的理论计算的普遍性似乎优于瓦格纳,但值得一提的是,对均匀介质试验或工程试验中,介质击穿总是表现为局部点的热破坏,即总有一击穿通道存在,没有发现过在等温面上的均匀击穿现象,即使是半导体 PN 结等的热击穿也是如此(半导体 PN 结的雪崩击穿才表现为均匀的、并且为可逆的)。这也许可以提醒一点,重新估价瓦格纳方法与怀特海德方法,在两者之基础上发展更好的理论是有希望的。丝流击穿模型可以认为是沿这一思路发展的理论,穿流与分形理论已为丝流击穿通道提供了一种模拟计算方法,这可在有关专著查阅。

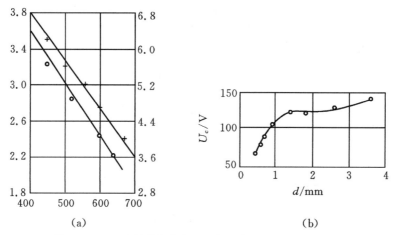

图 3 - 36　NaCl 单晶热击穿电压与温度及厚度的实验曲线

(a)电压与温度曲线；(b)电压与厚度曲线

3.7.3　瞬态热击穿

瞬态热击穿又称脉冲热击穿。当电压作用时间很短，散热过程可以忽略不记时，热平衡基本方程中的导热项便可以近似忽略，于是方程变为

$$C_v \frac{\mathrm{d}T}{\mathrm{d}t} = \gamma E^2 \qquad (3-126)$$

如知道瞬变电场的方程，并用电导率随温度的变化关系，理论上可由上式求出温度随时间上升的规律，从而得到温度达到介质破坏的临界值时的热击穿电场。

假定电场强度为一随时间线性上升函数

$$E = \frac{E_c}{t_c}t \qquad (3-127)$$

E_c 和 t_c 各代表热击穿场强和达到该场强的时间，即达到介质热破坏所需时间。对上式取微分

$$\mathrm{d}E = \frac{E_c}{t_c}\mathrm{d}t \qquad (3-128)$$

用 $\gamma = \gamma_0 \exp \dfrac{-B}{T}$ 代入微分方程有

$$\frac{\mathrm{d}T}{\mathrm{d}E} = \frac{t_c \gamma_0 E^2}{E_c C_v} \exp \frac{-B}{T} \qquad (3-129)$$

分离变量，从 $t=0$、$E=0$、环境温度 $T=T_0$ 积分到 $t=t_c$、$E=E_c$，温度升高至 T_m 介质发生热击穿，积分式为

$$\int_0^{T_m} e^{-B/T} \mathrm{d}T = \frac{t_c}{E_c} \frac{\gamma_0}{C_v} \int_0^{E_c} F^2 \, \mathrm{d}E \tag{3-130}$$

在环境温度不高，$B \gg T_0$ 的近似条件下得到

$$E_c \cong \left(\frac{3 C_v T_0{}^2}{\gamma_0 B t_c} \right)^{1/2} \exp \frac{B}{2 T_0} \tag{3-131}$$

这一近似式与稳态热击穿有相同的温度关系，即环境温度升高介质热击穿场强下降。

统观上述几种计算热击穿电压的近似理论以及试验结果，$\mathrm{d}E/\mathrm{d}T < 0$ 是其普遍具有的规律，故常以此作为热击穿的典型特点。

第4章 介质的静电及驻极特性

4.1 介质带电现象与静电理论的发展

人们对于带电现象的认识,最早起源于自然界的雷电现象和人工的磨擦起电。早在东汉初年就有带电琥珀吸引轻物的文字记载。在公元 3 世纪中国晋朝的张华所著《博物志》中也记载了人们梳头、解衣摩擦起电引起的闪光和放电声音现象。1600 年前后英国人吉尔伯特(Gilbert)发现,多种物质相互摩擦后会出现相互吸引力作用,进而人们对这种带电现象开展了比较系统地研究。通过实验发现以丝绢摩擦两玻璃棒则玻璃棒之间有排斥力,若以毛皮摩擦两胶木杆,胶木杆之间亦有斥力,但玻璃棒与胶木杆之间有吸引力存在,这表明摩擦后物体带电是有两种电荷。早先定义,玻璃棒上为带正电荷,而胶木杆上带负电荷,同时得出电荷之间有同性相斥、异性相吸的特性。1733 年人们开始形成正负电的概念。1757 年维尔克(Wilckre)首次发表了摩擦带电序列。1785 年库仑以定量的方式给出了电荷之间的作用力方程——库仑定律,为静电学奠定了基础。1779 年伏特(Volta)提出了磨擦带电是由于接触效应引起的理论学说,同时发明了伏特电池,为研究动电提供了稳定而连续的电源基础。同时基于安培、欧姆、法拉第、楞次等学者的实验发现,得出了电磁效应的相关规律。麦克斯韦将这些规律数学化,在 1864 年发表了著名的电磁场方程,并预言了电磁波的存在。二十年之后,赫兹利用其发明的电振动器与电波接收器进行实验,证明了麦克斯韦提出的电磁场方程以及所预言的光波为电磁波的推断,证实了电磁波的的波速为光速。这是 19 世纪物理学发展的奇迹,它为 20 世纪电气工程的发展奠定了基础。

随着动电和电磁波理论和应用的迅速发展,电介质作为一个电工学科的独立分支也在 20 世纪初得到建立和发展。研究工作主要集中在与电气工程直接有关的部分,特别是在高压、高频下介质的极化、电导、损耗、击穿等问题的基本规律和理论方面,而对介质带电这一古老问题却注意不够。直到近几十年来随着超、特高压输电设备、高压电子器件和场效应集成电路的发展,以及静电在光电技术和电磁防爆防护技术中的应用,介质的带电现象又引起了人们的广泛关注。

　　介质静电理论的研究是在人们认识到电荷的输运是由于电子或离子的迁移所形成的基础上逐步建立起来的。

　　1879 年亥姆霍兹(Helmholtz)继承了伏特的学说,提出当两种物体接触时能形成偶电层,在物体分离时就能产生电荷分离,导致物体带电。偶电层厚度约为分子大小线度,其间电位差就是接触电位差或略小一点,这称为伏特-亥姆霍兹假说。

　　20 世纪柯恩(Coehn)研究了液固介质接触时的介质带电问题,得出具有较高介电常数的材料带正电,较低介电常数的材料带负电;材料的带电量与介电常数的差成正比。这称为柯恩第一法则和第二法则。

　　1902 年克诺布洛研究了含有水溶性离子粉末的带电规律,并提出了吸附水的离子被吸附在绝缘物的表面引起介质带电的有关学说。

　　以上三种经典的介质带电理论都有其一定的使用范围,近代电子理论及固体能带论的发展补充和完善了上述理论。在爱因斯坦提出,密立根(Millikan)证实的光电子发射理论($E = h\nu - W$)中,关于电子从金属表面逸出时需要消耗一定的能量,即逸出功(W)的概念,为接触电位差的产生和材料的带电理论提供了定量研究的理论基础。它能比较完美地用于金属与金属、金属与半导体接触的研究,而对于介质特别是结构复杂的非晶态介质带电理论尚需完善和发展。近代,随着高电阻率的高分子材料的广泛使用,介质带电现象已进入人们的生活,介质带电特性在静电复印、静电涂敷、静电除尘、静电选矿等方面的成功应用,使介质带电理论和应用的研究有较大发展。同时,发现了长期稳定带电的驻极体,它与永磁材料相似,是一种具有稳定的电偶极矩或电荷的介质材料,20 世纪 60 年代以后,也进入了实用化阶段,成为一种微音器材料得到了广泛应用。虽然静电理论有长期的发展,静电应用亦有很大的开拓,但此领域的理论尚未完善,应用仍有新的发展,需作深入的研究。

4.2　接触带电理论

　　早期人们认为介质带电现象是由磨擦引起的。其本质是:接触形成偶电层,偶电层分离形成介质带电。磨擦则是增加接触点和不断接触分离,促进了电荷的分离,同时在分离过程中由于界面上电位差的升高又有电荷的泄漏。因此介质带电的定性规律即带电序列比较容易用该理论来说明,但理论分析尚需完善。

　　虽然接触带电现象在介质中比较突出,但从理论发展来看,金属、半导体的接触带电研究比较充分。所以我们首先从金属接触的机理讨论起,再进而讨论金属半导体的接触和介质间的接触。

4.2.1　金属间的接触

1. 金属中的电子及其能量分布

根据近代量子理论,索末菲用简化的势阱模型给出了金属中电子的速度和能量分布状况。

索末菲假设在金属中的电子不受外力作用,但只能在金属内部运动,要脱离金属到达外部必需消耗一定的能量,即电子是在具有一定深度的势阱中运动的自由粒子。为计算简化,设势阱很深,电子在以下的势场中运动:

$$\begin{cases} 0<x<1 \\ 0<y<1, \quad V=0; \\ 0<z<1 \end{cases} \quad \begin{cases} x\leqslant 0, x\geqslant 1 \\ y\leqslant 0, y\geqslant 1, \quad V=\infty \\ z\leqslant 0, z\geqslant 1 \end{cases}$$

根据量子力学可用薛定谔方程求解,即

$$-\frac{\hbar^2 \mathbf{V}^2 \psi}{2m} = E\psi \tag{4-1}$$

式中,ψ 为波函数;E 为总能量;$\hbar = \dfrac{h}{2\pi}$ 为狄拉克常数。

设 $\dfrac{2mE}{\hbar^2} = 4\pi^2 k^2$,可得

$$\mathbf{V}^2 \psi = \left(\frac{\partial^2 \psi}{\partial x^2}\right) + \left(\frac{\partial^2 \psi}{\partial y^2}\right) + \left(\frac{\partial^2 \psi}{\partial z^2}\right) = -4\pi^2 k^2 \psi \tag{4-2}$$

引入边界条件 $\psi_{(0)} = \psi_{(L)} = 0$ 及波函数规一化条件 $\int_v \psi^2 d\tau = 1$,可以解得

$$\psi = A\sin 2\pi k_x x \cdot \sin 2\pi k_y y \cdot \sin 2\pi k_z z \tag{4-3}$$

其中:$A = \dfrac{1}{V^{\frac{1}{2}}} = \dfrac{1}{L^{\frac{3}{2}}}$;$k_x = \dfrac{n_x}{2L}$;$k_y = \dfrac{n_y}{2L}$;$k_z = \dfrac{n_z}{2L}$;$k^2 = k_x^2 + k_y^2 + k_z^2$

$$E = \frac{h^2 k^2}{2m} = \frac{h^2 (k_x^2 + k_y^2 + k_z^2)}{2m} \tag{4-4}$$

此时,n_x、n_y、n_z 为任何正整数,ψ 代表一驻波。如以 k_x^2 、k_y^2 、k_z^2 为空间坐标取值,则所有的点都在第一象限,每一点都表征一个能量状态,每一状态所占的 K 空间的体积为 $\dfrac{1}{8V}$,如图 4-1 所示。

如考虑到每一能量状态可容纳自旋方向相反的两个电子,则 $K\sim K+dK$ 之间的状态数为

$$dZ = 4\pi\nu (2m)^{\frac{3}{2}} E^{\frac{1}{2}} \frac{dE}{h^3} \tag{4-5}$$

　　dZ/dE 又称为能级密度,由式中看出能量 E 越大,能级密度越大、状态数越多。

　　金属中电子满足泡利原理,它们在热平衡时处于能量 E 状态的几率服从费米-狄拉克统计分布,即

$$f(E) = \frac{1}{1 + e^{(E-E_F)/(kT)}} \quad (4-6)$$

式中,E_F 为费米能级,当 $T=0$ 时,$E > E_F$,$f(E)=0$;$E < E_F$,$f(E)=1$;E_F 相当于电子在 $T=0$ 时所可能具有的最大能量,也就是填满电子的能级上限值。当 $T \neq 0$,$E = E_F$ 时,$f(E) = 1/2$,即电子的填充几率与不被填充几率相等,见图 4-2。

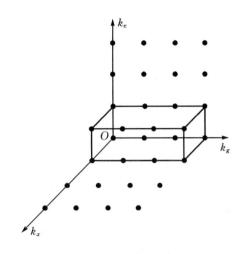

图 4-1　K 空间中的状态分布

　　由式(4-5)和式(4-6)可以求得能量 $E \sim E+dE$ 之间的电子数

$$dN = f(E)dZ = f(E)4\pi\nu\,(2m)^{-\frac{3}{2}}\,(E)^{\frac{1}{2}}\,\frac{dE}{h^3} \quad (4-7)$$

由此可以计算出在 $T=0$ 时的 N 值

$$N = \frac{4\pi\nu\,(2m)^{\frac{3}{2}}}{h^3}\int_{E_F^0}^{\infty} E^{\frac{1}{2}}dE = \frac{8\pi\nu\,(2m)^{\frac{3}{2}}\,(E_F^0)^{\frac{3}{2}}}{3h^3}$$

设 $n_0 = N/V$ 表示电子浓度,则可以求得在绝对零度下的 E_F^0 值

$$E_F^0 = \left(\frac{h^2}{2m}\right)\left(\frac{3n_0}{8\pi}\right)^{\frac{3}{2}} \quad (4-8)$$

设 $n_0 = 10^{22}\,\mathrm{cm}^{-1}$,$m = 9 \times 10^{-28}$ g,则 E_F^0 约为数电子伏。电子平均能量

$$E_0 = \frac{\displaystyle\int_0^{E_F^0} E dN}{N} = \frac{3}{5}E_F^0 \quad (4-9)$$

　　由量子力学得出电子具有比经典统计理论要大得多的平均能量,这是由于根据泡利不相容原理,每一能级上只能容纳自旋相反的两个电子,因而即使在绝对零度下电子也不可能都填充在低能量的能级之中。

　　在 $T \neq 0$ 的条件下亦可求得在 $E_F \gg$

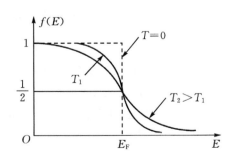

图 4-2　费米能级分布函数

kT 条件下的 E_F 值,是与 T 有关的函数:

$$E_F = E_F^0[1 - (\frac{\pi^2}{12})(\frac{kT}{E_F^0})^2] \tag{4-10}$$

即当温度上升时,E_F 较 E_F^0 值略有降低。对于金属,一般可以满足 $kT \ll E_F^0$ 的条件,故可以近似认为 $E_F \approx E_F^0$。

当考虑到金属内离子的周期势场的作用后,金属中的电子能态亦可以得出是处于一势阱之中密集的能级形成能级差很小的能带,每一能级上有自旋相反的两个电子,而且在绝对零度时电子的能量 $E \leqslant E_F$,见图 4-3。在 $T \neq 0$ 时,绝大多数的电子能量也是低于 E_F,只有少量电子能量高于 E_F。因此金属中电子要脱离金属必需要有足够的能量越过势垒,达到自由空间,此能量的最低值即为逸出功 φ

$$\varphi = E_0 - E_F \tag{4-11}$$

E_0 为自由空间相应的能级。

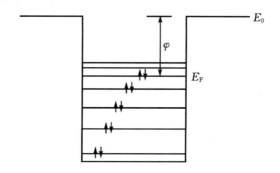

图 4-3　$T=0$ 时金属中电子的能级分布状况

爱因斯坦研究了光照对金属中电子逸出的影响,提出光量子理论,同时给出了实验测定逸出功的方法。爱因斯坦提出的光量子理论认为光电效应是金属受到光照时,金属中的电子从入射光中按量子式的吸收一个光子能量 $h\nu$,当电子能量高到足以克服逸出功 φ 时则能从金属逸出,根据能量守恒,应有

$$h\nu = \varphi + \frac{1}{2}mv^2 \tag{4-12}$$

这是爱因斯坦光电效应方程。由此方程可以得出,当光波频率下降时,逸出金属电子的初动能下降,直到 $v=0$ 时,则不能产生光电流,此时的入射光频率 ν_0（$\nu_0 = \varphi/h$）称为光电效应的红限,由此可以求出金属的逸出功。表 4-1 给出了一些金属的逸出功和红限。

表 4-1　由光电效应得出的红限 ν_0 和 ϕ 值

金属	红限 ν_0($\times 10^{14}$ Hz)	逸出功 φ/eV
钠	4.39	1.82
钙	6.53	2.71
铀	8.75	3.63
钽	9.93	4.12
钨	10.8	4.50
镍	12.1	5.01

表 4-2　由热发射电流给出的值

金属	φ/eV
金	4.32
铜	4.33
钨	4.52
铂	5.61
铯	1.81
钛	3.35
钡	2.21

金属在加热时电子能量亦可增高,部分高能热电子亦将克服势垒逸出金属,此现象称为热电子发射,它们的电流密度由固体物理理论可以求得

$$j = \left[\frac{4\pi me\,(kT)^2}{h^3}\right]\mathrm{e}^{-\frac{\varphi}{kT}} = AT^2\,\mathrm{e}^{-\frac{\varphi}{kT}} \tag{4-13}$$

此为理查森-杜什曼(Richardson-Dushman)公式。由 j 与 T 的函数关系亦可求得逸出功,一些金属的逸出功值见表 4-2。

2. 金属间的接触电位差和电子输运

从表中数据可以看出各种金属具有不同的逸出功 φ,因而当两种不同的金属接触时就会有电子的输运,电子趋向向能级低的状态运动,所以电子将会由逸出功低(φ_1)的金属一方迁移到逸出功高(φ_2)的金属一方,在接触界面上出现偶电层和接触电位差。在平衡时两金属应具有统一的费米能级 $E_{\mathrm{F1}} = E_{\mathrm{F2}}$,因而有接触电位差

$$\varphi_{12} = \varphi_2 - \varphi_1 \tag{4-14}$$

偶电层的电荷密度

$$\sigma_1 = -\sigma_2 = \frac{\varphi_{12}\varepsilon}{d} \tag{4-15}$$

式中,d 为偶电层表面距离;ε 为界面区

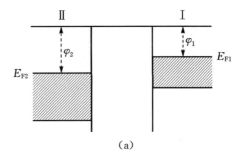

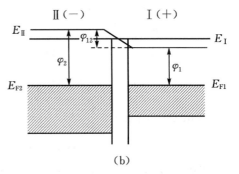

图 4-4　金属接触前后电子能态图的变化
(a)接触前;(b)接触后

介电常数。

显然,由于金属逸出功 φ 的不同,金属之间接触时,将存在接触电位差及金属体间的电荷转移。金属接触前后电子能态图的变化如图 4-4 所示。

金属间的电子输运必须穿过界面的势垒,此时的电子输运是通过量子隧道效应进行的,根据量子力学理论,电子本身也具有波粒二象性,电子的存在几率可以用反映电子的波函数来确定。因此电子对于高势垒仍有一定的穿透能力,特别在势垒较薄的情况下,电子的透过能力很强。在 $d=1$ Å 的情况下将有近 10% 的穿透率,此时对电子的输运就无明显的阻挡效应了。

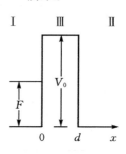

图 4-5　矩形势垒的隧道效应模型

可通过对图 4-5 势垒模型,解一维薛定谔方程来求得

$$\frac{\mathrm{d}^2\psi}{\mathrm{d}x^2} + \frac{8\pi^2 m}{h^2}(E-V)\varphi = 0 \qquad (4-16)$$

Ⅰ 区:$x \leqslant 0, V(x)=0$; Ⅱ 区:$x \geqslant d, V(x)=0$; Ⅲ 区:$0 \leqslant x \leqslant d, V(x)=V_0$。可得

$$\psi_1 = A_1 \mathrm{e}^{\mathrm{i}k_1 x} + B_1 \mathrm{e}^{-\mathrm{i}k_1 x} \left(k_1^2 = \frac{8\pi^2 mE}{h^2}\right)$$

$$\psi_2 = A_2 \mathrm{e}^{\mathrm{i}k_2 x} + B_2 \mathrm{e}^{-\mathrm{i}k_2 x} (k_2^2 = k_1^2)$$

$$\psi_3 = A_3 \mathrm{e}^{\mathrm{i}k_3 x} + B_3 \mathrm{e}^{-\mathrm{i}k_3 x} \left(k_3^2 = \frac{8\pi^2 m(E-V_0)}{h^2}\right)$$

设电子沿 x 正方向射入,A_1^2 为入射波强度,可取 $A_1=1, B_2=0$,此时电子的反射率 R 和透射率 D 分别为

$$R = B_1 B_1^* = |B_1|^2, \ D = A_2 A_2^* = |A_2|^2, \ R+D=1 \qquad (4-17)$$

把 $x=0$ 及 $x=d$ 处的边界条件代入即可求得

$$D = \frac{4k_1^2 |k_3|^2}{[(k_1^2 + |k_3|^2)\sinh(|k_3|d) + 4k_1^2 |k_3|^2]} \qquad (4-18)$$

在取 $\sinh^2(|k_3|d) \approx \frac{1}{4}\mathrm{e}^{2|k_3|d} \geqslant 1, k_1 \approx |k_3|$ 的条件下

$$D \approx \mathrm{e}^{-2kd} = \mathrm{e}^{-\frac{4\pi}{h}\sqrt{2m(V_0-E)}d} \qquad (4-19)$$

在电子质量 $m_e = 9.1 \times 10^{-31}$ kg,$h=6.626 \times 10^{-34}$ J·s,$V_0 - E = 5$ eV 条件下,可得电子穿透率 D 与势垒宽度 d 之间的关系,见表 4-3。显然证明了前面的推断,即在金属间即使有厚 1 Å 的介质层电子在金属间输运并无困难。

表 4 - 3　电子穿透率 D 与势垒宽度 d 之间的关系

势垒宽 $d/\text{Å}$	1.0	1.3	1.5	1.8	2.0	5.0	10.0
电子穿透率 D	0.101	0.051	0.032	0.016	0.010	1.07×10^{-5}	1.16×10^{-10}

4.2.2　金属与电介质的接触

电介质按其结构的不同可分为晶体、非晶体。由于结构不同,电介质内电子能级的分布状态将有很大的差异,现分别讨论。

1. 晶体介质与金属的接触

晶体如 NaCl、KCl 等,它们中的离子具有规则的排列,对于电子形成周期性势垒,因此晶体内电子能级分布状态就与半导体中相似,呈能带分布。只是导带与满带之间有较宽的禁带($E_g>3$ eV),在常温下本征载流子浓度极少,约为 $1\sim10$ 个/m^3,因而载流子的来源主要是杂质。

金属与晶体接触时电荷的输运亦由金属的逸出功 φ_m 与绝缘介质的逸出功 φ_I 的差所决定。其界面处的能带变化见图 4-6 所示。

$\varphi_m>\varphi_I$ 电子从绝缘体转移到金属,绝缘体带正电。

$\varphi_m<\varphi_I$ 电子从金属输运到绝缘体,绝缘体带负电。

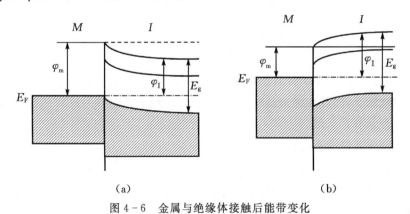

图 4-6　金属与绝缘体接触后能带变化

(a) $\varphi_m>\varphi_I$;(b) $\varphi_m<\varphi_I$

考虑到本征激发态的情况时,在绝缘体的内部,电子浓度 n_e 与空穴浓度 n_h 相等,无空间电荷。

$$n_0 = n_e = n_h = \frac{2}{h^3}\left[2\pi(m_e m_h)^{\frac{1}{2}}kT\right]^{\frac{3}{2}}e^{-\frac{E_g}{2kT}} \tag{4-20}$$

式中,m_e、m_h 分别为绝缘体中电子和空穴的有效质量。而在界面处电子及空穴的

浓度则与 E_c 的变化有关。设介质内 $E_c = V_{10}$，界面附近 $E_c = V_1$，则在介质中的电子和空穴的浓度分别为

$$n_e = n_0 e^{-\left(\frac{V_1 - V_{10}}{kT}\right)} \tag{4-21}$$

$$n_h = n_0 e^{\frac{V_1 - V_{10}}{kT}} \tag{4-22}$$

显然在界面附近有一空间电荷浓度 $n_h - n_e$ 存在，根据泊松方程即可求解出

$\varphi(x) = V_1(x) - \dfrac{V_{10}}{e}$ 的分布。

$$\frac{d^2 \varphi}{dx^2} = \frac{e^{(n_h - n_e)}}{\varepsilon} \tag{4-23}$$

$$e\varphi(x) = \pm 2kT \log \coth\left[\frac{x}{2I} + \coth^{-1} \exp\left(\frac{\varphi_m - \varphi_1}{2kT}\right)\right],$$

$$I = \frac{\sqrt{\dfrac{\varepsilon kT}{2n_0}}}{\varepsilon} \tag{4-24}$$

在 x 很大时，$e\varphi = \dfrac{\pm 4kT e^{-(x + x_0)}}{I}$

金属的表面电荷可由下式求得：

$$\sigma = \varepsilon \cdot \left(\frac{d\varphi}{dx}\right)_{x=0}$$

$$\sigma = -(8\varepsilon n_0 kT)^{\frac{1}{2}} \sinh\left(\frac{\varphi_m - \varphi_1}{2kT}\right) \tag{4-25}$$

显然：$\varphi_m = \varphi_1$ 时，$\sigma = 0$。

上述的计算是基于本征状态情况下解得的，然而实际介质多为杂质和缺陷能级引起的载流子，因此应注意其应用范围，但定性地了解金属与绝缘体接触后的界面带电状态是有意义的。

2. 非晶体介质与金属的接触

一般有机介质多为非晶体。它们由于分子结构只有近程有序，而远程无序，故不能像晶体那样有统一连续的导带和价带。非晶体介质中的能带不仅有较宽的禁带，而且由于晶体的不完整性在禁带中含有相当多的中间能级，电子在有机介质中常以电子跃迁（Hopping 模型）方式输运导电。这类介质与金属接触时的带电主要由介质表面附近的能级所决定。当金属与介质接触时，如与金属费米能级相应的介质中间能级未被电子占有（空位状态），则电子将由金属转移到介质，介质带负电；相反，在相应高于金属费米能级的介质表面能级上充满电子，则电子由介质输运到金属，介质带正电，如图 4-7 所示。该模型可以说明在尼龙与不锈钢接触时压力增大引起的介质带电符号的反转，亦可说明两绝缘体摩擦时的电荷转移，如图

4-8和图4-9所示。

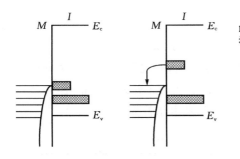

图4-7 金属与非晶体介质接触界面能级
状态和电子输运

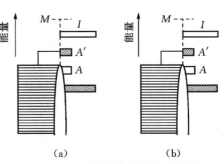

(a) (b)

图4-8 根据表面能级说明由接触压力
产生的带电符号反转

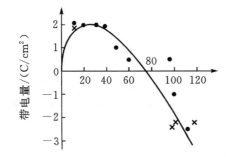

图4-9 由于接触压力而产生的带电符号的反转

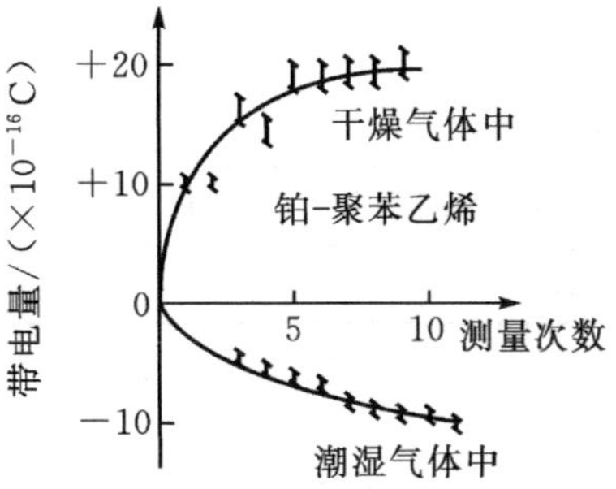

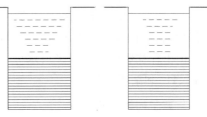

图4-10 由气体介质引起的带电符号反转

不同金属与聚合物接触带电状态与金属的逸出功 φ_m 有关,功函数高的金属易使聚合物带正电,此说明了用功函数的差异来说明介质的接触带电亦是有效的。但介质本身的功函数难以测得,它与表面态关系很大,故作定量分析有一定的困难。此外,同一种接触组合的带电状况还与环境气氛有关,如铂与聚苯乙烯相接触在干燥空气下,聚苯乙烯带正电,而在潮湿气体中则变为带负电。这表明气氛对材料的表面能级亦有较大的影响,可能潮湿空气中水份引起了铂和聚苯乙烯的表面功函数有不同程度的变化,从而改变了接触介质的带电状况,引起带电的变化,如图4-10所示。

为弄清一般绝缘体禁带中电子陷阱能级的分布状况,一些学者曾用光电导方法对此作了研究,得到电子陷阱能级

T_1 小指数分布;T_1 大均匀分布

图4-11 绝缘体的电子陷阱分布

的分布(M_E)近似地可用指数式来表征,即

$$M_E dE = Ae^{-\frac{E}{kT_1}} dE \qquad (4-26)$$

T_1的大小决定了分布状态,当T_1小时为指数式分布,如T_1很大则趋向均匀分布,如图4-11所示。具有不同分布的绝缘体相摩擦时,被激发的电子填入两绝缘体的电子陷阱中,其电子分配能级总数(M)多,而T_1小的(指数式分布)绝缘体中较多,故带负电。此结果与绝缘体的摩擦带电次序基本相符如表4-4。

表4-4　绝缘体的摩擦带电次序

带电序列	$T_1(\times 10^3)$/K	E_x/eV	电子能级总数 M
聚四氟乙烯	0.58	0.5	10^{19}
聚乙烯	1.4	0.35	10^{18}
聚苯乙烯	0.9	0.18	10^{19}
天然琥珀	10	0.22	10^{18}
聚异丁烯酸甲酯(可塑化)	10	0.1	10^{18}
云母	5.5	0.18	10^{16}

注:E_x为X光照射时的活化能。

4.2.3　绝缘体接触带电的离子输运

由于绝缘体在常温下的导带电子极少,所以用类似于金属和半导体中接触带电电子输运来说明绝缘体的带电具有很多困难。而绝缘体的表面常常吸附水份和离子性杂质,因此接触界面处的电荷转移用离子运动来说明就得到人们的支持。其机理介绍如下。

1. 离子的来源

这应该考虑到绝缘体本身和外界表面两方面,许多绝缘体本身往往含有大量的离子(如玻璃中含K^+、Na^+等离子),即使是高分子材料,由于制造过程中要加入催化剂、填料等亦会引入许多离子,因此在介质中导电的通常是离子。此外在介质表面上往往吸附一层或多层水分子,这是介质表面电导的来源,其导电载流子为OH^-、H^+和杂质离子。

2. 离子的输运机理

决定离子运动的因素应考虑到电场力和扩散作用。离子处于两介质的界面上将感应两边的绝缘体表面生成感应电荷。介电系数大的介质生成的感应电荷密度

大,即 $\varepsilon_1 > \varepsilon_2$ 时则 $\sigma_1 > \sigma_2$(见图 4-12),介质 1 对离子的吸附作用比介质 2 强,如界面上含有较多的正离子,则高 ε 介质就易吸附正离子而带正电荷。此结果与柯恩(Coehn)法则相一致。

此外,由于介质本身含有一定浓度的离子,则两种介质接触时将形成离子的扩散作用。如两边为同种离子,则扩散作用电流将直到与电场的漂移电流相等时,才达到平衡态。此时有

$$qN\mu E - qD\frac{\mathrm{d}N}{\mathrm{d}x} = 0 \qquad (4-27)$$

式中,N 为离子浓度;μ 为离子迁移度;E 为电场强度;D 为扩散系数;q 为离子的电荷。

引入爱因斯坦(Einstein)关系式:

$$\frac{\mu}{D} = \frac{e}{kT} \qquad (4-28)$$

则有 $\frac{\mathrm{d}N}{N} = \frac{e}{KT}E\mathrm{d}x$,对界面区(0～d)积分,则有

$$\ln(\frac{N_2}{N_1}) = \frac{e}{kT}\int_0^d E\mathrm{d}x = e\frac{\varphi_1 - \varphi_2}{kT}$$

即在 $N_2 > N_1$ 时,由于离子扩散,介质 1 的电位将增高,形成一电位差,介质形成带电。

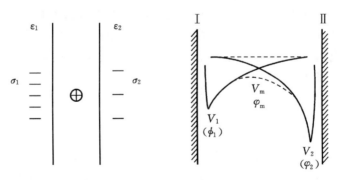

图4-12　界面感应电荷的形成　　　图 4-13　亨利带电模型

亨利(Henry)提出一势能模型,如图 4-13 所示,兼顾了以上两方面的效应。他未区分载流子是离子或是电子,而提出在 I、II 两物体的表面有均匀分布的电荷,在 I、II 附近具有最低的电位 V_1、V_2,当离开表面较远处则电位下降,离子处于两表面之间的空隙处的合成电位中运动,则在中部有高峰电位 V_m 离子在两表面间输运必须克服此一势垒。如设 ϕ_1、ϕ_2、ϕ_m 分别为 I、II 及中间处的静电势,则处于

热平衡态下,位置 1、2 处的离子浓度 N_1、N_2 相互交换处于平衡。即

$$N_1 e^{-\frac{e(V_m-V_2)+e(\varphi_m-\varphi_1)}{kT}} = N_2 e^{-\frac{e(V_m-V_1)+e(\varphi_m-\varphi_2)}{kT}}$$

$$\frac{N_1}{N_2} = e^{-\frac{e(V_2-V_1)-e(\varphi_2-\varphi_1)}{kT}}$$

$$\varphi_2 - \varphi_1 = \frac{\sigma d}{\varepsilon} = e(V_2-V_1) - \frac{kT}{e}\log(\frac{N_1}{N_2}) \tag{4-29}$$

在电子情况下,$e(V_2-V_1)$ 即相当于两物体的逸出功之差,它与物体的 ε 及感应电荷力的作用有关。ε 大,V 低。而第二项则反映离子浓度差引起的电荷输运。显然式(4-29)可以表征在两物体接触时离子的输运和形成的接触电位差。此方程与电化学中的电化学势相一致,介质的接触带电与化学电势的机理有其相似之处,但如何形成统一的理论是今后发展的一个有意义的课题。

4.2.4　接触后分离带电

在两物体接触处有电荷转移,但在物体分离后才能观察到物体的带电。实际观察到的分离电荷 Q 通常是低于接触时通过界面输运形成偶电层的电荷 Q_0,因此要引入一有效带电系数 f。

$$Q = fQ_0, \qquad 0 < f < 1 \tag{4-30}$$

这是由于在物体分离时有一部分电荷被泄漏,出现电荷逸散现象。

导致接触分离时电荷的反回泄漏(Back Leakage),是由于在接触物体分离时如偶电层的电荷不变,但物体间距离 d 开始增大时,物体间的电容 C 将减小,两物体间的电位差将增大

$$U = \frac{Q}{C} \tag{4-31}$$

U 将超过初始电位差 U_0,如物体间的 d 还不很大,d 小于隧道效应的极限距离 d_c 时,电子将可能通过隧道效应产生漏泄电流,使 $Q < Q_0$。

其次在金属球分离时,表面形成的强电场可能导致表面势场的改变,使电子的逸出功降低,如其降低的程度达到金属在无外电场时的逸出功 φ_m 时,电子将自由逸出,形成场发射,在考虑外电场 E 和电荷镜像力的金属表面处势场的电势方程为

$$V = V_0 - eEx - \frac{e^2}{4x} \cdot \frac{1}{4\pi\varepsilon_0} \tag{4-32}$$

此势场在 $x_0 = \dfrac{(\dfrac{e}{4\pi\varepsilon_0 E})^{\frac{1}{2}}}{2}$ 处达到最大值 V_{max}。

$$V_{\max} = V_0 - \left(\frac{e^3 E}{4\pi\varepsilon_0}\right)^{\frac{1}{2}} \tag{4-33}$$

即此时势垒高度下降了 $\left(\dfrac{e^3 E}{4\pi\varepsilon_0}\right)^{\frac{1}{2}}$，当此下降值达到 $\left(\dfrac{e^3 E}{4\pi\varepsilon_0}\right)^{\frac{1}{2}} = \varphi_{\mathrm{m}}$ 时，外电场达到

$$E = 4\pi\varphi\varepsilon_0 \frac{\varphi_{\mathrm{m}}^2}{e^3} \tag{4-34}$$

将发生场致发射。以钨为例：$\varphi_{\mathrm{m}} = 4.9$ eV，$E = 2\times 10^8$ V/cm，但实验表明 $E = 4\times 10^8$ V/cm 时已发生明显的电子泄漏。此可以用隧道效应及气体放电来说明，对于图 4-13 上所表明的势垒，如忽略镜象力的作用则为三角势垒（实线），此时的隧道穿透率为

$$D = Ce^{-\frac{4\pi}{h}\int_0^x \left[(2m)^{\frac{1}{2}}(V_0 - eEx)^{\frac{1}{2}} - E_{\mathrm{F}}\right]\mathrm{d}x}$$

$$= Ce^{-\frac{4\pi}{h(2m)^{\frac{1}{2}}}\left[-\frac{2}{3eE}(V_0 - eV_0E - E_{\mathrm{F}})^{\frac{3}{2}} + \frac{2}{3eE}(V_0 - E_{\mathrm{F}})^{\frac{3}{2}}\right]}$$

因为 $$V_0 - E_{\mathrm{F}} = eEx$$

所以 $$D = Ce^{-\frac{8x(V_0 - E_{\mathrm{F}})^{\frac{3}{2}}(2m)^{\frac{1}{2}}}{3ehE}} = D_0 e^{-\frac{m}{E}} \tag{4-35}$$

由此式求得在 $E \ll 10^8$ V/cm 已出现明显的隧道效应。此外根据气体放电的巴申定律，在 1 atm 下约 $d = 8\times 10^{-8}$ mm 时有最低的放电电压 $(U = 327$ V$)$。如两分离的物体间的电位差超过此值将发生气体电离放电，并导致电离电荷和物体的带电，使 Q 下降。特别是当两接触的物体表面不平有尖端存在时，则更易发生气体在强电场下的局部放电。此外物体本身具有一定的导电性，通过电荷扩散和漂移亦将引起电荷的散逸。如忽略电荷扩散作用，则电荷将随时间的变化可由下式决定：

$$\frac{\mathrm{d}\rho}{\mathrm{d}t} = \mathrm{div}\, j \tag{4-36}$$

而 $\rho = \mathrm{div}\, D$，$D = \varepsilon E$，$j = \gamma E$，所以有

$$\frac{\mathrm{d}\rho}{\mathrm{d}t} = -\frac{\gamma\rho}{\varepsilon}，\quad \rho = \rho_0 e^{-\frac{\gamma t}{\varepsilon}}$$

或 $$\rho = \rho_0 e^{-\frac{t}{\tau}}，\quad 时间常数 \quad \tau = \frac{\varepsilon}{\gamma} \tag{4-37}$$

4.2.5　影响介质带电的因素

不同的绝缘介质相互摩擦将发生带静电，而且物体带静电的带电符号是有一定序列的，这是早已了解的结果。但有时亦会发生违背的情况，这表明介质摩擦带

电是受多种因素的影响。当然首先重要的还是物体的组成、结构,其次是温度、气氛、接触时力的状态等。

我们曾结合高压硅器件表面保护材料的研究,亦曾对不同组成结构的硅有机保护相互摩擦后的带电序列作过实验,发现有以下结果,见表4-5。从组成来看含苯基较多的高分子材料在摩擦中易带正电荷,而含大量甲基基团的聚乙烯、硅橡胶以及聚酰亚胺易带负电荷。通过激光探针测定用不同组成的绝缘漆作高压硅半导体PN结的表面保护时,PN结在反偏压下的表面耗尽区变化以判断介质的带电状况,亦得到类似的结果。

表4-5　不同组成结构的硅有机保护材料相互摩擦后的带电序列

摩擦后带正电材料	摩擦后带负电材料	摩擦后带正电材料	摩擦后带负电材料
聚苯乙烯	聚乙烯	1053硅有机漆膜	硅橡胶
聚苯乙烯	硅橡胶	聚酯改性硅漆SP膜	硅橡胶

此外两物体间的摩擦状况对介质带电有很大的影响。摩擦使介质局部发热,促进了载流子的形成和输运,同时还会产生压电、热释电效应及结构的变化(如键的断裂、结构破坏等),这都增加了载流子及电荷的输运及介质分离后的带电。通常摩擦加强带电量就会增大。不同材料相互摩擦形成的带电序列见表4-6。

固体介质的带电除了接触摩擦之外,通过辐照,电子注入,电场与热的共同作用亦会引起介质的局部带电,形成偶电区,通常称之为驻极体。这将在下面详细说明。

表4-6　不同材料相互摩擦形成的带电序列

+		石棉	石棉			
		人发				
		玻璃	玻璃	玻璃		
				人发		
		云母	云母			
				尼龙丝		
				尼龙聚合物		
	羊毛	羊毛	羊毛	羊毛	羊毛	羊毛
			猪毛皮		尼龙	
	笔用羽毛		铅		粘胶	人造纤维
	燧石玻璃				棉纱	
↓	棉织品	丝绸	丝绸	丝绸	丝绸	绸布
	麻织品		粘胶娟萦丝	醋酸盐	醋酸盐人造丝	
	人的皮肤		棉织品	丙稀树脂的一种		
	木		棉织品			

续表 4 - 6

+	铝、锌	铝		聚乙烯醇	奥纶聚丙烯腈棉混纺
	镉铝滤纸	纸	纸	大可纶纤维聚酯纤维	纸浆和滤浆
	硬质橡胶	硬质橡胶			
	硫	硫	硫		
			硬质橡胶		黑橡胶
		铂	醋酸人造丝		涤纶(聚酯纤维)
			合成橡胶		维纶聚乙烯醇缩醛纤维
			奥纶(聚丙烯腈棉混纺)		
			萨然树脂		萨然树脂
			丙稀腈聚乙烯合成纤维		大可纶纤维(聚酯纤维)
				具纶耐纶 6 型聚酰胺单丝	涤纶
					电石
			聚乙烯	聚乙醛	聚乙烯
					可耐可龙
	赛璐珞				赛璐珞
	印度橡胶	印度橡胶			玻璃纸
					聚氯乙烯油胺异丁酯
				聚四氯乙烯	聚四氯乙烯
			麻织品		
	铜铁铅 Az	铜银	黄铜	铜	
	银、黄铜				

4.3　液体介质的带电

　　液体介质的带电与接触的物质状态结构有关,而且往往是在相的分界上产生电荷分离及带电现象。如气液相间所产生的静电,这是雷电的起因,而液固相间形成的静电则在输油管道和高压变压器内油循环系统的内部形成静电高压击穿而引起人们的重视,而在生物介质中的细胞电泳,工程中的污水处理、油水分离等均要涉及到液体介质带电。因此近代对于此一问题的研究和应用开拓有所进展。下面对其机理作一讨论。

4.3.1　液体介质的带电机理

1879 年亥姆霍兹对于液体在与其他相（气相、固相）的边界层上发生电荷分布不均匀，形成电位差的现象提出了古典的偶电层模型，到 20 世纪柯恩提出了液体介质与固体介质相接触时的带电规律学说：即柯恩法则。第一法则是在与液体电介质接触的固体电介质如其介质常数高于液体介质，则固体介质带正电，如低于液体介质则带负电；第二法则是固体介质带电量与两者介

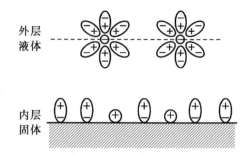

图 4-14　液-固界面亥姆霍兹偶电层的形成

质常数的差成正比。由两不易相溶液体形成的胶体亦有类似的规律。

现以固液两相分界面的带电为例进行分析。如一固体质点处于液体介质之中或液体介质在固体管道中流动。由于在界面上，固体表面从液体中选择吸附离子和偶极子而产生一偶电层，见图 4-14，此时固体表面吸附了阳离子而阴离子则将因电场作用亦吸附在固体表面的附近，形成一离子扩散层。此扩散层是在液体中而距固体表面有一定的距离，这亦称为亥姆霍兹外层。而与固体表面紧密相联的薄的带电层称为亥姆霍兹内层。此时在液体中的电位 φ 为与固体表面距离 x 有关的函数，根据电荷扩散分布模型可以得出

$$\varphi(x) = \frac{\sigma}{\varepsilon K} \mathrm{e}^{K(t-x)} \qquad (4-38)$$

式中：t 为固体表面牢固吸附的液体层厚度；$1/K$ 称为离子分布的等效半径，与平板电极间电位 $\Delta\varphi = \sigma d/\varepsilon$ 相比可得 $1/K$ 与 d 有相似之处。

在 $t = x$ 时 $\varphi(x) = \dfrac{\sigma}{\varepsilon K} = \xi$ 　（4-39）

电位 ξ 称为 Zeta 电位，这相当于液-固界面有相对剪切运动时的剪切面处的电位。

在液体、固体相对流动时处于内层的液体和离子将固定于固体表面，而扩散层的液体将随液体流动因而产生电荷的分离使介质带电。液-固界面电位分布如图 4-15 所示。

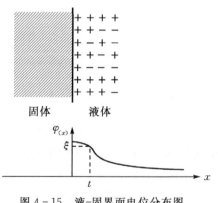

图 4-15　液-固界面电位分布图

4.3.2　液体介质在管道中流动引起的带电

1859 年昆克(Quincke)发现,如果液体在压力作用下通过细管,则细管的两端会产生一电位差 ΔV,此电位差值与细管两端的压强差 ΔP 成正比,即 $\Delta V \propto \Delta P$。

之后亥姆霍兹和斯莫鲁霍夫斯基(Smoluchowski)从离子偶电层的观点出发给出了理论分析方程。

设一半径为 a,长度为 l 的细管两端加上压力其压强差为 ΔP 时,距离细管中心为 r 处的流速 μ_r 可以由泊肃叶的层流式计算:

$$\mu_r = \frac{\Delta p}{4\eta l}(a^2 - r^2) \tag{4-40}$$

式中,η 为粘度,在 M、K、S 制中单位为 $kg/(m \cdot s)$,$1\ kg/(m \cdot s) = 10$ 泊。

如管内液体的电荷密度为 $\rho(r)$,那么通过管子的流注电流(Streaming Current) i_1 可由下式求得:

$$i_1 = \int_0^S 2\pi r \rho(r) \mu_r \mathrm{d}r \tag{4-41}$$

积分上限 S 相当于剪切面的计量,而 $\rho(r)$ 与 $\varphi(r)$ 由泊松方程来联系,即

$$\left(\frac{\mathrm{d}}{\mathrm{d}r}\right)\left(\frac{r\mathrm{d}\varphi(r)}{\mathrm{d}r}\right) = -\frac{\rho(r)}{\varepsilon} \tag{4-42}$$

$$
\begin{aligned}
i_1 &= \int_0^S \left(-\frac{\Delta\rho\pi\varepsilon}{2\eta l}\right)(a^2 - r^2)\left[\left(\frac{\mathrm{d}}{\mathrm{d}r}\right)\frac{r\mathrm{d}\varphi(r)}{\mathrm{d}r}\right]\mathrm{d}r \\
&= -\frac{\Delta\rho\pi\varepsilon}{2\eta l}\int_0^S (a^2 - r^2)\mathrm{d}\left(\frac{r\mathrm{d}\varphi(r)}{\mathrm{d}r}\right) \\
&= -\frac{\Delta\rho\pi\varepsilon}{2\eta l}\left\{\left[r(a^2 - r^2)\mathrm{d}\left(\frac{\mathrm{d}\varphi(r)}{\mathrm{d}r}\right)\right]_0^S + 2\int_0^S r^2 \mathrm{d}\varphi(r)\right\}
\end{aligned}
$$

设 $r=0$ 时,$\varphi(0)=0$,$S \approx a$,$r = S$ 时 $\varphi(s) = \xi$,所以有

$$i = -\frac{\pi\varepsilon a^2 \Delta p}{\eta l}\int_0^S \mathrm{d}\varphi = -\frac{\pi\varepsilon a^2}{\eta l \Delta p \xi} \tag{4-43}$$

在液体中输运电荷亦产生一等效的传导电流 i_2,在细管两端之间应产生一电位差 ΔV

$$i_2 = \frac{\Delta V \pi a^2 \gamma}{l} \tag{4-44}$$

式中,γ 为管内液体的电导率。

在稳定状态下,$i_1 = i_2$,即可得到

$$\Delta V = \frac{\xi\varepsilon}{\eta\gamma}\Delta p \tag{4-45}$$

上式中 $\Delta V \propto \Delta p$，而且与管的大小长度无关。但要注意到该式只适用于层流范围。

由于管道中的流动电流引起电荷的分离，绝缘液体内部带电就导致大容量高压变压器内部电位分布的恶化，甚至引起内部绝缘击穿，这自 20 世纪 80 年代以来引起人们的广泛关注。

在可燃性油类输运转移中亦可能有带电现象，如带电量过大电位升高发生气体击穿引起火花时将会导致燃烧和爆炸。液体发生带电的同时亦存在电荷的逸散，其逸散的速度快慢与液体的介电系数 ε 及电导率有关。

在液体中存在一电荷 Q 时，则通过闭合面 S 的电通量由高斯定律决定：

$$\oint D \mathrm{d}s = Q$$

$$i = \oint j \mathrm{d}s = \oint \gamma E \mathrm{d}s = \oint \frac{\gamma}{\varepsilon} D \mathrm{d}s = \frac{\gamma Q}{\varepsilon} = -\frac{\mathrm{d}Q}{\mathrm{d}t}$$

由此可得

$$Q = Q_0 \mathrm{e}^{-\frac{t}{\tau}} , \ \tau = \frac{\varepsilon}{r} \tag{4-46}$$

τ 称为驰豫时间常数。

4.4　驻极体

4.4.1　驻极体的发现和发展

在材料的电磁性质之间有着许多相似的特性，磁介质定向磁化与电介质的偶极转向极化又如此的类似，这预示着在电介质中应有一种类似于恒磁体那样具有恒定极化电矩的物质存在。19 世纪初，安培等科学家先后发现了磁现象和电现象之间的相互联系。1832 年格雷（Gray）试图把磁和电联系起来，他因永磁体的启示，想探索是否有使物体具有永久电性的方法。他发现，许多电介质，如蜡、松香和硫放在铁勺中熔化，然后在接触充电中冷却就能带上电，这些带电的介质具有较稳定的总电矩。

1839 年，法拉弟把永电体的概念理论化，他将在外施电场减为零后仍保留着电矩的电介质定义为永电体。1892 年，英国科学家年赫维赛德提出把永久极化的电介质叫驻极体（Electret）。

对驻极体的系统研究开始于 1919 年。日本物理学家江口元太郎用相同分量的巴西棕榈蜡和松香及少量蜂蜡的混合物，在 130 ℃ 以下加热熔化，对正在冷却的熔融物施加强电场到蜡完全凝固，冷却到室温后撤去电场，发现介质的两个表面产生了电荷，几天后，表面电荷的极性发生了改变。从此，人们开始对驻极体的荷电技术、荷电机制、电荷的等温衰减、热刺激分析以及在各个领域的应用进行了多方面的研究。

1928 年谢莱尼(Selenyi)用电子和离子注入绝缘体亦形成了驻极体。1938 年纳贾科夫(Nadjakoff)研究了同时对薄膜进行光照并加电压,材料中发生电荷分离,发现了光驻极体。20 世纪 50 年代,又发展了几种运用高能离子辐射的荷电方法,其中最简单的是用穿透厚度限度小于电介质厚度的电子束来轰击材料。另外,通过对电介质施加磁场并加热,介质也可带电。

对于材料电荷贮存和衰减现象的理论研究,最早是米科拉(Mikola)于 1925 年发现的。他对介质施加电场,使其荷电,在介质中存在两种不同本质和不同极性的电荷,其中一种缘于一种内部极化,另一种缘于离子向表面的注入。这些材料都是极性介质,它们在熔为液态时,在电场作用下能产生定向极化,极性分子电矩沿电场方向排列的比较规则,如介质在降温凝结为固体过程中一直维持电场,介质凝固后即使撤去外电场,极性分子沿电场的定向排列仍保持下来,而构成为具有"永久极化"的介质,这种物理现象就称为驻电现象,这种具有"冻结住的极化"的介质就称为驻极体。

4.4.2　驻极体的基本特性和形成方式

1. 驻极体荷电机理

驻极体是长久荷电的介质,其电荷可以是因极化"冻结"而呈现的极化电荷,也可以是陷于表面或体内"陷阱"中的正负电荷。图 4-16 是驻极体的荷电情况示意图。

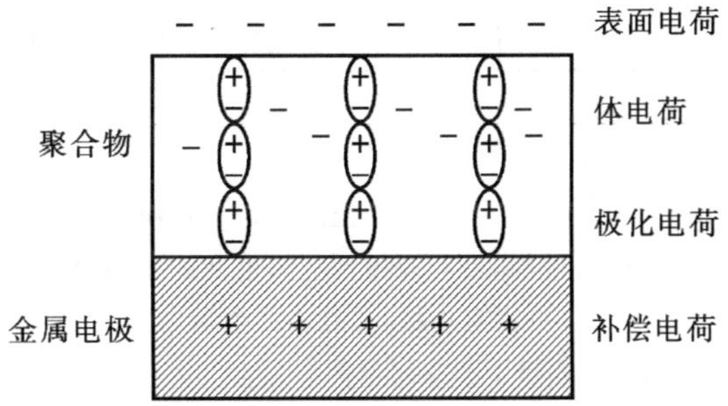

图 4-16　存贮表面电荷、入空间电荷、定向偶极电荷(或微观位移电荷)和补偿电荷的单面电极驻极体的截面图

1)表面电荷

聚合物表面总是存在杂质、氧化物,被切断的分子链以及吸附的其他分子这都会使聚合物形成表面陷阱,可能捕获正电荷或负电荷。被表面陷阱捕获的电荷称为表面电荷。

2)极化电荷

在未极化时,聚合物分子(偶极子)主链或侧链上极性基团的排列是杂乱的,它们在各自的平衡位置附近做无规则的热振动。偶极子的每一个平衡位置对应着位能的一个极小值,即一个陷阱。如果偶极子获得了附加能量(例如热运动加剧),或者由于电场的作用使势阱偏斜,就有可能跳跃出原有的势阱,并沿电场方向整齐排列;冷却后,偶极子就被"冻结"在电场方向附近的陷阱中,形成介质的永久极化,使介质表面或体内出现极化电荷。这种电荷的极性与相邻极化电极的极性相反,称为异极电荷。

3)体电荷(空间电荷)

聚合物内部往往有杂质离子以及各种缺陷,例如多晶中的空隙,晶体和无定形区域的界面,长分子链的转折、扭曲或切断等。从而形成电子或空穴的陷阱,在外电场作用下,正负离子将向两极分离,并可能被陷阱捕获,外界的电荷也有可能进入介质体内的陷阱中,形成介质体内永久荷电称为体电荷。离子向两极的移动形成的空间电荷为异极电荷。外界注入的空间电荷的极性与相邻极化电极同号,称为同极电荷。当今,电性稳定的驻极体的电荷大多是同极电荷。图 4-17 是具有电极或接地电极的几种典型驻极体的荷电图。

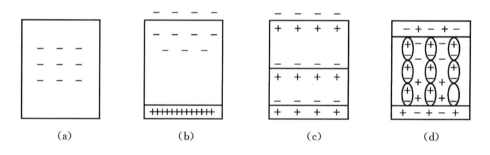

(a)　　　　　(b)　　　　　(c)　　　　　(d)

图 4-17　几种典型的驻极体荷电图

(a) 无电极,具有表面和空间电荷的驻极体;(b) 一面有电极,具有表面和空间电荷的驻极体;(c) 一面有电极,具有表面电荷和体分布电荷(Maxwell-Wagner effect);(d) 两面蒸电极,具有偶极子和空间电荷

驻极体按介质表面形成的电荷符号与电极带电符号的异同,而区分为带异号电荷驻极体和带同号电荷驻极体两种。在介质极化时,介质表面上有束缚电荷,此束缚电荷的符号与电极带电符号相反,电荷密度与极化强度在垂直于介质表面的外矢量的投影相等。由于极化形成的驻极体,在介质表面形成的电荷相对于电极是带异号

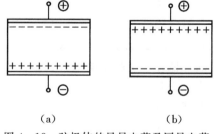

(a)　　　　　　　(b)

图 4-18　驻极体的异号电荷及同号电荷

(a)异号电荷;(b)同号电荷

电荷(见图 4 - 18(a)),而在高场强下,介质的表面亦可能形成与电极带电符号相同的同号电荷(见图 4 - 18(b)),这种同号电荷可能是从电极注入介质的。实际上介质在形成驻极体时,有时会两种电荷同时存在,因而使得驻极体的表面电荷的符号会随时间延长过程而反转。

2. 驻极体的极化和电荷衰减

对于异号电荷驻极体形成的机理,可从介质极化作以下分析。设一极性介质处于一平行板电极之间,加以电场时介质发生极化,

$$P_p = \varepsilon_0(\varepsilon_s - \varepsilon_\infty)E \tag{4-47}$$

撤去电源,并使两电极短路,则介质中外加电场很快就降到零,在等温条件下,介质的极化强度也应随时间而减小,近似表示为

$$P_p(t) = P_p(0)e^{-\frac{t}{\tau}} \tag{4-48}$$

即极化强度按指数规律衰减。式中: $P_P(t)$ 为 t 时刻介质的极化强度; $P_0(0)$ 为在 $t=0$ 时除去电场时介质的极化强度; τ 为极化的松弛时间,它强烈地依赖于温度,近似表示为

$$\tau = \tau_0 e^{\frac{u_0}{kT}} \tag{4-49}$$

式中, τ_0 为松弛时间常数; u_0 表示分子由束缚状况变为自由状态所需的能量; T 为绝对温度。在温度增高时,松弛时间 τ 减小。

若在高温下撤去电场,由于激烈的热运动,极性分子也将迅速恢复杂乱无章的排列状态,介质极化消失;若高温下外施电压,并恒定电压降低温度,在低温时撤去外电场,由于 τ 随温度下降而上升故被冻结的极化将衰减很慢被保持很长时间。在室温下,有些驻极体的 τ 可能达到几年,因此在室温下再撤去外电场,被冻结的极化将可保持数年。这样形成的驻极体从电极中取出,在驻极体的四周将产生电场。

一般,无屏蔽驻极体的电荷衰减比有屏蔽驻极体要快得多。

3. 驻极体的形成方式

制备驻极体有多种方法,驻极体也因形成方式不同而分类。

1)热极化法

热极化法的要点是,在温度较高的情况下加电场,在电场作用下使聚合物冷却,然后撤去电场,如图 4 - 19(a)所示。通常,热极化法会发生三种现象:由于偶极排列和介质中的电荷分离产生内部极化,其极性与相邻电极相反;由于空气隙中闪络放电产生的同极性电荷沉积(与相邻电极极性相同);由接触电极注入的同极性电荷。上述现象哪个占主导地位,依赖于实验装置的几何形状、温度、荷电过程中的电场强度以及电极-介质界面的物理性质。

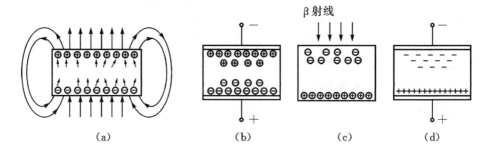

图 4 - 19　几种不同机制的驻极体示意图
(a)偶极子定向冻结形成的驻极体;(b)空间电荷形成的光电驻极体;
(c)电子射线辐照下形成的驻极体;(d)电子注入引起的同号电驻极体

　　这种利用极性介质在高温下极性分子易于在电场方向定向,而在室温下难以退极化的特性,制成的驻极体称为"热驻极体"。许多有机极性介质(如有机玻璃、聚醋酸乙烯酯、聚酯、糖、聚胺树脂等),都能制成热驻极体。

　　2)等温电荷沉积法

　　等温电荷沉积法依赖于空气隙放电的电荷传输,由于没有加热,那么由介质极化产生的异极性电荷效应不存在。

　　等温电荷沉积法中常使用的是电晕法。电晕法通常在聚合物的底面镀电极,在此电极和针状或刀状上电极间加几千伏电压使之产生电晕放电。

　　3)接触带电

　　接触带电是由于两种介质摩擦接触而引起的带电,这在前面已论及。其中液体接触带电方法是将软的潮湿电极(蘸水或酒精等液体)与样品一个表面接触,样品背面蒸金做下电极,两电极间加直流高压,并使湿电极在样品表面来回移动。在液体和聚合物交界面处的偶电层内发生电荷转移,从而使样品荷电,如图 4 - 20 所示。

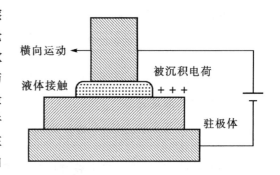

图 4 - 20　液体接触带电

　　4)光电驻极体

　　一些光敏材料如硫、硫化锌、硫化镉、蒽、注入硅的聚乙烯等,它们在光照和电场作用下也能形成驻极体,如图 4 - 19(b)所示。对覆盖有一个或两个透明电极的光电导材料,用紫外光或可见光照射,同时施加外电场、光照产生了载流子,而外电场使载流子产生迁移。终止照射并移走外电场后,介质内就产生了永久极化,称做光电驻极体,它们在暗处能保存电矩较长时间。

　　5)电子射线法带电

　　介质在电子射线照射下,不用外加电场,用低能电子束喷射聚合物表面,也能形成负的体内空间电荷,而成为一种人工驻极体。采用电离的电子或电子加速器中的高能电子束,向薄膜中注入电子以形成长寿命的电驻极体,已用于电刺激促进骨组织生长。

　　通过全透射辐照来辐照介质,可在介质内部产生载流子,而载流子在内部迁移也可使介质荷电,如图 4 - 19(c)所示。外施电场或内电场本身都可使载流子迁移。运用 γ 射线、X 射线、β 射线和单一能量的电子束已制成了驻极体,但没有其他方法产生的驻极体稳定,该方法大多用来研究辐照对固体介质不同性能的影响。

　　6)强电场致驻极体

　　有些无机介质(如钛酸钙、钛酸钡、钛酸铋等)在室温下加以很强的电场作用也可形成驻极体,称为"电驻极体"。这种情况下,介质中没有偶极子,形成永久极化的原因可能是在电场作用下,形成高压式离子极化或电子从阴极注入介质形成的空间电荷,因而可能是异号或同号电荷,如图 4 - 19(d)所示。在驻极体中,除由于偶极子定向极化形成永久极化电矩外,往往也存在电荷被陷阱俘获而形成的永久极化电矩。

4.4.3　驻极体基本理论

　　对于驻极体而言,给定电荷分布或电荷变化的介质中的电场、力和电流往往是人们关注的重点。

　　如图 4 - 21 所示,假定带电介质是一片状结构,两边各有两层不带电气隙,与电极平行方向的尺寸远大于材料的厚度。介质层中,存在体密度为 $\rho_r(x)$ 或面密度为 $\sigma_r(x)$ 的电荷。除了电荷,还存在平行于电极方向均匀

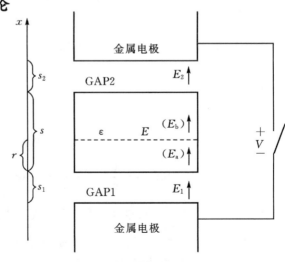

图 4-21　驻极体结构示意图

的极化 $P(x)$。

$$P(x) = P_i + P_p \qquad\qquad (4-50)$$

其中

$$P_i = (\varepsilon - \varepsilon_0)E \qquad\qquad (4-51)$$

P_p 是相应于位移极化或微观电荷位移的永久冻结项。该项在体内产生体电荷密度为 ρ_p 的电荷：

$$\rho_p = -\frac{dP_p}{dx} \qquad\qquad (4-52)$$

若某一界面处 P_p 改变了 $\Delta P_p(x)$，可处理为界面上密度为 $\sigma_p = -\Delta P_p$ 的面电荷。总的永久体电荷和面电荷的密度为

$$\rho = \rho_r + \rho_p \ ; \ \sigma = \sigma_v + \sigma_p \qquad\qquad (4-53)$$

这些电荷的分布就表征了驻极体的特征。

若选择图中开关的开路位置,在驻极体两端可加上或产生 V_0 的电压。若外电路短路,则 $V_0 = 0$。并假定电压、电荷、电场和几何尺寸为常数或随时间缓慢变化,可进行如下分析。

1. 电荷层产生的电场

假定在 $x = r$ 处,存在面密度为 σ 的单一电荷层,分别写出 $x = 0, x = r, x = s$ 附近的高斯定理表达式：

$$\begin{cases} -\varepsilon_{r1}E_1 + \varepsilon_r E_a = 0 \\ -\varepsilon E_{ra} + \varepsilon_r E_b = \dfrac{\sigma}{\varepsilon} \\ -\varepsilon E_{rb} + \varepsilon_{r2}E_2 = 0 \end{cases} \qquad\qquad (4-54)$$

由基尔霍夫(Kirchhoff)第二定律,可得

$$V_0 + s_1 E_1 + r E_a + (s-r)E_b + s_2 E_2 = 0 \qquad\qquad (4-55)$$

由上述两式可解得关于 E_1、E_a 的表达式,式中 ε_r、ε_{r1}、ε_{r2} 分别为介质和间隙1、2的相对介电常数。

$$\begin{cases} SE_1 = -\dfrac{V_0}{\varepsilon_{r1}} - \dfrac{\sigma}{\varepsilon_0 \varepsilon_{r1} \varepsilon_{r2}} \big[\varepsilon_{r2}(s-r) + \varepsilon s_2 \big] \\ SE_a = -\dfrac{V_0}{\varepsilon_{r1}} - \dfrac{\sigma}{\varepsilon_0 \varepsilon_{r1} \varepsilon_{r2}} \big[\varepsilon_{r2}(s-r) + \varepsilon_r s_2 \big] \end{cases} \qquad\qquad (4-56)$$

其中 $S = \dfrac{s_1}{\varepsilon_{r1}} + \dfrac{s}{\varepsilon_r} + \dfrac{s_2}{\varepsilon_{r2}}$,同样可得 E_2、E_b 的表达式。

对两个表面蒸有电极,具有同号电荷的介质层,由 $V_0 = 0$ 以及 $\varepsilon_{r1} = \varepsilon_{r2} = \varepsilon_0$ 和 $s_1, s_2 \ll s$,故 s_1、s_2 可以忽略时,则从式(4-56)可得介质内一电荷层两侧的电场分别为

$$E_a = -\frac{\sigma}{\epsilon_0 \epsilon_r}(1 - \frac{r}{s}) \qquad (4-57)$$

$$E_b = \frac{\sigma}{\epsilon_0 \epsilon_r} \cdot \frac{r}{s} \qquad (4-58)$$

例如，若介质中心（$r=s/2$）有一密度为 $\sigma = 10^{-8}$ C/cm² 电荷层，而 $\epsilon = 2\epsilon_0$，则两边的电场强度为 ± 28 kV/cm。

现在假定 $x=0$，$x=s$ 处相应有两面电荷层，对式（4-56）和关于 E_2、E_b 的表达式进行线性叠加，可得

$$SE_1 = -\frac{V_0}{\epsilon_{r1}} - \frac{s}{\epsilon_{r1}\epsilon_r} \cdot \sigma_1 - \frac{s_2}{\epsilon_{r1}\epsilon_{r2}}(\sigma_1 + \sigma_2) \qquad (4-59)$$

$$SE = -\frac{V_0}{\epsilon_r} - \frac{s_1}{\epsilon_{r1}\epsilon_r} \cdot \sigma_1 - \frac{s_2}{\epsilon_{r1}\epsilon_{r2}} \cdot \sigma_2 \qquad (4-60)$$

$$SE_2 = -\frac{V_0}{\epsilon_{r2}} - \frac{s_1}{\epsilon_{r1}\epsilon_{r2}}(\sigma_1 + \sigma_2) - \frac{s}{\epsilon_r\epsilon_{r2}} \cdot \sigma_2 \qquad (4-61)$$

如果 $s_2 \gg s$，由式（4-55）可得具有单一极化电荷层的驻极体比具有两层电荷层的驻极体（$\sigma_1 + \sigma_2 = 0$）有更大的外电场。这种驻极体产生的较强的外电场通过吸引空中离子引起了补偿效应，这就降低了电荷的稳定性。

金属电极上的感应电荷为

$$\sigma_{i1} = \epsilon_0\epsilon_{r1}E_1 \ , \ \sigma_{i2} = -\epsilon_0\epsilon_{r2}E_2$$

同时

$$\sigma_{i1} + \sigma_{i2} = -(\sigma_1 + \sigma_2)$$

2. 体电荷产生的电场

体电荷 $\rho = \rho_r + \rho_p$ 产生的电场 E，可通过计算无限小电荷层 $\rho(x)dx$ 所产生的电场，并对所有这些电荷层进行积分，可得

$$SE_1 = -\frac{V_0}{\epsilon_{r1}} - \int_0^s (\frac{s-x}{\epsilon_0\epsilon_{r1}\epsilon_r} + \frac{s_2}{\epsilon_0\epsilon_{r1}\epsilon_{r2}})\rho(x)dx \qquad (4-62)$$

为简化，定义等效电荷面密度为

$$\sigma_1' = \frac{1}{s}\int_0^s (s-x)\rho(x)dx \ , \ \sigma_2' = \frac{1}{s}\int_0^s x\rho(x)dx$$

则上式可以写成

$$SE_1 = -\frac{V_0}{\epsilon_{r1}} - \frac{s}{\epsilon_r\epsilon_{r1}}\sigma_1' - \frac{s_2}{\epsilon_r\epsilon_{r1}\epsilon_{r2}}(\sigma_1' + \sigma_2') \qquad (4-63)$$

该式相应于式（4-58）。同样可得 E_2

$$SE_2 = -\frac{V_0}{\epsilon_{r2}} - \frac{s_1}{\epsilon_{r1}\epsilon_{r2}}(\sigma_1' + \sigma_2') - \frac{s}{\epsilon_r\epsilon_{r2}}\sigma_2' \qquad (4-64)$$

该式相应于式（4-60）。

比较以上四式,体电荷分布的驻极体的作用好像是具有表面电荷密度为 σ_1'、σ_2' 的介质一样。因此,通常称这些量为"等效"或"映射"面电荷密度。

在假设 $s_2 = 0$ 和 $V_0 = 0$ 的条件下,可得出感应电荷:

$$\sigma_{i1} = -\sigma_1'\left(1 + \frac{s_1\varepsilon_r}{s\varepsilon_{r1}}\right) \qquad (4-65)$$

相应也可得到 σ_{i2} 的表达式。

对 $s_1 = 0$ 可写做:$\sigma_{i1} = -\sigma_1'$,即在接触电极上感应的电荷等于 $-\sigma_1'$。

驻极体中的电场 E,依赖于位置。对于 $x = x'$,$0 < x' < s$,从高斯定律可得 $E(x')$。将 $x = 0$,$x = x'$ 作为边界条件代入,得

$$\varepsilon_r E(x') - \varepsilon_{r1} E_1 = \int_0^x \rho(x)\mathrm{d}x \qquad (4-66)$$

3. 电场力

假定材料不是电致伸缩的,且材料相对于电极的运动可忽略,则对于交流或直流电压 V 以及相应于驻极体电荷,对驻极体的作用力可由下面得到。

对于横向均匀的电场,在上、下电极上单位面积的电场力是

$$F_1 = \frac{1}{2}\varepsilon_0\varepsilon_{r1}E_1^2 \ , \ F_2 = -\frac{1}{2}\varepsilon_0\varepsilon_{r2}E_2^2$$

由牛顿第三定律,在驻极体单位面积上有

$$F = -(F_1 + F_2) = \frac{-\varepsilon_0\varepsilon_{r1}E_1^2 + \varepsilon_0\varepsilon_{r2}E_2^2}{2} \qquad (4-67)$$

假定 $\varepsilon_{r1} = \varepsilon_{r2}$,对于具有表面电荷层的驻极体,由式(4-59)可得

$$F = \frac{1}{2s}(\sigma_1 + \sigma_2)\left[-\frac{2V_0}{\varepsilon_{r1}} - \frac{s}{\varepsilon_0\varepsilon_{r1}\varepsilon_r}(\sigma_1 - \sigma_2) + \frac{(s_1 - s_2)(\sigma_1 + \sigma_2)}{\varepsilon_0\varepsilon_{r1}^2}\right] \qquad (4-68)$$

对具有体电荷分布的驻极体,分别用 σ_1'、σ_2' 代替 σ_1、σ_2 即可。

若驻极体内无电荷,或电荷对称分布,并无外电场($\sigma_1 = \sigma_2$,$s_1 = s_2$,$V_0 = 0$),则 $F = 0$。

对一面蒸电极 $s_2 = 0$ 的驻极体,受到另一电极的力为

$$F = -\frac{1}{2}\varepsilon_0\varepsilon_{r1}E_1^2 \qquad (4-69)$$

对于单一电荷层($\sigma_2 = 0$,σ_1 有限)可得

$$F = -\frac{1}{2\varepsilon_1 s^2}\left(V_0 + \frac{s\sigma_1}{\varepsilon}\right)^2 \qquad (4-70)$$

4. 电流

由于不同的原因,驻极体内会产生电流,例如瞬变场的存在或随时间变化的电流的存在。通常驻极体内的电流由电导电流和位移电流组成。

电导电流 $i_o(x,t)$ 与 $\rho_r(x,t)$ 的关系由连续性方程给出：

$$\frac{\partial \rho_r(x,t)}{\partial t} = - \frac{\partial i_o(x,t)}{\partial x} \tag{4-71}$$

定义整个电流密度为

$$i(t) = \varepsilon \frac{\partial E(x,t)}{\partial t} + \frac{\partial \rho_p(x,t)}{\partial t} + i_o(x,t) \tag{4-72}$$

方程右边的项分别相应于位移电流密度、极化电流密度、电导电流密度。$i_o(x,t)$ 常分解为

$$i_o(x,t) = [g + \mu_+ \rho_{r+}(x,t) + \mu_- \rho_{r-}(x,t)]E(x,t) \tag{4-73}$$

式中，$g = e(n_+ \mu_+ + n_- \mu_-)$ 是介质电导率；μ_+、μ_- 分别是正负电荷的迁移率。

$i(t)$ 与驻极体中的位置无关，且在空气中和外电路中 $i(t)$ 相同。空气隙中的电流是纯位移电流，则

$$i(t) = \varepsilon_0 \varepsilon_{r1} \frac{dE_1(t)}{dt} \tag{4-74}$$

5. 驻极体中的电场分布特性

驻极体暴露在大气中，由于能吸附空气中的离子，与驻极体中的表面束缚电荷平衡，而失去对外的电场作用。因而，一般由有机介质冻结极化形成的驻极体，都包在一金属箔之中。此时，驻极体对金属箔外空间的电场将消失，不再吸附空气中的离子，但在驻极体内和金属箔与驻极体之间仍存在电场，金属箔上存在有与驻极体表面电荷相异号的感应电荷。现在，我们分析一下这种电场的电场强度，电极上的感应电荷密度的大小和变化规律。

设厚度为 L 的驻极体，处在一对平板电极之间。它的表面束缚电荷密度为 σ_D，电极之间的距离为 $l + L$。二电极被短路时，电极上的感应电荷密度为 σ_i（图 4 - 22）。在电极与驻极体之间的空间电场强度为 E_r，驻极体内部的电场强度为 E_D、电场强度的方向如图所示。对上、下端与电极平行而侧面与电力线平行的封闭面 A（图 4 - 22 中的虚线区）应用高斯定律，则有

$$\varepsilon_0 E_r S + \varepsilon E_D S = \sigma_D S \ , \ \varepsilon_0 E_r + \varepsilon E_D = \sigma_D \tag{4-75}$$

由于上、下电极短路，电极之间的电位差为零，可得

$$E_r l - E_D L = 0 \tag{4-76}$$

代入式（4 - 75），可解得

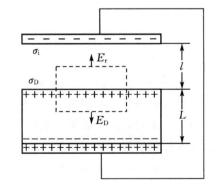

图 4 - 22　驻极体结构中电荷电场示意图

$$E_r = \frac{\sigma_D}{\varepsilon_0 + \dfrac{\varepsilon l}{L}} = \frac{\sigma_D}{\varepsilon_0\left(1 + \dfrac{\varepsilon_r l}{L}\right)} \qquad (4-77)$$

$$E_D = \frac{\sigma_D}{\varepsilon + \dfrac{\varepsilon_0 L}{l}} = \frac{\sigma_D}{\varepsilon_0\left(\varepsilon_r + \dfrac{L}{l}\right)} \qquad (4-78)$$

$$\sigma_i = \varepsilon_0 E_r = \frac{\sigma_D}{1 + \dfrac{\varepsilon_r l}{L}} \qquad (4-79)$$

以上各式,是忽略电极边缘电场的畸变,在理想平行板电极电容器中所得,在电极间的距离$(L+l)$比电极的线形尺寸小得多的情况下,可以认为是合理的。

当上电极与驻极体表面密合时($\dfrac{l}{L} \ll 1$),则电极上的感应电荷$\sigma_i \approx \sigma_D$,驻极体中的电场强度$E_D = 0$。当$\dfrac{l}{L} \gg 1$时,$\sigma_i = 0$,$E_D = \dfrac{\sigma_D}{\varepsilon}$,$E_r \approx \dfrac{\sigma_D L}{\varepsilon e} \approx 0$,相当于无电极的自由状态。显然,当具有与驻极体表面密合的短路电极时,驻极体内部的电场E_D为零。而在无电极时,驻极体内的电场$E_D = \dfrac{\sigma_D}{\varepsilon}$达到最大值,而且电场可促进极化消失。这就可以说明,为什么驻极体在有金属箔使电极短路时比较稳定,而在自由状态下,则永久极化容易被破坏的原因。

如果驻极体与电极之间的空间为空气,由于空气的击穿强度E_B在常温常压下约为 33 kV/cm,因此在$E_r < 33$ kV/cm 的情况下,驻极体才能处于稳定状态。如$E_r \geqslant 33$ kV/cm,气隙中的空气将发生击穿,空气电离,在驻极体表面有与表面电荷异号的离子沉积,使σ_i和E_r降低,直到满足$E_r < 33$ kV/cm,空气电离现象才终止。由此可知在大气中,驻极体的表面电荷密度σ_D不能高于某一σ_M值,从式(4-79)可以得到

$$\sigma_M = \varepsilon_0 E_B = 8.85 \times 10^{-12} \times 33 \times 10^5 = 2.9 \times 10^{-5}\ \text{C/m}^2$$

提高气体的压力或采用高耐电强度气体,可以提高E_B,从而增加驻极体可带的最大表面电荷密度。

由式(4-79)可以看到极板上的电荷密度σ_i与电极与驻极体间的距离l有关,如电极或驻极体本身发生振动,则l发生变化,因而σ_i随之改变,在电极短路线中将有电流通过,这时,就可以把机械振动变为电信号输出。这就是驻极体能做成送话器和振动传感器的基本原理。

6. 驻极体中电荷随时间的变化规律

驻极体的电荷随时间的变化,在陶瓷驻极体中曾观察到一定的规律。如极化电场高时,驻极体表面带同号电荷,在去掉极化电场后,表面同号电荷密度开始随

着时间增加而增大,以后则相反随时间的增加而减小(见图 4 - 23(a))。

如极化电场不高,则驻极体表面带异号电荷,在去掉极化电场后即观察到表面异号电荷密度随时间增加而下降,通过 $\sigma_D = 0$,以后就呈现同号电荷,即驻极体表面电荷发生倒转(见图 4 - 23(b))。这表明在陶瓷驻极体中注入的同号电荷比冻结的极化更难以消失。还应注意,只要驻极体中存在电场,就必然伴随有极化存在,所以异号极化电荷总随着同号电荷的存在而存在,但是要看那种电荷占优势,从而表现出驻极体表面带同号电荷还是异号电荷。

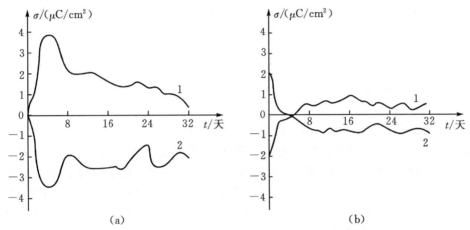

图 4 - 23　皂石驻极体去电场后的表面密度的电荷变化(纵坐标为 σ_0)

(a)极化电场为 20 kV/cm;(b)极化强度为 5 kV/cm

1—与正极接触的电荷密度;2—与负极接触的电荷密度

驻极体中的同号电荷比较稳定,有的可以保持数年之久,这不能用导电的载流子被冻结来解释。对于介质局部自由带电载流子的平均寿命 τ,可用介质宏观参数来估计,即 $\tau = \varepsilon_r \varepsilon_0 \rho_0$。绝缘性能很好的介质 $\rho = 10^{16}$ Ω·m, $\varepsilon_r = 3$,则 $\tau = 2 \times 10^5$ 秒 $= 2$ 天,与数年相差甚远。

一些陶瓷驻极体所带的电荷具有较长寿命,可以用能带理论的深能级概念来说明。根据固体能带理论,固体介质晶体中的电子允许能级是分成几个不连续的带,带由许多能级相近的状态所组成,而带与带之间则是禁带(见图 4 - 24)。

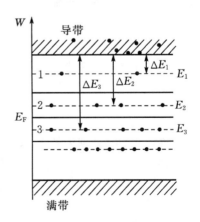

图 4 - 24　驻极体的能带图

电介质中大多数电子位于低能级的价带中,而较高能级的能带往往被空着,充满电子的能带成为满带,空着的能带称为导带,满带与导带之间为禁带。在禁带内将有许多局部能级,在能级上电子的占有几率可由费米-狄拉克分布函数 $F(E)$ 决定

$$F(E) = \frac{1}{e^{\frac{E-E_F}{kT}} + 1} \tag{4-80}$$

式中,E_F 为费米能级,它是表征电子能量状态的分布参数;E 为局部能级的能量。

如果 $E > E_F$,而且 $E - E_F > kT$,则式(4-80)中分母中的指数项很大,$e^{\frac{E-E_F}{kT}} \gg 1$,

$$F(E) \approx e^{-\frac{E-E_F}{kT}} \tag{4-81}$$

如果 $E < E_F$,$E_F - E > kT$,则 $F(E) \approx 1$,即低于费米能级的局部能级上大部分为电子所充满。

例如,在 1、2、3 位置处局部能级 E_1、E_2、E_3,它们的活化能相应为 ΔE_1、ΔE_2、ΔE_3(见图 4-24)。在平衡状态下,位于费米能级之上的 1、2 位置上的电子,大部分被离化到达导带,位于费米能级之下的 3 位置上的电子则被束缚着,然而位于 1、2、3 位置上的电子将不断受到热激发到达导带,同时亦有相反的过程发生,从而达到动态平衡。位于局部能级上的电子,单位时间内热激发到达导带的几率 ξ 应与活化能及温度有关,可以写成

$$\xi = \alpha e^{\frac{-\Delta E_0}{kT}} \tag{4-82}$$

电子在位置 1 上平均寿命 $\tau_1 = \frac{1}{\xi}$,所以有

$$\tau_1 = \frac{1}{\alpha_1} e^{\frac{\Delta E_1}{kT}} = \beta_1 e^{\frac{\Delta E_1}{kT}} \tag{4-83}$$

类似的对于 2、3 位置有

$$\tau_2 = \beta_2 e^{\frac{\Delta E_2}{kT}} \tag{4-84}$$

$$\tau_3 = \beta_3 e^{\frac{\Delta E_3}{kT}} \tag{4-85}$$

式中 β_1、β_2、β_3 分别为处于 1、2、3 位置上的平均寿命系数。比较式(4-83)、式(4-84)

$$\frac{\tau_2}{\tau_1} = \frac{\beta_2}{\beta_1} e^{\frac{\Delta E_2 - \Delta E_1}{kT}} \approx e^{\frac{\Delta E_2 - \Delta E_1}{kT}} \tag{4-86}$$

在室温下($T = 300$ K),如 $\Delta E_2 - \Delta E_1 = 0.35$ eV,则 $\frac{\tau_2}{\tau_1} = 10^6$,而在高温下($T = 600$ K),$\frac{\tau_2}{\tau_1} = 10^3$,这表明位于深能级上的电子比在室温下浅能级上具有高得

多的寿命,相反在高温下两者的寿命相差不大。这就可说明,在室温下体电荷寿命可能很长(如数年),而升高温度将能使驻极体的体电荷很快消失。

　　如果介质在电场中加热并冷却,或有电子、空穴从电极注入,那么电子的平衡分布将被破坏,此时将可能引起深能级上电子占有状态的变化,形成体内空间电荷,电介质成为驻极体。撤去电场后要恢复平衡态,则将由深能级 2、3 等位置上的电子的平均寿命 τ_2 、τ_3 来决定,它们在室温下往往很长而可以制备高寿命的驻极体。对于驻极体中深能级,可用深能级的电荷释放所产生的热刺激电流来试验分析(见图 4 - 25)。一些光激发形成的光驻极体,亦可用禁带中存在的深能级电子"陷阱"来分析。

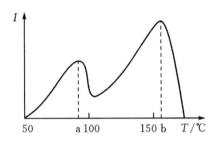

a—浅能级产生的 TSC 电流峰;
b—深能级产生的 TSC 电流峰

图 4 - 25　驻极体中的热刺激电流(TSC)
　　　　　与温度的关系

4.4.4　驻极体的应用

　　驻极体已被应用于制作测量仪器,例如静电计、电压计;应用其表面电荷会和空气中离子中和而使电荷量减少的现象,驻极体被用作放射线的测量。此外驻极体还被用作静电起电机、交流起电机以及驻极体话筒和驻极体耳机等。在此以驻极体话筒为例,作以介绍。

　　图 4 - 26 为用箔状驻极体制成静电式话筒的结构示意。由于声波的作用,空隙厚度发生变化,$d_3 = d_{30} + d_{31}\sin\omega t$,此时开路电压为

$$V = \frac{4\pi\sigma d_2}{\varepsilon_3(d_1 + d_2) + \varepsilon_1 d_{30}}d_{31}\sin\omega t$$

$$(4 - 87)$$

其中 σ 为驻极体的表面电荷密度。

　　由于驻极体的存在,其表面具有一定密度的电荷,使声波的振动,转化为开路电压的变化,即开路电压反映了声波的作用。如串连电阻 R,则有电流通过,传出电信号。

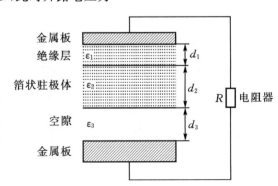

图 4 - 26　用箔状驻极体制成静电式话筒的结构图

第5章　聚合物的树枝化击穿

5.1　绪论

聚合物中的电树枝化实际上是一种局部击穿,这种局部击穿形成树枝状的放电破坏通道,如图 5-1所示,其形状与树枝相似因而得名树枝化击穿。聚合物中产生电树枝以后,可能发生或不发生完全的击穿,但电树枝一旦产生,便以极快的速度发展,因此聚合物电树枝化是聚合物,尤其是聚乙烯(PE)及交联聚乙烯(XLPE)绝缘向更高电压应用方向发展的主要障碍,也是聚合物击穿研究的重要组成部分。

图 5-1　XLPE 试样中的电树枝

聚合物材料中电树枝的发展过程一般包括两个基本阶段,即电树枝的引发阶段和电树枝的生长阶段。图 5-2 所示为交联聚乙烯材料中电树枝的发展过程。国内外研究学者公认,电树枝化无论在引发阶段还是在生长阶段都是一种极其复杂的电腐蚀现象,是包括电荷注入-抽出、局部放电、局部高气压、局部高温、电-机械应力、物理变形、化学分解等在内的一个非常复杂的综合过程;绝缘介质种类的不同、状态的不同、微观结构的差异更影响了电树枝在引发和生长过程中的随机性。

 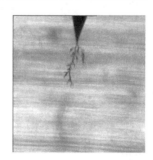 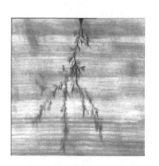

(a)　　　　　　　　　(b)　　　　　　　　　(c)

图 5-2　XLPE 电缆绝缘中电树枝的生长过程

(a)生长时间 0 min;(b)生长时间 10 min;(c)生长时间 54 min

为便于描述聚合物中电树枝化的实验现象,对电树枝引发过程,一般采用树枝引发时间、树枝引发率、50%树枝引发电压等参数对电树枝引发的难易程度进行表征;而在电树枝生长过程中,最重要的是它的生长特性,即在电压、温度、频率等外施条件发生变化时,电树枝随时间的变化过程。因此对电树枝生长过程进行描述时,一般采用电树枝生长率或电树枝长度来表征不同条件下电枝化对绝缘材料的破坏程度。

1958 年基钦(D. W. Kitchin)等人首次在施加了发散电场的聚乙烯试样中发现电树枝。从 20 世纪 70 年代开始,世界范围的研究人员对聚合物电树枝的引发、生长机理及影响因素进行了深入、系统的研究,积累了大量的实验数据,也提出了很多理论模型。总的来说,电树枝化的研究主要集中在两个方面:一是聚合物电树枝化的机理及影响因素,包括电树枝从引发到生长的各种表观特征,如声、光、电、物理、化学变化等;二是聚合物中的电树枝化的防止或抑制措施。

尽管聚合物电树枝的引发、生长机理和抑制方法的研究,已走过了漫长的 40 多年路程,但由于聚合物电树枝涉及材料结构、制造工艺、外施条件和环境等诸多因素,至今仍没有确立能够解释所有的电树枝化现象的电树枝化机理。这主要有以下几个因素:

(1)聚合物电树枝化是一种极其复杂的过程,包括电荷注入－抽出、局部放电、局部气压、局部高温、电－机械力、物理变形、化学分解等的综合因素作用。对其研究首先依赖于研究手段的不断改进。如果检测手段无法获取到电树枝生长过程中的全部信息,那么也就无法取得全面、准确的认识。比如电树枝与空间电荷的关系,早期由于空间电荷难于检测,对聚合物电树枝化的机理分析偏重于制造过程中引入的杂质、微孔和尖端物等缺陷引起的局部降解。只有现代空间电荷检测技术发展之后,随着超净和干燥处理的材料被应用到高压绝缘时,空间电荷对聚合物老化的影响才被提到了重要的地位,也才逐渐被人所认识。

(2)生长的随机性是电树枝的第二个显著特征,相同的试样和实验条件却可能获得完全不同形状的电树枝。由于电树枝的不可恢复性,材料微观结构的差异,同等条件下电树枝特征的巨大差异更增加了研究的难度。

(3)早期对电树枝现象的研究多把聚合物材料当作均匀介质处理,但实际应用的聚合物绝缘介质,情况要复杂得多,如结晶状态、填料的添加、介质的复合、机械应力、运行环境等都对电树枝现象存在影响。

(4)聚合物种类的不同、结晶状态的不同,电树枝的结构特征也不同,其中以半结晶高聚物中的电树枝过程最为复杂。

5.2　聚合物介质的一些有关特性

5.2.1　与 PE 带隙有关的光吸收

能带理论原则上可以应用于理想的链烷烃聚合物。但聚合物中载流子迁移率很小,能带理论通常情况下不适合于非共轭线性聚合物,所以聚合物中的电子态和电导必须用具有迁移率带隙的非晶态材料的能带理论来描述。

根据对聚乙烯光吸收与光子能量关系的分析,并与电导进行较核,得到 PE 光带隙为 7.35 eV,谱带拖尾大约为 1 eV。聚乙烯的能带谱如图 5-3 所示,它包括导带尾、电子陷阱和施主,图中假定电荷载流子为电子。虽然无论在实验上还是在理论上导带尾的结点都不确定,但是,从施主到陷阱的直接激发通常是不可能的,大约在导带光学边缘以下 1 eV 处,才能解释光电导的激发能为 1.2 eV。

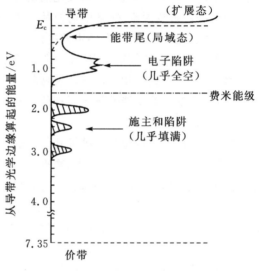

图 5-3　聚乙烯的能带谱示意图

在微秒级时间范围内,电子通过跳跃机制进行传输,其迁移率 $\mu = \mu_0 e^{\frac{-E_\mu}{kT}}$。根据一些测量结果,式中在 20 ℃到 80 ℃的温度范围内 $\mu_0 = 5$ cm^2/(V·s) 和 $E_\mu = 0.24$ eV。这种现象可以只用迁移率隙来解释,而不能用密度态隙来解释。电子由导带能级下大于等于 2 eV 处的深能级施主提供。这些深能级施主可能就是高场下电导增加的原因,即普尔-弗仑克尔效应。

5.2.2　PE 的光电导与载流子迁移率

当 40 μm 厚的高密度 PE 试样受到钨丝灯发出的低强度白光的照射时,就能测量到光电流。如果试样预先受到高能电子的辐射,则光电流增大。值得注意,光电流对能量大约为 1.2 eV 范围的光子非常敏感,这支持电荷载流子从部分填充的电子陷阱中光激发出来的模型。光电流与光强的特性曲线可以分为三个区域,三个区域的活化能分别为 0.5 eV、1.1 eV 和 1.7 eV,这些分别确定为迁移率、深陷阱和深能级施主。

在许多论文中报道的迁移率实验数据差别很大,这与测量时间密切相关,因此也就与电荷的活化能或者陷阱中心的深度密切相关。图 5-4 为 PE 中的表观载流子迁移率与测量时间的关系。在 ns 级范围内,数据 A 是根据介质击穿的统计时间延迟计算得到的;在 10 μs 范围内的数据 B 是由瞬态空间电荷限制电流法得到的;在 100 ms 范围内的数据 C 是表面电荷衰减法得到的;最后,在 10 s 范围内的数据 D 是电荷衰减法得到的。这清楚地表明,载流子迁移率的测量值强烈地依赖于测量所需要的时间。图中的实线可以用经验公式 $\mu = Ct^{-m}$ 表达,式中 μ 为载流子迁移率,C、m 为常数。应当注意,它遵循简单的表达式,即 $\mu t = 6 \times 10^{-9}$。

这一关系表明在这个现象中明显涉及到载流子入陷以及由此形成的空间电荷。

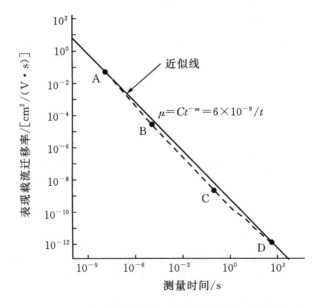

图 5-4　PE 中的表观载流子迁移率与测量时间的关系

经常用式 $\mu = \mu_0 \exp[-E/(kT)]$ 表示 PE 中电荷载流子的迁移率,其中 μ 和 E 分别表示表观载流子迁移率和表观活化能。这两个参数都依赖于测量时间。图 5-5 是表观迁移率和活化能的经验关系,有高值、中值和低值之分。高值表明,如果电导过程发生在非常短的时间内,则 PE 中的导带很可能是平的,此条件下活化能几乎为零。这时迁移率比 1 略小一些,因此称为准导带电导。当时间变得略为长一些时,就为第二阶段的中值电导过程了。这时电导过程为热激发电导,活化能在 0.1~0.25 eV 之间。这等效为浅陷阱跳跃电导或者为迁移率边缘的电导。第三阶段即低值几乎是在直流条件下,活化能在 0.5~1.5 eV 之间。在上面各个阶段中都涉及到空间电荷,但是空间电荷在第三阶段才占主要地位。

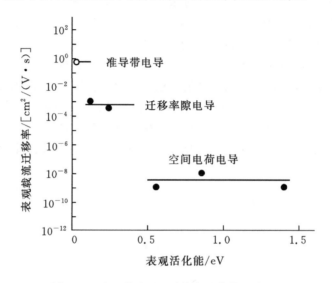

图 5-5　表观载流子迁移率与活化能的关系

5.2.3　电极针尖附近的电场与 PE 的高场电导

在电树枝实验中,经常依据静电场规律估计电场强度,但得到的针尖附近的电场强度都太高,这是因为空间电荷或其他效应实际会影响电场分布。在双曲柱面坐标系中,综合考虑空间电荷和普尔-弗仑克尔效应,可以计算出单针电树枝实验使用的 PE 试样中的电场分布。针尖静态电场强度与入陷电子密度 n_t 的关系如图 5-6 所示。主要由于空间电荷的作用,针尖电场下降了几个数量级,这表明电场对针尖曲率半径的依赖没有静态电场那么强烈。应当指出,由于不同介质材料中入陷电子的能量不同,空间电荷分布不同,即使在相同的电压下不同聚合物材料中的电场也各不相同。

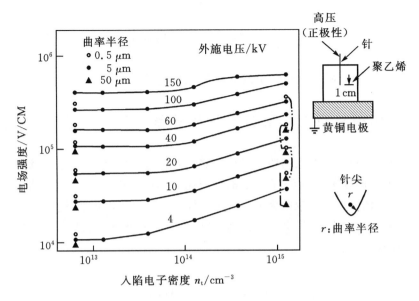

图 5-6　针尖电场强度与入陷电子密度的关系

对于几十微米厚的 PE 和其他聚合物薄膜试样,在一定的高场范围内,介质电导的对数正比于电场强度的平方根。同时,在用近红外光照射 PE 时有光电流出现,说明至少在高电场下可能出现电子电导。在没有外施电压的情况下,电子会从金属电极运动到 PE 中使两个相互接触的材料的费米能级相等;当外施电压时,这些电子也能传输,然后形成空间电荷限制电流。在更高电场下,电子通过肖特基发射和场发射注入到 PE 中。普尔-弗仑克尔效应或内肖特基发射是 PE 高场电导最有可能的机理,电导也受到空间电荷的影响。

5.3　影响聚合物中电树枝引发的各种因素

实验证明,当聚合物中存在着由气隙局部放电引起的劣化区域或者是由于杂质、突起层等产生的高发散电场时,就会引发电树枝。此外,电压的波形与极性、材料承受的机械应力、环境温度、氧气的参与以及聚合物的制备和处理方式等都会对电树枝的引发产生影响。电树枝的产生过程中,伴随有物理、化学变化和声、光、电等表观特征。多年来人们的深入广泛研究获得了大量实验数据,本节重点归纳近些年来在电树枝的引发过程中所得到的一些典型的、具有规律性的实验结果。

为便于描述实验现象,定义以下几个术语:

(1)电树枝引发时间:在外施电压作用下,在试样中出现长于 10 μm 树枝时所对应的时间。

(2)电树枝引发率:在一定加压时间内,引发树枝试样数与实验试样总数之比的百分数。

(3) 50%电树枝引发电压:引发率为50%的电压。

5.3.1 电树枝引发与电极系统的关系

电极材料与结构、针尖的曲率半径、试样的制备都直接影响着电树枝的引发和生长。目前大多数采用图5-7所示的电极结构:针-板电极系统,针电极接高压,板电极接地,试样放于平板电极上。为了试样与电极接触面接触良好,要涂上导电漆。因为外施电压增高时,会产生沿面闪络,所以一般电极系统要全部浸在绝缘油中,如硅油等。

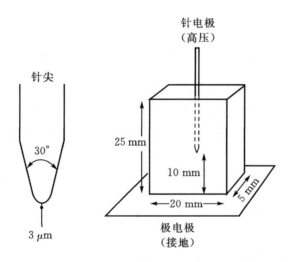

图5-7 在模拟电树枝实验中所采用的针-板电极系统

由于电树枝的引发电压大致正比于针尖端的曲率半径,故规定针尖端曲率半径小于某个尺度,并且针尖端的角度多半用30°左右。

电极功函数对电树枝引发有明显影响。用铝、铜、银、镍、金、铁和铂(其功函数依次为3 eV、4 eV、4.3 eV、4.5 eV、4.6 eV、4.8 eV 和5.3 eV)等金属材料制成针电极,在交流电压下,对聚乙烯试样进行电树枝引发试验的实验结果如图5-8所示。除铝和铜外,随电极功函数增加,试样的50%电树枝引发电压也增加。而对铝和铜来讲,可能是因为这两种金属易于氧化,功函数增加,所以50%电树枝引发电压也较高。

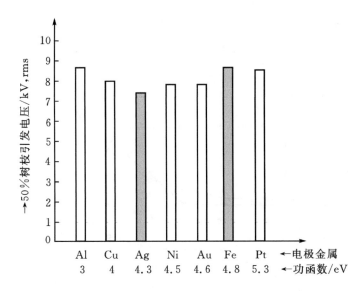

图 5 - 8　聚乙烯试样进行电树枝引发试验的实验结果

在脉冲电压作用下,具有不同功函数的针板电极系统 50％电树枝引发电压 E_{max} 与脉冲电压前沿时间 t_f 的关系如图 5 - 9(针电极为正极性)和图 5 - 10(针电极为负极性)所示。当针电极为正极性时,50％电树枝引发电压 E_{max} 几乎与针电极的功函数无关。但是当针电极为负极性时,E_{max} 随着针电极功函数的增大而提高,而氧化后 Al 电极的 E_{max} 比没有氧化 Al 电极的 E_{max} 高。因此,电树枝引发与电极功函数的关系表现出明显的极性效应。

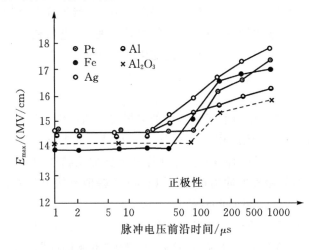

图 5 - 9　电树枝引发电场强度与脉冲电压前沿时间的关系(针电极为正极性)

　　这些实验结果说明,电极材料功函数的增加导致电树枝的引发电压提高,因此来自电极的电子一定与聚合物的电树枝引发有关。

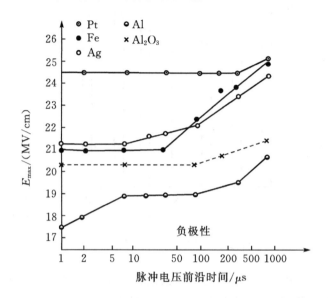

图 5-10　电树枝引发电场强度与脉冲电压前沿时间的关系(针电极为负极性)

5.3.2　电树枝引发的极性效应

　　交流、半波、直流电压对电树枝起始特性的影响:当试样上所加电压波形不同时,所呈现出的电树枝起始特性也不相同,实验证明:①电树枝引发特性与电压波形有关,随电压波形由交流、半波到直流变化,试样的 50% 树枝引发电压依次明显升高;②树枝引发存在极性效应,半波或负极性时的 50% 树枝引发电压比针尖为正极性时的高。

　　交流叠加冲击电压作用下 XLPE 中的电树枝起始特性:图 5-11 为在交流电压下叠加冲击时 XLPE 绝缘中的电树枝起始特性。实验环境温度为 20 ± 5 ℃。冲击电压叠加于交流电压的波峰上,先在样品上施加正弦波交流电压持续 3 min,然后从 4 kV 幅值开始施加冲击电压,并以 4 kV 幅值逐级升高直至电树枝起始。两次连续冲击电压之间的时间间隔为 1 min。

　　图中(a)和(b)表示正极性冲击电压叠加时树枝的起始电压,而(c)和(d)则表示负极性冲击电压叠加时的情况。(a)和(c)表示“电场同向”方式,(b)和(d)则表示“电场反向”方式。

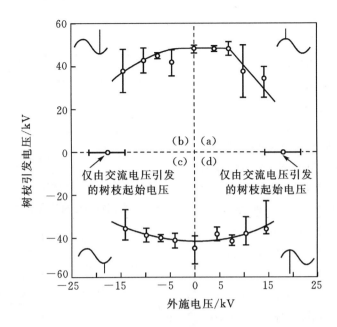

图 5 - 11　在叠加冲击和交流电压下 XLPE 绝缘中电树枝的起始特性

　　尽管在图中所观察到的现象存在一些差异,但由实验结果可以看出,当施加的交流电压比较低时(如图 5 - 11(a)所示),电树枝起始电压几乎不受其影响;而当施加的交流电压超过一定的幅值时,树枝起始电压随着施加的交流电压的增大而下降。在绝大多数的实验条件下,电树枝都是正好在施加冲击电压的瞬间产生的。唯一例外是在某一幅值的负极性冲击电压的下树枝起始时间有些滞后。

　　直流电压叠加冲击电压时:在直流电压下,当冲击电压和直流电压的极性相同时,击穿强度随直流电压场强的增加而略有增加;而极性相反时,击穿强度则随直流电压场强的增加而减少。可以认为,决定绝缘击穿强度的主要因素是由于空间电荷而使电极附近的局部场强改变。除施加高幅值的交流电压外,图 5 - 11 中(a)和(b)所示的结果与在直流电压作用下所得的特性相同,不过(a)中电树枝起始电压的增加并不明显。

5.3.3　接地电树枝

　　在聚乙烯试样上施加一定的直流电压时,加压过程中没有出现电树枝,而在加压后,将试样迅速接地,却出现了电树枝,此为直流接地树枝或直流短路电树枝。图 5 - 12 为低密度聚乙烯试样,针一板电极系统,电压衰减时间为 150 ns,温度为

293K 时直流短路电树枝引发率与电
压的关系。

　　从图 5－12 中可看出：①直流接
地电树枝的起始电压比相同条件下的
直流电树枝的起始电压要低；②随着
施加直流电压的提高，电树枝引发率
也提高；③直流短路电树枝引发率和
直流电压衰减时间有关，衰减的越慢，
电树枝引发率越低；④直流接地电树
枝同样有极性效应，其极性效应与直
流电树枝相反，产生负极性短路电
树枝的起始电压比产生正极性短
路接地电树枝的起始电压低。

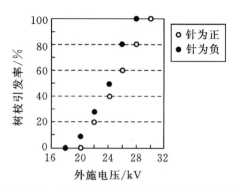

图 5－12　直流短路电树枝引发率与电压的关系

　　图 5－13 表示的是乙丙橡胶
(EPR)试样，电压衰减时间为 150 ns，
对同样的样品在不同温度条件下
施加电压时，直流短路电树枝引发
率的区别。很显然，在 77 K 液氮
温度下，电树枝引发率是极低的。
这说明在温度极低的情况下，聚合
物的击穿场强会提高。

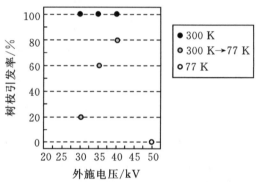

图 5－13　温度对直流短路电树枝引发率的影响

　　辐照接地电树枝：用数 MeV
的电子加速器对有机玻璃进行辐照，当辐照剂
量超过一定水平后，在试样中会自发出现树枝
痕迹；当辐照剂量较低时，树枝痕迹不会自发
出现，但辐照后，在垂直辐照方向的侧面，若用
接地的金属钉打入试样时，树枝痕迹又会出现
了，如图 5－14 所示。使用范德格拉夫（Van
de Graaff）电子静电加速器的最大辐照能量为
3 MeV，辐射剂量为 10 rads，辐照时间为 20 s。
这样最大辐照深度对有机玻璃为 3～4 mm，电
子密度大约 0.4 $\mu C/cm^2$。在辐照时，高能电
子与聚合物中的束缚电子发生非弹性碰撞，失
去能量后被聚合物材料捕获。值得注意的是，

图 5－14　有机玻璃中的辐照接地电树枝

由入陷后的电子积累形成的电场强度可以增加到材料的击穿强度。根据辐照时的电子注入情况及辐照后接地在试样内树枝的出现位置发现:辐照接地树枝既不在试样的表面,也不在更深的里层,而是准确地与电子注入后的分布层位置对应。

5.3.4　聚合物预处理对电树枝引发的影响

残存机械应力的影响:高电压等级的聚合物电缆的制造和敷设过程中很容易造成绝缘结构的应力集中,表 5 - 1 为在 XLPE 电缆试样中所得到的残余机械应力和电树枝引发时间的关系。为了产生残余机械应力,在加热过程中对试样施加机械压力并保持,然后用强风使试样和模具冷却。试样中产生机械应力的标志是在其边缘出现了挤出变形。实验结果表明,有应力试样使电树枝引发时间大为缩短。

表 5 - 1　残余机械应力对电树枝引发时间的影响

频率/Hz	50	250	500	1000	2000
无应力/min	675	8,85	—	0.33,4	12
有应力/min	50	5	7	1	—

热处理对电树枝起始电压的影响:聚乙烯中影响电气特性的微观形态参数诸如结晶度、球晶直径、晶层厚度以及熔点等,可以通过控制热处理条件来改变。热处理在影响聚乙烯形态特性的同时,也影响了电树枝的起始电压。如提高结晶度,分子间自由空间减小,高能电子产生的几率随之变小,即电树枝起始电压升高。晶层厚度对电树枝起始电压也有影响,实验中采用三种聚乙烯材料,分别是低密度聚乙烯(LDPE)、线性低密度聚乙烯(LLDPE)和高密度聚乙烯(HDPE)。由于微观结构的不同,上述三种材料表现出不同的电树枝引发特性。采用的热处理方式为:一组是冷却时间不同,而另外一组是重结晶时间不同。实验发现 HDPE、LDPE 和 LLDPE 中的晶层厚度都随着冷却速率的提高而减小,而三者的晶层厚度均随着重结晶时间的增加而略有增加。图 5 - 15 表示的是晶层厚度与电树枝起始电压之间的关系。

从图 5 - 15 中可看到,随着晶层厚度的增加,电树枝的起始电压也有所提高。并且这三种聚乙烯试样的起始电压的趋势是完全相同的,而与这三种试样之间的化学及形态结构的差异没有关系。这进一步表明了电树枝起始电压与晶层厚度密切相关,即通过改变冷却速度和重结晶时间可影响电树枝的起始特性。

聚乙烯熔点对电树枝起始电压也有影响,试样为高密度聚乙烯,不同热处理条件下即 4 种不同冷却方式得到的聚乙烯材料薄膜的熔点不同,冰水冷却条件下材料熔点最低达 127.93 ℃。随降温速度减小,聚乙烯材料的熔点升高,依次为

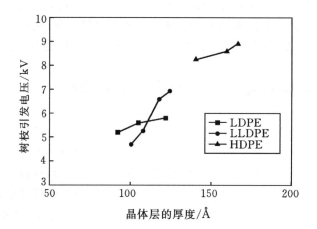

图 5-15　晶层厚度对电树枝起始电压的影响

128.59 ℃、132.04 ℃和 133.64 ℃。

　　图 5-16 表示冷却方式不同（四种），试样的电树枝起始电压不同。其结论是，降温速度越慢，材料的电树枝起始电压越高。

　　在聚乙烯材料中，熔点随冷却速度减小而升高，即热稳定性随着冷却速度减小而提高。因此可以说，材料的热稳定性和电树枝起始电压有一定关联，试品熔点的升高，导致电树枝起始电压升高。

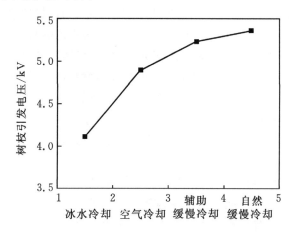

图 5-16　不同热处理条件下的电树枝起始电压比较

5.3.5　浸渍气体的影响

　　包含在聚合物中的不同成分的气体对电树枝的引发也有很大的影响。在一些实验当中,同样的实验条件,样品脱气(抽真空),可提高试样的电树枝起始电压。这说明,氧气的参与对电树枝的引发影响是很大的。除此之外,在试样中如果含有 N_2 或 SF_6,同样能提高电树枝的起始电压。图 5-17 给出了 LDPE 的电树枝起始时间与浸渍 SF_6 气体压力的关系。图 5-18 给出了 LDPE 的树枝起始电压与浸渍 SF_6 气体压力的关系。

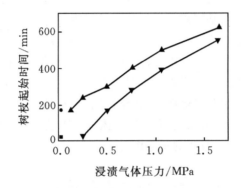

　■—原试样;▼—浸渍 SF_6 气体(170 h)试样;●—脱气(0.1 MPa, 170 h)试样;
▲—脱气(0.1 MPa, 170 h)后浸渍 SF_6 气体(170 h)试样

图 5-17　LDPE 的电树枝起始时间与浸渍 SF_6 气体压力的关系

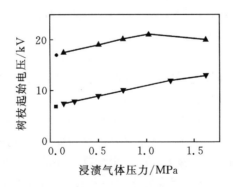

　■—原试样;▼—浸渍 SF_6 气体(170 h)试样;●—脱气(0.1 MPa,170 h)试样;
▲—脱气(0.1 MPa,170 h)后浸渍 SF_6 气体(170 h)试样

图 5-18　LDPE 的树枝起始电压与浸渍 SF_6 气体压力的关系

5.4　聚合物电树枝的引发理论

　　由于电树枝现象的复杂、随机、多变,到目前为止,仍没有一个统一的理论能够对电树枝引发和生长过程中的所有现象进行合理的解释,但介绍近年来关于电树枝研究的主要学说和理论,不仅有益于对电树枝问题的研究,也有益于对聚合物击穿研究的进一步了解。

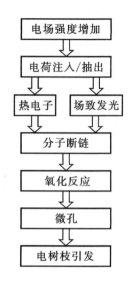

　　普遍认为,电树枝引发与注入到聚合物中的电荷有关,聚合物的断链和自由基形成是电树枝开始引发的起点,但对引起断链和形成自由基的原因有不同的解释。有的认为是注入的电子获得足够的能量后撞击大分子所致;有的认为是注入的载流子在复合时先引起电致发光,其中的紫外线部分引起光降解,使化学键断裂;有的认为氧对电树枝化过程有重要作用等等。图 5 - 19 为描述电树枝引发基本物理过程的示意图。

图5-19　电树枝引发的基本过程

5.4.1　气隙放电论和麦克斯韦电机械应力论

　　在电树枝化研究的初期,人们首先发现电树枝化的发生过程中可明显地测试到局部放电,有明显的发光现象,因此认为电树枝化是由局部放电造成的。在开始阶段,由于局部放电量很小,以至仪器不能测到放电信号。由于微孔中局部放电产生电子、离子的轰击作用,会对绝缘材料产生快速的腐蚀,从而从针尖处开始产生放电通道,导致电树枝的形成。

　　在当时的工艺条件下,这一结论无疑是正确的,因为导电性杂质造成局部电场过于集中,以致发生局部放电;另外尺寸较大的气泡的存在,也易于发生局部放电,一旦发生局部放电树枝化是不可避免的。

　　家田正之(M. Ieda)和绳田正人(M. Nawata)认为,在交流电压下,电树枝引发存在两个机理:当外施电场大于聚合物固有击穿强度时,电树枝引发是由于部分介质发生本征击穿的结果;当外施电场小于聚合物本征击穿强度时,交流电压下针电极尖端的强电场引起的麦克斯韦应力作用在介质上,当感生应力超出某一限度时,会在某些微观缺陷、微观气隙处引起裂纹。随电压作用时间增长,裂纹生长为气隙裂纹,在气隙裂纹内产生相当强的局部放电,导致局部绝缘的击穿,又促使裂纹扩大和延伸形成电树枝。故某些尖角部位的场强将高于材料的固有击穿场强。所以电树枝引发期与气隙裂纹出现时间对应。

　　麦克斯韦电机械应力的观点不能很好地解释在电树枝引发中所出现的极性效应,也不能解释电树枝引发与电极功函数有关、直流接地电树枝、辐照接地电树枝的一些实验结果。

5.4.2　电荷的注入和抽出论

　　电树枝的形成需经过两阶段,一个是潜伏期,另一个则是生长发展期,电树枝是在潜伏期之后开始起始的。电荷的注入和抽出过程发生在电树枝的潜伏期,在潜伏期间,材料没有明显的变化,故检测不到局部放电信号。

　　电荷的注入与抽出导致电树枝的引发。在交变电压的负半周期,电极向介质发射或注入电子,注入的深度由尖端电极附近的场强分布所限制;而在正半周期中,电子又将回到电极,在下个周期又重复此过程。在每个周期中,有些电子将获得足够的能量,使聚合物链裂解,从而生成低分子产物和气体,最终形成一个中空通道,气体放电得以建立,这就是电树枝的起始。

　　这一理论模型的可取之处在于考虑了不同材料接触的界面问题,即不同金属电极材料的功函数不同,因此不同接触类型的电子注入效率应该是不同的。按其模型,一个针对板电极系统,通过肖特基发射或场致发射,由金属的功函数决定其电子注入几率。按照曼森(Mason)的近似计算,针尖电极附近的电场强度足够高,假定两电极之间施加 10 kV 电压,针尖曲率半径为 3 μm,针板间距为 3 mm,针尖处电场的有效值为 804 MV/m,峰值电场达 1137 MV/m,此电场已高于室温下聚乙烯的本征击穿电场的实验值。所以认为电子注入过程主要是场致发射而不是肖特基发射。

　　但由于电子注入,针尖处的电场会有所削弱。假定注入电子只有超过某一临界值才会对电树枝的起始起作用,并且它们对电树枝的起始是一个累积的过程,又假定相同的能量导致相同程度的介质破坏,则对于电子注入情况的描述如图5-20所示。

　　从电极处场致发射形成的电流为

$$I = AF^2 \exp(-\frac{B(\varphi_M - \chi_1)^{\frac{3}{2}}}{F}) \qquad (5-1)$$

式中,A 为 φ_M 和 χ_1 的函数;B 为常数;F 为电场强度;φ_M 为金属功函数;χ_1 的为电子亲合力。单位时间中注入电子的能量可由下式表示出来:

$$E = \frac{1}{2}nmV^2 = A\exp(-\frac{B\varphi^{\frac{3}{2}}}{F}) \qquad (5-2)$$

$\varphi = \varphi_M - \chi_1$ 为有效功函数。指数项前的 A 为电场的函数,但这里可以近似看成常数。假定临界能量值为 E_0,那么可以得到一个电树枝起始时间 t_I,

$$t_I(E - E_0) = C(常数) \tag{5-3}$$

而其中

$$E_0 = A\exp(-\frac{B\varphi^{\frac{3}{2}}}{F_0}) \tag{5-4}$$

当在很高电场时,即 $F \gg F_0$ 时可得到,

$$\ln t_I = \frac{B\varphi^{\frac{3}{2}}}{F} + \ln(C/A) \tag{5-5}$$

此式子表明,电树枝起始时间的对数与电场的倒数以及有效功函数的 3/2 次方成正比。当电场较低,F 与 F_0 较接近时,将有下式存在

$$\ln\left\{(\frac{1}{F_0} - \frac{1}{F})t_I\right\} = \frac{B\varphi^{\frac{3}{2}}}{F} + \ln(\frac{C}{AB\varphi^{\frac{3}{2}}}) \tag{5-6}$$

利用此式,可以解释低电压下的 $V-t_I$ 特性。

理论讨论了不同金属电极具有不同的电树枝引发时间的实验现象,并且给出了电树枝引发时间的定量计算式,虽然不够精确,但毕竟考虑了外施电压与电树枝引发时间的关系。从此观点出发,不难理解高压电力电缆中添加一层半导电屏蔽层的作用,即改善绝缘与金属的直接接触,减少注入与抽出的电子量,从而达到延长电树枝引发时间的目的。

电荷注入和抽出模型包括了下列基本过程:①通过界面的电荷注入和抽出;②电化学引起的材料老化;③薄弱区(介电特性和相态特性)的存在;④电场畸变的存在。

假设一金属和介质(如 PE)紧密接触的体系,电荷通过金属针尖电极与介质的界面向介质注入。能带理论认为,金属中费米能级以下充满着电子,而如 PE 等电介质材料中导带是空的,原则上导带底以下存在电子陷阱。当金属与 PE 接触前,金属费米能级远低于 PE 导带底。当电子在界面发生了空间转移,就使接触的两种材料的费米能级在界面处成为相等的。当电压施加在 PE/金属系统上时,在电场方向上使势垒高度降低和势垒变薄,这样就有更多的电子注入到 PE 中。因此,注入的电荷量决定于势垒,而势垒又决定于界面的电物理特性,如电极金属或半导体的功函数;势垒还受电介质界面陷阱特性的影响。添加物和气相如存在界面上,同样会影响诸如功函数、表面或界面陷阱等界面特性。

典型的电介质材料之一 PE,由晶态区和非晶态区组成,其结构包括片晶、球晶以及它们之间的中间区域。PE 虽然在化学结构上简单,但是在形态学上复杂。它对电化学老化和电物理变化敏感,这可能与聚合物分子链的断裂、自由基的氧化、

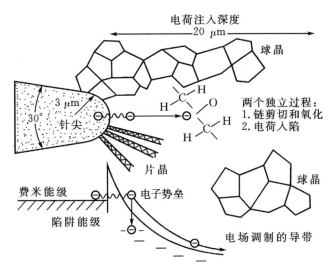

图 5 - 20　电树枝引发过程示意图

注入电荷的入陷等有关。

目前有两个基于电化学过程的聚合物材料老化模型,即:注入电荷载流子或产生的载流子对聚合物链的直接撞击破坏;注入和产生的载流子复合产生的紫外光辐射。到目前为止还没有足够确切的数据能够区分这两种机制。

如果在 PE 分子断裂链附近存在足够的氧,其中后续的过程必然是氧化,即化学过程。实验证实,氧的作用对加速电树枝的形成是显著的,导致在电极附近大约 5 μm 到 20 μm 的范围内形成多孔的海绵状区域。这意味着 PE 中自由体积的增大和局部介质击穿场强的降低。

因为聚合物由晶区和非晶区组成,以及在形态学上的片晶和球晶等高度有序的结构,有理由假定在聚合物中存在着固有的薄弱区。可以认为薄弱区是片晶、球晶之间的三维网络空间。实验证实在某些情况下电树枝路径与这些弱区网络相符合。

介电强度决定于本征击穿、电子雪崩击穿或自由体积击穿。电树枝化是针尖附近区域的局部击穿。以能带理论为基础的 PE 电子输运机理认为,在导带下面分布着许多电子陷阱,因此可以认为它形成的是迁移率带隙(Mobility Gap)而不是状态密度带隙(the State-of-Density Gap)。在这种情况下,如果电子在高能级上运动,那么电子是高度可动的,可以造成本征击穿或雪崩击穿。当然自由体积击穿也是可能的。在 PE 中非晶网络区域的自由体积比较大。非晶网络区似乎本身就是相对的电气弱点区,与自由体积型介电击穿定性相符。

还有一种解释是强调片晶的形态或方向造成的电导率的各向异性。在这个模型中,电流有选择地流过片晶之间的狭窄非晶区,产生焦耳热,使非晶 PE 汽化,形成气体通道。的确试验也观测到了这样的通道,所以在一些情况下,可认为是一种附加效应。

5.4.3　电树枝引发阶段的电荷转移——电荷偏置模型

电荷偏置模型认为,无论是电子还是空穴都能注入到聚合物电介质中,但是,注入进 PE 中的电子比空穴多。因此,用电子电荷注入过程来进行描述,但是空穴亦可以用同样的方式来表示。电子从高压电极通过电子势垒注入,入陷到非晶区的陷阱中心形成空间电荷。

如在电极尖端附近形成同极性电荷,将减弱这种条件下的高电场,阻止空间电荷的进一步形成。例如,当 5～10 kV 的电压施加到针尖半径为 3 μm、电极间距离为 3 mm 的单针电极系统上时,电场强度约为 0.55～1.1 MV/cm。由于同极性电荷的注入,实际电场强度明显地低于此值,大致为 0.12～0.24 MV/cm。因为形成部分空间电荷的时间小于 1 μs,而 50 Hz 或 60 Hz 的交变电压,其上升时间为 ms级,所以对于空间电荷的形成来说可以认为是准稳态。

在电场强度为 0.6 MV/cm 的情况下,大约 20 pC(大约 10^8 个电子)的电量注入到 PE 中。根据的实验数据,电子离开电极针尖的扩散距离一般为 6 μm 到18 μm;如果电子特殊均匀分布,其扩散距离可以为 110 μm。6 μm 到 18 μm 不是电荷扩散的实际距离,但是可能是电树枝引发的活跃部分。在图 5 - 20 中标示的这个距离为 20 μm。

在交变电压的第一个负 1/4 周里电子注入形成的电荷分布如图 5 - 21 所示。在第二个负 1/4 周里,按瞬时电压值的变化电子应返回电极,但是部分电子仍然停留在 PE 非晶区的深陷阱中,直至外施电压为零时也是如此。这些入陷电子停留的位置离开电极针尖有一定距离,比如 20 μm。假设在第一个半周结束时总注入电荷的 10% 没有抽回电极,空间电荷产生的电场强度将在 0.05 MV/cm 到0.1 MV/cm 之间。

如图 5 - 22 所示,假定在外施交变电压的第一个正 1/4 周里存在一个峰值

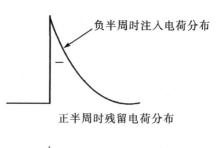

负半周时注入电荷分布

正半周时残留电荷分布

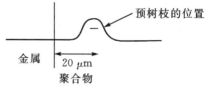

预树枝的位置

金属　　20 μm

聚合物

图 5 - 21　注入电荷和残留电荷分布图

电场。在该峰值电场作用期间入陷电子将越过 20 μm 的距离返回电极,图 5-22 中的下图表示反向放电的情况,这导致了正电流脉冲的出现。这可以解释在电树枝引发的开始首先观测到的正放电脉冲现象。这个模型预见了非破坏性脉冲的存在,这种脉冲起源于入陷电子的反向传输,对 PE 没有破坏性损伤。

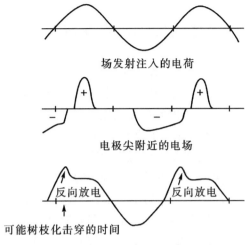

图 5-22　电树枝引发的注入电荷和电极针尖的电场的响应模型

在不同电压的作用下,有三种形状类型的电树枝,如图 5-23 所示。即使在低电压下,由于存在物理和统计薄弱区,电树枝也会引发,但是扩展的距离短,比如仅 6 μm。在中等电压作用下,电树枝的引发可能容易些,扩展得更深些,在一定距离处(如 18 μm)形成电荷前沿。在低电压和中等电压作用下电极尖端到电荷前沿的距离对应于"原始电树枝"的长度。在这些情况下,在电树枝引发阶段,经常观测到单树干电树枝。在高电压作用下,当电树枝引发刚刚开始时在电荷前沿的后面电树枝就分叉了,倾向于长成丛林状电树枝。

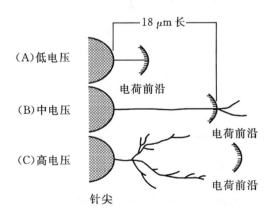

图 5-23　引发阶段的电树枝和电荷前沿

5.4.4　电致发光的光降解理论

一般常考虑三种形式的发光机理：

(1)离子迁移和电子在阴极的复合及空穴在阳极处的复合；

(2)介质体内的自由载流子加速后与发光中心发生碰撞,这些载流子可由电极注入或由体内的普尔或普尔-弗兰克尔效应产生,这些碰撞可以是电离的或非电离的,光发射可由复合或退极化产生；

(3)载流子的双注入、入陷和复合。

深陷阱能级和浅陷阱能级一般由所谓的界限能级来划分,浅陷阱能级可以看做电荷载流子的陷阱,而其他陷阱能级则可视为复合中心。这些陷阱能级由热刺激电流和热致发光可以测量得到。聚合物中甲基和羰基等极性基团引起的常为浅陷阱能级,而结构的变化如链支化和结晶引起的称为深陷阱。

以 S. S. Bamji 和劳伦特(C. Laurent)为代表的学者提出了一种电致发光的光降解理论模型,该理论认为聚合物中的紫外线辐射是导致聚合物降解并引起电树枝起始的主要因素。图 5 - 24 是该理论的模型图。

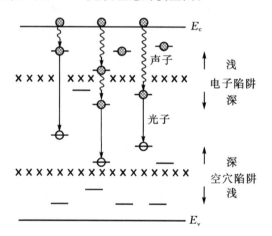

图 5 - 24　电致发光的能级解释模型

在负半周期中注入的电子被深浅不同的陷阱能级所俘获,形成非辐射松弛过程。辉光产生的过程为,在正半周期中注入的空穴被深空穴陷阱俘获后,在负半周期到来的时刻,与电子在上述深空穴陷阱中复合而产生。因此,注入聚合物的电荷将产生非辐射特性的能量转移现象。

随外施电压升高,载流子注入量增加,将使得费米能级和界限能级向着带边移动,一些局域态由陷阱态转变为复合中心,则将产生更短波长的光(紫外光),电压越高,光的强度和能量越大,导致聚合物的迅速光降解,缩短了电树枝起始时间。

电致发光降解理论认为氧在聚乙烯中有两个效应:①材料在强活性氧的作用下,更易于降解;②氧使光发射的强度减弱了。材料中出现氧成分后迅速降解,可以从氧的强活性来解释。由于聚合物分子链在高能紫外线作用下发生降解,分子氧和这些自由基反应,使得在这些大分子自由基的链上发生新的断裂,产生了羰基;而辉光减弱的原因,一方面由于氧的强电子亲和力,另一方面是由于辉光使这些气体激发态淬灭。

(1)在聚乙烯中由深陷阱中心俘获一个电子形成一个激发态,

$$A^+ + e^- \rightarrow A^*$$

(2)光子发射的退激化过程,

$$A^* \rightarrow A + h\nu$$

(3)由于氧的强电子亲和力,氧分子俘获注入的电子,从而干扰激发态的产生,

$$O_2 + O^- \rightarrow O_2^-$$

(4)氧淬灭激发态,

$$A^* + O_2 \rightarrow A\dot{O} + \dot{O}$$

这四个式子可以看出辉光减弱的原因。

依据实验现象提出的电致发光降解理论的要点在于,将局域态划分为陷阱与复合中心,电子和空穴在复合中心复合后辐射紫外线,紫外线导致聚合物的降解。

5.4.5　聚合物电树枝化的陷阱理论

1. 聚合物中陷阱能级的概念

随着对聚合物中空间电荷研究的深入,已经逐步认可了用陷阱这个概念来描述电荷驻留位置。原则上讲,任何局域能级都能或多或少地具有收容某种载流子的能力。这种由局域态构成的具有捕获载流子能力的能级中心即为陷阱或陷阱中心。陷阱的概念是从半导体物理学中"借"来的。半导体理论主要研究的是无机晶体材料,由于具有明确的能级结构,可用掺杂的手段定量控制材料中陷阱能级分布来调制波函数,从而控制量子阱的深度和分布,实现所需要的功能。对于非晶或半结晶材料,尤其是聚合物,由于结构的不规整性,其波函数不连续,因此无法再用量子力学的方程定量地求解波函数。卡尔克(J. E. Kalk)等运用原子轨道线性组合(Linear Combination of Atomic Orbitals, LCAO)法近似地计算过聚乙烯的能带结构,他认为聚乙烯这类半结晶材料,尽管不具备远程有序结构,但近程结构还是

可以看做有序的,于是引入了聚合物能带结构的模型。德尔哈勒(J. Delhalle)等运用光电子能谱(Electron Spectroscopy for Chemical Andysis,ESCA)法测量了聚乙烯的电子能态密度,实验与计算结果比较一致。聚合物能带模型虽然自提出以来就颇有争议,但还是有许多学者在研究相关问题时采用了它,主要是它解释电荷入陷和脱陷以及载流子的输运等现象较为简单明了。如图 5-3 所示的聚乙烯能带模型,一般计算表明禁带宽度 E_g(即 $E_c - E_v$)在 8 eV 到 10 eV 之间,其中 E_c、E_v、E_F、E'_{Fn}、E'_{Fp} 分别为聚合物的导带、价带、费米能级、电子陷阱界限能级和空穴陷阱界限能级,在 E'_{Fn} 之上的局域态是电子陷阱,在 E'_{Fn} 之下的局域态是电子复合中心;在 E'_{Fp} 之下的局域态是空穴陷阱,在 E'_{Fp} 之上的局域态是空穴复合中心。陷阱与复合中心是吸纳载流子的位置,不同的是载流子在复合中心与异极性电荷发生中和,对外不再显示电性。

2. 陷阱的产生和电荷输运

一般描述陷阱的参数有陷阱捕获截面、陷阱能级和陷阱能级密度分布等。在聚合物中产生陷阱的因素极为复杂,既有内在因素,也有外在因素。产生陷阱的内在因素有:晶区和非晶区的界面、有应力或化学反应感应的表面态和界面态、表面和体内偶极子态、体内分子离子态、杂质(包括不同化学基团,如极性基团、离子基团)、端基、支链、链折叠和弯曲、化学构型与构象、断链、极化子态(陷阱化电荷和介质极化周围区域等)。产生陷阱的外在因素也有许多,凡是使其结构引入缺陷的所有物理和化学作用都是产生陷阱的外在因素,如辐射、掺杂、氧化和外施电场作用等。

人们在研究空间电荷形成及作用机理的基础上,逐渐开始对聚合物内陷阱的物理和化学本质开展了研究。X 射线诱导热刺激电流(TSC)和热致发光(TSL)技术的应用给陷阱研究提供了丰富的信息。低温时,X 射线辐射产生的自由电子(或空穴)被陷阱捕获,在偏置电场的作用下有电子(或空穴)

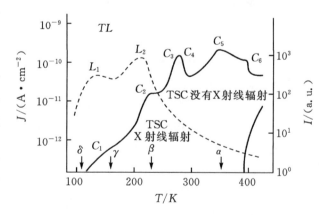

图 5-25　聚乙烯的 TSC 和 TSL 谱

从陷阱中热释放出来形成热刺激电流,一些被释放的电子与空穴发生辐射性复合,产生热致发光。低密度聚乙烯的 TSC 和 TSL 联合谱如图 5-25 所示,受 X 射线辐射产生的 TSC 曲线上有五个峰,分别是 $C_1 \sim C_5$。C_1 和 C_3 峰与 TSL 上的峰对应。而未受 X 射线辐射的 TSC 曲线上的峰很少,几乎无法检测出来。由此断定这五个 TSC 峰与被陷载流子有关。通过 X 射线诱导 TSC 还表明氧化产物、交联副产物及杂质可以成为载流子陷阱。TSL 实验还证实了由双键、自由基和氧气分子形成的陷阱的存在。表 5-2 为用 TSC/TSL 详细研究的聚乙烯中的载流子陷阱的产生机制。

表 5-2　聚乙烯中载流子陷阱的分类

TSC		对应于 TSC 峰的陷阱		
峰	峰温/K	陷阱深度/eV	区域	机制
C_1	~130	0.1~0.3		
C_2	~200（HDPE） ~180（LDPE）	0.3 0.24	片晶表面 无定形区	
C_3	~250	0.8~1.0	无定形区	缺陷
C_4	230~310	1.0~1.4	无定形区—晶区界面	
C_5	~330	1.2~1.4	晶区	
C'_5	~350（HDPE）	1.7		
C''_3	~280（HDPE）		无定形区	不稳定氧化产物
C''_5	~360（HDPE） ~310（LDPE）	1.4	无定形区—晶区界面	稳定氧化产物
C_7	~390（HDPE） ~320（LDPE）	1.0	无定形区	交联
C_8	340~350	1.2	无定形区	抗静电剂（As-1）

电荷载流子在介质材料中以三种形式存在:①在导带或价带上的自由电荷载流子,它们的定向移动形成电导;②与复合中心中的异极性电荷复合,以光子、声子或其他方式释放能量,对外不显示电性;③被电荷陷阱捕获。

对应陷阱的形成因素,空间电荷的形成也有内在和外在的因素。产生陷阱的内在因素可以成为空间电荷的来源和驻留位置,比如在电场作用下晶区与非晶区的界面发生极化,产生极化电荷,它将存在于界面附近,形成空间电荷;还有杂质在电场作用下发生电离,并进一步在电场作用下发生定向移动,这是异极性空间电荷的重要来源。而产生陷阱的外在因素,如辐射,可以向介质内部注入电荷,形成空间电荷,已经有实验表明辐射能够产生新的陷阱;在外施电场作用下,在电极和介质的界面或介质内部通过肖特基或福勒-诺德海姆效应发射电荷,也将在介质中形成空间电荷,这是形成同极性空间电荷的主要来源。

撤去外施激励后(如外施电场、辐射源、包括电子束和 γ 射线等),介质中偶极子将由有序定向转向无序,极化过程中形成的偶极子附近的电荷也将与邻近异极性电荷复合而消失;另一类介质,由于在极化过程中已经建立了稳定的极化机制,即使撤去外施激励后,仍将在很长一段时间内保持极化状态,除非将介质升高到居里温度以上,让介质经历一个退极化过程,极化才有可能消失,一般将这类介质称为驻极体。由离子定向迁移形成的异极性空间电荷,在撤去外施电场后,也将随着离子的热扩散,或者通过在空间电荷自建电场方向的迁移过程与异极性电荷中和而消失,当然也不能排除它们再次被陷阱捕获,形成新的空间电荷。由外施激励注入的电荷受陷阱捕获,在撤去外施激励后,按陷阱能级深浅不同,发生脱陷过程,逐渐消耗能量,即在退极化过程中会产生新的陷阱。

3. 陷阱化过程中非辐射能量的转移

由于聚合物是结晶和无定型两相共存的结构体系,结晶相以微晶的形式分布于无定形相中,一个微晶的能带与相邻微晶的能带发生位差,整个聚合物的结构可以看成是一个含有许多局域态能级的晶体能带结构。虽然电子从一个分子跳到相临的另一个分子必须克服位垒,但局域态之间的电子或空穴可以通过隧道效应发生迁移。

在此基础上引入能级局域态的概念,提出了在聚合物的电树枝潜伏期内存在着一个低密度区的过渡阶段。在足够高的电压作用下,根据近似的平板能级理论,在针尖对平板电极之间加上不同极性的直流电压之后,介质中的能级发生倾斜,见图 5-26。

电子可以通过福勒-诺德海姆隧道效应从阴极注入到绝缘体导带中。由于电子的平均自由行程小、禁带中局域能态密度大,这些注入电子在经过一次或几次散射后迅速被陷阱捕获。这些电子起两个重要作用。第一个作用是:在被陷阱捕获后形成同极性电荷,减小针尖电场强度,因此减小电子注入速率,并增强平板附近电场。第二个作用是:形成自由行程大的低密度区,随后使注入的电子能在这些区域发生碰撞电离。在电子传输过程中的入陷和复合效应已经了解得很清楚了。然而,由于入陷或复合从高能量状态向低能量状态转变过程中,等于两个能量状态之间能量差的能量既可以以辐射形式释放出来,也可以以非辐射形式释放出来。在大多数绝缘体中,特别是非晶绝缘体中,这种转变主要是非辐射性的。每一次入陷或复合释放的能量在一半禁带宽度(对于聚乙烯,4~5 eV)数量级,不能被单个声子吸收。另一方面,能量同时向大量声子转移就大不一样了。这个能量可以转移

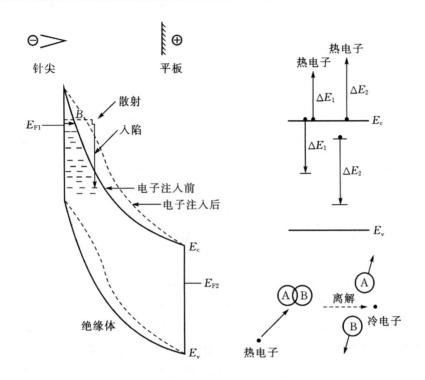

图 5 - 26　在针电极为负极性时电子注入、电子入陷、同极性空间电荷的建立
及其对电场分布的影响（A、B 分别为电子注入前后的电场分布）、
热电子的产生过程、热电子轰击将分子离解为自由基的过程。

给另一个电子,通过俄歇型过程使之变为热电子。换句话说,它的能量在将分子分
解为自由基的过程中用完,

$$AB + e(热) \rightarrow A + B + e(冷) \rightarrow A + B + e(被捕获) + 能量$$

由于入陷第二个电子释放出来的能量将传递给第三个电子,因此称之为热电
子。这个过程继续下去,产生越来越多的自由基,最终形成低密度区。热电子的能
量 ΔE 决定于陷阱在禁带中的位置,对于凝聚态绝缘体而言,它通常高于大多数键
的离解能 E_d。离解能低于 $4 \sim 5$ eV,例如,C—C、C—H、CH_3—H、CH_3—CH_3、
Si—H、Si—O 的离解能分别为 3.50 eV、3.55 eV、4.40 eV、3.60 eV、3.05 eV、
3.80 eV。这些离解能大大低于聚乙烯的禁带宽度(大约为 9 eV),也是发生碰撞电
离的最低能量。重要的是,需要强调热电子的能量是通过俄歇型过程获得的,俄歇
型过程与从电场获得能量的通常概念完全不同。

低密度区形成以后,只要这个区域内的电场、自由行程、自由基的电离能处于

合适值的范围内,碰撞电离就能在这个区域内发生。电子在不均匀电场作用下从电子注入的针电极出发在低密度区传输。电子雪崩可能扩展到针电极,针电极附近的电场下降,不足以使电子获得足够的能量发生碰撞电离,之后放电在针尖附近熄灭转变为局部放电(电树枝化)。应当指出,由于产生了高浓度的结构缺陷,热电子对分子键的破坏也会在形成低密度区以前产生更多的陷阱。在聚乙烯中添加杂质能够提高电树枝的引发电压,可以解释为引入了浅陷阱,从而降低了热电子的能量。在那种情况下,键断裂可能是一个或多个热电子轰击的过程。

当针电极为正极性时,电极附近形成同极性电荷是空穴注入造成的,但是在这种情况下主要是注入到禁带中的局域能态,(见图 5 - 27)。这些入陷的空穴可能通过隧道效应或跳跃过程从一个间隙局域能态传输到另一个局域能态。然而,分子链断裂、低密度区的形成以及后来的碰撞电离仍然是热电子的作用,其作用过程与针电极为负时的情况类似。热电子也通过俄歇型过程产生,即空穴入陷或与电子的复合所释放出能量的转移。第一步释放的能量发生转移使一个电子从价带激发到未填满的带隙局域态,并在价带形成一个空穴。第三步释放出来的能量发生转移使带隙局域态中的电子激发到导带(第四步)。第五步释放出来的能量将发生转移使导带中的电子成为热电子。整个过程将以上述的链式作用继续下去。在针电极为负的情况下,电子从电极注入低密度区,在不均匀(发散性)电场的作用下发生碰撞电离;当针电极为正的情况下,在低密度区边缘附近由第六步产生的电子将在不均匀电场(汇聚性)的作用下注入低密度区。这些电子在电场作用下得到加速,向针电极运动,引起低密度区内的碰撞电离。因为正针电极附近的同极性空间电荷少,在汇聚性电场作用下的电子碰撞电离比在发散性电场作用下的电子碰撞电离更有效,所以在产生局部放电方面,后一个过程比前一个过程有效。这可能就是正针电极时聚合物电树枝引发电压和击穿电压比负针电极时的低的原因。

如果外施电压为交流电压,电极系统仍为针板电极,那么在正半波产生的被入陷在带隙局域态中的空穴会与负半波注入的电子相撞。如果带隙局域态为杂质态,那么在电子—离子复合中释放的能量就可能使杂质分子离解为自由基,

$$AB^+ + e \rightarrow A + B$$

因此,在交流电场作用下形成低密度区的过程可能比直流下更加有效,这就是为什么交流电场作用下电树枝引发电压和击穿电压比直流下低得多的原因

4. 聚合物中电树枝化过程

在交流电压下,电极在不同极性的半周内相继发生了电子和空穴的注入,注入

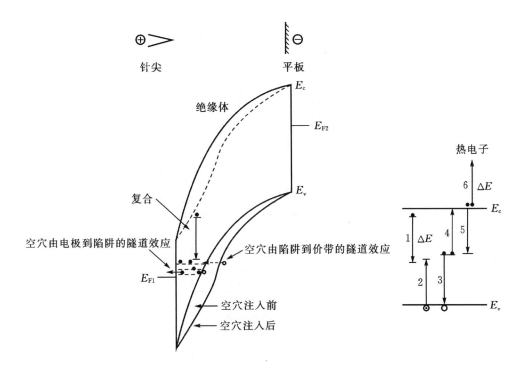

图 5 - 27　针电极为正极性时空穴注入、入陷电子—入陷空穴复合、同极性空间电荷的
建立及其对电场分布的影响、热电子的产生过程

载流子掉入陷阱后与反极性电荷复合,复合释放的能量转化为断裂聚合物链的能量。在单极性电压下,注入陷阱的电子或空穴所释放的能量通过共振机理转移给电子,热电子碰断聚合物链,大分子的断裂生成了大量的自由基和小分子产物,而生成的自由基对与聚合物的降解又有催化作用,并且加上氧的参与,从而导致更大范围的降解,形成了低密度区。在低密度区发生碰撞电离,部分释放的能量转化为光,部分能量使更多的聚合物分子断裂,这样就形成了空心的电树枝通道,此后局部放电发生,电树枝生长加速,最终导致聚合物的击穿,如图 5 - 28 所示。

　　该理论较好地解释了直流预压短路电树枝中,正极性直流预压短路电树枝的起始电压要比负极性直流预压短路电树枝的起始电压高的原因。

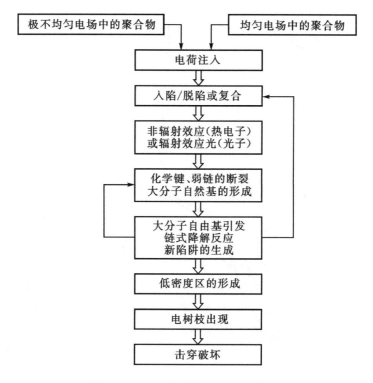

图 5-28　聚合物电树枝化的陷阱模型

　　上述几中电树枝引发理论模型可以应用来解释以下一些现象:①电树枝发生时的电发光现象;②电压波形对电树枝引发的影响;③直流预压短路电树枝的产生;④辐照接地电树枝的产生;⑤机械应力的影响;⑥热处理对电树枝起始电压的影响;⑦不同气体的作用;⑧电树枝化区域自由基的出现等。有兴趣的读者可详细阅读有关书籍。

5.5　聚合物电树枝生长的分形理论

　　从整体结构来看,聚合物中的电树枝表现出精密的结构相似性。电树枝的生长取决于两个方面:一方面,聚合物中的放电往往始于介质中电场强度最高点处,这些点应是分枝的顶点(即顶端效应);另一方面,若顶端效应占优势,那么电树枝将沿直线向另一电极发展。而实际观察到的都是具有强烈分枝特性的图形,这表明电树枝生长过程具有随机性,而没有确定性。因此,顶端确定效应和随机效应两者的竞争决定了电树枝的形状。

　　利用分形几何能够定量描述聚合物电树枝的生长规律。有几种模拟电树枝生长过程的分形生长随机模型。1984 年，尼迈耶(Niemeyer)等提出了分形介质击穿模型(Dielectric Breakdown Model，DBM)，他们利用一个简单的随机模型描述电树枝的生长。1986 年，威兹曼(Wiesmann)等通过引入两个电场参数将 DBM 一般化，一个参数是反映电树枝生长的临界电场 E_c，另一个是反映放电通道中的内(维持)电场。1995 年，诺斯科夫(Noskov)等通过描述非均质绝缘体内的放电现象，发展了 DBM：他们研究了注入空间电荷、具有不同相对介电常数及电导率的杂质和屏障等的影响，模拟了丛林、枝状电树枝，以及相互间的转变。1995 年，迪萨多等依据空间电荷诱发局部电场涨落对电树枝生长的影响，建立了电树枝的雪崩模型。1997 年，迪萨多等在雪崩模型的基础上，认为电树枝发展是与局部电场呈强非线性关系的局部材料破坏过程，是借其自身产生的局部电场畸变而成为诱导正负反馈两个效应的根源，从而提出了确定性混沌模型。

5.5.1　NPW 模型

　　分形介质击穿模型(DBM)，又称为(Niemeger Pietronero Wiesmann，NPW)模型，它是一个简单、新颖的介质随机击穿理论模型，此后电树枝生长模型大多以此为基础。

　　以压缩 SF_6 气体中的表面先导二维径向放电图像为例，其放电图像具有分形结构，即在半径 r 的圆周内，全部放电分枝的总长度(或放电格点的总数)与半径 r 的关系服从幂指数规律，即

$$N(r) \sim r^D \qquad (5-7)$$

式中，D 是分形维数，为非整数(分数)幂指数。电树枝的厚度可以近似为零(两维结构)。离中心距离 r 处的分枝数 $n(r)$ 为

$$n(r) \sim \frac{dN(r)}{dr} \sim r^{(D-1)} \qquad (5-8)$$

因此，通过计算不同 r 处的分枝数，可以求得分形维数 D。

　　NPW 模型是一种便于计算机模拟计算的随机模型，通过它可以进一步研究具有分形特征的介质击穿现象的本质。其具体模型为：二维方阵晶格中的中心点代表一个电极，离开中心点一定距离的圆周为另一电极。放电图形的生长规则如下：

　　(1)分步生长放电图形。图 5-29 是生长几步后的放电图形，放电通道用黑点标示，用粗线连接。晶格中各点的电位 φ 由离散的拉普拉斯方程确定，其边界条件是放电通道上的各点电位 $\varphi = 0$，圆周电位 $\varphi = 1$。

　　(2)每一步只有一个键连接到放电图形上，即将放电通道上的一个点与新点连接。将黑点和白点连接起来的虚键表示放电可能发展的路径。

　　(3)每一虚键与放电通道连接的概率 p 是黑点(i, k; $\varphi_{i,k}=0$)和白点(i', k')之间电位差(局部电场)的函数，下标(i, k)和(i', k')代表离散晶格坐标，因此黑点和白点的连接概率 p 为

$$P(i,k \rightarrow i',k') = \frac{(\varphi_{i',k'})^\eta}{\sum (\varphi_{i',k'})^\eta} \qquad (5-9)$$

这是一个指数为 η 的幂指数关系式，描述连接概率与局部电场的关系，其中分母表示所有可能的生长过程(见图5-29中的虚线)。根据这样的概率分布，随机选择一个新键(和点)添加到放电通道上，形成新的放电图形。在此基础上，重新计算才能确定下一步哪个点能添加到放电通道上。这些规则同样适合于从中心点的电树枝起始过程。另外，放电通道不能交叉，只能简单联结。

　　因此，该随机模型的本质是生长概率决定于由等电位放电图形确定的局部电场(电位)。在求解放电图形的过程中，最为艰苦的工作是每一步都要求解拉普拉斯方程

$$\mathbf{\nabla}^2 \varphi = 0 \qquad (5-10)$$

在二维晶格中，其离散形式为

$$\varphi_{i,k} = \frac{1}{4}(\varphi_{i+1,k} + \varphi_{i-1,k} + \varphi_{i,k+1} + \varphi_{i,k-1}) \qquad (5-11)$$

在给定边界条件下，对方程(5-10)迭代，经过5~50次迭代就能收敛，进而求得电位 φ。这种方法能够准确得出某一给定放电图形对各个键生长概率的整体影响规律。例如，图5-29右边直线顶端的生长概率大，而左边放电通道包围起来点的生长概率就低得多，这就是尖端效应和法拉第屏蔽效应。

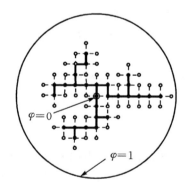

图5-29　二维方形格点上DBM模型的示意图(黑键为形成的导电通道，虚键是下一步能生长的键)

　　现在，讨论 $\eta=1$ 时的计算机模拟结果：这时的电树枝生长概率正比于局部电场，这种情况最切合现有实验中的实际情况，通过计算机计算得到的高度分枝电树枝结构如图5-30所示。为了研究这些放电图形的分形特性，需要生成若干放电图形，才能画出一定半径内总点数的对数与半径对数的关系。通过对5个具有5000个格点的大样本平均，得到豪斯多夫(Hausdorff)维数为 $D = 1.75 \pm 0.02$。偏差是斜率的统计涨落造成的，但是不能

排除因系统尺寸有限而带来更大系统误差的可能性。分形维数的计算值与分析放电实验得到的 $D = 1.7$ 符合得很好。应当指出,在计算机模拟中使用的是二维电场方程,而在实验中放电生长是二维的,电场线却是三维的,因此应注意这种情况。

下面讨论除 $\eta = 1$ 以外 η 值的影响作用,这是因为在聚合物中生长概率与局部电场之间的微观关系用非线性函数进行描述更为恰当。

$\eta = 0$ 时,生长概率与局部电场无关,为均匀生长,此时 $D = 2$,与欧几里德维数相等。当 $\eta = 0.5$ 和 $\eta = 2$ 时,$D_{(\eta = 0.5)} > D_{(\eta = 2)}$,这说明 D 与 η 有关,但并不普遍适用。η 大,电树枝结构更趋向于"线性",但是采用现在的方法细致研究 $\eta \to \infty$ 的极限情况是不可能的。与 $\eta \to 0$ 时放电的简单行为不同,$\eta \to \infty$ 时很可能是非解析的。交换 $\eta \to \infty$ 和 $N \to \infty$ 两种极限情况,可能产生不同的特性。不同 η 值时的豪斯多夫维数如表 5-3 所示。

图 5-30　计算机计算大约 5000 步时的放电图形($\eta = 1$ 时得到的豪斯多夫维数 $D = 1.75 \pm 0.02$)

表 5-3　豪斯多夫维数 D 与幂指数 η 的关系

η	D
0	2
0.5	1.89 ± 0.01
1	1.75 ± 0.02
2	~ 1.6

NPW 随机模型的本质是:生长概率依赖于局部电场,而该局部电场决定于等位的放电图形。也就是放电图形周围的局部电场并不直接控制电树枝生长,而是通过随机过程控制电树枝生长。这意味着电树枝并不恰好在局部电场最大处生长,而是在生长概率最大点生长。这点将电树枝生长的决定性过程转变为随机过程,给出统计意义上的分枝可能性。当 η 改变时,分形维数 D 随之变化,就证实了这点。同时,也说明了即使是同一模型,当所取的格点数目和边界条件不同时,得到的分形维数也不同。这同样反映出电树枝生长的微观机理是由它的整体结构所调制的事实。

5.5.2　WZ 模型

1986 年,威兹曼与策勒(Zeller)(WZ)引入了两个简单的物理参数,即生长临界场强 E_{mc} 和结构内电场 E_s,建立了放电图形总体结构与这两个参数之间的关系,形成了包括同极性空间电荷注入、电树枝状放电、丝状击穿等的统一图像,给出了电介质不稳定性的局部随机性与整体决定性的关系。

已经普遍承认,如果由电极注入到绝缘体内的电荷围绕在电极周围,将形成空间电荷云,从而降低局部电场。这种现象发生在真空中的针电极附近,注入到真空中的电子逐渐降低电场而阻止击穿的发生。因此,提出了电场限制空间电荷(Field-Limiting Space Charge,FLSC)的概念。

在超过临界电场 E_{mc} 时,聚合物中载流子迁移率将从典型的低值(小于 $10^{-10}\ m^2/Vs$)突然提高到能带中输运的值(大于 $10^{-4}\ m^2/Vs$)。由于迁移率增加幅度很大,电子需要足够的动能才能维持在σ—电子导带的迁移率边缘以上,因此可以合理地认为

$$\mu=0,\qquad E<E_{mc}$$
$$\mu=\mu_\infty,\qquad E>E_{mc} \qquad\qquad (5-12)$$

式中,μ_∞ 为迁移率的高场限值。在一定方式上,这类似于空间电荷限制电导(或电流)模型中的陷阱填充限(Trap-Filled Limit,TFL)。有时情况相当复杂,聚合物的非晶区并不存在 σ-电子导带,也许 E_{mc} 就会超过击穿场强。

如果外电场 E 足够强且达到 $E > E_{inj}$(E_{inj} 为电荷注入临界场)时,就会造成电荷注入。如果不存在迁移率临界电场,且 $E>E_{inj}$ 时,注入的空间电荷就会在绝缘体中扩散,直到阴极电场下降到 E_{inj} 建立平衡为止。迁移率转变提供了依赖于 E、E_{mc}、E_{inj} 的数值关系的可能性。例如,在 $E_{inj} > E > E_{mc}$ 时,任何来自体内本征的或相互接触的负电荷将迅速离开阴极而留下一个无空间电荷区域,此区域内的电场通过移动空间电荷(受陷于阳极附近)的屏蔽效应而降低到低值(小于 E_{mc})。在绝缘中,某点以外的局部电场将开始低于 E_{mc},按式(5-12),此区域内的任何空间电荷都将不会运动。在一个围绕点电极的辐射薄球壳内将会形成空间电荷,只要它在边界上产生的电场超过 E_{mc},空间电荷就会以孤立波状继续前进。换句话说,如果在途中不断受俘获,随着传播,孤立波将不断弥散,也就是少量地展宽。

但是对于聚合物而言,更典型的情况是:$E > E_{mc} > E_{inj}$。此时,动力学情况将十分复杂。开始注入的空间电荷在高局部电场($E > E_{mc}$)的作用下迅速离开阴极,而同步降低空间电荷边界后面区域内的电场,如图 5-31 所示。

对于针板电极系统,当外施电压使针尖电场超过介质击穿场强时,电荷由针尖向介质注入。因此,在针尖附近存在两种基本过程:只要超过临界电场 E_{mc},在针

尖附近就会出现快速的空间电荷流；只
要空间电荷分布的自建场使局部电场降
低到 $|E| \leqslant E_{mc}$，空间电荷流就会停止
（下降几个数量级）。空间电荷分布方式
存在两种情况：

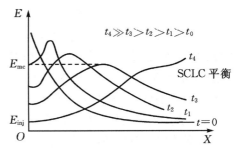

图 5-31　作为离开注入点距离的函数
电场分布示意图

第一种情况：空间电荷分布是平滑、
连续的，即空间电荷被限制在针尖附近
狭小区域内。这时，针尖对电场的增强
作用无论在电场强度还是在空间上都会
受到自身的限制。

第二种情况：空间电荷分布呈丝状或电树枝状。如果这些丝状通道是导电的，
那么丝状通道顶端的电场就会超过电极尖端原来的电场，导致局部电场增强作用
的放大、传播和分枝。

显然，第二种情形比第一种情形更危险，这两种情况的实验证据都有。例如，
对于环氧树脂和其他聚合物来说，ms 级电压脉冲产生同极性电荷注入，而对液态
烃类来说，亚微秒脉冲产生的却是丝状电流。

WZ 模型仍以针板电极时的点阵为对象，引入了两个简单的物理参数：生长临
界场强 E_{mc} 和结构内电场 E_s；格点电位由拉普拉斯方程及边界条件确定，在放电图
形的生长过程中引入了击穿电压。击穿结构呈阶跃式（步进式）增长，并由如下规
则控制：

（1）在放电结构内各个格点的电位为 $E_s \cdot s$，这里的 s 是在放电结构内该格点到
电极（针点）的最短距离。放电结构内部的电场 E_s 是恒定的，E_s 可维持结构内载流
子的高迁移率。

（2）每一步添加一个新键。添加新键的概率是局部电场 E_{loc} 的函数，即
$p(E_{loc})$。E_{loc} 是两个相邻点的电位差。特别规定，当 $E_{loc} \geqslant E_{mc}$ 时，$p(E_{loc}) \sim$
$(E_{loc})^\eta$，而当 $E_{loc} < E_{mc}$ 时，$p(E_{loc}) = 0$。这里，E_{mc} 是依据局部电场与局部漂移迁
移率 μ 的依赖关系定义的一个生长临界电场。超过 E_{mc}，介质电导率迅速上升，
即：当 $|E| < E_{mc}$ 时，迁移率 $\mu(E) = 0$；当 $|E| > E_{mc}$ 时，$\mu(E)$ 恒定或者单调上升。
一般情况下，设 $\eta = 1$。

（3）每完成一步，拉普拉斯方程按新边界条件重新求解。

WZ 模型可以产生实际观察到的多分枝分形结构。当 $E_s = E_{mc} = 0$ 时，在生
长概率 $p(E)$ 中唯一的自由参数是 η。当 $\eta = 0$ 时，电树枝生长图形与电场无关，分
形维数 $D = d$（欧氏空间维数）；当 $\eta \to \infty$ 时，意味着沿最高电场梯度线形成决定性
生长，$D = 1$；当 η 为有限值时，才形成分形结构，这与 NPW 模型的结论一致。因

此，η 控制了放电结构的分形维数。

　　应当指出，在 WZ 模型中引入两个电场参数后，有限的 E_s 和 E_{mc} 使放电结构的自相似性不复存在。放电图形的分形维数或分枝概率不再是常数。当 $E_s = 0$ 时，随着 E_{mc} 的增加，分枝概率下降，这可对比图 5-32 和图 5-33。依据条件，有限的 E_s 可以造成一个稳定的预击穿结构。换句话说，生长停留在有限尺寸的放电结构上。随着 E_s 的增加，结构逐渐被填充，电树枝分枝性增加。在 $E_s = (5/6)E_{mc}$ 时的放电结构如图 5-33 所示。当 $E_s = E_{mc}$ 时，结构内的空间被填满。这时完全重复了电场限制空间电荷（FLSC）的结果。$E_s < E_{mc}$ 对应于物理上的负微分电阻区。

　　图 5-33 中，$E_s = 0$，$E_{mc} \neq 0$，E_{mc} 很大，约等于针尖处的起始电场，开始不可能分枝，随着向对面电极发展，不断增加的 E_{loc} 将导致分枝概率增加。

　　电树枝放电存在两个电场参数的作用。第一个电场参数是电树枝内的电场 E_s（称内电场，或维持电场）。每个新起点（节），必须达到一定的电位，且不同于已联结电树枝老节的电位（代表有电阻电树枝），才能连接到电树枝上。当全部电压都降落在电树枝内、其表面电场下降为零时，内电场 E_s 增加，最终电树枝生长发生钝化。实验发现有电树枝最终停止生长的现象，表明确实存在所模拟电树枝钝化特性，这时形成了稳定的预击穿结构。内电场有增加电树枝分形维数的作用，也就是介质中那些更弱的部分（不在尖端，而在侧面）电树枝有更多的机会增长。第二个电场参数是临界电场 E_{mc}。电场必须超过临界场强 E_{mc} 才允许该点树枝生长，因此增加 E_{mc} 总是降低电树枝平均维数。这类似于增加放电概率 p 中的电场幂指数 η 的作用。低的非零 E_{mc} 值将压抑侧向分枝，当表面电场最高值处于先导分枝顶端时，E_{mc} 值愈高，主侧向分枝愈受压抑，仅保留一个占优势的中心分枝。

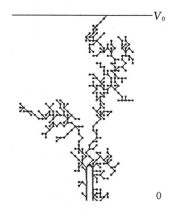

图 5-32　针电位为零、板电位为 V_0 时，生成的针长度为 $30a$（$a =$ 点阵常数），针板距离为 $40a$，电树枝生长在电位为零处（$E_s = 0$），电树枝生长的阈值电场为零（$E_{mc} = 0$）

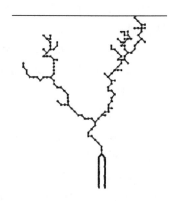

图 5-33　与上图条件基本相同的平面电树枝图形

　　总之,依照 WZ 模型,要在固体电介质中
形成一种电树枝状放电结构的合理分枝特性,
直接要求在生长过程中存在一个起支配作用
的概率成分。借助临界电场 E_{mc} 和维持电场 E_s
这两个参数,以及采用放电生长概率函数
$p(E)$,该模型可以成功地预示固体电介质中分
形击穿及预击穿现象,可以模拟各种放电结构
类型,例如,线性、树丛型、电树枝状结构。

　　除上述介绍的几种电树枝生长的理论模
型外,1995 年,诺斯科夫、库赫塔(Kukhta)及
洛帕京(Lopatin)在 NPW 模型的基础上,发展
了不均匀绝缘体系中的放电发展模型。该模
型研究了注入空间电荷、杂质及屏障对放电结
构的影响,模拟了刷形(树丛)、电树枝及骨架
型等放电生长结构及相互间的转换。1993 年

图 5 - 34　E_{mc} 与图 5 - 32 的相同,但
是在 $E_s = (5/6)E_{mc}$ 时的放
电结构

迪萨多和斯威尼(Sweeney)提出了放电雪崩模型(Discharge Avalanche Model,
DAM),简称 DS 模型,该模型将电树枝生长归结于注入空间电荷引起的电场的涨
落。分形分枝结构的形成需要与时间有关的电场涨落,场涨落最主要的根源是由
放电雪崩机理本身形成的空间电荷分布。在雪崩模型的基础上,1997 年,迪萨多
认为电树枝发展是与局部电场呈强非线性关系的局部材料破坏过程,过程自身产
生的局部电场畸变诱发正负反馈两个效应又影响和制约过程的发展,从而提出了
树枝化击穿的确定性混沌模型。限于篇幅此处就不再详细介绍了。

第6章 电介质的基本光学特性

我们对电介质光学特性的了解比对其电学特性的了解要少得多,但电介质的光学性质同样有着广泛的应用领域。光缆的历史才有三十多年,但其发展非常迅速,当今风靡世界的通信互连网主要是靠光缆来传输信号。可以说,近代人类的生活与生产活动离不开与我们学科专业有密切关系的电缆与光缆。近三十年来,随着光通信材料和技术的高速发展,高透光材料已成为具有重要实际意义的新材料分支。高透光材料一般都是电介质材料,这就是说,电介质家族已经又出现一位有巨大应用价值的活跃成员——高透光电介质。众所周知,目前光通信主干线光缆的导光芯线材料为高透光石英玻璃,其窗口损耗已降到 0.3 dB/km 以下,但随着局域网宽带通信光缆的大量应用,仍有待开发新型高透光材料,其中期望值较高的就是高透光聚合物材料。聚合物光介质材料及其应用技术的研究也是当前十分活跃的课题。电介质的光学特性的物理本质及其与组成、结构的关系应该成为工程电介质学科的重要关注对象。介质的折射率、透明性(即色散与吸收)以及有关的功能特性将是本章讨论的主要内容。

一般所说的光作为电磁波的一个频段其波长和频率范围在红外至紫外之间,即频率为 $10^{11} \sim 10^{15}$ Hz,相应波长为 $10 \sim 0.5~\mu m$。而目前在光通信技术中得到实际应用的光波长范围为 $0.85 \sim 1.5~\mu m$ 的红外光区。

在几何光学中,当光从空气入射到介质时,定义介质的折射率 n 为

$$n = \frac{\sin\theta_i}{\sin\theta_t} \tag{6-1}$$

其中,$\sin\theta_i$,$\sin\theta_t$ 分别为入射角和折射角的正弦,空气的折射率为 1。

在电磁波理论中,定义折射率 n 为

$$n = \frac{c}{v} \tag{6-2}$$

其中,c 是光在真空中的速度(3×10^8 m/s);v 是光在介质中的速度。与折射率相联系的介电常数是 ε_∞,即光频介电常数,对于非磁性介质,$n^2 \approx \varepsilon_\infty$。可见 $n > 1$,说明光在介质中减慢了行进速度,这就是在光电磁波作用下介质发生极化的影响。电磁波使介质发生极化,极化减慢了电磁波的传播速度。

介质在光频电磁场($f > 10^{12}$ Hz)作用时,只存在极化建立时间很短的电子位

移极化、离子位移极化和弹性转向极化,而各种松弛性极化均已难以建立。低频下松弛极化的发生使 ε'、ε'' 成为频率的函数,这在实验和理论上都十分成熟,而且已获得大量工程应用。在光频电磁场作用下,电子和离子等瞬时极化过程与频率的关系宏观上也表现为光频介电常数和折射率随光频的变化,以及同时出现光能量损耗,即光吸收,这些就是本章下面要讨论的主要问题。

6.1 电介质的光频谐振极化

从直观的实验结果发现,当光频电场频率进一步增高时,介质中的电子位移极化和离子位移极化会出现滞后现象,因而介电常数及光折射率将随频率而变化。至今还没有直接测量光频介电常数的实验方法,但可通过测量介质折射率和光吸收特性与光波长关系来间接获得,如图 6-1 实验曲线所示。

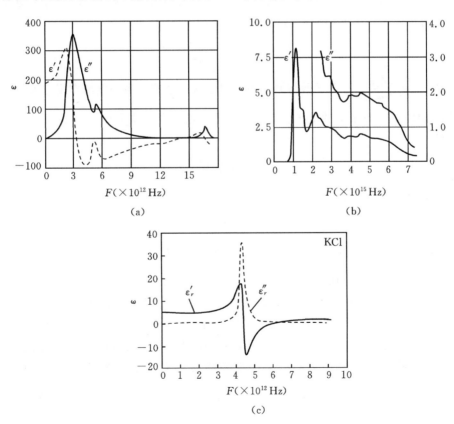

图 6-1 不同介质的光频介电谱图

(a)BaTiO₃的红外介质谱图;(b)BaTiO₃的紫外介质谱图;(c)KCl 的红外介质谱图

由图可明显看出,ε'、ε''随光频率变化的规律与低频下松弛极化的情况有很大差别,光频介电常数随频率增大在明显上升后突然下降,然后再恢复上升趋势,与此同时 ε'' 出现尖锐峰值。松弛极化的本质是分子极化运动滞后于外电场变化,光频极化所出现的不同特征就说明它不再是粒子运动滞后所引起的过程了。理论研究的回答是,光频极化的特征是由一种谐振极化过程所引起的。

至今,被广泛应用的介质的光频极化理论仍然是建立在经典力学基础上的。

6.1.1　电子谐振极化

应用电子位移极化的简单经典模型,以非极性介质为例进行分析。当无外电场时,原子中的电子云重心与原子核重心相重合,原子的电矩为零。当有外电场作用时,电子云发生响应外场的运动,相对原子核其重心有一位移 X,并有一弹性恢复 F 力与外场作用力相平衡,如图 6-2 所示。

$$F = -k_e X = \frac{-Z^2 e^2 X}{4\pi\varepsilon_0 a^3} \qquad (6-3)$$

其中,$k_e = \dfrac{Z^2 e^2}{4\pi\varepsilon_0 a^3}$ 是电子云与原子核的弹性联系系数。当外电场作用力为零且忽略阻力作用时,原子中的电子云重心将以平衡点为中心做简谐振动,其振动方程可写为

$$m\frac{\mathrm{d}^2 X}{\mathrm{d}t^2} + k_e X = 0 \qquad (6-4)$$

式中,m 为电子云质量。此式的一般解为

$$X = X_0 \sin(\omega_0 t + \delta) \qquad (6-5)$$

式中,X_0 为位移的振幅;ω_0 为电子云固有谐振角频率,$\omega_0 = \sqrt{\dfrac{k_e}{m}}$。

对于氢原子,$a \approx 10^{-10}$ m,$m \approx 9.1 \times 10^{-31}$ kg,$Z=1$,$e=1.6 \times 10^{-19}$ C,可以求出氢原子的 $k_e \approx 230$ N/m,$\omega_0 \approx 1.6 \times 10^{16}$ rad/s。这表明氢原子中电子云的固有谐振频率处于紫外光频率区,$\nu \approx 2.5 \times 10^{15}$ Hz。

当有一正弦交变的光频电场 $E = E_0 e^{i\omega t}$ 作用于原子时,电子云将发生受迫振动。如果考虑到带电粒子加速时产生的电磁辐射而引起损耗,应引入阻尼项 $m\gamma\left(\dfrac{\mathrm{d}X}{\mathrm{d}t}\right)$,则考虑包括振动阻尼在内的电子云受迫振动的一般方程可写为

$$\frac{m\mathrm{d}^2 X}{\mathrm{d}t^2} + m\gamma\frac{\mathrm{d}X}{\mathrm{d}t} + k_e X = eE_0 e^{i\omega t} \qquad (6-6)$$

式中,γ 代表阻尼系数。式(6-6)解的形式为

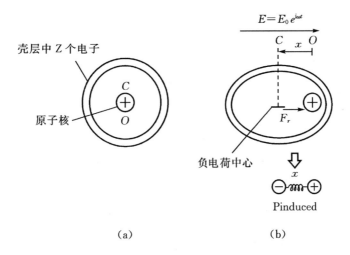

图 6-2 单原子的电子位移极化

(a)$E=0$ 时的中性原子;(b)电场作用下的感应偶极矩

$$X = \frac{eE_0 e^{i\omega t}}{m(\omega_0{}^2 - \omega^2 + i\omega\gamma)} \tag{6-7}$$

定义复电子极化率为

$$\alpha_e^* = \frac{eX}{E_0 e^{i\omega t}} = \frac{e^2}{m(\omega_0{}^2 - \omega^2 + i\omega\gamma)} \tag{6-8}$$

由于此时只有瞬时极化存在,各种介质都类似于非极性介质,因而作用于原子上的内电场可采用洛伦兹内电场模型,即可以应用克-莫方程,但均应以复数形式 ε_r^* 及 α_e^* 带入如下:

$$\frac{\varepsilon_r^* - 1}{\varepsilon_r^* + 2} = \frac{N\alpha_e^*}{3\varepsilon_0} \tag{6-9}$$

$$\varepsilon_r^* = 1 + \frac{N\alpha_e^*}{\varepsilon_0 - \dfrac{N\alpha_e^*}{3}} = 1 + \frac{Ne^2}{\varepsilon_0 m\left[(\omega_0^2 - \dfrac{Ne^2}{3\varepsilon_0 m}) - \omega^2 + j\gamma\omega\right]} \tag{6-10}$$

将 $\omega_1^2 = \omega_0^2 - \dfrac{Ne^2}{3m\varepsilon_0}$ 和 $\varepsilon_r^* = \varepsilon_r' - j\varepsilon_r''$ 代入,便得到

$$\varepsilon_r' = 1 + \frac{Ne^2(\omega_1^2 - \omega^2)}{\varepsilon_0 m(\omega_1^2 - \omega^2)^2 + \gamma^2\omega^2} \tag{6-11}$$

$$\varepsilon_r'' = \frac{Ne^2\gamma\omega}{\varepsilon_0 m(\omega_1^2 - \omega^2)^2 + \gamma^2\omega^2} \tag{6-12}$$

ε_r' 和 ε_r'' 随电场频率 ω 而变化,在 $\omega \ll \omega_1$ 的频率段,ε_r' 为与外场频率无关的恒定值,此时

$$\varepsilon_{r}' = \varepsilon_{r\infty} = 1 + \frac{Ne^2}{\varepsilon_0 m\omega_1^2} \tag{6-13}$$

可以看出,固有谐振频率高的介质,其 ε_r' 较小。

当光频率 ω 增大而趋近于 ω_1 时,由式(6-11),ε_r' 呈迅速增加趋势,在接近 ω_1 附近,近似用 $\omega \approx \omega_1$、$\omega_1 + \omega \approx 2\omega_1$,通过关系 $\omega_1^2 - \omega^2 = (\omega_1 - \omega)(\omega_1 + \omega)$ 可得出

$$\varepsilon' = 1 + \frac{Ne^2}{2\varepsilon_0 m\omega_1} \cdot \frac{\Delta\omega}{(\Delta\omega)^2 + \dfrac{\gamma^2}{4}} \tag{6-14}$$

$$\varepsilon'' = \frac{Ne^2}{2\varepsilon_0 m\omega_1} \cdot \frac{\Delta\omega}{(\Delta\omega)^2 + \dfrac{\gamma^2}{4}} \tag{6-15}$$

此关系对 $\Delta\omega$ 微分,取 $\mathrm{d}\varepsilon'/\mathrm{d}(\Delta\omega) = 0$,可导出 ε'、ε'' 随频率变化曲线都有极值存在。

6.1.2　离子谐振极化

离子谐振极化出现色散与吸收的频率区相应比电子位移极化的要低,通常发生在红外光范围,可用红外光谱仪进行测量。图 6-3 所示为 NaCl 晶体的离子位移极化模型,采用与电子谐振极化的类似处理方法,可得到介电常数随频率的变化关系。

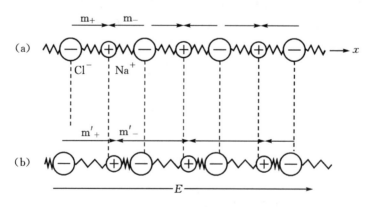

图 6-3　NaCl 晶体的离子位移极化模型

考虑到在红外光频区,电子位移极化已能建立,式(6-11)和式(6-12)应修正为

$$\varepsilon'_r = n^2 + \frac{B(\omega_1^2 - \omega^2)}{\varepsilon_0 \ (\omega_1^2 - \omega^2)^2 + \gamma^2 \omega^2} \tag{6-16}$$

$$\varepsilon''_r = \frac{B\omega\gamma}{\varepsilon_0 [(\omega_1^2 - \omega^2)^2 + \gamma^2 \omega^2]} \tag{6-17}$$

式中，$B = \dfrac{(n^2+2)Nq^2}{3m}$；$\omega_1$、$\omega$、$\gamma$、$m$、$q$ 分别为离子（或原子、原子团）的谐振频率、光频率、谐振阻尼系数、粒子质量和所带电荷。

　　研究出现在不同电场频率范围内各种形式的极化和损耗可以得到电介质的极化、损耗参数 ε'_r、ε''_r（或 ε' 及 $\tan\delta$）随电场频率变化的关系。这就称为电介质的极化频谱，也称为电介质的介电谱。理论上介质的全频介电谱曲线可用图 6-4 表示。

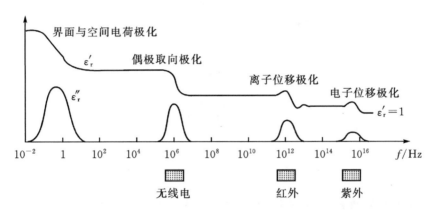

图 6-4　电介质的全频介电谱示意图

6.2　电介质的折射率与色散

6.2.1　介质的折射率

　　应用相对介电常数与折射率的关系式 $\varepsilon_r \approx n^2$，且不考虑振动阻尼，从式（6-11）可以得到介质折射率随光波电场频率的变化关系：

$$n^2 = 1 + \frac{NZe^2}{\varepsilon_0 m_e (\omega_1^2 - \omega^2)} \tag{6-18}$$

　　式（6-18）也可用波长来表示，如果 $\lambda_1 = 2\pi c/\omega_1$ 为谐振波长，则式（6-18）写为

$$n^2 = 1 + \left(\frac{NZe^2}{\varepsilon_0 m_e}\right)\left(\frac{\lambda_1}{2\pi c}\right)^2 \frac{\lambda^2}{\lambda^2 - \lambda_1^2} \qquad (6-19)$$

这种折射率随光波频率或波长变化的关系,称为色散关系。

介质光折射率当然也表现类似于其介电常数与频率的关系,当包含不同频率成分的白光通过介质时,由于折射率 n 的变化与光频 ω 有关,不同频率光波折射率的差别便表现出来,就发生了通常易于看到的色散现象。折射率 n(或 ε')随频率增大而上升的区域,$\mathrm{d}n/\mathrm{d}\omega > 0$,称其为正常色散区。

当 ω 接近等于 ω_1 时,折射率 n(或 ε')转为随频率上升而迅速下降,$\mathrm{d}n/\mathrm{d}\omega < 0$,这种情况与熟知的正常色散规律相反,就称之为反常色散。图 6-5 是包括正常色散和反常色散的介质色散曲线示意图。

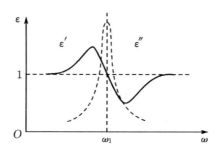

图 6-5　介质的正常色散与反常色散

与复介电常数 $\varepsilon^* = \varepsilon' - \mathrm{i}\varepsilon''$ 相应,可定义复折射率 n^* 为

$$n^* = n' + \mathrm{i}n'' \qquad (6-20)$$

存在以下关系:

$$(n^*)^2 = \varepsilon^* = \varepsilon' - \mathrm{i}\varepsilon''$$

所以

$$2n'n'' = \varepsilon'' \qquad (6-21)$$

和

$$(n')^2 - (n'')^2 = \varepsilon' \qquad (6-22)$$

实部 n' 即为通常的折射率,虚部 n'' 与介质对光的吸收有关,称其为消光系数。

n' 和 n'' 与频率的关系经近似处理后可以导出如下:

$$n' \approx 1 + \frac{1}{2}\frac{Ne^2}{\varepsilon_0 m}\frac{\omega_1^2 - \omega^2}{(\omega_1^2 - \omega^2)^2 + 4\omega^2\gamma^2} \qquad (6-23)$$

$$n'' = \frac{Ne^2}{\varepsilon_0 m}\frac{\omega\gamma}{(\omega_1^2 - \omega^2)^2 + 4\gamma^2\omega^2} \qquad (6-24)$$

6.2.2　介质的色散

色散是介质折射率(或介电常数)随光波波长或频率而变化的现象。由于介质色散作用,入射光信号将发生波形畸变,因此有必要将色散由一个概念转化为一个物理参数,常用色散率 η 来表示介质色散的大小。如果 n_1、n_2 分别代表与波长 λ_1、λ_2 相对应的折射率,在此波长区间的色散率 η 定义为

$$\eta = \frac{n_1 - n_2}{\lambda_1 - \lambda_2} \tag{6-25}$$

相应有微分色散率 η'(在某一波长附近的色散率 η)为

$$\eta' = \frac{\mathrm{d}n}{\mathrm{d}\lambda} = \frac{\mathrm{d}f(\lambda)}{\mathrm{d}\lambda} \tag{6-26}$$

光在介质的传播相速度与折射率有关,因此在色散介质中速度也是随波长而变化的。常通过实验测量不同波长对应的折射率,来获得介质色散曲线,如图 6-5 所示。介质色散曲线有两个区域,其一为正常色散区,其二为反常色散区。

在正常色散区,介质的折射率随波长增加而减小(或随频率升高而增大),可用柯西(Cauchy)经验公式表示:

$$n = A + \frac{B}{\lambda^2} + \frac{C}{\lambda^4} + \cdots \tag{6-27}$$

近似条件下一般只考虑前两项。

$$n = A + \frac{B}{\lambda^2} \tag{6-28}$$

如果获得了实验曲线,就可以算出参数 A、B。相应的色散率 η 为

$$\eta = \frac{\mathrm{d}n}{\mathrm{d}\lambda} = -\frac{2B}{\lambda^3} < 0 \tag{6-29}$$

上式是小于零的,这意味着在正常色散区光波的传播速度随着波长的增加而增大。

在反常色散区,介质的折射率随波长增加而增大(或随频率升高而减小)。这一现象是 1862 年勒鲁(Leroux)在研究碘蒸气的色散现象时首先发现的。其后的研究证明,反常色散是介质普遍的性质,但柯西经验公式不适用,在反常色散区相应的色散率 η 为

$$\eta = \frac{\mathrm{d}n}{\mathrm{d}\lambda} > 0 \tag{6-30}$$

实验亦证明,同一种介质可能有几个正常色散区和反常色散区。图 6-6 为包括有正常色散和反常色散的波长色散曲线,图的纵轴为折射率。

　　反常色散出现在较窄的频率区，介电常数由大于1而降到趋进于1，即介质极化对介电常数 ε_r' 的贡献迅速降为零。不仅如此，还存在着一种反常的过程，使 ε_r' 继续下降至小于1，甚至为负值。这种反常现象似乎难以理解。但在此频率下，ε_r'' 即介质吸收对应出现明显的尖锐峰（松弛损耗峰是平缓峰），尖锐吸收峰的同时出现能够帮助解释反常色散现象。这

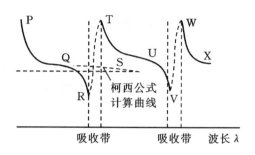

图 6 - 6　色散曲线

与分子热运动有关的松弛极化完全不同，光频极化是一种分子内的谐振极化过程（电子云谐振极化、离子谐振极化和偶极子转向谐振极化）。谐振吸收峰处，感应偶极子电荷受电场加速向外辐射能量成为主要过程，产生和入射光方向不同的光能辐射，就表现为光的损耗，即光吸收。在谐振频率下，即在吸收峰处，实际上发生了与通常的粒子极化运动很不一样的过程。可以认为，反常色散区的折射率是没有宏观物理意义的。

　　当光信号在介质中传输时，色散影响光的传输速度，因而经过一定距离的传输后必然产生时延，光的传输时延 τ 为

$$\tau = \frac{nl}{c} \tag{6-31}$$

式中，c 是真空中的光速，l 是光的传输距离即光程长度。考虑到一束光可能包含不同的入射角，入射角不同时其达到终点的光程是不同的，因此，时延还与入射角 θ 有关。

　　与入射角有关的色散时延应为

$$\tau = \frac{nl}{c} = \frac{nL}{c}\sec\theta \approx \frac{nL}{c}\left(1 + \frac{\theta^2}{2}\right) \tag{6-32}$$

式中，L 为光波导长度。光脉冲信号波形由于色散时延而发生的波形畸变如图6-7所示。对于具体导光介质，其不同的几何结构将构成光波传输的不同边界条件，色散引起的时延的计算是十分复杂的，可以归纳为介质材料、介质几何因素以及光源所包含的波长成分等三方面的影响。用波动光学理论可对色散时延进行分析，把色散时延分为材料色散、模色散和波导色散。工程上用 $\mathrm{d}\tau/\mathrm{d}\lambda$ 或 $\mathrm{d}\tau/\mathrm{d}\omega$ 来表示时延随波长或频率的变化率，称其为材料色散斜率，其单位为 $\mathrm{ps}/(\mathrm{nm}^2 \cdot \mathrm{km})$。

$$\frac{\mathrm{d}\tau}{\mathrm{d}\lambda} = -\frac{L}{c}\lambda\frac{\mathrm{d}^2 n}{\mathrm{d}\lambda^2} \tag{6-33}$$

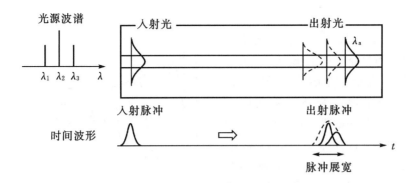

图 6-7　色散对光信号脉冲的影响

6.3　电介质的光吸收与散射

　　介质的光吸收损耗与波长有关,在某些波长时,吸收处于峰值附近,光的透过很少,介质变成不透明的;而在另一些波长时,则光吸收很少,介质才是光透明度很高的可以导光的材料。导光介质的色散与吸收是现代应用光学物理的最基本的概念之一。

6.3.1　光在介质中的传播

　　当一定强度的入射光注入到介质时,经过一定距离后光强将减弱,如图 6-8 所示,这一般表示为

$$I_l = I_0 e^{-\alpha L} \tag{6-34}$$

式中,I_0、I_l 分别为入射和出射光强度;α 为吸收系数;L 是光通过的距离。$I_0 - I_l$ $= \Delta I$ 即为被介质吸收的光强度。被介质吸收的光强度与通过的介质厚度有关,由式(6-34),吸收系数可以写为

$$\alpha = -\frac{1}{L}\ln\frac{I_l}{I_0} \tag{6-35}$$

α 的常用单位为 dB/km。

　　相对于半导体和导体来说,纯净的电介质都具有较高的透光特性,即其光吸收系数较小。但没有哪种物质对所有波长的光都是透明的,某些物质对某些频率的光是透明的,而在另外的频段下是有吸收的。决定物质光吸收特性的因素首先是其电子能带结构,当注入材料的光子能量 $h\nu$ 大于等于禁带宽度 E_g 时,能引起电子能带跃迁吸收。发生能带跃迁吸收时,电子和空穴将成对产生,载流子密度增高,

光电导率增大。

　　通常电介质都具有大的禁带宽度 E_g，在聚合物电介质中的 E_g 更大（$E_g >$ 6 eV），因而理论上介质的电子能带跃迁吸收一般出现在紫外频率区（$\lambda <$ 0.4 μm）。材料的能带跃迁吸收具有明显的选择性，可以用来测量禁带宽度，半导体的禁带宽度就是由此来测量的。在可见光和红外光区，介质一般不具有电子能带跃迁吸收，故一般有较好的光透明性。图 6-9 为材料的透明性与其

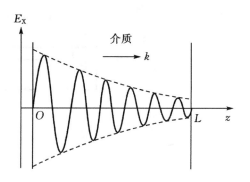

图 6-8　介质中光波衰减示意图

E_g 的定性关系。当然，影响电介质 E_g 的因素是十分复杂的，也存在电子跃迁吸收向可见光区扩展的现象。例如，对芳香族化合物类介质就存在 $\pi^* \rightarrow \pi^*$ 电子跃迁吸收，对脂肪族化合物存在 $n \rightarrow \pi^*$ 的电子跃迁吸收。

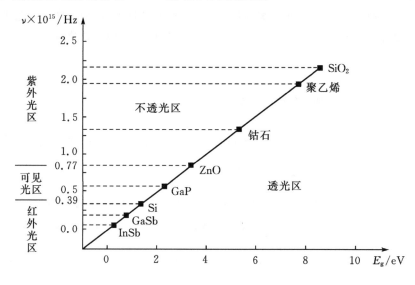

图 6-9　光透明性与 E_g 关系示意图

　　在可见光和红外光区，介质 ϵ'' 所对应的光吸收也出现在某些特定频率附近（固有谐振频率下），所以介质对入射光亦有明显的选择性光吸收特征，图 6-10 可为一例，其纵坐标为光透过率。

　　电介质中电子、离子和分子运动对光频电磁场的响应而产生的光吸收一般发生在红外光（IR）与可见光频率区（$\lambda > 0.7 \mu m$）。总的来说，这是束缚电荷的运动

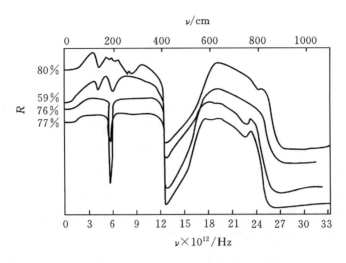

图 6 - 10　$(K_{1-x}Na_x)TaO_3$ 晶体的红外谱图

对外场激励的响应过程中产生的能量吸收。光在介质中传播时,光电场的能量激发介质的束缚电荷作受迫阻尼振动,产生阻尼的物理本质有两类解释。辐射阻尼:介质电荷发生受迫振动,与入射波同方向的极化波透射出介质,而电荷在作加速运动的同时将产生辐射,如图 6 - 11 所示,辐射波不与入射波同方向,即为散射。辐射把入射光的能量散射出去,形成光散射损耗。声振动阻尼:部分光能转化成了较低频率的分子声振动,这一过程与介质密度起伏有关,甚至增高介质温度,这也造成光能量的损耗。如果造成的热效应不明显,可以认为,光吸收和光散射是一个过程的两种宏观表现。所以,在光频电磁场中介质的光吸收和散射特性不仅与介质分子的组成、结构有关,还与介质的物理结构起伏和含有的其他不均匀成分所产生的光吸收和散射有关。

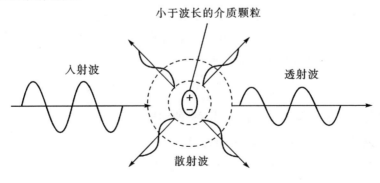

图 6 - 11　介质中谐振散射示意图

研究介质光吸收时,只关注入射和终端的出射光,通常将其分为本征吸收(决定于介质材料)和非本征吸收(决定于外来因素,如不均匀、杂质等)。

研究介质光散射时,可只关注非入射方向的散射光,也分为本征散射和非本征散射。

一般来说,依照散射粒子与入射波长的相对大小,可以区分粒子大小在 $1/5 \sim 1/10$ 波长以下的散射为小粒子散射,称为分子散射或瑞利散射;而粒子大小与波长相当或更大的散射为大粒子散射或米氏散射,这是材料极不均匀时才能出现的情况。以上散射光频率与入射光相同,又称为线性散射。与此相应,存在有非线性散射,它的散射光频率除与入射光频率相同的部分外,还有与入射光不相同的部分,即有新频率的光产生,这类散射称为拉曼散射和布里渊散射。与入射光同频率的散射是弹性散射,不同频率的则属于非弹性散射。

从关注介质材料出发,下面分本征散射和非本征散射进行讨论,也就是讨论介质的本征吸收与非本征吸收问题。

6.3.2　介质的本征吸收与散射

1. 线性散射——瑞利散射

在自然光沿某一方向 z 入射到介质时,如果介质是各向同性,且散射粒子也是各向同性的,介质的偶极子就在电磁波偏振方向发生强迫振动,振动的偶极子又向外散射电磁波,据经典电动力学,电荷作加速运动时产生的辐射场 E 与观察点 P 到电荷的距离 R 成反比,其表示式为

$$E = \frac{e r_{\text{p}}}{\varepsilon_0 c^2 R} \qquad (6-36)$$

式中,r_{p} 是加速度在垂直于 R 方向上的分量;c 为真空光速。

当光的电场分量为 $E = E_0 e^{i\omega t}$、偶极子电荷的极化位移为 $X = X_0 e^{i\omega t}$ 时,可得到偶极子电荷在 P 点的辐射电场强度为

$$E = -\frac{\omega^2 e X_0 \sin\theta}{\varepsilon_0 c^2 R} e^{i\omega(t-R/c)} \qquad (6-37)$$

这简单地得出了辐射电场与入射光同频率的结果。

2. 非线性散射——拉曼(Raman)散射

在入射光波电场分量 $E = E_0 \cos(\omega t)$ 的作用下,如忽略内电场问题,分子的极化偶极矩可简单地写为

$$\mu = \alpha E = \alpha E_0 \cos(\omega t) \qquad (6-38)$$

式中,α 为散射分子的极化率。若 α 为常数,感应偶极子将以入射光的频率 ω 向外辐射电磁波,此时散射光与入射光具有相同的频率,这就是线性散射。但若分子本身具有固有偶极矩和固有振动频率 ω_0,则极化谐振与固有谐振相互作用,其极化率就不是常数而与固有振动频率 ω_0 有关,见式(6-8),简单地看为 α 随固有振动频率 ω_0 作周期性变化,

$$\alpha = \alpha_0 + \alpha_{\omega_0}\cos(\omega_0 t) \tag{6-39}$$

这时在入射光作用下的极化偶极矩为

$$\mu = \alpha E = [\alpha_0 + \alpha_{\omega_0}\cos(\omega_0 t)]E_0\cos(\omega t)$$

$$= \alpha_0 E_0\cos(\omega t) + \frac{1}{2}\alpha_{\omega_0}E_0\{\cos[(\omega+\omega_0)t] + \cos[(\omega-\omega_0)t]\} \tag{6-40}$$

从式(6-40)可以看出,极化偶极矩包含有 ω、$\omega+\omega_0$ 和 $\omega-\omega_0$ 三个频率,所以可知,散射光包含三种频率的光,线性散射如瑞利散射是其中的一种特殊情况,$\omega\pm\omega_0$ 为非线性散射,即拉曼散射和布里渊散射。

比较严格的理论属于晶格动力学范畴的问题,也就是对晶体介质有关于散射光谱学的系统理论。下面介绍其处理方法之一。

当无外电场作用时,介质分子仅作热运动,以晶格波处理分子热运动,将其分解为具有一系列频率的晶格波,有高频的光振动和较低频的声振动。设场强为 E_i 的单色光入射到介质,介质分子发生响应光频电场的谐振极化。其过程是晶格波调制下的谐振极化运动,或者说是晶格波对入射光的散射。光频波的散射为拉曼散射,声频波的散射为布里渊散射。此时分子极化率不再是常数,而是与晶格结构有关的向量。在接近固有谐振频率的吸收带,极化形成的电偶极子向外辐射电磁波,产生光散射。其分子感应极化强度写为

$$P_i = \alpha_{ij}E_i \tag{6-41}$$

设入射波 E_i 和散射波 E_s 都为平面波,则

$$E_i = E_{i0}\exp i(\omega_i t - k_i r) \tag{6-42}$$

$$E_s = E_{s0}\exp i(\omega_s t - k_s r) \tag{6-43}$$

式中,k 是波矢量,r 为矢径。

对晶体介质,谐振极化振动受晶格振动所调制,极化率张量可以对晶格振动的简振坐标 $Q_j(q,t)$ 来展开,然后带入上式,就可得到

$$\alpha_{ij} = \alpha_{ij(0)} + \sum(\partial\alpha_{ij}/\partial Q_i)_0 Q_{j(q2,t)} + \frac{1}{2}\sum(\partial\alpha_{ij}/\partial Q_j)_0 Q_{i(q,t)}Q_{j(q,t)} + \cdots$$

其中 $Q_{j(q,t)} = Q_{10}e^{i(\omega t\pm q,r)}$。由此

$$P_i = \alpha_{ij(0)}E_0'e^{i(\omega_i-\psi)} + \sum(\partial\alpha_{ij}/\partial Q_j)_0 Q_{10}E_{0j}'e^{i[(\omega_i\pm\omega_j)t-(q_i\pm q_j)\cdot r]} + \cdots$$

$$= P_{j'}{}^{(0)} + P_{j'}{}^{(1)} + P_{j'}{}^{(2)} + \cdots \tag{6-44}$$

上式右边第一项对应于与入射光频率相同的散射光,第二项对应于频率为 $\omega_s = \omega_i \pm \omega_j$ 的散射光,即散射光包括与入射光相同频率的线性散射光和不同频率的非线性散射光,散射频谱说明见图 6-12,图中横坐标为波数,纵坐标为光子能量变化。光谱中心处是与入射光频率相同的谱线,即瑞利散射,说明散射光能量不变,属弹性散射。中心线两边的散射峰相对于入射光发生了频移,故为非弹性散射,频率右移称反斯托克斯(Stokes)散射,频率左移称斯托克斯散射。

测量介质的散射光的频率、强度和偏振方向可以得到散射光谱,能获得关于介质分子结构、晶格对称性、结构相变以及杂质、缺陷等信息,也可用于测量大气污染等。散射光谱仪已成为材料研究的一种重要手段。

但是,对于聚合物介质光散射问题的研究还未见有系统的理论。

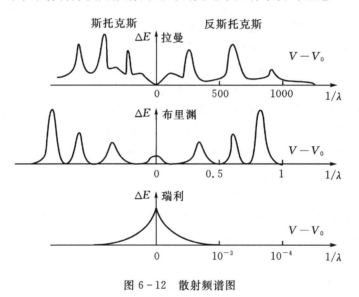

图 6-12　散射频谱图

3. 无定型聚合物介质的光吸收

受光通信技术发展的推动,对非晶介质,尤其是聚合物介质光吸收问题的研究颇受关注,在此作简单介绍。

1)共价键的吸收强度

由于聚合物一般包含多种共价键成分,不仅各种化学键有不同的谐振频率,而且实际上共价键偶极子的极化响应方式也不是单一的,因而其理论分析十分复杂,介质红外光谱曲线的多峰特征就是清晰的说明。图 6-13 所示的聚甲基丙烯酸甲酯(PMMA,俗称亚克力)和 SiO_2 玻璃等介质的吸收谱图可作一例。理论处理方法之一是采用局域键假定,即假定同样化学键的谐振吸收不受其邻近其他原子键的影响。

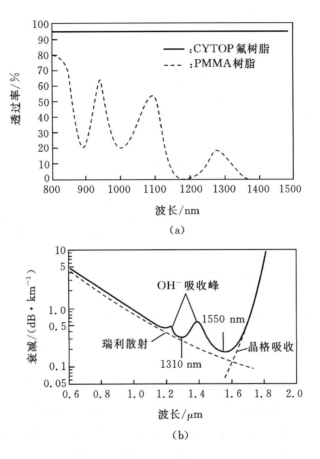

图 6-13　几种介质的吸收谱图

(a)PMMA 等的吸收谱;(b)SiO₂玻璃光纤介质的吸收谱

　　以 C—H 键为代表的共价键有机聚合物,其固有谐振吸收包括基波吸收与谐波吸收两部分,因此必须同时考虑其基波与谐波的吸收问题。理论处理的方法之一是把 C—H 键看做一个非简谐振子,应用摩尔斯(Morse)势能函数近似表征其势能分布如图 6-14 所示(图中 r 为原子核间距离),通过建立薛定谔方程解得波函数,导出波函数能量本征值为

$$E_v = \sqrt{\frac{2\beta^2 \hbar^2 D_e}{I''}}\left(v+\frac{1}{2}\right) - \frac{\beta^2 \hbar^2}{2I''}\left(v+\frac{1}{2}\right)^2, \quad v=0,1,2,3 \quad (6-45)$$

式中，D_e 代表分子离解能；β 是与分子键和其电子分布状态有关的常数；μ 为两个成键原子的约合质量（$\mu = \dfrac{m_1 m_2}{m_1 + m_2}$），$\hbar = \dfrac{h}{2\pi}$。

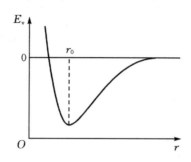

图 6 - 14　摩尔斯势能函数

小池康博（Y. Koike）等人把由式（6 - 45）求得的波函数本征能量改写为如下形式：

$$E_v = \nu_0 \left(v + \frac{1}{2} \right) - \nu_0 \chi \left(v + \frac{1}{2} \right)^2 \qquad (6 - 46)$$

其中引入了一个非零谐振常数 χ。以 ν 代表谐波频率：

$$\nu = \frac{\nu_1 v - \nu_1 \chi v (v + 1)}{1 - 2\chi} \qquad v = 1, 2, 3, 4, \cdots \qquad (6 - 47)$$

如果基波频率 ν_1 和 χ 已知，由式（6 - 47）即可算出谐波频率。测量介质的红外光谱，从中找出基波频率 ν_1 和谐波频率，便可计算得到非零谐振常数 χ。这样，由非零谐振常数 χ 和基波能量可以计算得到任何谐波能量。以基波键强度归一化处理谐波吸收强度，最后给出几种键型的归一化积分谐波吸收强度与谐振波长的关系如图 6 - 15 所示，以及其基波频率和波长如表 6 - 1 所示。他们的研究结果给出了简单明确的结论：C—H 键的非谐振常数 χ 最大，其吸收强度也最大；C—F 键则具有较小的非谐振常数 χ 和吸收强度。C—F 键化合物或 C—F 键含量较多的化合物比 C—H 键化合物有更低的光损耗。在此基础上，含氟聚合物和全氟聚合物具有最小谐振吸收损耗的观点提了出来，并已得到了实验证明和在光通信领域取得了工业应用。目前在波长小于 1.3 μm 和 1.5 μm 的光波长下，聚合物光损耗已可降到小于 1 dB/km。

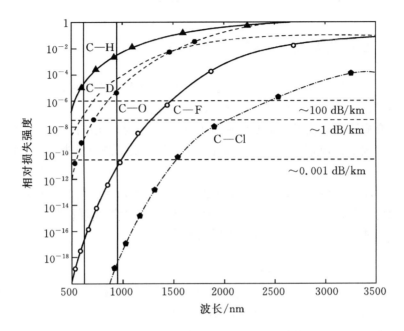

图 6-15　典型有机键吸收强度与谐振波长关系

表 6-1　聚合物中的重要分子振动基频、波长和非谐振系数

化学键	ν_1/cm^{-1}	λ_1/nm	χ
C—H	2950	3390	1.90×10^{-2}
C—D	2230	4484	1.46×10^{-2}
C=O	1846	5417	6.50×10^{-3}
C—F	1250	8000	4.00×10^{-3}

2) 选择吸收频率

由式(6-12)中的 $\varepsilon_r''(\omega)$ 可以讨论影响本征光吸收频率的因素,式中谐振子的固有谐振频率一般为 $\omega_0 = (k/m)^{1/2}$,对双原子键,式中 m 是两个原子的约合质量 $m = \dfrac{m_1 + m_2}{m_1 m}$。由此简单关系可以定性看出,增大或减小系统的约合质量 m,就可以降低或提高系统的固有谐振频率,以移动 ω_0 所在的光频区段,达到相应地控制介质在应用频段的光吸收损耗的目的。故改变聚合物的化学成分,可以移动吸收峰的位置,降低光的吸收损耗。

6.3.3　电介质的非本征吸收和散射

一切破坏介质均匀性的因素都是引起非本征吸收和散射的原因,如介质本身热起伏引起的分子密度起伏、各向异性以及外来杂质等。

当电介质因热起伏引起密度局域起伏时,介质折射率相应产生起伏,折射率的时间或空间起伏,引起光的折射方向散乱,这就是无定型态介质非本征光散射吸收的一种来源。

研究无序态结构由热起伏引起的密度起伏所产生的各向同性光散射的理论有热起伏理论(Thermal Fluctuation Theory)。根据该理论,无序结构中由热起伏引起的密度波动所产生的散射光强度 I_ν 可表示为

$$I_\nu = \frac{\pi^2}{9\lambda_0^4} (n^2-1)^2 (n+2)^2 kT\beta \qquad (6-48)$$

其中,λ_0 是光在真空中的波长;k 为玻尔兹曼常数;T 为绝对温度;n 为折射率;β 为等温压缩系数(Isothermal Compressibility)。

聚合物各向同性散射损耗 α 随其 β 和折射率 n 的下降而减小。这指明,为了得到低散射损耗的透明介质,应该选择 β 和 n 低的聚合物材料。对聚合物 PM-MA、PS 在 633 nm 时的 β、n 和 α 计算结果见表 6-2。

表 6-2　无定型聚合物在 633 nm 波长时各向同性光散射损耗 α 计算值与测量值

聚合物	β(计算) $\times 10^{-11}$/(cm²/dyn)	n (计算)	α /(dB/km)	
			计算	测量
PMMA	3.6	1.494	9.8	9.7
PS	4.4	1.583	20.4	21.5

6.4　电介质的其他光功能特性

6.4.1　电光效应

当有较强的外电场存在时,外电场 E 与光电磁波的电场分量 e 相叠加,光折射率将发生变化,与外电场同方向的分量得到加强,因此在原本各向同性的介质中,沿外电场方向与其他方向的折射率产生了差别,如图 6-16 所示,常称其为克尔效应。

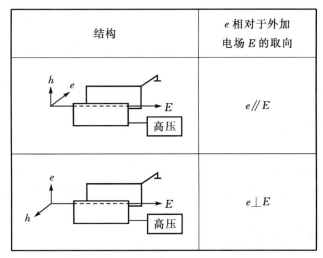

图 6-16　光波的电矢量与外电场方向

以 $n_{/\!/}$ 代表光的电场分量与外电场平行方向的折射率，$n_\perp$ 代表相应垂直方向的折射率，则有

$$\Delta n = n_{/\!/} - n_\perp \qquad\qquad (6-49)$$

这种一束光经折射成为两束光的现象，称为双折射，这实际是一种场致色散现象。实验测量证明，Δn 与电场强度的平方和光波长成正比，可写出以下关系：

$$\Delta n = B\lambda E^2 \qquad\qquad (6-50)$$

式中，λ 为波长。

Δn 与 E 的平方关系很容易得到解释，在松弛极化极化率的导出时曾应用郎之万函数，它等于

$$L(\alpha) = \frac{\alpha}{3} - \frac{\alpha^3}{45} - \frac{2\alpha^5}{945} - \cdots$$

当 $E_i \leqslant 10^7$ V/m 时，可以只取第一项而得到 $\alpha = \dfrac{\mu_0^2}{3kT}$。但当取两项时，就有

$$\alpha E = \frac{\mu_0^2 E}{3kT} - \frac{\mu_0^4 E_i^3}{45kT} \qquad\qquad (6-51)$$

$$\alpha = \frac{\mu_0^2}{3kT} - \frac{\mu_0^4}{45kT}E_i^2 \qquad\qquad (6-52)$$

当然这仅是用恒定电场以松弛极化为例作出的定性解释，因其易于理解介电常数、折射率与 E 的关系。一般来说可写成为如下形式：

$$\varepsilon = A + BE + CE^2 + \cdots \qquad\qquad (6-53)$$

$$n = A' + B'E + c'E^2 + \cdots \qquad\qquad (6-54)$$

其中,第一项即为以前所讨论的弱电场关系;第二项是与 E 的线性关系,称为线性电光效应,又称泡克耳斯效应;第三项是非线性关系,就称非线性电光效应,又称克尔效应。

式(6-52)是对各向同性介质的,它可以发生在一切介质中。克尔效应提供了用光学技术测量透明介质电场强度的一种方法,在强场测量中已经得到很多应用。此外,利用晶体介质的偏振特性,可以制作电控光开关、电光调制器件等,在光电子技术中也得到了广泛应用。

泡克耳斯效应是各向异性介质特有的性质。理论上用各向异性介质极化率的矩阵表示法,才能给出满意的解释。泡克耳斯效在光调制技术中也得到很多应用。

6.4.2 非线性光学效应

以 $P_{(t)} = NeX(t)$ 表示光频原子极化强度,N 为原子密度,$X(t)$ 为价电子偏离平衡位置的位移,e 为电子电荷。一般光波电场小于内电场($\sim 10^8$ V/cm),这时电子的极化位移与光波电场成线性正比关系,此即本书以上章节所讨论的极化,可统称线性极化。极化强度也可写为

$$p_{(t)} = \varepsilon_0 x^{(1)} E_{(t)} \tag{6-55}$$

式中,$x^{(1)} = (\varepsilon_\infty - 1) = \dfrac{N\alpha}{\varepsilon_0}$,表示与电场一次关系的极化系数。但是自激光问世以来,已经可以得到非常高光强度的激光束,其光波电场强度达 10^{10} V/m,与原子内电场可以比拟。在如此强的光电场作用时,如前节所提到的,原子极化率将与场强有关,因而极化系数和极化强度都与场强有关。以各向同性介质为例,其极化强度与电场强度是同向的,可以将极化强度展开成电场强度的级数

$$P_{(E)} = \varepsilon_0 [x^{(1)} E + x^{(2)} E^2 + x^{(3)} E^3 + \cdots] \tag{6-56}$$

式中各项依次分别为线性极化、二次非线性极化和三次非线性极化。非线性项将产生非线性光学效应,例如有混频、倍频和光整流效应等。下面举例介绍倍频效应。

设有角频率为 ω 的单色光入射到介质上,其光电场分量强度为 $E = E_0 \cos(\omega t)$,带入二次非线性极化强度项,可得

$$p^{(2)} = \varepsilon_0 X^{(2)} E_0 \cos^2(\omega t) = \varepsilon_0 x^{(2)} E_0 [1 + \cos(2\omega t)] \tag{6-57}$$

此式的第一项是不随时间变化的极化强度,这将在介质的两表面分别出现恒定的正负电荷;第二项说明存在频率为 2ω 的极化强度,使光通过介质后的频率提高一倍,称为倍频效应。但严格来说,对各向同性介质并不能产生倍频效应,因为极化强度将随电场反向而反向,即极化强度的偶次项应为零。只有不具有对称中心的

各向异性的晶体介质才可能产生倍频效应。在各向异性晶体中,极化率、极化系数等均为张量,推导比较繁杂。

6.4.3 光子禁带效应

在固体物理中,我们通常利用固体能带理论来解释一些现象;同样的,当我们把这种理论概念借鉴过来,用以解释光频电磁场的某些现象时,就可建立起"光子晶体"的概念。所谓"光子晶体",就是指在空间某个(或多个)方向上存在介电常数周期性分布的结构性材料,可以分为一维、二维和三维光子晶体,图 6-17 所示为一维光子晶体结构。

图 6-17 一维光子晶体示意图

当光波从左端入射时,根据麦克斯韦方程组:

$$\nabla \times E = \frac{i\omega\mu}{c}H \qquad\qquad \nabla \times H = \frac{-i\omega\varepsilon}{c}E$$

$$\nabla \cdot (\varepsilon E) = 0 \qquad\qquad \nabla \cdot (\mu H) = 0$$

其中,E、H 分别为光波的电场、磁场强度矢量;ε 为介质的介电常数;μ 为介质的磁导率;c 为真空中的光速,ω 为角频率。由于光子晶体一般由非铁磁性介质构成,故可取 $\mu=1$,再由上式消去 H,可以得到关于电场强度 E 的方程:

$$\nabla^2 E(r) + \frac{\omega^2\varepsilon}{c^2}E(r) = 0 \tag{6-58}$$

其中,r 为位置矢量。

在光子晶体中,由于介电常数是周期性变化的,因此可以表示为

$$\varepsilon(r) = \varepsilon(r + R_n) \tag{6-59}$$

其中,R_n 为任意光学超晶格的晶格矢量。也可以将上式中介电常数写为两部分之和:

$$\varepsilon(r) = \varepsilon_b + \varepsilon_a(r) \tag{6-60}$$

其中,ε_b 是背景(基质)的介电常数;$\varepsilon_a(r)$ 是晶格介质(散射体)的介电常数。ε_b 也可以认为是整个介质的平均介电常数(介质的等效介电常数),而此时 $\varepsilon_a(r)$ 则是散射体相对于等效介质的介电常数。于是得到

$$\left\{-\nabla^2 + \left(\frac{\omega}{c}\right)^2\left[-\varepsilon_a(r)\right]\right\}E(r) = \left(\frac{\omega}{c}\right)^2\varepsilon_b E(r) \tag{6-61}$$

这是一个矢量方程,为了与电子运动所遵从的薛定谔方程相对应,化成标量方程为

$$\left\{-\mathbf{V}^2+\left(\frac{\omega}{c}\right)^2\left[-\varepsilon_a(r)\right]\right\}\Phi(r)=\left(\frac{\omega}{c}\right)^2\varepsilon_b\Phi(r) \qquad (6-62)$$

相应的,电子运动遵循的薛定谔方程如下式所示:

$$\left[-\frac{\hbar^2}{2m}\mathbf{V}^2+V(r)\right]\Phi(r)=E\Phi(r) \qquad (6-63)$$

$$V(r)=V(r+R_n) \qquad (6-64)$$

其中,m 代表电子质量;$V(r)$ 代表位能;$\Phi(r)$ 代表波函数;R_n 为晶格矢量。式(6-64)表示位能 $V(r)$ 具有周期性。

比较式(6-62)和式(6-63),可以看出它们的形式具有相似之处,从而建立如下的类比关系:

$$\frac{\omega^2}{c^2}\varepsilon_a(r) \to V(r) \qquad\qquad \left(\frac{\omega}{c}\right)^2\varepsilon_b \to E$$

所以,对应于固体能带理论中的"电子能带",也存在一个光频下的"光子能带",能带如图 6-18 所示。

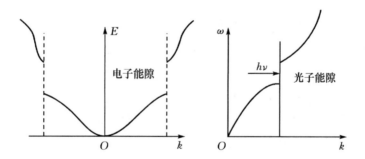

图 6-18　电子能带(左)和光子能带结构比较

光子能带之间的间隙称为"光子能隙",频率落在光子能隙中的光波是不能在光子晶体中传播的,将全部被反射。所以,可以通过在光子晶体中创建缺陷,从而使光子能隙按照设计意图移动到所需的光波段范围,这样就可以利用这个缺陷进行导光,而使光波只能沿缺陷传播,不能泄漏出去,这就被称为"光子禁带效应(Photonic Band Gap,PBG)"。

目前正在研究和应用的光子晶体光纤(Photonic Crystal Fibers,PCF),就是利用在光纤中创建出规则的微结构,光纤横截面形成二维周期性结构,然后在纤芯部位设计出一个缺陷,如此就可以使在光纤中传播的光波沿着中心缺陷进行传输,而不会泄漏到光纤之外。图 6-19 所示为光子晶体光纤(PCF)的横截面。

光子晶体光纤 PCF 具有传统光纤不具备的许多优点,可望用于传输大功率、

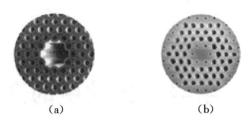

图 6-19　光子晶体光纤结构及传光原理
(a)光子禁带空芯型;(b)全内反射实芯型

高灵敏性光谱,非线性光学和传感,超宽色散补偿等方面。通过改变空气孔的大小和排列等复杂结构的设计和使用新材料来调节 PCF 的特性,预示着 PCF 将会有广阔的应用前景。

第 7 章　半导体器件中的介电问题

7.1　半导体器件的耐压和 PN 结的击穿

　　以硅半导体整流元件(ZP)和晶闸管(KP)为代表,以及后来发展出的巨型晶体管(GTR)、绝缘栅场控晶体管(IGBT)等电力电子器件,其功能核心是硅 PN 结。有趣的是硅 PN 结的导电特性会因外加电场的方向不同而分别具有导体和绝缘体的电特性。半导体导电是依赖于其中的电子和空穴载流子输运进行的。在 P 型半导体中充满着空穴,而 N 型半导体则具有大量的电子,电子与空穴相遇可以很快复合,失去导电特性。因而在由扩散或合金工艺制成硅 PN 结时,在 PN 结界面处将因电子与空穴的复合而出现缺乏载流子的区域,即载流子的"贫乏区",或称"耗尽区"。在"耗尽区"中留下的是不能自由迁移的空间电荷,因而也称为"空间电荷区"。这种空间电荷主要由掺杂离子所形成,虽然带有电荷但不能迁移和参与导电,使得此区域成为具有绝缘介电特性的阻挡层,其电击穿场强可达 20 kV/mm,即高于空气近 7 倍。制成的高压硅半导体器件的反向耐压水平可高达近万伏,而在正向(P 接正,N 接负)电压作用下由于空穴从正极注入,电子从负极注入消除了阻挡层,器件可通过大电流具有导体特性。在电气机车和直流输电系统中,高压硅半导体器件主要承担交流、直流互变功能。

7.1.1　PN 结的能带结构和反向耐压特性

　　PN 结的特性可以用化学键理论定性说明,要定量分析则需应用半导体能带理论。对于分立的 P 型、N 型半导体,在四价的 Si 半导体中,由于分别含有三价(Al、B、In)杂质原子和五价(P、As、Sb)杂质原子,则形成以空穴导电为主的 P 型半导体或以电子导电为

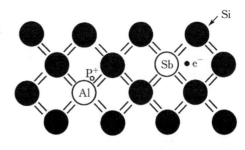

图 7-1　掺杂形成 P 型、N 型半导体的示意图

主的 N 型半导体,见图 7 - 1。

　　从能带来看,高纯本征半导体表征电子分布的费米能级 E_F 处于禁带中央,而 P 型半导体的 E_F 偏向价带能级边 E_{VP},N 型半导体的 E_F 偏向导带能级边 E_{CN},见图 7 - 2。

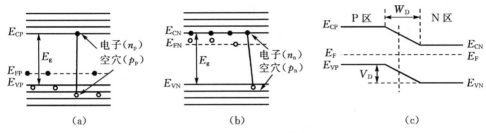

图 7 - 2　半导体中的能带结构

(a)P 型半导体;(b)N 型半导体;(c) PN 结形成统一费米能级和载流子耗尽区

　　当通过扩散或合金等工艺形成 PN 结时,此复合半导体应具有统一的费米能级,如图 7 - 2(c)所示,电子与空穴在 PN 结界面上复合而出现载流子耗尽区 W_D,也是载流子贫乏区,其在反向电压作用下呈绝缘介质状态,漏电流较小能耐受反向电压。在阳极(A)为负、阴极(K)为正的反向电压作用下,载流子被电场吸引使耗尽区进一步扩大,因而可承受更高的反向电压,直到此区的最高电场达到 PN 结击穿场强 $E_B \approx 20$ kV/mm,PN 结将发生击穿。

　　由于 PN 结耗尽区中存在杂质中心引起的静止空间电荷,在强电场近似突变结条件下,耗尽区阻挡层中的电场与一般电介质中的不同。在与 PN 结垂直的 x 方向上各处电场强度值各层并不相等,而是沿着 x 轴呈图 7 - 3 中的三角形分布,故此时 PN 结的耐压由式(7 - 1)决定。

$$U_B = \frac{1}{2} E_B W_D \tag{7-1}$$

式中,W_D 为 PN 结击穿时的耗尽区宽度;E_B 为半导体的击穿场强,$E_B \approx 20$ kV/mm。

　　硅单晶 PN 结区击穿场强实际上与 W_D 有关,W_D 上升,E_B 将略有下降。但击穿电压上升,近似可用下式表征为 $U_B \approx 10 W_D$,[U]单位为 kV,W_D 单位为 mm。

7.1.2　PN 结耗尽区电场的宽度及耐压

　　由于半导体 PN 结耗尽区中存在着掺杂原子的离子核形成的空间电荷,因此其中的电场可采用高斯定律来分析,即

$$\oint \mathbf{D} \mathrm{d}\mathbf{S} = \sum_{i=1}^{n} Q_i \tag{7-2}$$

其物理意义是穿过一闭合曲面的电感应通量等于其所包围的总电荷量。在均匀电介质中，即各处 ε 相同，将 $\boldsymbol{D} = \varepsilon \boldsymbol{E}$ 代入，上式可变为

$$\oint \boldsymbol{E} \mathrm{d} \boldsymbol{S} = \frac{1}{\varepsilon} \sum_{i=1}^{n} \boldsymbol{Q}_i \tag{7-3}$$

上式表明穿过一闭合曲面的电力线总数，等于所包围的总电荷量除以所处介质的介电常数 ε。

式(7-3)也可以写成微分形式：

$$\left(\frac{\partial E_x}{\partial x} + \frac{\partial E_y}{\partial y} + \frac{\partial E_z}{\partial z} \right) \mathrm{d}x\mathrm{d}y\mathrm{d}z = \frac{1}{\varepsilon} \rho \mathrm{d}x\mathrm{d}y\mathrm{d}z$$

$$\frac{\partial E_x}{\partial x} + \frac{\partial E_y}{\partial y} + \frac{\partial E_z}{\partial z} = \frac{\rho}{\varepsilon} \tag{7-4}$$

式中，ρ 是空间电荷密度。将 $E_x = -\dfrac{\partial U}{\partial x}$，$E_y = -\dfrac{\partial U}{\partial y}$，

$E_z = -\dfrac{\partial U}{\partial z}$ 代入，可得泊松方程：

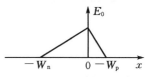

图 7-3　PN 结电场图

$$\frac{\partial^2 U}{\partial x^2} + \frac{\partial^2 U}{\partial y^2} + \frac{\partial^2 U}{\partial z^2} = -\frac{\rho}{\varepsilon} \tag{7-5}$$

$\rho = 0$ 时即为拉普拉斯方程：

$$\frac{\partial^2 U}{\partial x^2} + \frac{\partial^2 U}{\partial y^2} + \frac{\partial^2 U}{\partial z^2} = 0 \tag{7-6}$$

在决定介质和半导体阻挡层中的电场分布时，可采用上述两方程来分析对于平板型结构的 PN 结，在距离边缘较远处的中央部位可用与平板电极垂直的一维方程来分析。即取 $\dfrac{\partial E_y}{\partial y} = 0$，$\dfrac{\partial E_z}{\partial z} = 0$，$\dfrac{\partial E_x}{\partial x} = \dfrac{\mathrm{d}E(x)}{\mathrm{d}x}$，代入式(7-4)，可得

$$\frac{\mathrm{d}E(x)}{\mathrm{d}x} = \frac{\rho}{\varepsilon} \tag{7-7}$$

对上式，沿 x 作积分并代入边界条件就可求得在加反电压 U 时 PN 结耗尽区（阻挡层）内的电场分布：

$$\int \mathrm{d}E(x) = \int \frac{\rho}{\varepsilon} \mathrm{d}x \tag{7-8}$$

$$E(x) = \frac{\rho}{\varepsilon} x + C \tag{7-9}$$

在 P 型区，$\rho = -qN_A$，$x \geqslant 0$（见图 7-3），N_A 为 P 型半导体掺杂浓度；边界条件为

$$\begin{cases} x = 0, & E = E_0 \\ x = W_p, & E = 0 \end{cases}$$

式中，W_p 为 P 区阻挡层边界宽度；ε 为硅半导体的介电常数。

$$E_\mathrm{p}(x) = -\frac{qN_\mathrm{A}}{\varepsilon}x + C_1 \tag{7-10}$$

由边界条件可求得

$$C_1 = E_0 = \frac{qN_\mathrm{A}}{\varepsilon}W_\mathrm{p} \tag{7-11}$$

$$E_\mathrm{p}(x) = \frac{qN_\mathrm{A}}{\varepsilon}(W_\mathrm{p} - x) \tag{7-12}$$

同样在 N 型区，$\rho = qN_\mathrm{D}$，$x \leqslant 0$，N_D 为 N 型半导体掺杂浓度；边界条件为

$$\begin{cases} x = 0, & E = E_0 \\ x = -W_\mathrm{n}, & E = 0 \end{cases}$$

式中，W_n 为 N 区阻挡层边界，可求得

$$E_\mathrm{n}(x) = \frac{qN_\mathrm{D}}{\varepsilon}(W_\mathrm{n} + x) \tag{7-13}$$

此时 PN 结阻挡层中电场呈三角形分布，在 PN 结交界处电场最大为 E_0，而在 P 区、N 区分别以与掺杂浓度呈正比的梯度下降到零，见图 7-4。

$$U_0 = \int_{-W_\mathrm{n}}^{W_\mathrm{p}} E(x)\,\mathrm{d}x = \frac{1}{2}E_0(W_\mathrm{n} + W_\mathrm{p}) = \frac{1}{2}E_0 W_\mathrm{D} \tag{7-14}$$

$$E_0 = \frac{qN_\mathrm{D}}{\varepsilon}W_\mathrm{n} = \frac{qN_\mathrm{A}}{\varepsilon}W_\mathrm{p} \tag{7-15}$$

在 $\mathrm{P^+N}$ 结中 $N_\mathrm{A} \gg N_\mathrm{D}$，则 $W_\mathrm{n} \gg W_\mathrm{p}$，$W_\mathrm{D} \approx W_\mathrm{n}$，通常高压硅整流元件中 $N_\mathrm{D} = 10^{13} \sim 10^{14}$ 个$/\mathrm{cm}^3$，$N_\mathrm{A} = 10^{16} \sim 10^{17}$ 个$/\mathrm{cm}^3$，故 $W_\mathrm{n} \gg W_\mathrm{p}$。在 PN 结处于高反压下，$E_0 = E_\mathrm{M}$，此时最大的耗尽区宽度 W_D 可由下式决定：

$$W_\mathrm{D} \approx W_\mathrm{n} = \frac{E_\mathrm{M}\varepsilon}{qN_\mathrm{D}}$$

N_D 与 N 型半导体的比电阻 ρ_n 有关，$N_\mathrm{D} = \dfrac{1}{q\mu_\mathrm{e}\rho_\mathrm{n}}$，所以

$$W_\mathrm{D} = E_\mathrm{M}\varepsilon\mu_\mathrm{e}\rho_\mathrm{n} \tag{7-16}$$

当 PN 结中最大电场强度 $E_\mathrm{M} = E_\mathrm{B}$ 时发生 PN 结击穿，故 PN 结的击穿电压为

$$U_\mathrm{B} = \frac{1}{2}E_\mathrm{B}W_\mathrm{n} = \frac{1}{2}E_\mathrm{B}^{\,2}\varepsilon\mu_\mathrm{e}\rho_\mathrm{n} \tag{7-17}$$

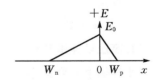

图 7-4　在反向电压下突变结阻挡层中的电场分布和能级图；U_0 为自建场电压，U 为外加电压

显然，在 E_B 变化不大时 PN 结的击穿电压 U_B 是主要由 W_n 与 ρ_n 决定的，即要

提高 U_B 必须采用高电阻率 ρ_n 的单晶。然而由于 E_B 并非常量，它是随 ρ_n 和 W_n 的增加而有所下降的，故实际上 U_B 与 ρ_n 并不是正比关系。而通过实验实测证明 U_B 与 ρ_n 的关系有下述的经验式，即

$$U_B = A\rho_n^{0.75} \tag{7-18}$$

我们通过对国产区熔 N 型硅单晶和中照 N 型硅单晶的实测，A 分别为 94 和 95.9。此结果与国外 GE 公司给出的经验式一致。由式(7-18)，就可根据高压硅整流元件的耐压要求决定 P^+N 型器件应选择的 N 型单晶的电阻率 ρ_n。而为保证器件的耐压，还必须有足够的基区扩展宽度 W_n。由式(7-2)和式(7-3)可解得

$$W_D \approx W_n = \sqrt{2\varepsilon\mu_e\rho_n U_B} \tag{7-19}$$

$\varepsilon = \varepsilon_r\varepsilon_0$，$\varepsilon_r = 11.7$，$\varepsilon_0 = 8.85 \times 10^{-14}$ F/cm，$\mu_e = 1250 \sim 1380$ cm^2/s·V，取低值代入式(7-19)，得

$$W_D \approx W_n = 0.509 \times 10^{-4} (\rho_n U_B)^{\frac{1}{2}} \text{ (cm)} \tag{7-20}$$

但在设计高压 P^+N 型硅整流元件时，应取与 ρ_n 计算值相等或略高的 N 型硅单晶。N 区的长基区 W_1 应高于由式(7-20)所得值。通过实际的经验，应取 $W_1 \geqslant 1.2W_D$ 即可，这是为了保证器件表面耐压不低于体内耐压，可以制成体击穿雪崩特性的器件，使器件耐压稳定。

7.1.3 硅 PN 结的击穿机理

在电介质的电击穿中曾讨论过有两种主要的击穿方式：碰撞电离和隧道击穿。有趣的是，半导体 PN 结阻挡层的击穿也存在这两种方式。在硅 PN 结中，当击穿电压 $U_B \geqslant 6$ V 时为碰撞电离，但在 $U_B < 6$ V 时则为隧道击穿。这是由于低压 PN 结由高掺杂半导体所构成，故阻挡层的宽度很窄，自建场的场强很高，以至于在几伏反压作用下，就能形成较大隧道电流；但在高压半导体器件中 PN 结的阻挡层较宽，隧道效应不易形成，击穿机理是碰撞电离。

1. 高压半导体 PN 结中的碰撞电离击穿

半导体中一种常见的击穿机理为"碰撞电离"，即当 PN 结加以反向电压时，在阻挡层中通过的反向电流，是由少数载流子在电场作用下定向运动所决定的。这些少数载流子在电场作用下获得能量加速，同时与晶格相互作用则失去能量而减速，故有一平均迁移速度。当 PN 结加上较高的反向电压时，随着外加电压的增加，阻挡层内的电场强度增高，层内的载流子被加速而获得的能量增大。当载流子的能量积累达到和超过价带电子跃迁到导带所需的电离能时，被加速的载流子通过与晶格碰撞作用将引起碰撞电离，产生新的电子-空穴对。这时将引起载流子成

倍增加,电导电流成指数式激烈上升。当电压达到某一临界值时,$\dfrac{\mathrm{d}I}{\mathrm{d}U} \to \infty$,PN 结被击穿。此种电子倍增,犹如高山雪崩之势,因此称为"雪崩击穿"。

　　根据上述机理,可以定量分析碰撞电离引起的电流倍增和击穿条件。

　　设 j_0 表示未发生碰撞电离时,PN 结的反向电流密度;j 表示发生碰撞电离后,PN 结的反向电流密度;M 为电流的倍增系数,则

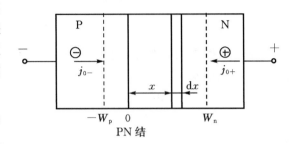

$$M = \frac{j}{j_0} \qquad (7-21)$$

图 7-5　PN 结电流倍增计算图

　　在未发生碰撞电离时,PN 结的反向电流密度由 N 区和 P 区的少数载流子的运动所决定,即

$$j_0 = j_{0+} + j_{0-} \qquad (7-22)$$

式中,j_{0+}、j_{0-} 分别为 j_0 中的空穴电流密度和电子电流密度。

　　在强电场作用下,发生碰撞电离时,阻挡层中的空穴电流密度 j_+ 和电子电流密度 j_- 将各处不等。对于平面结,j 为 x 的函数(x 与 PN 结平面垂直)。根据电流连续原理,总的电流密度将保持一定,即

$$j = j_+(x) + j_-(x) \qquad (7-23)$$

　　下面分析 $j_+(x)$、$j_-(x)$ 随 x 变化的情况。

　　设 $S_-(x)$、$S_+(x)$ 分别表示在距离 PN 结的分界处为 x 的电子流和空穴流的面密度;α_-、α_+ 分别为电子和空穴在电场作用下,经过单位距离发生的碰撞电离数,简称电离系数。α_- 和 α_+ 是电场强度 E 的函数,在临近击穿场强时 α 将明显增加。为简化计算起见,近似地取 $\alpha_- = \alpha_+ = \alpha_u$。

　　从上述假设出发,便可决定在 PN 结阻挡层内已发生碰撞电离时,载流子面密度的变化。

　　每秒钟通过 $x \sim (x+\mathrm{d}x)$ 区,单位截面的电子和空穴数,应等于 $S_-(x)+S_+(x)$。如设:每一载流子由于电场作用引起碰撞电离,而在此区新产生的电子-空穴对为 $\alpha_u \mathrm{d}x$,则载流子在 $x \sim (x+\mathrm{d}x)$ 内新产生的电子-空穴对的数量 $\mathrm{d}n$ 应为

$$\mathrm{d}n = [S_-(x) + S_+(x)]\alpha_u \mathrm{d}x \qquad (7-24)$$

　　在稳态情况下,如忽略阻挡层内载流子的复合,则从 $x \sim (x+\mathrm{d}x)$ 面出去的电子流与自 x 面进入的电子流之差,应与 $\mathrm{d}n$ 相等,即

$$S_-(x + \mathrm{d}x) - S_-(x) = [S_+(x) + S_-(x)]\alpha_u \mathrm{d}x \tag{7-25}$$

即

$$\frac{\mathrm{d}S_-(x)}{\mathrm{d}x} = [S_+(x) + S_-(x)]\alpha_u$$

对于空穴流,由于方向与 x 方向相反,则可得到

$$\frac{\mathrm{d}S_+(x)}{\mathrm{d}x} = -[S_+(x) + S_-(x)]\alpha_u \tag{7-26}$$

式(7-25)和式(7-26)两边乘以载流子的电荷 q,并将 $j_+(x) = qS_+(x)$, $j_-(x) = qS_-(x)$ 代入,则有

$$\frac{\mathrm{d}j_-(x)}{\mathrm{d}x} = [j_+(x) + j_-(x)]\alpha_u = j\alpha_u \tag{7-27}$$

$$\frac{\mathrm{d}j_+(x)}{\mathrm{d}x} = -[j_+(x) + j_-(x)]\alpha_u = -j\alpha_u \tag{7-28}$$

在稳态情况下,总电流 j 应与 x 无关,即 $\dfrac{\mathrm{d}j}{\mathrm{d}x} = 0$。由微分式(7-27)和式(7-28)可得出

$$j_-(x) = j\int_{-W_\mathrm{p}}^{x} \alpha_u \mathrm{d}x + j_0$$

$$j_+(x) = j\int_{x}^{W_\mathrm{n}} \alpha_u \mathrm{d}x + j_{0+}$$

$$j = j_-(x) + j_+(x) = j\int_{-W_\mathrm{p}}^{W_\mathrm{n}} \alpha_u \mathrm{d}x + j_0$$

$$j = \frac{j_0}{1 - \int_{-W_\mathrm{p}}^{W_\mathrm{n}} \alpha_u \mathrm{d}x} \tag{7-29}$$

如改变坐标原点,以 P 区阻挡层与电中性区的分界处为原点,则 $\int_{-W_\mathrm{p}}^{W_\mathrm{n}} \alpha_u \mathrm{d}x$ 可写成 $\int_{0}^{W_\mathrm{D}} \alpha_u \mathrm{d}x$,W_D 为阻挡层宽度。由此得出

$$M = \frac{j}{j_0} = \frac{1}{1 - \int_{0}^{W_\mathrm{D}} \alpha_u \mathrm{d}x} \tag{7-30}$$

当反向电压增加,达到 $\int_{0}^{W_\mathrm{D}} \alpha_u \mathrm{d}x \to 1$, $j \to \infty$, $M \to \infty$ 时,PN 结发生击穿,因此碰撞电离击穿的临界条件即为

$$\int_{0}^{W_\mathrm{D}} \alpha_u \mathrm{d}x = 1 \tag{7-31}$$

根据密勒的实验研究表明,碰撞电离的倍增系数 M 值随电压的变化符合下述的经验公式

$$M = \cfrac{1}{1 - (\cfrac{U}{U_B})^n} \qquad (7-32)$$

式中，n 为密勒(Miller)指数，其值为 $3 \sim 6$。式(7-32)称为密勒公式。它是晶闸管的耐压设计中的基础公式之一，此式也可由式(7-31)加以附加条件而推出。

设 α_u 与 E 的关系可以写成

$$\alpha_u = AE^K \qquad (7-33)$$

式中，K 为大于零的常数；A 为与 E 无关的常数。

考虑 P^+N 突变结，则可近似地只考虑 N 区阻挡层中的 α_u 的作用，此时，如图 7-6 中 N 区阻挡层中的电场分布可写成

$$E_n(x) = E_0 - \frac{qN_D}{\varepsilon}x$$

此处 $\dfrac{qN_D}{\varepsilon}$ 为电场分布的斜率可以用 k_E 表示，则 $E_n(x) = E_0 - k_E x$，边界条件为

$$\begin{cases} x = 0, & E_n(x) = E_0 \\ x = W_n, & E_n(x) = 0 \end{cases}$$

如近似地分析此问题，取 $W_n \approx W_D$，即认为强场区主要集中在 N 区，把上式代入式(7-33)，则有

$$\int_0^{W_D} \alpha_u \mathrm{d}x = A \int_0^{W_D} (E_0 - k_E x)^K \mathrm{d}x$$

$$= \frac{A}{k_E}(\frac{E_0^{K+1}}{K+1}) \qquad (7-34)$$

图 7-6　PN 突变结阻挡层内电场分布图

根据 PN 结雪崩击穿条件 $\displaystyle\int_0^{W_D} \alpha_u \mathrm{d}x = 1$，可以求得击穿时阻挡层内，最大电场强度 $(E_M = E_0)$ 为

$$E_M = \left[\frac{(K+1)k_E}{A}\right]^{\frac{1}{K+1}} \qquad (7-35)$$

在击穿前 $E_0 < E_M$，把 $\displaystyle\int_0^{W_D} \alpha_u \mathrm{d}x = (\frac{E_0}{E_M})^{K+1}$ 代入式(7-33)，则

$$M = \cfrac{1}{1 - (\cfrac{E_0}{E_M})^{K+1}} \qquad (7-36)$$

已知 $U = \dfrac{1}{2}E_0^2 \varepsilon \mu_e \rho_n$，$U_B = \dfrac{1}{2}E_M^2 \varepsilon \mu_e \rho_n$，则

$$\frac{U}{U_B} = \left(\frac{E_0}{E_M}\right)^2 \rightarrow \left(\frac{E_0}{E_M}\right) = \left(\frac{U}{U_B}\right)^{\frac{1}{2}} \tag{7-37}$$

将式(7-37)代入式(7-36),则得

$$M = \frac{1}{1 - \left(\dfrac{U}{U_B}\right)^{\frac{K+1}{2}}} \tag{7-38}$$

如 $n = \dfrac{K+1}{2}$,即为密勒经验式。

从式(7-35)中 k_E 与 E_M 的关系,可得出 E_M 与 ρ_n 有关的结论,即

$$k_E = \frac{qN_D}{\varepsilon} = \frac{1}{\varepsilon\mu_e\rho_n} \tag{7-39}$$

代入式(7-35),得

$$E_M = \left(\frac{K+1}{A\varepsilon\mu_e}\right)^{\frac{1}{K+1}} \rho_n^{-\frac{1}{K+1}} = B\rho_n^{-\frac{1}{K+1}} \tag{7-40}$$

此结果表明:在碰撞电离击穿时,以不同电阻率硅单晶为基体的 P^+N 突变结具有不同的击穿场强值。在此情况下,随着 N 区掺杂浓度 N_D 降低,电阻率 ρ_n 增加,击穿场强 E_M 有所下降。联系到式(7-17),则可以得到 PN 结在发生碰撞电离击穿时的击穿电压,随 N 区电阻率 ρ_n 的增加而增长的规律将低于一次幂的结论。

$$U_B = \frac{1}{2}E_M W_D = \frac{1}{2}E_M^2\varepsilon\mu_e\rho_n = \frac{B^2\varepsilon\mu_e}{2}\rho_n^{\frac{K-1}{K+1}}$$

$$U_B = C\rho_n^{\frac{K-1}{K+1}} \tag{7-41}$$

式中,$K>0$,故 $(K-1)/(K+1)<1$。此结论已为实验所证实。如以 $K=7$ 代入,则可得 $U_B = A\rho_n^{0.75}$,此与实验结果一致。这也是碰撞电离击穿与齐纳击穿规律(U_B 与 ρ 无此关系式)的不同之处。式(7-41)可作为 PN 结击穿具有碰撞电离特性的判别式。E_M 随着 ρ_n 的上升而有所下降的物理本质,是因为 ρ_n 较高时,PN 结阻挡层内的电场分布的梯度 k_E 较小,具有较大的 α_u 值的高电场区比较宽,因而在较低的最大电场 E_M 下即能强满足 $\int_0^{W_D} \alpha_u \mathrm{d}x = 1$ 此一击穿条件。介质击穿的临界条件并非介质中有一点达到 E_B 即可击穿,而是在一个场强区域内有强电离,达到电流能自持性增大,使得 $\mathrm{d}j/\mathrm{d}E \rightarrow \infty$ 才发生击穿。所以,高阻 N 型单晶制成 P^+N 结内的击穿场强 E_M 比低阻 N 型单晶制成的 P^+N 的击穿场强低。此时,PN 结击穿电压反而随单晶电阻率的上升而增加,则是由于 $W_D \propto \rho_n$ 而增长的结果。

此外,随着温度的增高,晶格热振动加强,电子在电场中所获得的能量易于传给晶格,电子本身不易积累能量,这将使 α_u 下降,要满足击穿条件则要求更高的电压。因此,在碰撞电离击穿时,PN 结的击穿电压在一定的温度范围内,将随温度

的升高而增加。$\dfrac{dU_B}{dT} > 0$，这也是碰撞电离击穿与齐纳击穿不同的重要判据之一。

2. "静电电离"隧道击穿机理

在半导体 PN 结阻挡层内，如果存在极强的电场，处于硅原子之间共价键上的电子在电场力的作用下会挣脱共价键的束缚而成为自由电子，这就是静电电离的定性概念。定量的计算则要应用量子隧道效应来加以分析。从量子力学得出的能带观点来看，半导体在强场作用下能带随空间的变化将发生倾斜，能级分布与空间位置 x 有关。此时，价带的电子就有一定的几率透过势垒到达导带，从而使导电电子增加，见图 7-7，这就是所谓的"隧道效应"。此时禁带形成的势垒宽度则与电场强度成反比（$x_2 - x_1 = \dfrac{E_g}{eE}$）。因此，随着电场强度的增加，势垒减薄，电子从价带透过势垒到达导带的几率增加。齐纳（Zener）研究了这个问题，并认为当场强在 10^6 V/cm 附近时，电场强度每增加 $10\% \sim 15\%$，隧道效应的电子透过几率将增加 100 倍。对于禁带宽度较低的半导体，此时隧道电流密度将很大，因此，齐纳认为这时击穿已经来临。隧道效应引起的电子电流密度，根据量子力学计算可获得下式：

$$j = AE^{3/2} e^{-\beta E_g^2/E} \qquad (7-42)$$

式中，E 为外电场强度；E_g 为禁带宽度；A、β 为与材料物理特性有关的参数。

通过式（7-42）无法求得其严格的击穿值，但可以用隧道效应电流明显超过较低电压下的正常电流作为近似击穿的标准。这样决定的半导体的击穿场强 E_M，应为材料物理特性常数，并主要与材料的禁带宽度 E_g 有关。此外在温度增加时，由于禁带宽度有一定的减小，电流密度亦有明显增加，因此，用电流密度的大小和随电压变化速率 dI/dU 为判据的静电电离击穿电压也随之有所降低，即 dU_B/dT

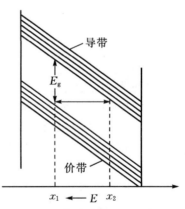

图 7-7　强电场下导体与电介质中的能带图

< 0。以上规律与电子碰撞电离击穿 $dU_B/dT > 0$ 相反，可用来作为此种击穿方式的判别根据。实验结果表明：此种击穿方式只在基体具有高掺杂浓度的半导体 PN 结中出现，此时击穿场强较高（10^6 V/cm），但击穿电压甚低，例如，对硅 PN 结而言，仅为几伏。以 Z_nO 为基本材质的多晶陶瓷其薄层晶界的击穿，也是此种隧道击穿，其击穿电压随温度的上升就略有下降。

7.1.4 PN结实验的击穿规律

半导体 PN 结的击穿电压,是与半导体材料的种类、掺杂浓度、分布、温度以及 PN 结形状有关的。

1. 单晶材料、掺杂浓度、电阻率与 PN 结击穿电压的关系

在基体掺杂浓度 N_D 低于 10^{17} cm^{-3}、耐压高于 10 V 的半导体 PN 结中,其击穿方式多属于"碰撞电离击穿"。在平面型突变结情况下,击穿电压 U_B 与基体掺杂浓度及材料禁带宽度 E_g 之间可近似用一个经验式来表示:

$$U_B \approx 60 \, (E_g/1.1)^{3/2} \, (N_D/10^{16})^{-3/4} \text{ V} \tag{7-43}$$

禁带宽度(E_g)高的半导体材料所制备的 PN 结耐压较高。因为硅的 E_g 高于锗,所以在目前高压电力半导体器件多采用硅而不用锗。表 7-1 和图 7-8 给出了相应的实验值及变化关系。

表 7-1 不同半导体材料的禁带宽度(E_g)和击穿电压(U_B)

半导体材料		禁带宽度 E_g/eV (300 K)	击穿电压 U_B/V ($N_D = 10^{15}$ cm^{-3})
锗	Ge	0.803	140
硅	Si	1.12	320
砷化镓	GaAs	1.43	370
磷化镓	GaP	2.24	820

实验表明:当半导体的掺杂浓度 N_D 减小时,PN 结的阻挡层变宽,雪崩击穿电压增高。因此,目前各国都采用 $N_D \leqslant 10^{14}$ cm^{-3} 的低掺杂高阻 N 型硅单晶来制造高于千伏以上的高压电力半导体器件。PN 结的雪崩击穿电压将随 N_D 的减少,ρ_n 的增加而升高。U_B 与 N 型半导体电阻率 ρ_n 的关系从实验得到经验式:

$$U_B = C\rho_n{}^m \quad (0 < m < 1) \tag{7-44}$$

这些实验结果证明,高压硅器件中的击穿符合碰撞电离击穿机理。对于 PN 结击穿规律的研究,不仅在

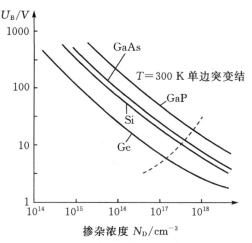

图 7-8 锗、硅、砷化镓及磷化镓中单边突变结的雪崩电压与杂质浓度的关系

理论上有意义,而且在高压硅器件的制造中有着实际的价值,如 U_B 随 $N_D(\rho_n)$ 的变化规律就是必需的基本设计参数。

早期用来设计高压硅器件耐压所用的 P^+N 结击穿电压公式主要有两种经验公式,其中之一是日本三菱公司给出的:

$$U_B = 126\rho_n^{0.63\pm0.01} \text{ V} \tag{7-45}$$

式中,U_B 的单位为 V;ρ_n 的单位为 $\Omega \cdot$ cm,$\rho_n > 15 \ \Omega \cdot$ cm。另一经验式则是美国通用电气公司所提出的:

$$U_B = (5.6 \times 10^{18})N_D^{-0.75} \text{ V} \tag{7-46}$$

式中,N_D 为掺杂浓度,其单位为 cm^{-3}。如以 $N_D = \dfrac{1}{q\mu_e\rho_n}$ 代入式(7-46),取电子电荷 $q = 1.6 \times 10^{-19}$ C,电子迁移率 $\mu_e = 1250 \sim 1350 \ \text{cm}^2/(\text{V} \cdot \text{s})$(取其低值),则

$$U_B = 94\rho_n^{0.75} \text{ V} \tag{7-47}$$

应用上述两式来估算同一 P^+N 突变结的雪崩击穿电压,在高阻情况下将有近千伏的相差。为判别以上两经验式对于国产单晶制造硅器件的适用性,国内学者以国产区熔 N 型单晶为基体,采用硅器件生产中广泛采用的扩硼铝-扩磷双扩散工艺制备的 PN 结,对其雪崩击穿电压 U_B 与电阻率 ρ_n 的关系开展实验研究。实验结果表明:国产区熔单晶制备的 PN 结的击穿电压与 N 型半导体基片的电阻率有关,同时还与结的制备工艺有关。采用扩硼铝-扩磷双扩散工艺制备的 P^+PNN^+ 结二极管试样,击穿电压高于扩硼铝-合金工艺制备的 P^+N 结的击穿电压值。在实验的电阻率范围内(50~150 $\Omega \cdot$ cm),双扩散工艺制备的 PN 结的 $U_B = f(\rho_n)$ 基本上与美国通用电气公司提出的经验公式相符合,见图 7-9。因此,应用 $U_B = 94\rho_n^{0.75}$ 经验式作为国内采用硼磷双扩散工艺制备的高压硅器件的耐压设计的基本公式比较合适。

三菱经验公式击穿电压值较低,可能与其扩散掺杂元素及工艺的不同有关。后来发展的中子辐照单晶,其电阻率的均匀性比区熔单晶高,故产品耐压均匀度也提高,而且耐压公式经实验证明系数亦稍有升高,应为 $U_B = 95.9\rho_n^{0.75}$。

决定 PN 结阻挡层展宽和雪崩击穿电压的直接因素是半导体基体的掺杂浓度 N_D,而与电阻率的关系是通过 $N_D = \dfrac{1}{q\mu_e\rho_n}$ 代换而来。代换式中 μ_e 随温度的增高而有所下降,因此在不同温度下测得同一单晶的电阻率,将随着温度的上升而有所增加。实验表明,在温度相差 20 ℃时,电阻率相差将近 20%。因此,在采用 $U_B = f(\rho_n)$ 经验式时,应在一定的温度下测定电阻率。在有关标准中规定单晶电阻率的测试温度为 25±2 ℃,此可作为统一测试条件的参照标准。此外,有时生产出高压硅整流器件的耐压与投片时测得的硅片电阻率之间的关系,与上述经验公式有很大的偏

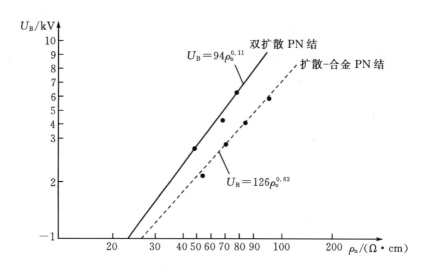

图 7-9　国产 N 型单晶 PN 结击穿电压(U_B)
与单晶电阻率(ρ_n)关系

离。研究结果表明,这往往是由于硅单晶含氧量较高,通过高温扩散后,氧原子在硅中状态改变,氧原子形成新的施主中心,或减少了施主中心,从而改变了 PN 结 N 区的载流子浓度和电阻率所致。这在含氧量较高的直拉单晶中比较显著。在单晶原始电阻率高于 100 Ω·cm 时,高阻直拉单晶中的变化尤其明显,因此,用 N 区单晶制造高压硅器件时,必须采用含氧量较低的区熔单晶来制造,此时电阻率与击穿电压的关系才与经验式一致,而不能采用高阻直拉单晶来制造高压硅器件。因为直拉单晶需采用纯的 SiO_2 的石英坩埚为容器,其含氧量就难以降低,所以,国内外多采用无坩埚的区熔单晶来制造高压硅器件。

2. PN 结击穿电压与温度的关系

通过增加 PN 结的高阻区 N 基区的宽度,选用合适的表面造型,来提高 PN 结表面耐压后,即能测得 PN 结的体击穿电压与温度的关系。实验表明,不同电阻率的 N 型单晶制成的 PN 结,其体击穿电压均随温度的增加而作线性增加,见图 7-10。在 0~150 ℃的温度区间内,耐压为 1000~4000 V 的 PN 结试样 $\dfrac{1}{U_B} \cdot \dfrac{dU_B}{dT}$ 接

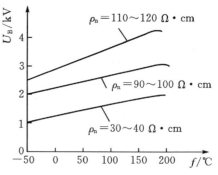

图 7-10　不同单晶电阻率的 PN 结试样
$U_B = f(T)$ 特性

近为一常数,平均值约为 $1.17 \times$ $10^{-3}℃^{-1}$。此结果与根据 PN 结碰撞电离击穿理论,从 α_u 随温度的变化规律所计算出的 $\dfrac{1}{U_B} \cdot \dfrac{dU_B}{dT}$ 与 U_B 关系相符,见图 7 - 11。$U_B = f(T)$ 在较高的温度 T_M 下 U_B 出现峰值,以后,温度再增高,U_B 则下降,这一下降与 PN 结表面特性有关,因此可能是表面耐压降低所造成,通过改善表面特性,T_M 可升高到 160~200 ℃的区域,即在一般硅器件的工作结温下($T = 125$ ~150 ℃)结的体击穿电压随温度升高作线性增加。

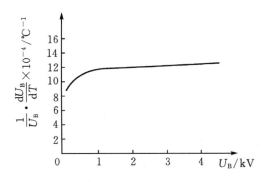

图 7 - 11　按 PN 结碰撞电离击穿理论计算
$$\frac{1}{U_B} \cdot \frac{dU_B}{dT} = f(U_B)$$

3. 金属杂质对 PN 结耐压的影响

由于原材料不纯或器件特性所需,如快速器件,通过扩散工艺金属杂质进入 PN 结,往往引起漏电流的增加,反向伏安特性变软,击穿电压下降。因此采用硼磷吸收工艺常能在提高 PN 结少数载流子寿命的同时,提高其击穿电压。为控制硅器件少数载流子寿命和关断时间,国内外多采用掺金工艺引入杂质金,这时将使基片电阻率升高,但在直流和工频下 PN 结的击穿电压不变,阻挡层宽度亦不变。电阻率的升高是掺金引起半导体中迁移率下降所引起的,但在所加反向电压 dU/dt 较高时,阻挡层的宽度和击穿电压均将升高,其机理还未搞清,但这对快速硅器件的耐压设计影响很大,应加以研究。

7.2　高压半导体器件的表面电场与表面耐压

7.2.1　PN 结的表面击穿与表面电场

在实际生产中常常遇到 PN 结的反向耐压达不到设计要求的情况,原因是多种多样的,但其中最主要的原因之一是发生了表面击穿。有时可看到 PN 结表面在反向电压下出现表面放电火花;有时观察不出什么现象,但表面经重新处理后,却可以使耐压显著提高。这表明此时表面击穿决定了 PN 结的耐压。这种具有表面击穿特性的器件,其击穿电压不是由 PN 结体内击穿规律所决定的,而是与表面条件密切有关。由于表面击穿而造成表面电流的局部集中,必然会使表面局部加热,并导致表面热破坏。因而,这类器件的反向浪涌特性不佳,稳定性也差。所以,高压大功率器件都应该避免表面击穿,或者说只有避免发生表面击穿,严格的体内设计才有意义。

表面击穿有两种情况:第一种是 PN 结近表面层的半导体材料中发生了击穿,其击穿机理本质上与体内击穿相似,包括雪崩击穿与热击穿以及某种综合效应。第二种是 PN 结表面外介质层发生击穿,这可称为"表面放电"。当 PN 结表面没有用固体介质保护或保护膜很薄时,由于空气的击穿场强较低,所以器件外表面的气体游离放电很容易发生,这将导致表面放电击穿的发生。

从对击穿的研究可知,材料的击穿是由于加在材料上的电场强度增强达到击穿场强所造成的,而表面击穿往往是由于表面局部电场增强所引起的。PN 结的表面处于两种介质(半导体和绝缘材料)的交界面及金属电极的边缘处,两种介质的介电系数不同,可使硅表面外空气中电场法线分量增强,而电极的中断则引起电场局部集中。因此,PN 结表面所处的条件比体内复杂的多,故未加表面造型处理的硅器件击穿常常在表面发生。

避免 PN 结发生表面击穿的途径,一般有两个方面:一是降低 PN 结的近表面电场,使表面最大电场强度低于体内最大电场强度,从而使表面击穿电压高于体内击穿电压;二是提高表面保护材料的耐电强度,不使发生表面介质击穿。依此思路,1964 年戴维斯提出控制表面电场,提高表面击穿电压的技术,即表面斜角造型技术。这种技术使表面空间电荷区形状及电场分布可以通过调整造型角度和 PN 结边缘外型加以控制。从这个意义上讲,戴维斯给出了一种进行 PN 结表面耐压设计的途径。但由于表面电场理论设计计算的复杂性及还存在一些其他介质因素,如表面介质带电,影响着表面电场的的分布,所以对表面击穿的控制必须从表面造型和表面保护介质特性两方面加以考虑。

1. 表面造型影响

半导体 PN 结反向击穿与绝缘介质的击穿一样,要提高其击穿电压,必须通过对边缘造型处理以改善电场分布防止电场集中,此与固体介质的防止边缘击穿思路相似。

在半导体 PN 结表面造型技术中,目前采用最广的是斜角造型技术,即通过机械研磨和喷砂技术,将 PN 结结片平行与轴线的边缘表面切成倾斜的表面,以扩大表面阻挡层的宽度。单就此斜角引起表面的几何尺寸变化来看,表面倾斜以后,表面空间电荷区的宽度 W_s' 应比体内空间电荷区 W_D 加宽:

$$W_s' = \frac{W_D}{\sin\theta} \tag{7-48}$$

随着斜角 θ 减小，W_s' 将增大，从而使表面电场强度有所下降，见图 7 - 12。

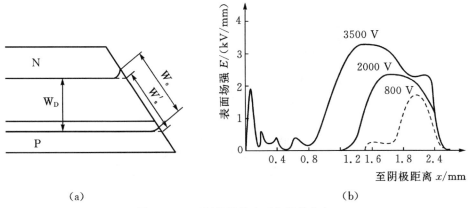

(a)　　　　　　　　　　　　　　　　　　　(b)

图 7 - 12　正斜角及其表面电场的分布

(a)正斜角表面阻挡层展宽；(b)表面电场

但对于实际的 PN 结，由于结区内空间电荷存在，表面空间电荷区的宽度的变化还与结的两边掺杂浓度有关，并不像以上所说的那样简单，而是存在着正斜角、负斜角两种情况。

1)正斜角造型

如图 7 - 12(a)所示，表面斜角使 P^+N 结的表面积由高浓度 P^+ 区向低浓度 N 区减小，即斜角削去的部分主要是低浓度区 N 区。实际测量及理论计算都证明，这种正斜角使空间电荷区扩展得更宽。这可以简单解释为：正斜角使含有正空间电荷的低掺杂浓度 N 区体积比含有较多负空间电荷的高掺杂浓度的 P^+ 区损失较多，为保持正、负空间电荷总量的平衡，P^+N 结表面附近的空间电荷区必须向上扩展，阻挡层边界向上弯曲，增加一部分正空间电荷以作补偿，这样就使 N 区表面阻挡层宽度增加。但是结表面的负空间电荷 P^+ 区则将压缩，其阻挡层的边界也向上弯曲，而减少了一些负空间电荷，这会减小表面阻挡层宽度。不过低浓度区空间电荷层的变化较为显著，因而实际表面空间电荷区增大，$W_s > W_s'$。图 7 - 12(b)是用探针法对 3500 V P^+N 型整流管表面电场的实测结果，$W_s = 1700\ \mu m$，而体内空间电荷区宽度 W_D 按计算仅为 340 μm，实际正斜角为 15°，表面空间电荷区计算宽度 $W_s' = 340/\sin15° = 1310\ \mu m$，显然 $W_s > W_s'$。戴维斯(Davis)对 1000 V 以下的 P^+N 结计算得到的电场分布如图 7 - 13 所示，从中可以看出，正斜角造型的作用是使表面空间电荷区向低浓度侧扩展，降低表面峰值电场，并使表面峰值电场从结附近移向低浓度区一侧。随着角度的减小，表面空间电荷区更宽，峰值电场也更低，有利于表面耐压的提高。对于高于 3000 V 的高压硅整流元件可采用双角造型和球面造型,达到较少通电面积损失和防止表面尖端放电击穿。

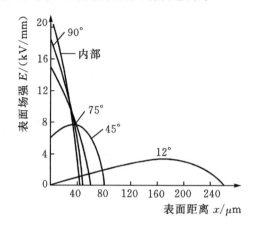

图 7-13　各种正斜角造型时 PN 结的表面电场分布计算结果

2)负斜角造型

如图 7-14 所示,表面斜角使结的面积由高浓度 P^+ 区向低浓度 N 区增大,即斜角削去的部分主要是高浓度区。同样由测量及计算得知,这种造型使低浓度区的表面空间电荷层被压缩变狭,而高浓度区的表面电荷层则被拉宽。这同样可以从电荷平衡的要求来理解。但负斜角使高浓度 P^+ 区负空间电荷区损失较多,因而使表面负空间电荷层上曲增宽,而表面正空间电荷层向上收缩,以保证空间电荷的平衡。显然,高浓度侧的负空间电荷层的上曲比低浓度侧的要小,因而这种负角造型使 $W_s < W_s'$,而且有可能使结表面空间电荷区变得狭于体内,即 $W_s < W_D$,表面

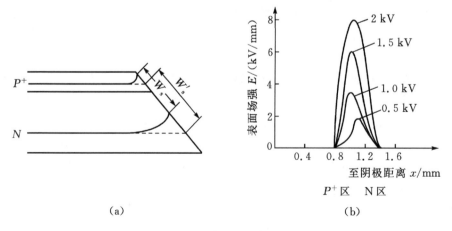

(a)　　　　　　　　　　　　　　　　(b)

图 7-14　负斜角及其表面电场的分布

(a)负斜角表面阻挡层展宽;(b)表面电场

最大电场强度会高于体内,这将导致先发生表面击穿。但当负斜角取得很小时,由于几何效应,P^+ 区表面的负空间电荷层便发生更显著的拉宽,使 $W_s > W_D$,因而有可能使表面电场下降到低于体内,达到避免表面击穿的程度。对 2000 V 负斜角造型 PN 结实测的表面电场分布如图 7-14(b)所示。

戴维斯对不同角度的负角造型的电场分布计算结果见图 7-15。可以看出,负角造型使低浓度区空间电荷层弯曲向结靠近,而高浓度的空间电荷层则有所增宽。仅当负角很小时,表面电场才可能稍低于体内,而且此时表面空间电荷层完全被移到了高浓度侧的表面上。

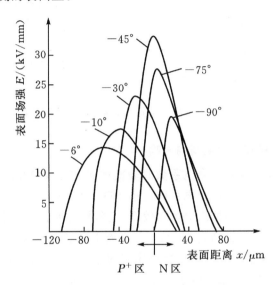

图 7-15　各种负角造型 PN 结表面电场分布计算

PN 结表面电场分布除了受表面斜角造型角度控制外,还受到 PN 结掺杂浓度分布、表面保护材料及半导体—介质交界面电荷等因素的影响,下面作定性分析。

2. PN 结表面浓度分布的影响

PN 结的空间电荷区随电压升高而展宽以及电场强度的变化与 P、N 区掺杂浓度分布有关的特点对表面也是适用的,因而,掺杂浓度的调整也有控制表面电场的作用。特别在 P^+N 负斜角的情况下,表面空间电荷区主要处于高浓度的 P^+ 扩散层上,P^+ 区掺杂浓度分布对电场的调整作用更大,图 7-16 的理论计算结果可作为一个例子。采用 A+B 类型的高低浓度双杂质扩散源使 P 扩散层部分表面浓度梯度降低,在同样造型角度下,表面电场则有明显下降。因此,采用硼铝或镓铝双杂质源扩散对改善负角电场有利。

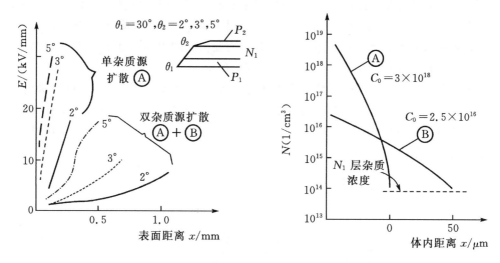

图 7 - 16　不同掺杂浓度分布对表面电场的影响

3. 表面保护材料和表面电荷的影响

从理论上讲,保护材料的介电系数对表面电场的法线分量有较大的影响。当表面外是空气时,因为空气的介电系数远小于硅,所以垂直于半导体表面指向空气的电场分量较大,而且气体的击穿场强较低,故容易发生表面气体放电。用固体介质保护后,相对介电系数提高到 $3\sim4$,可使介质中电场法向分量降低,对消除表面放电有利。但表面保护材料还影响半导体表面态的变化,故其对于半导体表面击穿总的影响是复杂的。如采用电子电导半绝缘性膜如含氧非晶硅或类金刚石薄膜作内层保护材料,则可使半导体 PN 结表面电场被强迫均匀分布,对避免表面电场集中和表面击穿是有利的,这在超高压硅器件中被采用。

半导体表面如果有外来电荷存在,直观来看,必定会影响总电荷的平衡,因而导致正或负空间电荷数量的变化,而改变了表面空间电荷区的宽度和电场分布。以图 7 - 17 为例,设表面存在一定浓度的正电荷,为了维持总电荷的平衡,硅中亚表面电荷区正空间电荷就可减少,因而 N 区正空间电荷层就被压缩。同样道理,当表面有外来负电荷时,表面正空间电荷层就会被相应拉宽。因此对于在高压硅整流管常用的正斜角造型的 P^+PNN^+ 结表面,为防止 W_s 过宽引起 NN^+ 处电场集中和避免要求长基区过宽,采用能在半导体表面形成正号带电的保护材料(如聚酯改性硅漆 SP)有利,而对于负斜角 P^+N 结则应采用带负号电荷的保护材料(如聚酰亚胺)。

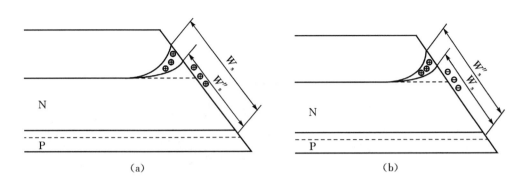

W_s 为无表面电荷时的表面阻挡层宽度，W_s'' 为有表面电荷时的表面阻挡层宽度

图 7 - 17　表面电荷对表面空间电荷区的影响

(a)表面有正电荷的情况；(b)表面有负电荷的情况

7.2.2　表面电场与表面空间电荷区的测量方法

高压 PN 结表面电场的测试技术是随着表面造型技术和对保护材料带电状态研究同时发展起来的。由于表面电场造型是决定表面耐压的直接因素，而 PN 结表面保护介质带电状况对表面耐压也是一重要影响参数，所以，对表面电场的直接测量工作就成为研究高压硅 PN 结表面所必须的手段。例如通过表面电场分布的测量，可研究各种造型的效果、掺杂浓度分布的影响等。通过表面空间电荷区的测量，还可以研究表面电荷及表面保护材料对电场的影响等。另一方面，表面空间电荷区的分布可直接反映器件体内和表面的结构及特性，例如，整流管是 PN 型还是 P^+IN^+ 型，电阻率高低，基区厚度，晶闸管磨角腐蚀处理角度是否恰当等。所以表面测量又是检测器件设计、材料、工艺参数选择的一种手段，对于进一步的研究工作和稳定生产质量都是十分有用的。使用最多的表面测量方法是金属探针法和测量表面空间电荷区变化的光探针法。

1. 表面电场测量——金属探针法

金属探针法测量表面电场的原理如图 7 - 18，金属探针与所接触的半导体表面点等电位，探针电压用分压器分压后进行测量，即得到半导体表面探针接触点的电位。沿表面按一定间隔移动探针，或固定探针移动被测管芯，便可得到整个表面的电位分布。

由电位分布经过简单近似计算，可得到电场分布。近似计算的方法如下：探针测出相邻两点的电位是 V_A、V_B,则 $V_A - V_B$ 代表通过 A、B 两点等位面的电位差,通过 A 点(B 点)的电力线的实际方向应该垂直于等位面。所以,A 点的电场强度可以分解成沿半导体表面的切线分量 E_t 和垂直于半导体表面的法线分量 E_n,$E_t = E_A \cos\alpha$,

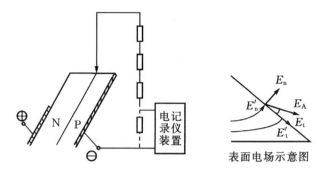

图 7 - 18　金属探针测量表面电场原理图

$E_n = E_A \sin\alpha$;而半导体内部的法线分量 $E_n' = E_n(\varepsilon_r / \varepsilon_r')$,$\varepsilon_r$、$\varepsilon_r'$ 分别为表面介质层及半导体的相对介电常数,切线分量 $E_t' = E_t = \dfrac{V_A - V_B}{AB}$,$E_A' = E_t' + E_n'$。当 $E_t' \gg E_n'$ 时可近似取 $E_t' \approx E_A' = \dfrac{V_A - V_B}{AB}$,即半导体内部的法线分量不大时,可以用沿半导体表面的电场切线分量 E_t' 代表半导体表面平均场强,如相邻点间距离很小时,则可把 E_t 近似于看成一点的场强。本章前面实测电场分布图 7 - 12(b)就是用此方法测得的。

2. 表面空间电荷区的测量

　　PN 结表面有介质层保护后,金属探针接触不到半导体表面,因而不能用于测量保护后表面电场情况。目前能比较简便地测量保护后半导体表面空间电荷区的方法是激光探针法。激光探针法的简单装置如图 7 - 19 所示,光线经过透镜聚焦成光探针,照射到半导体结表面上,光激发载流子在电场作用下构成光电流,叠加在漏电流上,测量系统可检测出漏电流的增量。

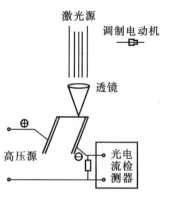

图 7 - 19　激光探针测量表面空间电荷区

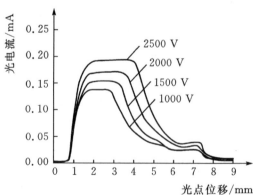

图 7 - 20　激光探针法测得的表面光电流

当激光探针照在中性区时,因中性区内无电场,光生载流子仅仅通过扩散而运动,同时在中性区扩散过程中又有较强的复合作用,因而其浓度很快降低,形成的光电流很小。当激光探针照在空间电荷区时,光产生载流子立刻在电场作用下向中性区漂移形成电流,复合作用可以忽略,因而光生电流很大。让激光探针沿表面移动,从光电流的变化中就能检测出空间电荷区的宽度,测量结果如图 7 - 20 所示。在较高温度下测量时,由于热电流迅速上升,可能掩盖光电流的变化,则用对连续照射光进行机械调制,使之成为断续周期照射光,直流光电流被变换成具有一定频率

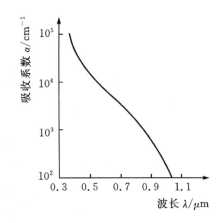

图 7 - 21　硅单晶对短波的吸收系数 α
　　　　　与波长 λ 的关系

的脉冲光电流,再用高频接受装置接受,便可排除反向漏电流的影响,检测出光电流随光点位置的变化。

光激发载流子的产生是由于半导体的价带或陷阱能级电子吸收光子能量跃迁到导带所形成的。所以,光电流的大小与光子能量有关,即与入射光的波长有关。硅半导体对各种波长光的吸收系数见图 7 - 21,从中可见硅对长波吸收系数小(其截止波长约为 $1.1\ \mu m$),对短波吸收系数较大。吸收系数大意味着入射光强度在硅中衰减较快。据此可选择光的波长,使用能被硅的表面强烈吸收的光,则可更精确地测出 PN 结表面空间电荷区;当使用能进入硅中一定深度的光,便可测出 PN 结体内空间电荷区。

与金属探针法相比,光探针法的优点是:不会损伤半导体的表面;表面有透明介质覆盖时仍可测量;改变光的波长,可作不同深度的测量。其不足之处,是不能给出表面空间电荷区中各点电场强度。

除上述两种方法外,电模拟法及电子显微镜照相等也可显示表面空间电荷区的变化。

7.3　表面保护材料带电及材料导电机理的探讨

提高电力电子器件的表面耐压,除通过器件终端表面造型改善电场分布而外,还必须用优良介质材料加以绝缘保护,以防外界气氛对半导体表面的影响和防止外表面的气体放电击穿。但保护材料通常都会因有内部离子电荷和界面电子输运

而引起表面保护材料带电,这种带电将会强烈的影响半导体 PN 结的反向表面电场分布,进而带来器件耐压的变化。半导体器件表面保护材料的带电主要原因包括两方面:

(1)静电接触带电:半导体与保护介质接触界面处由于材料对自由电子的束缚能力不同,会引起电子的输运,因而在不同材料界面上出现正、负电荷层,导致表面处保护材料的带电。

(2)材料接触带电:在金属、半导体材料表面物理特性研究中已作过较系统而完整的研究。金属和半导体中都含有大量的自由电子,它们被束缚在材料表面形成的低势垒势箱中不能自由越过界面到达外部空间,在热、光等物理因素的作用下,势箱中的电子可获得较大的能量,如其超过一定值时可以跳出势箱到达表面外,此能量就称为材料的逸出功 Φ,单位为 eV。通过光电效应和热发射可以测得各种金属的逸出功,见表 7-2 和表 7-3 及图 7-22。

表 7-2　由光电效应得出的红限 ν_0 和 Φ 值

金属	红限 ν_0 $\times 10^{14}$/Hz	逸出功 Φ/eV
钠	4.39	1.82
钙	6.53	2.71
铀	8.75	3.63
钽	9.93	4.12
钨	10.8	4.50
镍	12.1	5.01

表 7-3　由热发射电流给出的 Φ 值

金属	逸出功 Φ/eV
金	4.32
铜	4.33
钨	4.52
铂	5.61
铯	1.81
钛	3.35
钡	2.21

在两种不同金属相接触时,由于电子的势能不同则有电子从逸出功低的一方向逸出功高的一方输运,从而两者之间出现接触电位差,界面出现空间电荷。金属与半导体或 P 型半导体与 N 型半导体接触也会发生载流子的转移而产生空间电荷,形成电偶层,并引起电位差。这一现象在电力电子器件的电极处、PN 结交界面都会出现,它们可用能带理论加以分析。而对

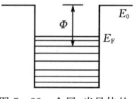

图 7-22　金属、半导体的
逸出功 Φ 的图示

于介质的接触带电特别是介质与半导体之间的接触带电理论研究还不深入,这是由于电介质的实际结构远比金属和半导体来得复杂,甚至介质表面各点电性结构都有一定差异所造成。现有的结果是直接进行实际测定的经验规律。对于常用表面保护材料相互接触和与 P 型 N 型硅片接触时保护材料的表面带电可用电荷分

离测定法测定,结果见表 7 - 4。

表 7 - 4 接触带电的表面电位测量数据 V

接触试样 ＼ 测量试样	SP 硅漆	热固化硅凝胶	光固化硅凝胶	406 硅橡胶	408 硅橡胶	703 硅橡胶
SP 硅漆	—		−60	−24	−38	−25
热固化硅凝胶		—	+12	+31	+16	+11
光固化硅凝胶		−11	—	+30	−24	+66
406 硅橡胶	+27	−20	−32	—	−27	−36
408 硅橡胶	+33	−27	+31	+19	—	+157
703 硅橡胶	+43	−13	65	−16	−155	—
P 型硅片	+180	−20	−124	−85	−26	+18
N 型硅片	+86	−168	−209	−52	−37	+24
石英晶体	+56	−14	−33	−42	157	+25

注:表中数据为被测试样五次测定的平均值,表面电位从测量试样上测出。

由表 7 - 4 数据可以看出:①聚酯改性硅漆(SP)与 N 型、P 型半导体硅片接触均为带正电荷;②以纯硅氧烷为基础的硅凝胶及硅橡胶与 N 型 P 型半导体硅片接触多带负电荷。以上的区别十分重要,因为从正斜角半导体表面电场分布来看,为防止表面耗尽区过于上曲以至出现 N^+N 处电场集中,表面耐压下降的问题,应采用带正电荷保护材料以抑制表面耗尽区的上曲。而对于 P^+N 负斜角表面则应采用带负电的保护材料才能在 N 区减少上曲改善表面电场。由此可以得到一个重要的实用性结论:即对于采用正斜角造型的 P^+N 结整流管,其表面保护材料应采用 SP 保护;而对于具有正负斜角表面造型或双负角造型的晶闸管,则应采用硅橡胶或其他带负电荷的保护材料,如聚酰亚胺。此介电现象在室温下已明显显现。

带负电荷时相反就要增加半导体的空间电荷来补偿,因而 W_s 扩大,见图 7 - 23。表面保护介质中高压驻极现象由于在表面保护介质中存在带电离子,因而在高温反向高压下将在表面介质膜中出现高压驻极带电现象。此时带正电的离子将迁移到加反向电压的负极(P^+)区,正极(N)区将有负电荷,这将导致 P^+N 结正斜角下表面耗尽区进一步扩展,如 W_s 扩展到 N^+ 处,将有 N^+N 处的电场集中,从而导致表面击穿。

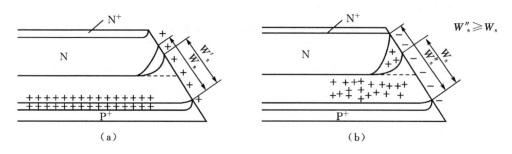

图 7 - 23　表面保护材料带电对表面耗尽区的影响

(a)带正电荷,表面耗尽区压缩($W_s' < W_s$);(b) 带负电荷,表面耗尽区扩展($W_s'' \geqslant W_s$)

　　这一现象在激光探针对表面耗尽区的测量中发现 $W_s \sim T$ 曲线在高温(100~120 ℃)区有增大的现象,而采用前节提出的激光探针表面耗尽区测定方法亦可测得相一致的保护材料的带电规律,如图 7 - 24 所示。

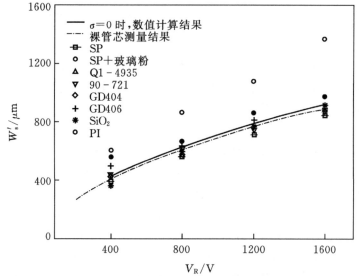

图 7 - 24　不同保护材料的关系曲线 $W_s' \sim V_R$

(试样为正斜角 $P^+ N$ 型器件)

　　用激光探针测定正斜角 $P^+ N$ 结器件在反向电压下的表面耗尽区的宽度与保护材料的相关性,就可判定出保护材料的带正、负电特性。如加保护材料后表面耗尽区扩展为带负电荷,相反耗尽区压缩则带正电荷。这是由于半导体 N 区内表面的空间电荷为正。带正电荷的保护材料可补偿一部分因磨角去掉的较多正电荷,因而使表面耗尽区的电荷补偿上曲减小,所以表面耗尽区的宽度较之未加保护材料的裸管芯表面耗尽区不同,其增大的程度与表面保护材料的纯度和体电阻率有关。用高纯高阻表面保护材料时,表面耗尽区随温度变化比较平坦,表明高温高压下表面耗尽区的增宽是由于高温离子电导所引起的,因此用于高压硅器件的保护介质要求含杂极低,如 K^+、Na^+ 要低于 2ppm。在低温下 $\rho_v = f(1/T)$ 曲线的斜率(活化能)与高温区不同,见图 7-25,而且 W_s 随温度变化较平坦。研究其导电机理是电子电导还是离子电导,是一值得探讨的工程电介质问题。

目前对探讨有机固体介质的电导机理是人们所感兴趣的,在无机固体介质中 $\rho_v = f(1/T)$ 存在双折线,其机理多归至于高温本征离子电导和低温杂质电导共同作用,但在高纯的非极性有机介质中的电导机理显然不能认为存在明显的本征离子电导。通过提纯前后 $\rho_v = f(1/T)$ 曲线的比较可以得出在高温下应该是杂质离子电导为主,而在低温下可能是电子电导。下面的两组实验可做为证明。

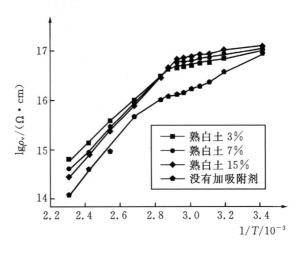

图 7-25　SP 和高纯 SP 的 $\rho_v = f(1/T)$

(1)聚酯改性硅漆(SP)作不同固化温度下的 $\rho_v = f(1/T)$ 变化,见图 7-26,可以看到一组有趣的结果:

①高温下的电阻率随着固化温度的增高而上升,在 210 ℃ 固化温度下达到最高,以后电阻率随固化温度升高而下降。这可以认为是有机材料的结构随着固化温度增加而趋于紧密,离子导电空间小,离子迁移困难,ρ_v 上升。在 210 ℃ 之后已接近材料的分解温度(230 ℃),结构破损,ρ_v 下降。这证明在高温下 SP 为离子电导机理。

②低温区(80 ℃ 以下),随着固化温度由 180 ℃ 升高到 200 ℃,ρ_v 相反下降,这可能是结构密集,电子云交叠加强,电子电导增加所引起。

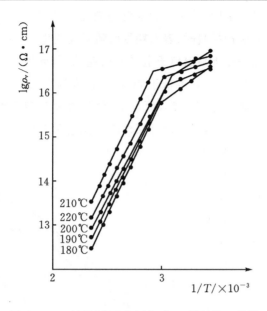

图 7-26 不同固化温度固化后 SP 材料的 ρ_v 曲线

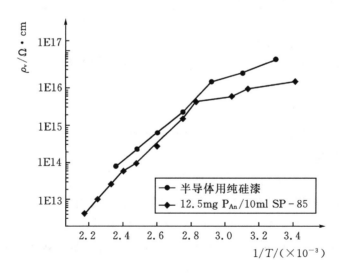

图 7-27 聚苯胺(P_{An})加入纯硅漆后 ρ_v 的变化

(2)用具有电子电导特性的聚苯胺导电高分子材料加入 SP 硅漆中,其低温电阻明显下降,而高温电阻率变化不大,见图 7-27。这说明低温下可能是电子电导,而高温下是杂质离子离子电导。而且有的试样在高低温交界处出现反常电阻增高的负阻现象,如图 7-28 所示,这可用两种导电载流子的复合来说明。

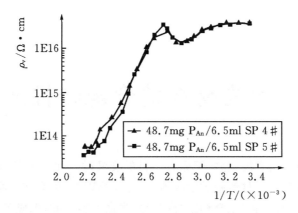

图 7 - 28　较多聚苯胺(P_{An})加入半导体纯硅漆(SP)后其$\rho_v \sim 1/T$的负阻特性变化

　　总之,从材料的组成、含杂、固化工艺对硅漆SP的影响来看,其导电机理可以认为在高温下是杂质离子(K^+、Na^+等)电导为主,而在低温($<100\ ℃$)下以电子电导为主。这与用激光探针测得的$W_s \sim T$曲线相比较,可以得到在低温下介质中的电子电导不会在电场作用下产生电荷积累,因而W_s明显与温度无关。而在高温、强电场下则有离子电荷在表面保护介质中积累而形成高压式极化,故W_s有随温度增高而上升的趋势,如图 7 - 29。这是一种与外加反向电压有关的电荷输运和积聚,在电压去除后电荷可复合消失。

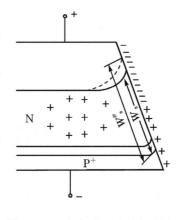

图 7 - 29　在高温高压下表面保护介质中的高压式极化引起的W_s上曲图示

　　高压硅器件表面保护材料在高温高压下的离子输运形成的驻极带电现象改变了表面电场分布,因而影响器件的表面耐压,从而决定了器件的高温耐压特性和寿命。这是介质中静电现象在电子器件中的应用实例。同样在集成电路器件中亦有重要的影响,值得深入研究。

　　此外,表面保护材料直接接触半导体表面,这将影响表面的能态进而改变了半导体表面的漏电流,如高纯聚酯改性硅漆作为表面保护材料时将能使其表面漏电流降低,这对提高器件电性能有利。

第8章   生物材料的介电特性及其应用

近代科学技术的发展,趋向于原有学科的交叉融合而产生新的学科和新的研究方向。作为电气绝缘材料基础学科的"电介质物理学"也突破了原来以工程材料为对象的界线,而与生物、医学相结合扩展到生命学科领域,形成了"生物电介质物理学(Biodielectrics)"这一新的学科方向。其主要内容包括两大方面:一是用电介质物理的理论和电介质测量的方法,从分子、细胞和组织器官水平上来研究生物材料的介电特性,从而加深对一些生物结构和生理现象的认识;二是研究生物体自身的电磁特性,及其与外电磁场的相互作用,并将其用于生物学研究及医学临床诊断和治疗。本章将介绍生物体中的电磁现象和生物材料的基本介电特性,及其在生物、医学领域的应用。

8.1   生物体中的电磁现象

在生物体的整个生命活动过程中,始终都伴随着电磁现象,亦称之为生物电磁现象。电鱼放电,自古已有记载,但人类对于生物电的研究则起始于 18 世纪。1786 年意大利博洛尼亚大学解剖学教授路易吉·伽伐尼(Luigi Galvani)无意中发现,当用金属导体连接蛙腿肌肉与神经时,肌肉就会发生收缩。他认为神经和肌肉带有相反的电荷,称为"动物电",而金属导体只是把神经和肌肉之间的线路接通。同时代的物理学家伏特却不同意这种观点,他认为伽伐尼发现的现象,是由于所用金属的性质不同。他用一组铜电极和一组锌板,其间由盐水隔开,由于不同金属与电解质接触而产生了电位差,从而发明了伏特电池。1827 年德国雷蒙(Rey-mond)发表了《动物电的研究》,使电生理开始成为独立学科。1850 年亥姆霍兹测定蛙神经传导速度为 20~30 m/s,纠正了以前关于神经传导速度等于光速的错误概念。1888 年能斯特(Nernst)提出了可用于计算膜电位的 Nernst 公式。进入 20 世纪后,随着测量技术和实验手段的不断进步,人们对生物体中电现象的研究也日益深入,微滴管和超微电极的应用可以更精确地研究细胞膜电位及其变化规律。

8.1.1　细胞膜电位及其变化规律

生物体所表现出的各种宏观电现象,都来源于细胞膜的电位变化,细胞内部与细胞外液之间的电位差即为膜电位。多种细胞如肌肉细胞和腺体细胞的功能都受膜电位的控制;神经细胞的膜电位变化则具有信息特征,可以传导给另一神经细胞、肌细胞或腺细胞。通过这种信息传递,神经系统可协调和整合各类细胞,调整机体内部的功能,并使机体对外界作出适当的反应。要了解细胞膜电位的变化,应首先弄清细胞膜的组成结构及电位差的形成。

1. 细胞膜的组成及静息电位的形成

细胞的基本结构由细胞膜、细胞核和细胞质组成。细胞膜是许多生命现象发生和进行的重要场所,同时它本身又是这些重要过程及反应的直接参与者,而细胞带电的形成及变化亦与细胞膜有着密切的关系。

细胞膜的主要化学成分是脂类、蛋白质和糖类。电子显微镜观察得到细胞膜或细胞内其他膜结构基本上都是一致的三层构造,如图 8-1 所示。它是细胞共有的一种基本结构形式,故称为单位膜。关于单位膜的排列问题有若干假说。目前被广泛接受并应用的是"液态镶嵌模型"或称为"脂质状蛋白质镶嵌模型"。此模型认为细胞膜呈一种可塑的、流动的嵌有蛋白质的类脂双分子的膜结构。

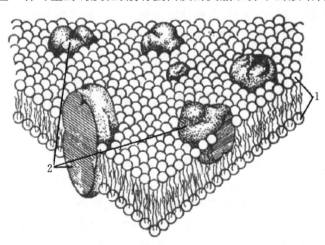

图 8-1　细胞膜的立体结构(1 为磷脂分子;2 为蛋白质分子)

类脂常占膜组成的一半左右,其中以磷脂占优势,还有胆固醇和糖脂。这些类脂分子都具有"一头两尾"的结构特点,头为带有正负电荷易溶于水的极性基团,通

称为亲水性基团;尾为易溶于脂肪溶剂中的非极性基团,通称为疏水性基团。由于
这个特点,使得它在水溶液中形成疏水性基团向内,亲水性基团朝外的双分子层薄
膜。由于亲水基团的存在,则有利于细胞膜表面水化作用的进行。

　　膜蛋白镶嵌在类脂双分子中,它可在膜平面作侧向移动或旋转。膜蛋白有两
种:一种为"周围蛋白质",它不存在于类脂双分子中,而只附着于膜的内表面,特异
地与亲水区域相结合;另一种为"整合蛋白质",它埋入或贯穿在类脂双分子层中。
由于这些蛋白质的组成不同,所以各自具有独特的功能。

　　糖类在细胞膜中占的比例不多,它们主要是以寡糖侧链与蛋白质以共价键的
形式结合,有很少部分与神经磷脂结合。糖类在膜上大约有几十种,主要的有半乳
糖、甘露糖、岩藻糖、氨基半乳糖、氨基葡萄糖、葡萄糖及唾液酸等。唾液酸是细胞
表面净电荷的来源,主要存在于寡糖侧链的末端。

　　膜电位的产生与膜对离子的选择性通透有关。细胞内液与细胞间液(组织间
液)均为带有电荷微粒的溶液,细胞内液以 K^+,蛋白质(A^-)为主,细胞间液以
Na^+、Cl^- 为主,由于不同离子通过膜的通透能力不同,从而产生了膜两边的离子
浓度差,形成膜电位。离子通透性可通过膜的净内向通量来反映:

$$M_s = D_s \text{grad} [S]_m = -D_s([S]_i - [S]_o)/\delta = P_s([S]_o - [S]_i) \quad (8-1)$$

式中,D_s 是物质 S 在膜上的扩散常数;$P_s = D_s/\delta$ 是膜对物质 S 的通透性;$[S]_i$ 为物
质 S 在细胞内液中的浓度;$[S]_o$ 为物质 S 在细胞外液中的浓度。

　　此式说明某物质的净通量,即每秒通过每一平方厘米细胞膜而进入细胞的克
分子数减去离开细胞的克分子数,等于通透性常数 P_s 乘以该物质在细胞外和细胞
内的浓度差。膜对离子的通透性具有选择性,膜对 K^+、Cl^- 的通透性大,对 Na^+ 的
通透性小,而对蛋白质的通透性为零 $P_A = 0$,亦有 P_K、$P_{Cl} \gg P_{Na}$。这里还应指出的
是 Na^+ 的原子量及半径比 K^+ 的小。为什么其通透性还小,其原因是离子的通透
性主要取决于水化离子的半径大小,Na^+ 离子可结合较多的水分子,使得水化
Na^+ 离子的有效半径比水化 K^+ 离子的大,所以 $P_K \gg P_{Na}$。

　　细胞内液和细胞间液的离子浓度不同,其离子以各自的浓度梯度进行扩散。
K^+ 离子易于通过扩散从细胞内液进入细胞间液,同时 Cl^- 离子易于从细胞间液扩
散到细胞内液,从而造成细胞膜内带负电离子增多,而膜外正离子增多,因此使细
胞膜内带负电,膜外带正电。另外膜上有微孔(直径约 3 Å),而 K^+ 的有效直径为
2.2 Å,Na^+ 离子的有效直径为 3.4 Å,这样,膜的微孔只能 K^+ 离子通过,而 Na^+ 离
子不易通过,则 K^+ 离子外流,Cl^- 离子内流,使得细胞内为负电荷,细胞外为正电
荷。由于电荷异性相吸,细胞外部过剩的 K^+ 与细胞内 A^- 离子相吸引,并存在于
细胞膜的内外表面,K^+ 离子返回细胞内又受 K^+ 离子浓度梯度的对抗作用,从而
产生了膜电位差,细胞处于安静状态下的膜电位,称为静息电位。可见静息电位的

产生主要取决于 K^+ 离子的平衡电位,即 K^+ 离子在膜内外的比例。

通过采用微电极技术,将尖端小于 $0.5~\mu m$ 的玻璃微电极插入细胞内,测得细胞的静息膜电位(膜内电位与外膜电位之差)在 $-55 \sim -100~mV$ 范围内。此负的静息电位是由于细胞内有高浓度的、不可通透的阴离子(大蛋白质离子)所造成的结果。

2. 动作电位的产生与传导

神经细胞的任务是接受信息、传递信息、协调并整合信息。神经细胞活动时,膜电位发生短暂的正向变化,即动作电位。产生动作电位的刺激通常是使细胞去极化的电流,此电流多数是外加的。在生物体内部,此电流可以来自神经细胞的感受器、突触或邻近部位的膜。在神经生理学实验中,此电流通过刺激电极提供,电刺激的强度和时间比较容易控制,且可多次重复而对组织无损伤,还可模拟细胞兴奋的过程。

动作电位是在静息电位的基础上,由于膜去极化超过阈值电位而自动发生的去极化和复极化过程。当去极化至约 $-50~mV$ 时,电位迅速升高到正值,接着较为缓慢地回复到静息电位,历时约 $1~ms$。

动作电位由峰电位和后电位组成,如图 8-2 所示。开始是一个非常快速的正向电位变化,称为上升相,膜电位由 $-70~mV$ 迅速减少至零,此时细胞内丧失负电荷,因而称为去极化期。大多数类型的"去极化"都超过零线,膜电位发生极性倒转,变为内正外负,达到 $+30 \sim +40~mV$,称为"反极化"。动作电位上升相全部振幅约为 $110~mV$。动作电位上升到顶端后即开始缓慢下降,最后回到静息电位,称为"复极化",此时细胞膜又重达到正常极化状态。

在复极化末尾一段时间后,又可出现电位变化,称为后电位。紧接峰电位的为负后电位(约持续 $15~ms$),大致与兴奋后的超常期同时出现。继负后电位之后出现向相反方向偏转的正后电位(约持续 $80~ms$),相当于兴奋后的低常期。后电位与兴奋后的恢复过程有关。

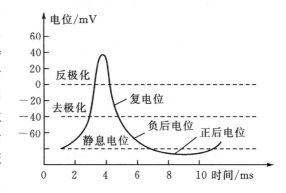

图 8-2　细胞膜的动作电位变化示意图

静息电位以膜的高 K^+ 电导为特征,K^+ 由于浓度梯度,透过膜而流出,直到因 K^+ 流出而产生的膜电荷阻挡 K^+ 继续流出为止。当细胞兴奋时,发生膜去极化,兴奋部位膜内电位比安静部位膜外电位更高的正值。这是因为兴奋部位膜的钠离子通道开放,对 Na^+ 的电导突然升高,Na^+ 流入细胞内,中和膜内负电荷,使电位负值变小;随着 Na^+ 电导升高和更多流入细胞这种状态持续时间增长,则膜电位变为正,最高可达 Na^+ 平衡电位(＋60 mV 左右)。但实际上动作电位的尖峰只有＋30～＋40 mV,说明尚未达到 Na^+ 平衡电位。这是由于如下一些原因:

(1)Na^+ 电导升高持续时间不够长,膜电位未能完全变为 Na^+ 平衡电位。

(2)去极化时间约 1 ms 左右,K^+ 电导急剧升高,此时电位处于尖峰。K^+ 流出增大,很快抵消流入的 Na^+ 正电荷,膜电位变负。例如,温血动物神经细胞在兴奋开始 1 ms 后,膜内侧面完全充以负电荷,造成动作电位下降相即复极化,继而恢复静息电位。

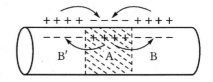

图 8-3　动作电位传导示意图

在动作电位期间,膜电导虽有很大变化,但转移的离子量与周围离子总量相比是很微小的,一次动作电位只有低于总量 1/1000 的离子转移。用二硝基酚(DNP)阻断供能物质代谢过程,因而能阻断钠钾泵,但仍可产生几千次动作电位。可见动作电位的产生,是由于离子被动性顺浓度梯度流动的结果。

降低细胞外 Na^+ 量,静息电位很少变化,但动作电位却明显受影响,峰电位正值降低,上升相上升速度缓慢。细胞外 Na^+ 降至正常值的 1/10(20 mg 分子/L)以下,细胞即丧失兴奋性。因此,细胞外的高浓度 Na^+ 对动作电位是必不可少的。此外,兴奋性还与细胞内 Na^+ 浓度低有关,只有如此,才可能使 Na^+ 顺浓度差流入细胞内。

动作电位的特征不因传导而变小,不会因离刺激部位的距离增大而减小。动作电位的幅度在整个传导路径中是恒定的,因为传导在膜的每一处都重新产生兴奋。在图 8-3 中兴奋部位 A 与安静部位 B 之间存在着电位差,A、B 之间产生局部电流,使 B 段静息电位负值变小,达到阈值。于是 B 段膜的钠通道开放,Na^+ 内流,产生兴奋。兴奋即在此膜部位自动进行,对于更远处的膜又提供去极化的电流。同样,在另一方向,A 与 B' 之间也存在电位差,产生局部电流,故兴奋是可以双向传导的。

在动作电位传导时,通过膜的离子流完成快速改变膜电位及传导两个功能。传导的先决条件是兴奋时大量的 Na^+ 流入细胞,不仅使纤维快速去极化。且对尚未兴奋部位提供足以使之去极化的膜电流。如果兴奋时由于其他任何原因使 Na^+ 流入减少,传导就明显减慢,甚至完全阻滞。

8.1.2　生物组织的压电效应

　　生物材料的压电性能与多种生物现象有关,例如人体的触觉、听觉中发生的机械振动转化为电信号。早在 20 世纪 40 年代人们就已经发现生物组织具有压电效应和热释电效应。但是由于这些效应比较微弱,当时对它们作深入的实验研究还存在着困难,因而进展缓慢。随着物理学、电子技术和实验技术的发展,在 50 年代初观测到人骨具有压电效应,由此引起许多研究者的极大兴趣。

　　1941 年,马丁(Martin)首先在木材和毛发中观测到压电和热释电现象。1951 年巴辛洛夫(Bazhenov)再次证明了木材具有压电性。1956 年深田(Fukada)报道了苎麻和丝织纤维组织中的压电效应。1954 年安田(Yasuda)报道了在骨上施加机械压力时产生电势的现象,随后他确认这一现象就是类似于晶体中的压电效应。与此同时,巴西特(Bassett)也观测到了骨中的压电效应。20 世纪 60 年代中期,谢姆斯(Shamos)等人对生物组织的压电效应进行研究,发现许多生物的软组织也和硬组织一样具有压电效应。他们发现人体前臂皮肤、猪背部皮肤、猫颈部皮肤以及脚板胼胝等软组织具有不同程度的压电性,并再次证明了骨的压电性。但是在牙齿的珐琅质中却未观测到压电性。他们认为硬组织中的压电效应可能是由纤维分子而不是由矿物相的成分所引起。压电性是生物组织的基本性质,在生物组织中可能普遍存在,只是在有些组织中这个效应太微弱,现有的测量手段还无法进行观测。

　　在生物组织压电效应的研究中,对骨的研究最为活跃,主要原因是科学家试图从这一研究中了解生物电的本质,以便为用电疗法治疗骨折和进行骨形变矫形术提供理论依据。对离体或活体的小片骨、条骨和全骨施加弯曲力或压缩力,都表现出压电效应。当弯曲应力作用于条骨时,观测到的峰值电压一般有 $0.5 \sim 5$ mV。应力在骨上感生的压电讯号,除了与应力的大小和持续时间有关以外,还依赖于样品的几何形状、取向、化学态以及电极的尺寸、位置等。

　　关于骨中压电效应的起因,迄今仍然是一个引起争论的问题,归纳起来有四种主要论点:①骨胶质中氢键的畸变或它们紧密的键合;②水分子在应力作用下重新取向;③低对称性的磷灰石矿物质结构缺陷;④应力使骨胶质的自发极化改变。大多数学者赞成后一种论点。Long 和 Arthenstaedt 分别证实了骨内呈现网络偶极矩,它是骨胶质中自发极化的根源,当应力作用于骨基体上时,骨胶质的自发极化发生变化,从而出现压电现象。

　　目前已发现木材、毛发、骨、杜鹃花和一些昆虫都具有热释电效应。但生物中的热释电效应更微弱,实验研究也更困难,研究工作进展也不大。但科学家们预见到,随着对生物材料的热释电效应和压电效应的深入研究,将有可能对人体的生物电现象以及生物组织的生物电现象得到更深入的认识。

8.1.3　生物体的磁特性

早在 20 世纪初人们就开始了磁生物学的研究,但自 1961 年第一次国际生物磁学会议召开以来,生物磁学的研究才有了较大的进展,在生物组织的磁性,生物与磁性相互作用等方面的研究日益广泛而深入,同时也加深了人们对生物结构和功能的认识,加深了人类对疾病发生机制和生命活动过程的微观效应的认识,使我们可利用各种类型的磁场来控制、调节生命活动的过程,治疗疾病。

1. 生物材料的磁性

生物大分子大多数都是各向异性反磁性,少数为顺磁性,其中一部分是属于生物分子含有过渡金属离子,另一部分是生物分子在氧化还原等生命运动过程中产生自由基,只有极少数呈现铁磁性。

生物大分子的反磁性表现为生物分子在磁场作用下产生与磁场反向的运动。实验观察中常用光学技术来检测生物大分子的取向反应。1972 年 Geacintov 发现将一些绿色植物单细胞或其绿叶素放置于 10 kG 磁场中,当叶绿素的平面结构与磁场垂直取向时,取向反应最大,与磁场平行时,取向反应最小。1975 年艾哈迈德(Ahmed)等人将溶菌酶置入 600～800 G 场强中,得到异常大的介电常数。同时玛蕾特(Maret)等人发现 100 kG 的场强会使 DNA 提取液中的 DNA 分子发生取向反应,这说明生物大分子及至单个细胞在外磁场作用下的行为是由其结构各向异性反磁性的性质决定。

生物大分子的顺磁性与其中过渡金属离子有关。在人体内的 13 种金属元素中,有 8 种为过渡金属,具有顺磁性,它们大多数是在各种酶中起重要作用的组分,例如铁是血红蛋白(管氧化输运)、氧化还原素(管光合作用)和琥珀酸脱氢酶(管碳水化合物氧化)等物质的组分,钴是核糖核苷酸还原酶(管 DNA 生物合成)和谷氨酸变位酶(管氨基酸代谢)等的组分,铜是血清蛋白(管铁的作用)和溶素氧化酶(管主动脉壁弹性)等的组分。这些过渡金属元素的存在使一些蛋白质和酶在外加磁场中呈现各向异性的顺磁性。

生物材料磁性产生生物效应的机理可能有以下几种:

(1)电子的传递:在生命过程中的氧化还原反应,神经冲动的传导都与生物材料中的电子传递有关。磁场可影响电子的运动,从而影响与电子传递有关的生命过程。

(2)自由基的活动:植物的光合作用、种子的发芽、动物的衰老、癌症的发生、幅射损伤等生命活动都与自由基的产生、转移和消失有关。

(3)酶和蛋白的活性：活性蛋白质结构中有相当一部分含有微量过渡金属元素，这些微量元素往往是这些酶和蛋白质的活性中心。磁场通过对这些离子的作用改变酶和蛋白质的活性。

(4)生物膜通透性的变化：生物膜具有强选择性的通透特性，从而导致膜内外带电离子分布的变化，这些变化会改变它与外磁场的相互作用。

(5)生物半导体效应：生物体内有些物质具有半导体性质，如叶绿素。外加磁场改变半导体中的能带结构及载流子的数量和运动，因而导致相关生命活动过程的变化。

(6)遗传物质的变化：磁场可引起生物大分子氢键的变化，改变碱基的构型，影响 H^+ 的隧道效应，导致遗传分子的变化。

2. 人体磁场

从 1966 年开始，前苏联学者就对神经电磁场及陆生动物和人体的电磁场进行观察研究，他们认为所有生物体的器官周围均能产生电磁场，而且这些电磁场具有各个器官机能状态信息，并提出生物磁场是一种复合性磁场。它至少包含以下三种成分：一是动物体各器官活动或植物体代谢有关的内部活动；二是机体带电表面电荷部分的机械运动产生的派生电流；三是大气空间电场作用于生物系统表面所形成的振动。

表 8 - 1　人体器官磁场及地磁场

磁场来源		磁场强度/Oe	磁场频率/Hz
人体磁场	正常心脏	$\leqslant 10^{-8}$	$0.1 \sim 40$
	受伤心脏	$\leqslant 5 \times 10^{-7}$	0
	正常脑(α 节律)	$\leqslant 5 \times 10^{-9}$	交变
	正常脑(睡眠时)	$\leqslant 5 \times 10^{-8}$	交变
	腹部	$\leqslant 10^{-8}$	0
	石棉矿工肺部	$\leqslant 5 \times 10^{-4}$	0
	骨骼肌	$\leqslant 10^{-8}$	$1 \sim 100$
地球磁场	地磁场	约 5×10^{-2}	
	高空、电离层引起的滚动	$5 \times 10^{-5} \sim 5 \times 10^{-3}$	
	城市电磁干扰	约 5×10^{-3}	

人体器官磁场的测量结果如表 8 - 1 所示。人体磁场主要由两类原因产生，一是生物电流引起，如细胞膜的静息电位，由膜内外离子浓度差而形成。当细胞、组织受到刺激时，兴奋性改变生物膜离子通透性而传布的生物电流，如心电、脑电、肌电等都要在其周围呈现磁场。二是人在环境中将含磁性物质吸入或食入体内所导

致的剩余磁场。若在人体某一截面有生物电流存在，则在与其垂直的方向上产生生物磁场。假设此截面为均匀导体，则可简化为一环形电流所产生的磁场。生物电流与生物磁场有下列关系：

$$H = 0.2\pi I/r \qquad\qquad (8-2)$$
$$B = 0.02\pi\mu = I/r \qquad\qquad (8-3)$$

即与电流强度 I 成正比，与圆心半径 r 成反比。但实际上生物体内生物电流的分布是相当复杂的，故由其产生的磁场分布也很复杂。

人体心脏活动时心动电流几乎同时由心房向心室传布，这种周期的心动电流形成了交变心磁场。因此所记录的心磁图与心电图在时间变量及波峰值上有相似之处，不同的是其综合波 QRS 波峰振幅更大，P 波较低，周期更短；T 波在 QRS 综合波之后更小。这是因为心磁图检测的是电流波动的磁场变化和心电图的方式不同，因此各波之间的比率表现不一致。生物磁场的测定优点是在测试时，无需使用电极就能测得生物组织的内源电流，这对临床诊断有应用价值。例如，由于冠脉循环障碍导致的心脏功能损害，可以通过心磁图直接观察到心肌出现的损伤电流，这可用于对冠心病或心肌梗塞的早期诊断。此外心磁图还能提供一些在心电图中尚不能鉴别的异常变化，例如，由于心磁图在空间分辩率上定位性灵敏，因此可用以检测在心电图中被母体信号所掩盖的胎儿心率，有利于观察胎儿的正常发育。

神经系统具有十分复杂的结构和功能，随着超导量子干涉仪（SQUID）的产生，人们可直接测定神经的局部交变磁场和恒定磁场，通过与常规脑电图比较可得到许多新的信息。1980 年威克斯沃（J. P. Wikswo）等人在离体的蛙坐骨神经上成功地测定了神经磁场，证实了神经传导的双向性。

脑磁图（MEG）首先由柯恩在磁屏蔽室观察到，发现 MEG 在头顶矢状面可记录到最大的 α 节律随后休斯（Hughes）则发现偶尔 MEG 要比脑电图（EEG）导前 20～40 ms，当进入睡眠时，MEG 逐渐落后于 EEG。他认为这些差异可能是由于其电活动取向不同所致，由于脑磁图的定向和定位性都很好，将得到进一步的应用。

人体肺部磁场产生机理与心磁图和脑磁图不同。后者是由于组织中的生物电流诱导的生物磁场，而肺部磁场是由于肺组织内含有从污染空气中吸入铁磁性物质的结果。通常肺部磁场强度比心磁场、脑磁场要高 2～3 个数量级。通过将肺部含磁性污染粉尘在一定外磁场（一般为 20～30 mT）中磁化，再测其退磁场后的剩余磁化强度，即可反映出肺部各点受铁磁粉尘侵害的情况。卡利奥迈基（Kalliomaki）等人的研究结果表明，当测得人体肺部有 1 nT 剩余磁强度时，相当于吸入了磁性污染物 100 mg。故从肺磁图可得到定量的结果，并比用 X 射线能更早发现侵害的情况。

8.2　生物材料的基本介电特性

　　生物体一般由基本形态和功能单位的大量细胞所组成。机能相同的细胞组合在一起形成"组织",一般人体组织可概括为:上皮组织、结缔组织、肌肉组织和神经组织四大类。例如:上皮组织,就是分布在机体和器官表面、体腔及管道内表面的细胞组织,这些细胞组织有着保护、包裹、分泌、排泄等作用。"器官"则是由一种组织为主体有机地和其他组织结合起来,并具有特定的形状、构造和功能的复合组织。而一些共同完成某种机能的器官互相联系起来则构成一个"系统",如运动系统、消化系统、呼吸系统、泌尿系统、生殖系统、循环系统、神经系统、内分泌腺等。所以我们要研究复杂人体的介电性能,首先就必须了解构成生物体的各种组织材料的介电性质。

　　生物材料介电特性的系统研究起源于 20 世纪初。从 1920 年代开始,很多学者先后对水、生物电解质溶液、氨基酸、蛋白质以及哺乳动物的血液、细胞、组织等生物材料的介电性能进行了大量的实验研究。弗里克(Fricke)通过对红细胞悬液介电特性的实验和理论分析,首次指明了细胞膜的超薄结构。Oncley 采用介电测量给出了某些蛋白质分子的尺寸和形状。这一领域的开拓者施万(H. P. Schwan)在生物材料的介电测量、理论和应用等方面做了大量的研究工作。大多的研究已在生物大分子(如蛋白质多肽链,脂类,核酸等)、细胞组织和器官(如肌肉组织,肝,脾,肺,骨等)和低等生物体(如细菌等)等四个水平上全面展开,不但能从分子水平上解释生物材料所表现出的介电现象,还能通过这些介电现象的研究加深对生物现象的认识,并为电磁场与生物体间相互作用的研究提供理论依据和实验手段。

8.2.1　生物电解质溶液

　　在生物系统中,如果没有水,生命就不能产生和延续,水的循环导致了生命的兴衰。英国维多利亚伟大的生物学家赫胥黎(T. H. Huxley)曾说过"我们应从水开始来进行我们的科学研究"。由此可看出水在生物学领域中所处的重要地位。宇航员在外星空间寻找生命活动存在的标志之一就是水的存在,有了水才可能有生命。在地球上,成年人平均每人每年要消耗 900 升水,绿色植物和海底游物平均每年要消耗 6.5×10^{11} 吨水。在绝大多数的生物组织中都包含了大量的水份。如一些海洋无脊动物含水量达 97%,菌类孢子含水量为 50%,成年哺乳类动物含水量为 65~70%,神经组织中水占 84%,脂肪组织中水占 30%。

　　由于水的作用,生物组织的介电常数可变得异常大,高达 $10^5 \sim 10^6$,比一般铁电材料的介电常数还要高;电磁波之所以能在人体传播,重要的原因之一是生物体中含有水这种致密的媒介物;动脉血管中含水的多少还对血管壁的带电情况有较大的影响;在医学临床实验中还发现癌变组织中水的自由度增加,且癌细胞中水的含量高于正常细胞等等。这些都说明生物材料的介电性能与水的介电性能是密不可分的。

1. 纯水的结构及其介电性

世界上水是最普通,含量最丰富,用量最多的低分子化合物。因此常常被人们所忽略,20 世纪 60 年代水才真正受到重视。尽管水的许多物理化学性质已被发现和利用,但对液态水的空间结构还没有完全搞清楚。通过 X 射线衍射分析,直接证明了水分子的排列类似于冰的正四面体结构,如图 8 - 4 所示,其中四面体中心的水分子与每个顶角上水分子中的氧原子之间的距离为 0.276 nm,略小于冰的数值。由于这一发现,大量的有关水的结构的理论相继出现。

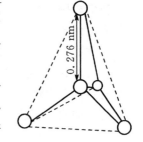

图 8 - 4　水分子四面体结构

水的正四面体结构类似于金红石的情况,因此,位于四面体中心的水分子可能受到较大的内电场作用,而在外电场作用下表现出较强的极化现象。水和冰的介电频谱如图 8 - 5 所示,从图中可以看出:

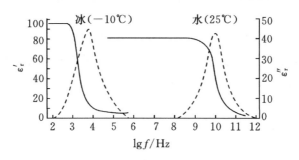

图 8 - 5　水和冰的介电频谱图(实线为 $\varepsilon_r{}'$,虚线为 $\varepsilon_r{}''$)

(1)室温下,纯水的静态相对介电常数 $\varepsilon_r \approx 80$,远大于一般的固体和液体电介质材料,这被归因于水分子偶极矩的转向极化。因此,许多学者纷纷研究水分子偶极矩的大小,目前公认的水分子偶极矩为 1.84 德拜。

(2)常温下,水的介电常数在 17 GHz 电场频率附近产生介电松弛,并出现介质损耗峰,这是由于水分子偶极矩的转动频率来不及跟随外加电场频率的变化所致。

(3)冰的静态介电常数约为 96,明显大于水的相应数值,这可能是由于在冰点以下,水的四面体结构发生膨胀,产生了结构疏松,使四面体中的水分子偶极矩更容易定向;从图中还可以看出,随着温度降低,松弛频率向低频方向移动。在 $-10\ ℃$ 时,冰的介电松弛频率降低到 $10\sim100\ kHz$ 范围。

(4)水的介电松弛特性符合德拜的单松弛时间的极化理论,并可采用科尔-科尔(Cole-Cole)圆图来描述。

美国学者 Malmbery 等人实验研究了水在 $0\sim100\ ℃$ 范围内的介电常数随温度的变化特性,建立了水的静态介电常数与温度的关系:

$$\varepsilon_r = 87.74 - 0.40008t + 9.398\times10^{-4}t^2 - 1.410\times10^{-8}t^3 \qquad (8-4)$$

从该关系式可以看出,水的静态或低频介电常数随温度升高几乎是线性下降的,这是由于热运动加剧,干扰了分子的定向。

表 8-2　H₂O 的介电松弛活化能

温度/℃	活化能/kcal/mol
75	3.7
25	4.5
30	11.0
-80~0	13.8

此外还发现,水的松弛活化能与温度有关,见表 8-2。随温度的降低,水的结构趋于更加稳定,活化能增加。当温度低于 $0\ ℃$ 时,液态水变成固态冰,冰在 $-80\sim0\ ℃$ 范围内的活化能变化不大,其值为 $13.8\ kcal/mol$,该数值恰好与水的正四面体结构中的三个氢键键能 $(4.5\times3\ kcal/mol)$ 接近,这说明当冰中的水分子沿外加电场方向转动时,与这个水分子相连的三个氢键可能发生断裂。

2. 稀释电解质溶液

在生物组织和器官中,大多数的水以稀释电解质溶液的形式存在。如生物体液中主要含 K^+,Na^+,Ca^{++},Mg^{++},Cl^-,I^- 等离子。在人体中,盐溶液的重量百分比为 0.9%,在临床医学中称为生理盐水。表 8-3 中列出了一些生物体中的离子含量。在生物体内部,离子的分布也不同,如细胞内外的离子分布就不相同,见表 8-4。

表 8-3　生物体中各种主要离子的含量(10^{-3} mol)

	Na$^+$	K$^+$	Ca^{++}	Mg^{++}	Cl$^-$
高等植物细胞	14	119			65
海底无脊椎动物	370~550	7~24	8~21	8~58	430~590
陆生无脊椎动物	3~262	1~46	2~47	6~188	15~270
爬行动物和鸟类	130~180	3~6	2~6	1~2	103~148
哺乳类动物	145~166	3~6	2~10	1~2	100~118

表 8-4　细胞内外的离子含量(10^{-3} mol)

	K$^+$		Na$^+$		Cl$^-$	
	内	外	内	外	内	外
人红细胞	136	5	13	164	83	154
小鼠艾氏腹水癌细胞	134	4	26	160	51	157
枪乌贼轴突	369	13	44	498	39	520

当离子进入水中以后,水的正常结构将发生变化。X 射线衍射实验发现,浓缩的 KCl 溶液中,每个离子周围近乎有 7 个水分子,显然与水的四面体结构不相容。在稀释电解质溶液中,由于离子周围的水分子受到强静电力的束缚而不易转动,影响了水的介电性能。离子的静电力大小与离子半径有关,离子半径越小,离子在水中的迁移率越小(I$^-$ 离子除外),这是由于离子周围的水分子被离子强烈的吸引形成水化离子,离子半径越小,静电吸引力就越大,与离子协同迁移的水分子越多,离子的水化半径就越大,迁移率就越小。

随着离子的加入,离子邻近水分子被束缚住而不易转动,实际上减少了水中可极化偶极子的浓度,溶液的介电常数将低于溶剂水的介电常数。在微波频段范围,这个变化可用下式表示:

$$\varepsilon_r = \varepsilon_{r1} - \delta C \qquad (8-5)$$

其中:ε_{r1} 为纯水的介电常数值;C 为溶液的摩尔浓度;δ 为由阳离子和阴离子而引起的减少量总和,$\delta = \delta^+ + \delta^-$。当浓度低于 1 mol 时,不同离子的 δ 值由表 8-5 给出。

同降低水溶液的相对介电常数的效应一样,溶解离子还可提高水的松弛频率。这种效应可认为是溶解的离子使氢键结构断裂所致。对于一阶近似,在低于 1 摩尔的浓度下,溶液松弛频率的变化为

$$f = f_1 + C\Delta f \qquad (8-6)$$

且 f_1 为纯水的松弛频率,$\Delta f = \Delta f^+ + \Delta f^-$ 代表阳、阴离子的综合效应。

表 8-5　一些离子对水的介电常数和松弛频率的影响

阳离子	$\delta^+(\pm)$	$\Delta f^+(\pm 0.2)/GHz$	阴离子	$\delta^-(\pm)$	$\Delta f^-(\pm 0.2)/GHz$
Na^+	8	0.44	Cl^-	3	0.44
K^+	8	0.44	F^-	5	0.44
Li^+	17	0.34	I^-	7	1.55
H^+	17	-0.34	SO_4^{-2}	7	1.20
Mg^{+2}	24	0.44	OH^-	13	0.24

根据德拜等人提出的极化理论,认定在略低于微波频段范围内,稀电解质溶液的相对介电常数会高于纯水的介电常数,并按浓度的平方根值递增,这与极高频下的测量结果相反。Hulobovrol 等人于 1977 年对氯化盐等水溶液(0.02 mol/L)进行了研究,在 5~20 MHz 范围内验证了这一理论。这一现象发生的机理被认为是,在不很高的频率下,离子沿着外加电场方向将不仅是转动,还伴随有迁移运动,在离子的迁移过程中,离子周围的水分子也被带动,这些水分子的感应偶极距将发生旋转定向,离子浓度越高,参与旋转定向的感应偶极子就越多,宏观介电常数值就越高。

3. 生物水的介电特性

在生物体中,大部分水都以自由水的形式存在,即正常水的结构没有被改变。但还有少部分的水,受到蛋白质极性基团的吸附,并与蛋白质多肽链上－NH－基团中的 N 形成键能很强的氢键,或与蛋白质上的其他极性基团形成氢键,这部分水被称之为生物水或结合水。

当用红外光谱法分析生物膜中结合水的结构时,发现它与自由水之间并没有多大差异,但当频段提高到核磁共振的水平时,才能发现它们之间是有差异的,这说明结合水与自由水在结构上的差异是在更细微的层次上。1969 年科普(Cope)等人证明了生物体中结合水含量占总水含量的 20%,但有关结合水的结构,至今仍无定论。

布坎南(Buchanan)等人对 6 种蛋白质在 3~24 GHz 范围内的介电现象进行了研究,发现结合水的松弛频率低于自由水的松弛频率,高于冰的松弛频率,而更靠近自由水的数值;相对介电常数也低于自由水的数值。施万等人对血红球蛋白溶液及白蛋白溶液进行了类似的实验研究,发现结合水的松弛时间介于自由水与蛋白质大分子的松弛时间之间,类似于蛋白质侧链的松弛。但是后来发现,蛋白质侧链的松弛频率通常在 10~100 MHz 以内,而结合水的松弛频率在 100~1000 MHz 之间,在 25 ℃时结合水的介电活化能为 7.3 kcal/mol(自由水的相应数值为 5 kcal/mol)。它类似于自由水在－17 ℃时的活化能,这似乎说明结合水的结构应与冰在－17 ℃时的结构相似。

　　由于结合水受到的氢键键合力很大,即使蛋白质被研成粉末以后,其结构也不易被破坏。因此,蛋白质粉末在一定频率范围内的介电松弛能反映出结合水分子的极化特性。有人对溶菌酶粉末进行了研究,在 250 MHz 和 9.95 GHz 处出现了介电松弛,这被认为是两层结合水的松弛过程所致。第一层结合水对应于较低的频率值 250 MHz,这说明介电松弛频率的大小还反映了水分子受力大小的情况。应用微波谐振技术,对牛血清蛋白(BSA)和细胞色素 C 的研究表明,在 9.95 GHz 处,也发现了相同的松弛峰,该峰对应的介质损耗大小与第二层水的水含量成正比,表明第二层结合水的松弛所对应的频率在 10 GHz 附近,明显低于自由水的松弛频率(20 GHz)。

　　有关结合水结构的研究目前已引起了电磁波领域学者们的注意。因为人体或其他生物体对电磁波的非热效应与结合水有关。这项工作的开展将有利于预防人体所受电磁波危害,搞清人体产生电磁波的机理。

8.2.2　生物大分子和细胞膜

　　生物大分子包括蛋白质、核酸、多糖和脂肪四种。其中蛋白质、核酸、多糖是聚合物,分别由同种类但组成完全不同的物质聚合而成。蛋白质由氨基酸聚合而成,核酸由核苷酸聚合而成,多糖由单糖聚合而成。由于蛋白质在所有活性物质中含量最高,功能最多,这里重点讨论蛋白质的介电特性。

　　生命是物质运动的高级形式,蛋白质是这种运动形式的载体,这决定了它在生命活动中的重要地位。生物组织的新陈代谢过程必须在酶——某种特定蛋白质的催化作用下才能实现;生命活动中所必须的许多小分子物质和离子的输运过程也要通过蛋白质来完成;动物肌肉的伸缩功能是通过肌球蛋白和肌动蛋白的相对滑动来实现的;生物体抵抗外界侵入的病毒和细菌时产生的抗体,也是一些特殊的蛋白质;此外,近代分子生物学的研究还表明,蛋白质在遗传信息的控制,细胞膜的通透性,高等动物的记忆识别等方面都起着重要的作用。因此蛋白质的介电特性对于生物体介电特性的研究是非常有意义的。

1. 氨基酸

　　氨基酸是合成蛋白质分子的基本单元。自然界中约有 100 多种氨基酸,但生物体中仅占其中的 20 种,见表 8 - 6。这些酸在羧基的 α 位置上有一氨基,故称为 α -氨基酸。其化学结构式为

$$R-\overset{\overset{\displaystyle H}{|}}{\underset{\underset{\displaystyle NH_2}{|}}{C}}-COOH$$

表 8 - 6　自然界生物体中存在的 α -氨基酸

名　　称	缩写	端　链（R）结构	端链性质	分子量
丙 氨 酸（Alanine）	Ala	$-CH_3$	非极性	89.1
精 氨 酸（Arginine）	Arg		极性	174.2
天冬氨酸（ASpartic acid）	Asp		极性；酸性	133.11
天冬酰胺（ASpargine）	Asn		极性；中性	132.12
半胱氨酸（Cysteine）	Cys		极性；中性	121.16
谷 氨 酸（Glutamic acid）	Glu		极性；酸性	147.13
谷氨酰胺（Glutamine）	Gln		极性；中性	146.15
甘 氨 酸（Glycine）	Gly	$-H$	非极性	75.07
组 氨 酸（Histidine）	His		极性；碱性	155.16
异亮氨酸（Isoleucine）	Ile		非极性	131.18
亮 氨 酸（Leucine）	Leu		非极性	131.18
赖 氨 酸（Lysine）	Lys		极性；碱性	146.19

续表 8－6

名　　　　称	缩写	端　链（R）结构	端链性质	分子量
蛋氨酸（Methionine）	Met	H_3C—S—	非极性	149.21
苯丙氨酸（Phenylalaine）	Phe	（苯环）	非极性	165.19
脯氨酸（Proline）非端链	Pro	（结构 含 H, OH, N—H, O）	极性；中性	151.13
丝 氨 酸（Serine）	Ser	—OH	极性；中性	105.10
苏 氨 酸（Threonine）	Thr	H_3C—（含 OH）	极性；中性	119.12
色 氨 酸（Tryptophan）	Trp	（吲哚环，N—H）	极性；中性	204.23
酪 氨 酸（Tyrosine）	Tyr	（苯环—OH）	极性；酸性	181.19
缬 氨 酸（Valine）	Val	（异丙基）	非极性	117.15

　　其中：R 是可变的，表示氨基酸特征的侧链，蛋白质的介电特性和化学特性很大程度上决定于这些侧链。氨基酸是一种离子型化合物，通常以两性离子的形式存在：

$$H_3N^+ \text{—} CH \text{—} COO^-$$
$$|$$
$$R$$

即羧基基团失去质子，而氨基基团得到质子。因此在水中可以为正离子，也可以为负离子，这取决于溶液的 pH 值。

　　在以碱性即阴离子（OH^-）为主的溶液中，氨基酸的酸性羧基将释出 H^+ 与 OH^- 结合成水，本身则电离为负离子：

$$H_2N \overset{\overset{\displaystyle H}{|}}{\underset{\underset{\displaystyle R}{|}}{C}} \text{—} COOH + OH^- \longrightarrow H_2O + H_2N \overset{\overset{\displaystyle H}{|}}{\underset{\underset{\displaystyle R}{|}}{C}} \text{—} COOH^-$$

在以酸性即阳离子(H^+)为主的溶液中,氨基酸碱性氨基吸收 H^+ 而形成正离子:

$$H_2N—\overset{\overset{\displaystyle H}{|}}{\underset{\underset{\displaystyle R}{|}}{C}}—COOH + H^+ \longrightarrow -H_3N^+—\overset{\overset{\displaystyle H}{|}}{\underset{\underset{\displaystyle R}{|}}{C}}—COOH$$

但在某种酸碱度中,氨基酸羧基释出的 H^+ 恰好相当与氨基所吸收的氢离子,即形成如下形式:

$$H_3N^+—\overset{\overset{\displaystyle H}{|}}{\underset{\underset{\displaystyle R}{|}}{C}}—COO^-$$

此时,氨基酸中正电荷($+NH_3^+$)与负电荷($-COO^-$)的数量相等。若在电场中,则这一氨基酸既不向正极也不向负极移动,这一 pH 值被称为该氨基酸的等电点。在等电点氨基酸不带电,易于从溶液中凝聚分离出来。

两个氨基酸经脱水缩合形成肽键,多个氨基酸通过肽键形成多肽链,50 个以上的氨基酸形成的多肽链称为蛋白质。

$$HOOC—\overset{\overset{\displaystyle H}{|}}{\underset{\underset{\displaystyle R}{|}}{C}}—NH—H + HO—\overset{\overset{\displaystyle O}{\|}}{C}—\overset{\overset{\displaystyle H}{|}}{\underset{\underset{\displaystyle R}{|}}{C}}—NH_2 \longrightarrow HOOC—\overset{\overset{\displaystyle H}{|}}{\underset{\underset{\displaystyle R}{|}}{C}}—N—CO—\overset{\overset{\displaystyle H}{|}}{\underset{\underset{\displaystyle R}{|}}{C}}—CO + H_2O$$

对于最简单的氨基酸—甘氨酸(R＝H),其带正电荷的氨基基团中心,与带负电荷的羧基基团中心距离约为 0.32 nm,则可给出其有效电偶极矩为

$$\mu = qd = (1.6 \times 10^{-19}) \times (3.2 \times 10^{-10}) = 15.3(D)$$

1 D$=3.33 \times 10^{-30}$ C. m,这一数值与威曼(Wyman)从甘氨酸水溶液介电测量获得的计算值 20 D 相接近。邓宁(Dunning)和索兹(Shutt)发现甘氨酸溶液的介电常数 pH 在 4.5~7.5 之间基本上为恒定值,但在此范围的两边都会急剧下降,这说明在 pH 值的两端,溶液中只有一种电荷占支配地位,故氨基酸的两性离子形式将在酸性或碱性溶液中消

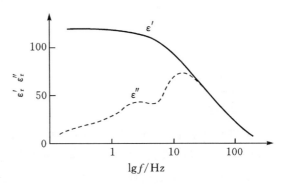

图 8-6　氨基酸溶液介电谱图

失。在两性离子的 α 氨基酸中,单位体积的偶极矩远大于水的偶极矩,因此氨基酸

溶液表现出比水更大的低频或静态介电常数,如图 8 - 6 所示。

在室温下,由于甘氨酸旋转产生介电色散的特征频率为 3.3 GHz,这与水的色散相交迭。目前还没有简单的理论能定量地处理氨基酸溶液所表现出的介电特性,即使对最简单的氨基酸,也缺少对其介电现象准确、定量的分子解释。

对于氨基酸水溶液的介电特性,可以用下式表示:

$$\varepsilon_r' = \varepsilon_{r1}' + \delta c \qquad (8-7)$$

其中,ε_r' 和 ε_{r1}' 分别为溶液和纯溶剂的介电常数;c 是溶液的摩尔浓度;δ 是与介电增量有关的常数。

$$\delta c = \Delta \varepsilon_r' - \Delta \varepsilon_{r\infty} \qquad (8-8)$$

式中,$\Delta \varepsilon_{r\infty}$ 为高频段的减量,等于由于溶质的存在使水的静态介电常数下降的量。δ 定量描述了极化率的增加。表 8 - 7 所列为部分氨基酸溶液介电常数的增量,从中可以看出 α -氨基酸的 δ 值不仅是大的正值,而且还是同一个数量级。此外,由威曼在 40～120 MHz 频率范围内获得结果 $\delta = 20.4～23.2$,Devoto 在 330 MHz 下获得的结果 $\delta = 25～28.4$ 及赫德斯兰德(Hedstrand)在 1 MHz 下获得的结果 $\delta = 23～23.6$ 非常一致。这表明 25 ℃时,α 氨基酸水溶液在 1～330 MHz 频段介电常数不出现色散。

表 8 - 7　部分 α—氨基酸在 25℃ 水溶液中的介电增量

名　　称	介电常数增量 δ	偶极矩 μ /D
丙氨酸(Alanine)	27.7	17.4
天冬氨酸(ASpartic acid)	27.8	17.4
天冬酰胺(ASpargine)	28.4	17.6
谷氨酸(Glutamic acid)	26.0	16.8
甘氨酸(Glycine)	26.4	17.0
亮氨酸(Leucine)	25.0	16.5

2. 蛋白质及 DNA

蛋白质分子介电性能的研究是由 Oncley 和威曼等人开始的。Oncley 首先研究并确定了许多球状蛋白质分子的偶极矩和松弛时间。由于对于极性大分子还缺乏严格的理论,因而这些计算还是近似的。但这些数据表明应用介电方法研究生物聚合物特性和结构的可行性。

首先人们发现蛋白质具有很大的偶极矩。如肌球蛋白(Myoglobin)、白蛋白(Albumin)、血红蛋白(hemoglobin)等蛋白质分子的偶极矩大约有 200～1000 D。显然这比一般低分子要高得多,如强极性水分子才有 1.84 D。这主要是因为蛋白质分子是由数百甚至上千的肽单位构成的,分子量高达 $10^4 \sim 10^8$,如肌球蛋白质分子量为 1.7×10^4,血红蛋白质的分子量为 6.8×10^4。另外蛋白质分子还带有许多正负电荷,用等电离点法测得分子的正负电荷量几乎相等,而用标准酶滴定测得肌球蛋白的正负电荷量大约为 $50e(e$ 为电子电荷)而血红蛋白的电荷量大约为 $150e$。如考虑到它们的分子直径尺寸为 $30 \sim 60 \text{ Å}$,当电荷分别处于两端时,则将引起 10^5 D 的偶极矩,但实际测量到的要比上述值小得多。这表明,电荷在分子表面的分布是比较均匀的,分子偶极矩可能是由电荷分布与球对称稍有偏离而产生的。

如果不考虑溶剂和水的作用,由介质极化理论可以得到蛋白质分子在微波频段的介电常数为 $3.5 \sim 4.0$。在水化蛋白质的情况下,蛋白质分子内部基团分布不均匀,通常情况下蛋白质的疏水基团集中于分子的中心区域,密度较低,而亲水基团分布于蛋白质分子的表面,密度较高,由于基团密度的差异,导致两区域的宏观介电常数不同。考虑到这一影响因素,一些学者对不同蛋白质进行了研究,得到表 8-8 结果。

表 8-8　蛋白质的介电常数和密度的关系

材料	疏水区域		亲水区域		平均值	
	$\rho/(\text{g} \cdot \text{cm}^{-3})$	ε_r	$\rho/(\text{g} \cdot \text{cm}^{-3})$	ε_r	$\rho/(\text{g} \cdot \text{cm}^{-3})$	ε_r
普通	0.93	2.03	1.55	2.97	1.39	2.63
牛血清蛋白(BSA)	0.93	2.03	1.55	2.85	1.39	2.64
溶菌酶	0.93	2.02	1.55	2.97	1.39	2.70
PMLG	—	—	—	—	1.31	2.5
PBLG	—	—	—	—	1.27	2.6
PLMG 和 PBLG	—	—	—	—	1.27	3.2

蛋白质溶液的介电常数具有与氨基酸溶液相似的特性,即高于纯水的介电常数值。图 8-7 给出了球蛋白水溶液的介电性质。

介电常数从 90 降到 70 左右的主要原因是由于蛋白质分子的转向松弛产生,被称为β色散。β色散的松弛时间正比于介质的粘度,由于 BSA 分子比 MB 分子大,因此它的松弛时间也更大。当频率分别低于 10 kHz(对 BSA 而言)和 1 MHz(对 MB 而言)时,由于蛋白质的极化率大于水分子的极化率,蛋白质转向运动完全贡献给了溶液的极化率,使其静态介电常数高于纯水的值。随着频率升高到蛋白质分子不能靠转动重新取向时,蛋白质分子中只存在原子和电子极化率,因此介电常数会下降并低于纯水在该频率下的值。

除了把蛋白质看做为刚性体的定向极化模型外,还提出用麦克斯韦-瓦格纳夹层极化模型和表面电荷波动极化模型来研究蛋白质的极化和损耗。这些损耗常出现在低频β区,如牛血清蛋白 BSA 的β区就在 20 kHz~10 MHz 之间。

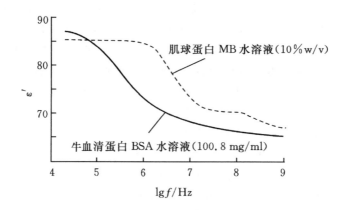

图 8-7　球蛋白水溶液在 25℃下的介电性质

人们在对蛋白质,氨基酸的介电特性进行实验研究的同时,还对处于细胞质内的核糖核酸 RNA 和处于细胞核内的脱氧核糖核酸 DNA 的介电特性研究给予了很大的关注。DNA 是遗传的物质基础,RNA 则与蛋白质合成密切相关,利用介电方法来研究有助于人们对其组成结构特性的了解。

DNA 由多种核苷脱水缩合而构成,分子量在 $10^6 \sim 10^9$ kD 之间,它具有两条多核苷酸链,各自以右手螺旋方式围绕同一中心轴向前盘旋,但方向相反而形成逆平行状态的双螺旋结构,如图 8-8 所示。

由于两条螺旋链的方向相反,每条主链的偶极矩相互抵消,因而不存在剩余固有偶极矩。核酸材料本身具有许多易于电离的基团,如羟基(—OH),氨基(—NH₂)等,可把它们看成为高分子电解质。它们的极化松弛过程比蛋白质要复杂,往往不能单纯用固有偶极子的转向来说明。如 DNA 溶液中引入少量的 Mg、Ca、Na、K 等离子会使其介电增量急剧下降。此时少量离子的存在对 DNA 分子的排列及电矩无明显的影响,因而就难以用转向极化的贡献增高来解释。但早期的介电测量表明 DNA 分子沿双螺旋轴向具有大的偶极矩,这是由于在中性水溶液中,DNA 分子存在负电荷,将在

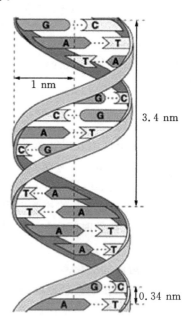

图 8-8　DNA 双螺旋结构

其周围吸附平衡阳离子,在外电场作用下,这些阳离子沿大分子表面移动,从而产生大的感应偶极矩。产生介电色散的松弛时间取决于离子在大分子表面的有效迁移,对于杆状大分子:

$$\tau = \frac{\pi \varepsilon_{r1} L^2}{2uZq^2} \tag{8-9}$$

其中,ε_{r1} 为单位长度上围绕的 Z 离子的等效介电常数;u 为平衡离子迁移率;q 为离子电荷;L 为 DNA 分子长度,从式中可见 $\tau \propto L^2$。DNA 分子的介电松弛时间一般在 1ms 数量级,而介电增量的值达到 1000 数量级。除了环绕大分子的双电层感应偶极子产生介电色散外,DNA 溶液(胶体)在 $1 \sim 50$ MHz 频率范围内,呈现出一个或多个小的色散。图 8-9 所示为 1% DNA 溶液在 0.2 MHz$\sim$10 GHz 范围内的相对介电常数。

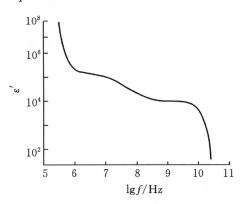

图 8-9　1% DNA 溶液的介电频谱

α 色散的高频尾端清楚地表明,除了在 20 MHz 附近产生更迅速的松弛色散外,更高频率下的特性被认为是 DNA 中的极性基团的运动引起的。同蛋白质溶液一样,1 GHz 以上的介电松弛主要取决于自由水的松弛,与纯水的松弛没有特别明显的区别。

3. 细胞膜及细胞

细胞膜具有约 5 nm 的超薄结构,主要是由类脂双分子组成,其中镶嵌有蛋白质大分子。膜单位面积上的有效电容近似值,可用下式得到:

$$C_m = \varepsilon_0 \varepsilon_{rm}/d \tag{8-10}$$

其中,d 为膜的厚度;ε_{rm} 为膜的介电常数;C_m 为 d 的函数。

膜电容的早期测量是在细胞悬浮液中得到的,一般在 1 μF/cm² 左右。在人们所关心的频率范围内,如果忽略贯穿膜的电导,反映球形细胞膜 β 色散的介电特性,可由下列方程来描述:

$$\varepsilon_{r1}' = \varepsilon_{r\infty}' + \frac{9prC_m}{4\varepsilon_0} \tag{8-11}$$

$$\sigma_1' = \frac{\sigma_0'(1-p)}{[1+(p/x)]} \tag{8-12}$$

$$\sigma_\infty' = \sigma_0'[1 + \frac{3p(\sigma_i' + \sigma_o')}{(\sigma_i' + 2\sigma_o')}] \tag{8-13}$$

$$\tau = rC_{\mathrm{m}}\left[\left(\frac{1}{\sigma_{\mathrm{i}}}\right)+\left(\frac{1}{2\sigma_{\mathrm{o}}}\right)\right] \tag{8-14}$$

在以上方程中,下标1和∞分别表示相对于中心频率 $f_{\mathrm{c}}=1/2\pi\tau$ 非常低和非常高的频率下的测量值,p 为悬浮相的体积分数,r 为细胞半径,下标i和o表示膜的内外相,x 为与形状有关的几何常数(对于球形 $x=2$)。

从方程(8-11)可知,通过测量 β 色散的介电增量,可估算出 C_{m} 值,由(8-10)式得到膜的 ε_{m} 值;表示膜对介电松弛的贡献。

细胞膜的电阻和电容特性,可用膜电容 C_{m} 和膜电阻 R_{m} 并联等效电路来描述,如图8-10所示,此电路的一个特点是随着频率的增加,膜电阻逐渐被膜电容的电抗 $\left(\frac{1}{\omega C_{\mathrm{m}}}\right)$ 所短路。

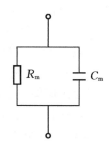

图 8-10　细胞膜等效电路

根据细胞的介电特性,不同频率的电场在细胞中的分布情况如图8-11所示。在较低的电场频率下,见图8-11(a),细胞膜电阻将细胞内液与外电场绝缘,细胞内液中无感生电流流过。细胞表现为一个绝缘球体,并使悬浮液的有效电导率降低,见式(8-12)。因此,通过测量悬浮液和悬浮介质的低频电导率,就可估算出固定细胞悬浮液体积中的生物质含量,这对其他方法来说是不容易的。

在更高一些的频率下,见图8-11(b),膜电容的短路效应使外电场能进入细胞,直到频率足够高,有效膜电阻趋近于零,细胞变成由细胞质组成的介质球体分散在悬浮电解液中。因此,细胞悬浮液的有效介电常数和电导率将会随着频率增加而分别降低和升高,以至发生介电色散,即 β 色散,这与组织中的 β 色散相类似。

很明显,图8-11(a)和图8-11(b)对完全绝缘膜的描述仅是一种近似,我们知道,在细胞膜中存在电位差和导电离子通道,这些将产生局部的低膜电阻。尽管 β 色散的大小对于膜的宏观电导率而言不十分敏感,但克利(Klee)和普朗西(Plonsey)仍提出了图8-11(c)所示的电场穿过膜的模型。虽然这种特性在细胞悬浮液介电性质的定量分析上所起的作用还不确定,但它明显与细胞电穿透和细胞电融合的研究有关。实际上,β 色散的特征频率依赖于细胞的半径;而与电压和频率都有关的离子通道的存在,表明在缺少相关系统电生理知识的情况下,还不能够估算出这种特性对 β 色射的贡献。

同球蛋白溶液一样,细胞膜中含有电离的酸性和碱性基团,由于磷酸脂占有优势,使大多数细胞膜在生理PH值下带有剩余负电荷。因此在膜的两边与溶液的界面上存在有双电层,与DNA胶体相同,在细胞外液双电层中会由于松弛效应而

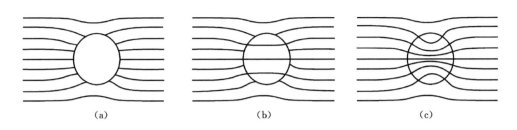

|　　(a)　　　　　　　　　　　　　(b)　　　　　　　　　　　　　(c)|

图 8-11　与 β 色散相关的不同频率下电流流向示意图

(a)低频下膜电阻屏蔽,细胞内部不受电场作用;(b)更高频下膜电阻逐步被膜电容短路,电场进入细胞内部;(c)由于导电孔效应改变了膜压降,使细胞内电场不均匀

产生介电色散,这个色散称为 α 色散,与肌肉组织中的 α 色散类似。

8.2.3　生物组织的介电特性

典型生物组织的介电常数随频率增加而下降,先后出现三个主要的台阶,分别用 α 色散、β 色散和 γ 色散来表示,如图 8-12 所示。

在某些细胞系统中,α 色散和 β 色散并不象图 8-12 中那样易于分开。α 色散通常被认为与膜表面相切的离子松弛有关;而 β 色散则由两部分组成,一是细胞膜的麦克斯韦-瓦格纳效应,二是蛋白质等大分子的旋转。γ 色散主要由组织中的自由水分子松弛产生。每个色散的特征由一个平均松弛时间表示,相对介电常数与频率的相关性可表示为

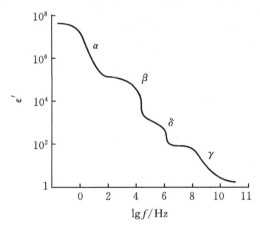

图 8-12　典型生物组织的介电频谱图

$$\varepsilon_{\mathrm{r}} = \varepsilon_{\mathrm{r}}' - \mathrm{i}\varepsilon_{\mathrm{r}}'' = \varepsilon_{\mathrm{r}\infty} + \frac{\varepsilon_{\mathrm{rs}} - \varepsilon_{\mathrm{r}\infty}}{1 + \mathrm{i}\omega\tau} \qquad (8-15)$$

式中 $\varepsilon_{\mathrm{rs}}$ 和 $\varepsilon_{\mathrm{r}\infty}$ 是相应色散区极限低频和高频时的介电常数值。例如,对于 β 色散区,$\varepsilon_{\mathrm{rs}}$ 和 $\varepsilon_{\mathrm{r}\infty}$ 分别为 10^4 和 10^2,即对应于色散中心频率两边的"平台"。介电常数实部 $\varepsilon_{\mathrm{r}}'$ 和虚部 $\varepsilon_{\mathrm{r}}''$ 的频率相关性分别由下例式子给出:

$$\varepsilon_r' = \varepsilon_{r\infty} + \frac{\varepsilon_{rs} - \varepsilon_{r\infty}}{1 + \omega^2 \tau^2} \qquad (8-16)$$

$$\varepsilon_r'' = \frac{(\varepsilon_{rs} - \varepsilon_{r\infty})\omega\tau}{1 + \omega^2 \tau^2} \qquad (8-17)$$

ε_r' 和 ε_r'' 均可通过测量得到,介电松弛过程中的能量损耗也可通过总电导率 σ 来表示:

$$\sigma = \sigma_0 + \omega\varepsilon_0\varepsilon'' \qquad (8-18)$$

其中 σ_0 主要由离子电导产生,基本与电场频率无关。组织的电导率在与 α、β 和 γ 色散相对应的三个主要区间内随频率的增加而上升,并且从低频范围开始电导率就与电场诱导离子和其他空间电荷的扩散相关。

　　α 色散所表现出非常高的介电常数值并不能表征材料的介电特性。一般认为,高介电常数产生的原因是与细胞周围双电层的松弛相关,伴随着沿膜表面的离子电导过程。类似的色散可从玻璃或聚苯乙烯球的电解质胶体悬浮液中发现,但在活细胞组织和非生命胶体系统之间的显著差别是,在细胞膜的两侧存在着 60~100 mV 的电势差。若能认识膜电势的存在对 α 色散的影响,就可将 α 色散用于控制跨膜输运的生理学过程。在施万(Schwan)的早期研究工作中发现骨骼具有显著的 α 色散,并且其在 1 kHz 下的介电常数和电阻率随组织的离体时间而减小,见图 8-13,这定性表明 α 色散依赖于细胞膜在生理学上的完整性。

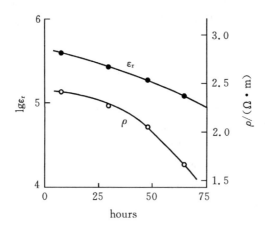

图 8-13　在 1kHz 下的 ε_r 和 ρ 随组织离体时间变化

　　辛格(Singh)等人测量了新鲜肾脏以及正常和恶性肿瘤乳腺组织的低频介电特性,见图 8-14。可以看出恶性肿瘤会对组织的介电特性产生显著的影响,正常和癌变组织介电特性存在明显差异。

　　β 色散依赖于细胞膜的完整性,通过毛地黄皂苷处理前后的牛眼组织的介电特性证实了这一点,如图 8-15 所示。

　　当膜被溶解破坏后,介电常数大大降低.因此通过 β 色散的研究,可得到有关细胞结构及细胞膜厚度的信息。弗里德克(Fridke)等人早期的介电研究,首先证明了细胞膜的超薄结构。膜电容约为 1 μF/cm²,膜电阻一般在 0.1~1.0 Ω·cm² 之间,膜阻抗随频率增加而降低,直到约 100 MHz,细胞组织的阻抗与自身的细胞液阻抗接近;频率大于 100 MHz 时,组织的介电特性与膜结构无关。因此,β 色散主要由于电容性的电荷贮存及细胞膜的特性而产生。经研究发现,在 β 色散频率范围内,哺乳动物组织的介电特性即介电常数和电导率随频率的变化可用科尔-科尔公式来描述。

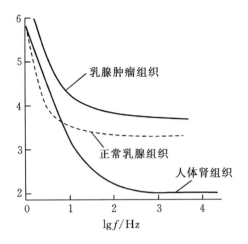

图 8-14　低频下组织介电频谱:人体肾组织、正常乳腺组织、乳腺肿瘤组织

　　当频率高于 100 MHz 时,组织的介电特性主要反映的是细胞内外电解液的性质,并将产生与水偶极松弛相关的色散。图 8-16 给出了几种组织和 0.9% 生理盐水溶液的高频介电常数和电阻率的变化。

　　电阻率的值能更好地反映组织和溶液的差别。在此频率范围,组织的介电特性在很大程度上受组织中含水量的影响。例如:肌肉就比脂肪具有更高的介电常数和电导率,前者的含水量约为 75%,

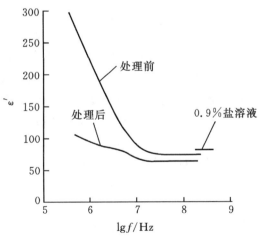

图 8-15　毛地黄皂苷处理前、后的牛眼组织和 0.9% 盐溶液在 27 ℃下的介电频谱

而后者含水量约为 5~20%。在此频率范围内,组织的介电特性与膜的结构和组成无关,介电特性与组织离体时间的关系不大,这与低频特性相反。很显然,介电方法可用于对各类组织和生物材料含水量进行无损检测,生物组织与水的关系是一个有趣的课题。

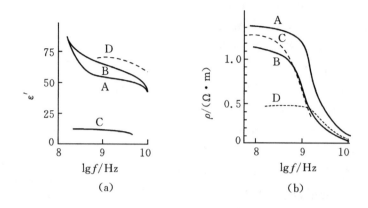

A—脑组织；B—肌肉组织；C—脂肪组织；D—0.9％盐溶液

图 8-16　　大鼠组织的高频介电常数

(a)高频介电常数；(b)电阻率

1. 组织与结合水

　　各种人体组织和器官的含水量列于表 8-9 中。在组织含水量中包含自由水和结合水两部分。根据施万等人的研究，在组织中大约有 10％ 的水被紧紧束缚且转动受阻，这些结合水与常规自由水相比其松弛频率低 50～200 倍。但在视觉组织中水的松弛频率的降低不明显。例如：37 ℃下自由水的松弛频率为 25 GHz，而视膜（含水 89％）松弛频率约为 21 GHz，晶体状胞核（含水 65％）的松弛频率减至 9 GHz，表明松弛频率随含水量下降结合水含量相对升高而降低。斯图赫利 (Stuchly)等人研究了 0.1～10 GHz 频率范围内活猫、鼠的骨骼肌、脾和肝的介电特性，发现 1 GHz 以上组织介电特性与不同水含量有关。在骨骼肌中几乎所有的水都以自由水的形式存在，其他组织中则存在着自由水和结合水，如脾中水含量由 69％ 自由水和 9％ 结合水构成，而肝中水含量由 62％ 自由水和 18％ 结合水组成。这类结合水的松弛作用是产生一相对弱的介质色散，称做 δ 色散，其中心频率约为 100 MHz，位于 β 色散和 γ 色散之间。组织中大多数强束缚水分子被直接结合在球状及膜蛋白的整体结构中。若在 100 MHz 电磁辐射下，强束缚水分子的松弛扰动能诱导依靠蛋白酶功能特性的生理过程发生变化，那么 50～500 MHz 范围内的电磁场可能对生物体产生有害的效应。

表 8-9　　各种人体组织和器官的含水量

组织	含水量/%	组织	含水量/%	组织	含水量/%	组织	含水量/%
骨	44～55	脂肪	5～20	肌肉	73～78	虹膜	77

组织	含水量/%	组织	含水量/%	组织	含水量/%	组织	含水量/%
骨髓	8~16	肾	78~79	脾	76~81	晶体状	65
脑白质	68~73	肝	73~77	脉络膜	78	视网膜	89
脑灰质	82~85	肺	80~83	角膜	75	皮肤	60~76

2. 皮肤

很多的治疗和诊断技术都需要采用电特性测量。由于皮肤组织往往构成生物体和测量系统电子部件的界面,因此认识其介电特性很重要。皮肤的介电特性主要取决于角质层,其厚度约为 $15\ \mu m$,主要由死细胞组成。这些死细胞由角质和膜质物质形成,逐渐脱落而由下层表皮细胞所取代。

皮肤的介电特性在身体上阻抗最低的部分变化很大,例如手掌,在那里汗腺最丰富。通常皮肤的介电模型可用图 8 - 17 所示的等效电路表示。

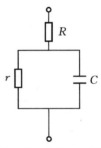

图中并联 C-r 表示角质层;串联电阻 R 为体电阻,由皮肤和深部组织的串联阻抗组成。在 1 kHz 和 10 kHz 下通过对 1 mm 厚湿的新鲜离体皮肤测量表明,单位面积的 C、r 与 R 值分别为 $4.6\ nF/cm^2$、$34.9\ k\Omega \cdot cm^2$ 和 $6.2\ k\Omega \cdot cm^2$。如果假定干燥角质化膜材料的相对介电常数为 10,以上结果表明皮肤的阻容性部分厚度约为 $2\ \mu m$,正是这个阻容层成为身体和外环境之间主要保护屏障。皮肤的介电特性如图

图 8 - 17 皮肤介电结构的等效电路

8 - 18所示,从中可见皮肤具有相对较弱的 α 色散,在 1 Hz 到 10 kHz 频率范围内缺乏显著的色散可能与角质层的死亡特征和低电导率有关。

3. 肿瘤及其他组织

肿瘤组织和正常组织在介电特性上有很大差异性,图 8 - 14 所示乳腺肿瘤的结果表明,癌变组织的介电常数明显比正常组织的介电常数大,这一特性也可从表 8 - 10 中看出。同时肿瘤的电导率也比正常组织的电导率大,此特性既可

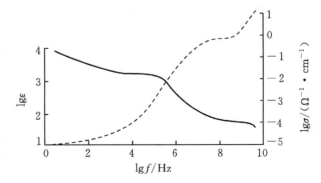

图 8 - 18　37 ℃下皮肤的介电特性

用于进一步发展射频和微波对肿瘤的热疗,又可用于阻抗成像技术的研究。

核磁共振(NMR)的测量结果表明,肿瘤组织中水的含量和钠离子浓度高于正常细胞。肿瘤组织的这些低频介电特性与癌细胞的膜电位降低,吸附阳离子能力减弱有关。研究介电特性与细胞电化学势能的关系是很有意义的。肿瘤细胞比正常细胞具有更强的电负性,而肿瘤组织也比正常组织的电负性更强(即更负的表面电势)。这表明结构上差别不大的组织比正常组织有更强的电负性,这种现象在再生性组织中也存在。

表 8 - 10　一些肿瘤在 37 ℃下的相对介电常数 ε_r 和电阻率 ρ

材　　料	13.56 MHz		27.12 MHz		433 MHz		915 MHz		2458 MHz	
	ε_r	$\rho/(\Omega \cdot m)$	ε_r	$\rho/(\Omega \cdot m)$	ε_r	$\rho/(\Omega \cdot m)$	ε_r	$\rho/(\Omega \cdot m)$	ε_r	$\rho/(\Omega \cdot m)$
血管皮外细胞瘤	1.36	8.91	1.86	8.98	57	8.73	55.4	8.62	56	8.35
肠平滑肤瘤	369	1.2	1.83	1.18	62	8.91	68	8.67	54	8.38
脾血肿	297	1.56	243	1.35	54	1.68	52	8.94	59	8.53
鼠肝细胞瘤	385	1.35	178	1.15						
正常鼠肝	167	2.85	118	1.98						
大纤维肉瘤	49	5.6	29	1.98		8.69	68			
鼠 KHT 瘤	38	1.55	19	5.38		—	56	8.62	54	8.35
正常肌肉	—		135	1.51	56	1.88		8.66	46	8.28

表 8-11 中总结了各种组织在 37 ℃下的相对介电常数和电导率,经过各种生物组织介电特性的研究,表明介电方法能作为传统方法的有效补充,与现代分子生物技术相结合,成为检验正常和病变细胞在结构和电性能上差异的新的物理手段。组织介电特性方面的知识在医学诊断和治疗方面有着越来越广泛的应用。这是一个充满了生机很有发展前途的领域。

表 8 - 11　各种组织在 37 ℃下的相对介电常数 ε 和电导率 σ

材　　料	13.56 MHz		27.12 MHz		433 MHz		915 MHz		2450 MHz	
	ε	$\sigma/(S \cdot m^{-1})$	ε	$\sigma/(S \cdot m^{-1})$	ε	$\sigma/(S \cdot m^{-1})$	ε	$\sigma/(S \cdot m^{-1})$	ε	$\sigma/(S \cdot m^{-1})$
动脉	—		—		—		—		43	1.85
血液	155	1.16	110	1.19	66	1.27	62	1.41	60	2.04
骨(含骨髓)	11	0.03	9	0.04	5.2	0.11	4.9	0.15	4.8	0.21
骨(在 Hank 溶液中)	28	0.02	24	0.02						
肠	73	49	—	—	—	—	—	—	—	—

材　　料	13.56 MHz		27.12 MHz		433 MHz		915 MHz		2450 MHz	
	ε	$\sigma/(\mathrm{S\cdot m^{-1}})$	ε	$\sigma/(\mathrm{S\cdot m^{-1}})$	ε	$\sigma/(\mathrm{S\cdot m^{-1}})$	ε	$\sigma/(\mathrm{S\cdot m^{-1}})$	ε	$\sigma/(\mathrm{S\cdot m^{-1}})$
脑(白质)	182	0.27	123	0.33	48	0.63	41	0.77	35.5	1.04
脑(灰质)	310	0.40	186	0.45	57	0.83	50	1.0	43	1.43
脂肪	38	0.21	22	0.21	15	0.26	15	0.35	12	0.82
肾	402	0.72	229	0.83	60	1.22	55	1.41	50	2.63
肝	288	0.49	182	0.58	47	0.89	46	1.06	44	1.79
肺(含气)	42	0.11	29	0.13	15	0.26	15	0.35	12	0.82
肺(去气)	94	0.29	57	0.32	35	0.71	33	0.78	49.8	—
肌肉	152	0.74	112	0.76	57	1.12	55.4	1.45	—	2.56
眼脉络膜	240	0.97	144	1.0	60	1.32 1.73	55	1.40	52	2.30 2.50
角膜	132	0.90	100	1.57	55	1.18	51.5	1.90	49	2.10
虹膜	240	0.53	150	0.95	59	0.80	55	1.18	52	1.75
晶状体皮层	175	0.13	107	0.58	55	0.29	52	0.97	48	1.40
晶状核	50.5	0.90	48.5	0.15	31.5	1.50	30.8	0.50	26	2.50
视网膜	464	0.25	250	1.0	61	0.84	57	1.55	56	—
皮肤	120	0.86	98	0.40	47	—	45	0.97	44	—
脾	269		170	0.93	—		—		—	

8.3　生物介电效应及其应用

　　生物材料介电特性的研究,不仅能从分子水平上加深人们对某些生化和生理现象的认识,还能将这些特性和介电测量方法用于生物学研究和医学临床诊断与治疗等方面。在生物体和外电场相互作用过程中,将会产生电场效应、电流效应、频率效应及温度效应等。利用这些物理效应,可研究生物组织的结构变化、带电状况、生长发育和病变,为医学临床提供新的理论依据和检测、治疗手段。

8.3.1　电场效应及其应用

　　在电场效应中,将着重讨论细胞悬液中的细胞在直流均匀电场中的电泳现象和交变非均匀电场中的介电电泳现象,以及它们在生物、医学和遗传工程中的应用。

1. 直流均匀场——细胞电泳

生物学和医学的发展与各种先进物理实验技术的产生密不可分。在细胞的结构和功能研究方面,借助于显微镜、电子显微镜、X 射线衍射、核磁共振等方法,从不同角度对细胞结构和功能进行了深入的研究而形成了细胞生物学。但是,在用以上方法研究细胞时均损伤了细胞的活体特征,因此对于细胞的了解往往与自然状态下活细胞的状况有一定的差异,而细胞电泳技术则弥补了这一缺陷。细胞电泳是通过测定细胞的表面电荷性质和密度,来研究细胞表面结构和功能变化的一种生物物理方法。它能使细胞在完整无损的自然状态下,测定活细胞的表面电荷,从而反映细胞膜结构、组成及功能的变化,揭示机体的新陈代谢、细胞衰老变异及与疾病的关系。

1) 基本原理

电泳一般是指悬浮于液体中的带电固体颗粒,在外加直流电场作用下向某一电极方向移动。细胞电泳就是研究生物细胞在电场作用下的运动规律。它与其他电泳(如纸上电泳)不同,不是以检出或测定电泳物质为目的,而是根据在显微镜下观察悬浮于溶液中的细胞在电场作用下是否移动,来判断细胞表面是否带电;根据移动的方向来判断细胞表面所带电荷的性质(即正电荷或负电荷);根据移动的速度来测定细胞的电泳率,从而获得细胞的表面电荷密度。

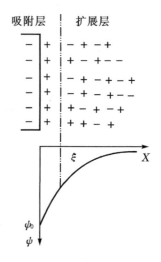

图 8-19　双电层结构示意图

(1) 细胞表面的电荷分布——双电层模型　1879 年,亥姆堆兹首先提出了双电层的概念。他指出,若是一种电荷的离子紧紧地附于胶粒上,则电荷符号相反的离子即在其附近排列以组成一个双电层。在细胞悬浮液中,细胞表面带有一定的负电荷,而悬浮介质中含有与细胞表面电荷相反的平衡离子,由于静电吸引作用,平衡离子集聚在细胞外围,使细胞呈电中性,同时在细胞表面形成"双电层"结构。

现代"双电层"理论认为,集聚在细胞外围的电荷由两部分构成,如图 8-19 所示。一部分是平衡离子的吸附层,这一层距细胞表面很近,紧紧地吸附在细胞表面,电泳时这一层随细胞一起移动;另一部分是平衡离子的扩散层,这些电荷距细胞表面电荷较远,相互吸引力弱,电泳时这些电荷不能与细胞一起移动,而向相反方向移动。这样"双电层"就在吸附层和它接触的液体界面(称为滑移面)分离开,使吸附层与整个悬浮介质之间形成电位差,这个电位即为电动电位 ξ,简称 Zeta 电位。

扩散双电层的形成是由于离子间的静电引力和离子的热运动共同作用的结

果。假设细胞呈球形,表面带负电且吸附正离子,表面电位为 ψ_0,远离界面的离子浓度为 n_0,则离开细胞中心 x 处,单位体积内的离子数 $n(x)$ 与该处电位 $\psi(x)$ 的关系可用玻尔兹曼方程表示:

$$n(x) = n_0 e^{-Zq\psi(x)/(kT)} \tag{8-19}$$

式中,Z 为离子价数;q 为电子电荷;k 为玻尔兹曼常数 $k = 1.38 \times 10^{-23}$ J/K。

对于含二种电荷量相同符号相反($+Z$ 和 $-Z$)离子的电解质溶液:

$$n^+(x) = n_0 e^{-Zq\psi(x)/(kT)} \tag{8-20}$$

$$n^-(x) = n_0 e^{Zq\psi(x)/(kT)} \tag{8-21}$$

在远离界面处,$\psi(x) \to 0$ 时,$n^+(x) = n^-(x)$,溶液中无净电荷。但靠近表面处正离子超过负离子而过剩,因此存在净电荷,某一点处净密度为

$$\begin{aligned}
\rho(x) &= Zq[n^+(x) - n^-(x)] \\
&= Zqn_0(e^{-Zq\psi(x)/(kT)} - e^{Zq\psi(x)/(kT)}) \\
&= -2n_0 Zq \sinh\left[\frac{Zq\psi(x)}{kT}\right]
\end{aligned} \tag{8-22}$$

对 $\rho(x)$ 朝外积分到无限远处,得到包围细胞介质中单位面积上的总净电荷,其大小和细胞表面的电荷密度 σ 相等但符号相反:

$$\sigma = -\int \rho(x) \mathrm{d}x \tag{8-23}$$

(2)细胞电泳率　细胞电泳率与细胞在电场中的运动速度成正比,与外加电场强度成反比,可用公式表示如下:

$$\mu = U/E \tag{8-24}$$

即电泳率就是细胞在单位电场强度作用下,单位时间内所移动的距离。

细胞的 Zeta 电位与电泳率成正比,当双电层的厚度远小于细胞的半径时,可得关系如下:

$$\xi = \frac{3\mu\eta}{2\varepsilon_0\varepsilon_r} \tag{8-25}$$

式中,η 为溶液的粘度;ε_r 为溶液的相对介电常数。由于双电层的厚度约为 10^{-10} m 数量级,故此公式在一般情况下均可适用。根据细胞 Zeta 电位的值 ξ,可进一步求得细胞表面平均电荷密度 σ:

$$\sigma = \left(\frac{N_0\varepsilon_0\varepsilon_r kT}{2\pi \times 1000}\right)^{\frac{1}{2}}\left\{\sum C_i\left[\exp(\frac{-Z_i q\xi}{kT-1})\right]\right\}^{\frac{1}{2}} \tag{8-26}$$

式中,N_0 为阿伏加德罗常数;ε_0,ε_r 为溶液的介电常数;k 为玻尔兹曼常数;C_i 为电解质克分子浓度;Z_i 为离子价数;q 电子电荷;T 为绝对温度。

(3)影响细胞电泳的因素　影响细胞电泳的因素很多,主要有介质、电场强度、电流强度、细胞浓度、PH 值等。不同的电泳介质会造成电泳率很大的差异,例如

用 9％蔗糖、0.145 mol/L NaCl 和自身血清作电泳介质,它们对红细胞来说都是等渗溶液。但由于蔗糖中离子强度很小,使红细胞有较高的 Zeta 电位,电泳率大,而在 0.145 mol/L NaCl 溶液中次之,在血清中 Zeta 电位最低,电泳率小。

电压梯度一般在 5～15 V/cm 范围内较为合适。梯度过大,电泳速度过快,经历视野的时间过短,电流热效应过大等易引起误差;梯度过小,细胞经历时间长,细胞下沉位移大,不利于测量。

细胞浓度在 10^3～10^5 个/mm^3 范围内,细胞电泳率基本不变。若浓度太大,视野中细胞太多,不易跟踪;浓度太小,视野中细胞太少,可观察的细胞数不足,影响测量。

在 4～30 ℃的温度范围内,温度对电泳率的影响较大,在用蔗糖溶液、生理盐水和血清作电泳介质时,电泳率均随温度增加而增加。其原因可能是因为粘度随温度升高而下降,使电泳率增大。

pH 值在 5～9 范围内,红细胞电泳无明显改变;pH 值低于 5,电泳率逐渐下降;pH 值降至 2 左右,电泳率为零视为等电点。

2)细胞电泳在生物学研究方面的应用

细胞电泳技术可广泛地用来鉴定和分析细胞表面的不同组分、结构及功能,从中找出各自的特点及相同的特征。这方面最突出的例子是应用从流感病毒和霍乱孤菌分离出的神经氨酸酶来处理红细胞及观察对红细胞电泳率的影响。结果发现,红细胞经神经氨酸酶处理后,由于细胞表面的神经氨酸被分解,使电泳率明显降低。现已证明,红细胞表面的负电荷主要由细胞表面的糖蛋白和糖脂上面的涎酸或 N-乙酰神经氨酸决定。涎酸或 N-乙酰神经氨酸在血浆中电离产生羧基($-COO^-$),可直接影响红细胞所带电量的多少及性质,并影响红细胞的生理功能。进一步研究结果表明:红细胞经神经氨酸酶处理后,其电泳率下降 94％,神经氨酸酶对红细胞表面电荷的决定作用,在白细胞、血小板及某些癌细胞上亦得到同样的结果。而决定细胞表面带负电荷的除涎酸上的羧基以外,还有其他一些带电基团,如人的淋巴细胞和某些癌细胞具有对核糖核酸酶敏感的磷酸基团。从细胞表面除去神经氨酸会影响红细胞的存活及表面上的抗原性质,并影响白细胞的代谢及病毒与细胞表面受体的结合,使病毒不能感染细胞和吸附在细胞上。根据细胞表面电荷密度的大小,可推出某一细菌或病毒侵袭人体的量及性质。在临床上可根据致病菌的性质及量,选择适当药物,以达到早诊断早治疗的目的。

3)在癌细胞表面特性研究方面的应用

癌细胞和正常细胞在增殖方面有很大的差异,正常细胞的增殖是有一定规律的,而癌细胞则相反,它无控制的增殖,并易转移,细胞与细胞之间浸润、粘着性减弱等。应用细胞电泳技术测定癌细胞的表面电荷密度通常比正常细胞的表面电荷密度更高。以大鼠肝脏的正常细胞和癌细胞为例,分别测定它们的电泳率,便可发现,癌细胞比正常细胞的电泳率要高,这说明癌细胞的表面电荷密度较高。但要以这一点来区分癌细胞与正常细胞是不够的,因为有些细胞的表面也具有较高的电荷密度(例如胚胎细胞、再生组织的细胞),这可能与细胞的再生有关。另外,有些癌细胞(如上皮癌细胞)又具有与同类正常细胞大体相同的电泳率,这就为区分正常细胞和癌细胞带来了困难。电荷密度较高只能说明是一种增生的过程,而不能认为是确定癌细胞的唯一依据,它只是确定癌细胞的一个必要条件。

为区分正常增生细胞及癌细胞的电泳性能,采用氨酸酶处理方法得到了满意的结果。如分别对大鼠正常增生的肝细胞和腹水肝癌细胞作氨酸酶处理,并观察处理前后的电泳率变化情况,实验结果表明,正常增生肝细胞经处理后,其电泳率无明显变化;而腹水肝癌则相反,经处理后,其电泳率发生明显变化,即比处理前降低了50%左右,它们之间的差异主要决定于细胞表面电荷的表面组分及其带电基团不同。另外实验小鼠艾氏腹水癌细胞和红细胞在胰蛋白酶溶液中,其敏感度亦是不同。艾氏腹水癌细胞在胰蛋白酶的低浓度溶液(即 3×10^{-4} ml/mg)中,其电泳率发生明显变化,而正常红细胞在胰蛋白酶的高浓度溶液中(即 3×10^{-3} ml/mg),其电泳率才开始发生明显变化,这就说明由于两者对胰蛋白酶的敏感度不同,反映了它们表面组分和分子结构的不同。细胞表面的组分有涎酸或 N-乙酰神经氨酸,不同的细胞有不同的组分,不同组分又反映了某细胞的电泳率,而细胞表面组分和分子结构的不同往往见于癌细胞之间。例如:大鼠腹水型肝癌和大鼠实体型肝癌细胞分别经涎酸或硫酸软骨素酶处理,结果发现,涎酸酶能使大鼠腹水型肝癌细胞的电泳率发生明显的变化,而对大鼠实体型肝癌细胞没有此作用;相反硫酸软骨素酶对大鼠实体型肝癌细胞的电泳率发生明显变化,而对大鼠腹水型肝癌细胞无明显的影响。这一实例说明腹水型肝癌细胞的表面组分是涎酸;实体型肝癌细胞表面组分是硫酸软骨素。此外,细胞电泳技术在免疫学、微生物、放射生理学及血液学等方面亦有研究和应用。

2. 交流非均匀场——介电电泳

理想的均匀电场在实际中是很难达到的,在大多数情况下,生物体都处于非均匀电场中,因此有必要对生物体在非均匀电场中的状况进行研究。介电电泳就是物质在非均匀电场中由于极化效应而产生的运动现象,在这种电场作用下,大多数极性物质向电场强度大的区域移动。介电电泳和其他电泳现象一样,都是对物质在电场中的运动规律进行研究。但不同的是介电电泳与非均匀电场中不带电或电中性颗粒的运动有关。生物膜上通常具有 10^7 V/m 的电场强度,由于生物系统结构上的不均匀性,不可能获得理想的均匀场,因而用介电电泳来表征非均匀场的作用是很有意义的。与均匀场对生物体的影响比较,非均匀场对生物体的影响研究进行的较少。介电电泳现象的研究为生物学研究提供了一个新的有用的工具,同时还能加深人们对某些生物功能的物理机理的认识。

1)介电电泳的原理

为认识非均匀电场对中性颗粒的作用,首先考虑带电体在电场中的作用。我们知道,如果将一带正电荷 Q 的颗粒放在均匀电场 E 中,将会受到电场力 $F = QE$ 的作用沿电力线向极性相反的电极方向移动,即移向阴极,如图 8-20(a)所示。若将其放置在非均匀电场中,带电颗粒基本上以相同的方式运动,即受到与其自身极性相反的电极吸引,如图 8-20(b)所示。

中性介质颗粒在电场中却表现出不同的特性。在均匀电场中,介质颗粒被极化,与阴极相邻的一面感应正电荷。与阳极相邻的一面感应负电荷。由于正、负电荷量相等,因此电场对颗粒总作用力为零,没有剩余力存在,介质颗粒将保持不动。

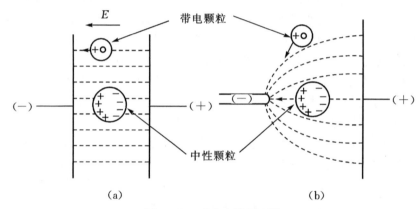

图 8-20　介电电泳原理图
(a)均匀场;(b)不均匀场

在非均匀电场中,中性介质颗粒由于极化而产生等量的正、负感应电荷 Q'。位于电力线集中、场强大(E)的一面所受电场力 $Q'E$,与位于电力线发散、场强弱(E')的一面所受电场力 $Q'E'$ 不等,则介质颗粒所受总电场力 F 不为零:

$$F = Q'(E - E') \tag{8-27}$$

在电场力的作用下,介质颗粒将沿电力线向某一电场区域运动。这种运动与电场的极性无关,而与电场强度有关,产生这种运动的力被称为介电电泳力。

如果把介质颗粒看做是半径为 r 的小球,并由介电常数为 ε_{r2} 的理想介质组成,悬浮在介电常数为 ε_{r1} 的无限大理想液体介质中,则其介电电泳力可由下式给出:

$$F = 2\pi r^2 \varepsilon_0 \varepsilon_{r1} \left(\frac{\varepsilon_{r2} - \varepsilon_{r1}}{\varepsilon_{r2} + 2\varepsilon_{r1}} \right) \mathbf{\nabla} \, |E|^2 \tag{8-28}$$

由上式可见,电泳力的大小与介质颗粒尺寸、外加电场强度的平方、介质颗粒和悬浮介质的相对介电常数有关。当 $\varepsilon_{r2} > \varepsilon_{r1}$ 时,颗粒沿电力线向强场区域运动;当 ε_{r2}

$< \varepsilon_{r1}$时，颗粒沿电力线向弱场区域运动；$\varepsilon_{r2} = \varepsilon_{r1}$时，作用在颗粒上的电泳力为零，不发生定向运动。从以上的讨论中，我们可以看出介电电泳与电泳之间存在着如下区别：

（1）介电电泳不象电泳那样依赖于颗粒所带净剩余电荷，而是取决于颗粒的体积和极化特性。

（2）介电电泳需要很强的发散场、大颗粒和相对高的电场强度，而电泳可很好地观察像分子、离子大小的颗粒，并可在相对低的外加电场下实现。强场效应，如介质击穿、空间电荷和电极注入等现象，都会影响对电泳现象的观察。

（3）介电电泳与电极极性无关，而电泳与电极极性有关。如颗粒在电场中运动方向取决于电极极性，那么观察到的就是带电体的电泳效应。

2）介电电泳在生物学研究中的应用

在生物学研究中，介电电泳可直接观察试验材料在非均匀电场中的聚集情况。当细胞或细胞器受到由两针电极产生的非均匀电场作用时，细胞会排列成长链而迅速地被吸引在某一电极上。细胞的聚集速率与外加电场频率有关，不同种类的细胞具有自己独特的频谱特性。图 8-21 为活的和死的酵母细胞的频率特性，这表明聚集速率的特性还取决于细胞的生理状态。

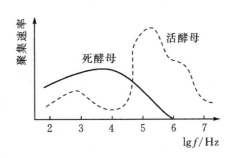

图 8-21　活的和死的酵母细胞的频率特性

介电电泳已被大量应用于细胞的分离。在具有相同介电性质的材料中，介电电泳力取决于被试体的形状，例如球形细胞所受力与板形和棒形所受力不同。同时通过选择适当介电常数 ε_{r1} 的悬浮介质，使其值介于两种细胞的介电常数之间，就可对细胞实现物理上的分离。即一种类型的细胞（$\varepsilon_{r2} > \varepsilon_{r1}$）向最大场强区域聚集，而另一种类型的细胞（$\varepsilon_{r2} < \varepsilon_{r1}$），则向最弱场强区域聚集。在癌症研究方面，令人感兴趣的是从骨髓中分离出 T-细胞。通常在骨髓中 T-细胞的浓度比其他细胞器物质的浓度低百万倍，用简便的方法将它与大浓度物质分离是非常困难的，但介电电泳技术将会在这项研究工作中具有重要的应用价值。

正常和癌变细胞状态的基本区别，与细胞结构和膜上蛋白质的电子性质有关。蛋白质分子像醛类一样，按照电荷传输与电子接受分子相互作用的结果进行电子运动。由于这种相互作用的结果，蛋白质的价带变成欠饱和，由于价带能级中电子空穴的迁移，蛋白质分子从绝缘体转变为电子导体。正常细胞相当于膜束缚的蛋白质处于传导状态。如果正常的电子施主/受主平衡由于化学掺杂影响和酶（如乙二醛)作用的结果而被打乱,蛋白质价带可能变为电子饱和而不导电,因此细胞回复变异到原始的,不可控制的增生状态。如果细胞膜电导率的变化反映了膜束缚蛋白质电子电导率的不同,那么介电电泳的研究有可能使这种区别定量化,进而从普通的细胞中分离出癌细胞。

因此,对生物材料非均匀电场效应的研究,不仅能增加我们对活细胞介电特性的认识,而且通过研究活细胞在介电电泳中的运动,聚集规律,实现不同种类细胞的分离。同时还可利用介电电泳技术区别老的和年青的细胞生物体、新生的和化学固定的细胞、活的和死的细胞,以及正常的和癌变的细胞。

3)介电电泳在遗传工程方面的应用

遗传工程就是采用各种手段,对生物的遗传信息进行重新组合,从而达到改造生物特性的目的。它所操作的对象通常是原子、分子或细胞。细胞融合是现代细胞生物学的重要分支,它能产生具有新的性质、有活力的杂种生物细胞,在农业、微生物和医学方面有着诱人的前景。

细胞发生融合必须实现细胞膜与膜的粘连,进行细胞融合的主要问题是:原生质体的制备;适宜的细胞融合促进剂。对于动物细胞来说,由于细胞外层只有一层脆弱的细胞膜所包围,不需进行任何前处理。对植物和微生物细胞则不然,由于细胞外部裹着一层纤维素组成的细胞壁,在融合前必须进行破壁处理,使其成为原生质体,然后再进行原生质体的融合。

细胞融合主要采用诱导融合,它是在不同种的原生质体中加入诱导剂或用其他方法使两亲本的原生质体融合。诱导融合的方法可分为化学方法和物理方法两类。化学方法就是采用不同试剂作诱导剂,常用的有高 pH 法、高钙诱导法和聚乙二醇(PEG)诱导法等。但这些方法的融合效率低、范围窄、时间长,尤其化学融合要求融合浓度大,使原生质体渗透脱水而死亡,即产生所谓细胞毒性。为提高细胞的融合效率和成活率,人们又努力探索物理融合方法。物理方法就是利用显微操作,离心振动等机械力促使原生质体融合;也可采用弱电流改变原生质体表面电荷,以促进不同电荷的异源原生质体相互吸引,从而提高原生质体的融合效率。

1980 年德国学者齐默尔曼(Zimmermann)首先报告了采用脉冲电场诱导细胞融合新技术,并成功地实现了动物细胞、植物和微生物原生质体间的融合。目前这种方法已经应用于培育多核巨细胞,用于遗传分析的杂种体细胞、酵母原生质、植物细胞、细菌以及杂合体——可产生单克隆抗体的哺乳动物融合细胞。这项技术已经在生物学和生物工艺学等学科上占有重要地位,并成为医学上的重要诊断工具。

细胞电融合基于介电电泳和电击穿两个原理。首先利用介电电泳使处于非均匀电场中的细胞形成珍珠串,实现细胞膜的粘连,然后加上直流脉冲,导致细胞膜接触面的击穿,细胞相互交换细胞质,以达到融合的目的。

从前文可以得知,当细胞处于非均匀交变电场中时,由于极化效应将受到介电电泳力的作用,向电场集中或发射的区域运动。若将细胞简化看成由一层绝缘膜包裹着水的球形颗粒,由于水的介电常数通常很大(达 81),易满足 $\varepsilon_{r2} > \varepsilon_{r1}$ 使细胞向高场强区域运动。同时相邻细胞间极化偶极子相互作用,使细胞首尾相联而形成所谓的珍珠串,如图 8-22 所示。

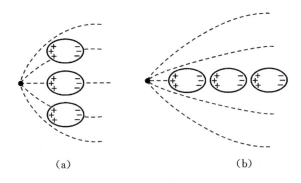

(a)　　　　　　　　　　(b)

图 8-22　细胞形成珍珠串示意图

珍珠串的长度可用下式表示:

$$L \sim (t)^{1/2}Ucr^4 \qquad (8-29)$$

式中,t 为珍珠串形成时间;U 为外加电压;c 为细胞浓度;r 为细胞半径。在细胞电融合中通常是希望两个相邻的细胞间的融合,因此珍珠串不易过长,如果想优先形成二聚体(即双细胞串),由式(8-29)可知应缩短珍珠串形成时间 t,降低外施电压 U,减小细胞浓度,使电场散度适中。

细胞膜在一定电场强度下会发生击穿形成微孔。当细胞在交变电场作用下形成珍珠串后导致细胞膜相互接触,此时再施以一直流脉冲,使相互接触的细胞膜被击穿,击穿孔形成一膜相互接触的通道,细胞内质相互交换,细胞质的连续性有助于在两个细胞间形成小桥,最终导致新的球形杂种细胞的形成,如图 8-23 所示。

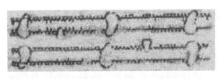
膜相互接触

膜被电击穿

交换红胞质

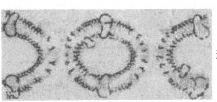
形成新细胞

图 8-23　细胞电融合示意图

目前认为,促使细胞电融合的机制为可逆电击穿、电致压缩、近接触和局部脉冲放电。实验发现,很高的场强或很大的脉冲宽度会因损坏细胞内蛋白质和 DNA

而在细胞内产生不可逆的变化。如果电场强度过高,细胞就有可能因膜上的孔洞不能愈合而溶解。

因此,在细胞融合操作中应遵守以下原则:小尺寸细胞需要较高的场强;过高的场强或很大的脉冲宽度会在膜上产生不可恢复的机械性击穿;在较高温度下需较低的场强;压力梯度(膨压)或静压力对细胞膜产生的预压处理会导致所需击穿场强降低;形成一完整的新的球形细胞所需的时间大约为 60 分钟,且为温度的函数;电融合后理想的恢复时间为三至五分钟;电融合后加入少量 $CaCl_2$ 或 $MgCl_2$ 有助于新细胞的形成;电融合效率依赖于细胞的大小,用链霉蛋白酶对较大的细胞进行预处理可使其在高场强下稳定;电融合后施加交流电场有助于形成球形细胞。

细胞电融合法与现有的化学诱导融合相比,具有操作简单、融合细胞成活率高、速度快、效率高、无毒等优点,将会在生物学和医学领域得到更加广泛的应用。

8.3.2　电流效应及其应用

1. 直流电的治疗作用

直流电对机体组织有调节、修整作用,并能促进机体正常的新陈代谢。

1)直流电调节组织含水量

在直流电作用下,组织中由于电渗的作用,水份随着水化阳离子趋向阴极,因而阴极下水份增多,阳极下水份减少,从而改变了组织的含水量。

一个简单实验可证明电渗的作用:取一青蛙,按一般生理实验方法先将其脑、脊髓破坏,然后挂在三角架上,后肢分别浸入两个盛有自来水的烧杯中,水平面达小腿下 1/3 处,杯内各放有一电极,分别联接直流电的正、负极(为使电极不接触皮肤,可将电极放入粗玻璃管中再放入烧杯内)。随后通电 10 mA,40~60 分钟后关闭电源,取下青蛙,即可发现近阴极脚掌上附有一层易抹去的粘液,局部肌肉亦呈肿胀状态;近阳极脚掌皮肤则干燥并容易剥除,肌肉呈干瘪状态,这说明阴极下组织水份增多出现水肿,而阳极下组织水份减少出现脱水。

在临床上利用电渗作用,可使阴极下组织水份增多,改变组织状态,达到治疗作用。如电渗作用可将疤痕组织软化,干燥组织变软,这主要是组织中的蛋白吸收了水份而分散,膨胀和变得松软所致。利用电渗作用使肿瘤组织脱水而死亡已在临床上得到了应用。对于能电解形成水化离子的药物,也可利用直流电根据同性相斥、异性相吸的原理把药物从皮肤外引入机体以达到治疗的目的,在临床上叫做直流离子透入法。这种新型疗法可减轻病人的痛苦,无副作用,主要用于浅病灶,使局部保持高浓度药物离子并起延长疗效作用。

2）电流促进局部血液循环

临床上进行直流电治疗后，往往可见局部皮肤发红，这就是局部组织充血所致。近年来国外有人用体积描记法、红外线显相等方法，证明此疗法后局部血液循环增加 140% 左右，并可维持 30～40 分钟以上。

直流电促进局部血液循环的原因，可能有以下三方面：

（1）刺激皮肤表面释放组织胺　组织胺是机体内局部血管活性物质，为组氨酸的脱羧产物，它主要存在于皮肤、肺和肠粘膜组织的肥大细胞中，当组织受到物理化学因素的影响后，便能使组织产生和释放组织胺，从而引起反应，其作用是能使毛细血管舒张和渗透性增加，促进血浆从毛细血管中渗透出来，使局部循环血量增大。

现已知道机体中酸碱度的变化可引起蛋白质变性，而蛋白质的变性可导致组织胺的释放。实验已证明在直流电作用下，其电解产物酸和碱会使皮肤上皮细胞的蛋白质发生微量的变性和分解，引起组织胺释放，使皮肤中的组织胺含量增加，从而引起组织胺的作用。

（2）组织蛋白分解为血管活性肽　在直流电作用下，形成的电解产物酸碱会引起蛋白质的分解。蛋白质分解为多种肽，其中 9 肽有明显的扩张血管作用，仅 0.1～1 μg 即可起作用，而 10 肽、11 肽也可转变为具有扩张作用的物质发挥其作用。

（3）神经调节　皮肤内有很多神经末稍，当直流电刺激皮肤中的感觉神经末稍时，可通过轴突实反射引起血管的扩张。通过电流对血液循环的促进作用，可以改善局部组织的营养和组织修复以及功能的恢复。

3）电流对细胞膜的通透性及神经兴奋性的影响

根据细胞膜脂质球状蛋白质镶嵌型模型，细胞膜多由两层类脂双分子中间嵌入蛋白质所构成。膜蛋白包括能溶于水的周围蛋白和不易溶于水的整合蛋白，后者多带负电，它对膜的通透性有影响。当对组织施以直流电作用时，阴极下细胞膜变得疏松，阳极下细胞膜则变得致密，这可能与电极下形成酸碱电解产物及电场力的作用有关。

在直流电的作用下，阳极与带负电的膜蛋白吸引，结果使蛋白分子间的相互斥力降低，密度增大，使得膜致密；阴极带负电荷，它增强了对带负电的膜蛋白相互排斥作用，密度降低，结果使膜变松。同时，由于在直流电的作用下产生电解，阳极下有酸性产物堆积；阴极有碱性产物堆积。前面已述，人体蛋白质的等电点多偏酸，pH 值约为 5.0，因此在阳极下的酸性环境中蛋白易于聚结，使得膜致密；反之，在阴极下碱性环境中，蛋白不易聚结，易分散，故膜变松。另一方面由于电渗的作用，使阳极下组织脱水，减弱蛋白的水化而易于聚结，故膜致密；反之，阴极下水份增加，有利于蛋白的水化，使蛋白不易聚结，故膜疏松。

当较弱直流电通过神经时，阳极下组织兴奋性降低，阴极下组织兴奋性增高。但电流作用时间较长或电流强度很大时,则会出现阴极兴奋性降低或完全消失,这一现象称为阴极抑制。直流电引起阴极抑制的原因:一方面由于时间较长或电流强度较大时,可使膜外持续处于负电位,不利于兴奋性的持续;另一方面,阴极下膜疏松,则膜的通透性增大,通透性增加到一定程度,对离子的通透性没有选择性,故不易恢复和维持正常的膜电位,对兴奋性也不利。直流下神经组织兴奋性的产生及消失受组织中的电荷分布、离子浓度和环境酸碱度等因素的影响,如表8-12,表8-13所列。

表 8 - 12　阴极下可能使兴奋性升高的因素

改变因素	物理化学变化	形态学改变	生理效应
电性	(1)负电荷中和膜外正电荷,削弱膜极化和膜电位	膜松散	易兴奋,兴奋性升高
	(2)负电荷加强表面的负电性,静电斥力增加蛋白散度较大		膜通透性增高,物质交换和代谢增强,兴奋性升高
离子分布	K^+、Na^+ 相对多		$U \propto K^+ \quad Na^+/(Ca^{++} \quad Mg^{++})$,$K^+$、$Na^+$ 多,则 U 大,兴奋性升高
酸碱度	偏碱、偏离蛋白等电点,蛋白易分散	膜疏松	兴奋性升高
含水量	电渗水分增加,蛋白易分化,易分散	膜疏松	兴奋性升高

表 8 - 13　阳极下可能使兴奋性降低的因素

改变因素	物理化学变化	形态学改变	生理效应
电性	(1)正电荷可加强膜极化	膜致密	兴奋性下降
	(2)正电荷中和膜蛋白所带的负电蛋白易聚结		通透性下降,物质交换和代谢变慢
离子分布	Ca^{++}、Mg^{++} 相对多		$U \propto K^+ \quad Na^+/(Ca^{++} \quad Mg^{++})$,$Ca^{++}$、$Mg^{++}$ 多则 U 下降
酸碱度	偏酸,靠近蛋白等电点,蛋白易聚结	膜致密	兴奋性下降
含水量	电渗脱水,蛋白水化减弱,易聚结	膜致密	兴奋性下降

注:表中 U 为离子平衡电位.

2. 电流控制组织再生

1) 自然界中的再生现象

组织再生是大自然赋予生物体的一种奇特本领,因此任何生物都具有组织再生的能力,但其程度又相差十分悬殊。例如,海绵是一种最原始的低等多细胞动物,如将其切为碎块,每块都能再生成新的个体;将不同种类的海绵分别捣碎,制成细胞悬液后混合起来,每种海绵细胞会重新聚合。涡虫的断片可以再生为完整的机体,当它饥饿时,可吸收自身的内部器官及肌肉作为营养,一旦获得食物后,各器官又可再生复原。脊椎动物中的蝾螈也能重新长出完整的四肢,更引人注目的是,蝾螈眼珠摘除后,可以失而复得。

人和其他动物一样,具有天然再生的本领。已发现手术切除 75% ～ 90% 的肝组织后,残肝会迅速再生,在数月之内恢复为原来的大小。婴儿甚至能在某种程度上再生受损伤的脑组织。至于皮肤伤口的愈合及骨折的修复等是人类机体再生的常见例子。引起组织再生的原因是多方面的,但主要与各种生物体内生物电的变化有关。总体而言,低等动物的再生能力比人和哺乳动物的再生能力强。

生物体内存在自身的电磁场和生物电流,它们控制着正常的生命活动,如果其电磁场或生物电流发生异变,将会出现生物体的调节失常,甚至导致疾病的发生。机体受伤后,其损伤部位的生物电流亦将发生改变,出现胚胎"初生"时的较高生物电流状态,并改变损伤部位的电位,从而促进了组织的再生修复,直到损伤部位痊愈时生物电流才恢复到受伤前的水平。高等动物的肢体截断后,要使肢体再生出正常肢体往往是不可能的,这是因为这些机体内不能产生足够的电流来促进肢体的再生。但骨折病人则常能治愈,这是由于骨骼本身是一驻极体,它具有压电效应。骨弯曲时则因压电效应出现电位差,这一变化使体内的离子运动发生变化,引起生物电流,电流在受伤的部位形成"初生"状态,从而促进了组织的再生。为了提高人体外伤、骨折以及某种疾病造成组织损伤的再生能力,科学家们经过艰苦的探索,终于找到了一种加速组织再生的有效手段——电流刺激组织再生。

2) 电流刺激组织再生

直流和低频电场($0 \sim 3 \times 10^4$ Hz)的生物学作用引起了生物学家和医学家们的极大兴趣。因为正是这一范围的电磁作用加速了生物机体的再生。电流对组织再生的作用是明显的,例如在断肢的蝾螈肢体上通以电流则断肢再生的速度比未加电流的要快。同样用类似的方法,可使不能自然再生的青蛙的四肢得以再生。以补充电流的方法刺激从膝关节切去前肢的老鼠,结果发现一段时间后断肢再生为一新的组织,它包括新的肌肉、骨骼、软骨和神经,但未能长成一完整的肢体,这可能是因为生物电流的大小和变化未能符合老鼠四肢再生的需要。组织再生还受神经系统的影响,当将一青蛙的神经移植到另一只青蛙的爪子上时,发现青蛙爪子长了约一厘米的新组织。这可能是由于神经纤维中脉冲电流的存在,使神经末稍附近的组织不断有电流向损伤部位"供电"。所以当受伤部位的神经丰富时,它所产生的电流就可能接近组织再生的条件,使组织进行修复。否则就可能停止生长而形成疤痕,此时则需外部供电以促进再生。此外还发现电流能促进骨胶原,一种组成骨骼结缔组织的基础纤维蛋白的合成,增加骨组织的血液供应,从而加速骨折的愈合。在长期的宇宙飞行中,宇航员由于生活在失重条件下,骨骼受到的压力小不能产生正常的电压,骨骼生长缓慢并变得薄而疏松。用电疗法对宇航员进行治疗,可使骨骼变得粗壮结实,缩短恢复时间。

尽管电流对组织再生具有明显的作用,并且已逐渐用于医学临床实践中,但对其作用机理仍不十分清楚。电化学家皮尔拉研究了不同电磁脉冲的治疗效果,发现在各种被研究的动物系统中,只有一定形式的电流才能控制细胞的行为。这样的电信号迫使 Na^+、Mg^{++}、Ca^{++} 进入细胞膜,首先影响到细胞内部的化学反应进程,最终可影响 DNA 的活性,从而开始了生长和再生的第一步;再协同其他控制因子一起影响基因的起动和关闭,从而控制机体的生长和再生。在直流和低频电磁场的生物学作用机理方面,还存在两种假说:一是电动势假说,认为电磁场首先与细胞和组织中代谢的生物电过程相互作用,通过电动势的变化影响生物体中带电颗粒的运动;二是液晶假说,认为生物体的组成成分如高分子或分子团具有液晶结构,有着空间的电磁各向异性,它们的生物学特性依赖于方向性。在电磁场的作用下,这些结构成分的空间定向发生变化,从而导致生物学活性发生改变。亦即电磁场直接作用于组成细胞膜的磷脂液晶结构,引起细胞膜通透性的变化,进而影响代谢过程。

从以上的实例中可以看出,人类也可能保持有可以再生的古老的遗传特性,而丧失的仅仅是一定的控制因素,而主要的控制因素就是电流。随着该领域研究的不断深入,将会在以下几方面有着广泛的应用前景:

(1)直流生物电既然反映着机体的正常及异常状况,能否通过检测机体的这种电信号来建立评价人体健康状况的客观指标,以实现医学诊断的定量化,如心电、脑电的测量等。

(2)电控制信号可诱发组织再生,是否也可用于促进生长,治疗萎缩的或发育不良的器官和肢体。

(3)组织癌变在某种意义上说是一种无节制的再生,与之伴随产生的生物电有何特异性,是否可以作为癌症诊断特别是早期诊断的依据。利用与激发再生相反的手段,抑制肿瘤和癌细胞的生长,找出一种用电控制信号治癌的新方法。

(4)我国中医理论中的经络穴位与体表组织下的低阻线及稳定电位点密切相关,它们的电学特性与上述直流生物电系统有许多相似之处。针刺疗法可缩短骨折愈合期,治疗截瘫,甚至使长期以来认为受损伤而无法恢复的脊髓神经获得某种程度的再生,这些可能与针刺激发了体内生物电流有关。

随着对电磁场生物作用的深入了解,各种电磁治疗手段不断改进,电流控制组织再生将会成为一种新的治疗手段,给人类带来福音,在人类的健康事业中发挥更大的作用。

8.3.3 频率温度效应及其应用

8.2节中介绍了生物组织的常温介电特性,其频谱中主要表现为出现 α、β、γ 三个色散区域。尽管 α 色散能反映组织的某些病变特征,β 色散能反映细胞膜的完整性和细胞的生死状况,但由于低频测量中存在电导率大、电极极化等问题,使得测量结果的稳定性和精确性受到影响,因此在临床应用上还存在一定的困难。在高频微波段的应用则更加广泛,随着 γ 色散的产生,组织中大量的水分子偶极子出现偶极松弛,组织中由于松弛损耗而产生热效应,在临床上利用这种热效应可治疗多种疾病。介电谱在低温生物学研究方面的应用也已有所进展,并将用于医学临床。下面将重点介绍微波的应用和低温生物介电谱。

1. 微波的生物效应及应用

微波是指频率在 300 MHz～300 GHz,相应波长 λ 为 $1\sim10^{-3}$ m 的电磁波。生物组织的 γ 色散就发生在这一范围内。根据国际电工学会的规定,医学上所采用的微波频率通常为 434 MHz、915 MHz 和 2.45 GHz。微波输出一般采用半球形、园柱形、马鞍形等辐射器,它们都具有反射罩以利于微波能比较集中的进入生物体。

微波进入生物组织后,由于偶极松弛极化和夹层极化引起的损耗,而导致介质吸收,使微波的能量密度下降,吸收的能量转化为热能使生物组织被加热升温,产生生物热效应。生物组织对微波的吸收功率为

$$P = \sigma \left| E \right|^2 \tag{8-30}$$

该式表明,吸收功率 P 不仅与电场强度 E 的平方成正比,还与组织电导率 σ 成正比。生物组织的电导率愈高,对微波的吸收作用愈强,热效应就愈显著。如微波在肌肉中的发热必然大于脂肪,但由于微波从脂肪层进入肌肉层时发生反射作用和肌肉中血管易于带走热量,使肌肉中温升效应与脂肪中相近。尽管如此,微波对人体脂肪层下肌肉的加热效果比中、短波更有效,一般不会出现脂肪的过热现象。

在医学上,微波对生物组织的透入深度具有重要的实际意义。通常以微波能量密度下降到 37%(1/e)处的深度 D 或能量密度下降到 50%处的深度 h 作为微

波透入深度的定量估算值：

$$D = 1/\mu \tag{8-31}$$
$$h = \ln^2/\mu = 0.6931/\mu \tag{8-32}$$

其中 μ 为生物组织对微波的吸收系数，它与微波波长有关。

由图 8-24 可见，当微波波长 $\lambda < 5$ cm 时，μ 已激烈上升，此时微波能量大部分消耗在浅层的皮肤表面上，而达不到肌肉内部，因此在治疗上一般不用波长低于 10 cm 的微波。在医疗中常用的微波波长为 12.7 cm，相应频率为 2450 MHz。

从图 8-25 上可得到高含水组织（肌肉、内脏等）在此微波频率下的透入深度为 $D \approx 8$ cm，显然微波在高含水组织中的透入深度比低含水组织中要低。

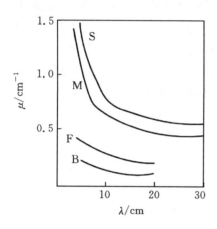

M—肌肉；F—脂肪；S—皮肤；B—骨

图 8-24　几种组织对微波的吸收系数

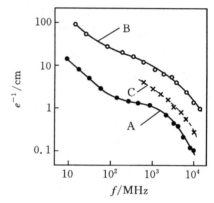

A—高含水量的肌肉、皮肤及内部器官；

B—低含水量脂肪和骨；C—乳腺癌

图 8-25　微波在人体组织中的透入深度

微波对生物体的作用包含着有益和有害两个方面。如眼球受到大剂量微波照射时，将由于缺少血管的晶体过热引起变性混浊，而发生白内障。即使在较低强度的微波辐照下长期工作，亦会引起严重的中枢神经系统的功能性改变，心跳减慢，心动脉血压下降等不良变化，并可对生育遗传发生影响。另一方面又可利用微波的热效应来治疗癌症和关节炎等。目前微波在生物、医学领域已有着广泛的应用，主要有以下几个方面。

1）微波治疗肿瘤

癌症是危及人类生存的主要疾病之一，医学界投入了大量的力量加以研究，以求找到有效的诊断和治疗方法。微波用于对癌症的诊断和治疗是 20 世纪 60 年代开始发展起来的一种新的物理方法。

介电测量的结果表明，肿瘤组织比正常组织的含水量高、电导率大。如正常表皮组织的含水量为 60.9%,而皮肤癌组织的含水量为 81.6%。从前面讨论可知生物组织对微波的吸收功率与组织的电导率成正比,所以用微波局部照射肿瘤组织时,肿瘤组织的温度将高于周围正常组织的温度,而肿瘤细胞的耐热性又远低于正常细胞。当温度高于 42 ℃时,将导致肿瘤细胞死亡,而正常细胞则可承受 50 ℃的高温。因此通过控制微波的功率和透入深度,即可用于直接杀死癌细胞,而不象放射性治疗那样同时破坏正常的细胞。另外,微波引起肿瘤组织的局部高温可增加细胞膜的渗透性,药物易于进入瘤体,微波与化疗相配合会提高化疗疗效,减少化疗用药的剂量。微波与放射治疗相配合,有助于杀伤肿瘤组织中对放射疗法不敏感的缺氧细胞,以增加疗效,降低放射剂量。

　　由于肿瘤组织还具有比正常组织新陈代谢强、温度高(1～3 ℃)的特性,因此可用测量人体的微波频段热辐射(1.3 GHz、3.3 GHz、5 GHz、69.5 GHz 等)来诊断肿瘤的位置。根据微波透入深度的不同,就可探测不同深度处的瘤体。

　　2)微波诊断

　　利用微波可以透过人体组织的特点,可将微波用来诊断肺气肿和肺水肿。因为肺气肿患者的肺部空气量最多,含水组织相对较少,故对微波的吸收较少,而肺水肿患者相反有大量水分存在于血管外组织间隙之间;肺部的含水组织容积相对增多,空气相对减少,因而对透过肺部的微波有较强的吸收作用。所以通过测定低强度的微波穿透患者肺部后的衰减系数,就可诊断患者是否患有肺气肿或肺水肿。

　　3)组织含水量的测定

　　生物组织对微波的吸收,主要由于组织中水分子的偶极松弛所致,因此通过生物组织在微波段的介电常数,就可以推算出组织的含水量。实验中发现,动物大脑的发育过程和介电常数之间有一定的关系。表 8 - 14 所列为鼠和猫的介电特性、含水量随发育时间的变化,从表中可见,鼠猫出生后,随着大脑发育时间增加,大脑中含水量下降,介电常数也逐渐下降,一两个月以后趋于稳定。

　　用于测量谷物含水量的微波测试仪也已问世,并用于谷物含水量的监测,以利于粮食的储存;同时还可以用于瓜果含水量的测量,以利于果品的保鲜。微波生物效应的应用除以上几方面外,在临床上还可利用其热效应治疗各种关节炎、肌肉劳损、消炎止痛等疾病。把小剂量的微波辐射到穴位上,具有明显的针感效应,这是一种新型的治疗方法——微波针灸。另一方面,在低温下保存的生物材料(细胞、组织、器官等),使用通常的加热方法复温,由于生物材料表面的酶等生物大分子首先恢复活性,引起一系列的生化反应和代谢过程,而组织的内部还处于冻结状态,造成组织生理状态的失衡,引起细胞死亡。这是迄今为止,大的生物器官还没有保存成功的主要因素之一。而微波可使组织内部和表面同时均匀加热,所以用微波热效应复温可达到提高冷冻存活率的目的。

表 8-14　鼠和猫大脑的含水量和介电常数随发育时间的变化

发育时间/天	含水量/%	介电常数/1GHz
1	86.5	61.0
5	86.5	56.6
19	80.1	48.1
26	78.3	47.8
33	78.1	47.3
58	77.1	44.5

2. 生物材料的低温介电特性及应用

低温冷冻在生物学和医学上有着两种截然不同的作用。一是维持细胞生命,以便长期保存细胞、组织乃至器官及整个生物体,这对于人工受精、器官移植、食品保鲜有着很明显的积极意义;二是促使细胞坏死的破坏作用,以达到治疗的目的。近年来随着低温生物学的发展,低温下生物组织和器官的冷藏与疾病治疗的应用研究逐步深入,并已应用于低温冷冻治癌,特别在治疗皮肤肿瘤和近表面癌变组织方面已取得了较好的近期与远期疗效。但在如何选择冷冻温度、降温程序、冻融周期,以及冷冻后组织损伤机理等方面仍存在许多问题。例如,无论是低温冷冻治疗,还是组织、器官的冷藏,都存在细胞在低温下的存活条件问题。目前常用的细胞培养,扫描电镜观察和细胞染色等方法,虽然能对冷冻前后细胞的结构和功能进行测定,但对至关重要的冷冻过程却无法了解。介电测量是研究材料中结构、组成和电荷变化对其电性能影响的一种物理方法,由于其具有快速、无损伤、易操作等优点,可采用在体检测生物组织在冷冻过程中的结构相变,同时可研究各种外界因素对其相变过程的影响。因此低温生物介电特性的研究是对常规生物学实验方法的一个重要补充。

1)生物材料的低温介电谱与结构相变

常温下生物组织内存在着大量的电解质溶液,使组织具有很高的电导率,给低频测量带来电极极化、直流电导热漂移及电导电流淹没极化引起的容性电流等问题,故生物材料的常温介电特性研究多在高频下进行。但在低温下由于组织中大量水的冻结,直流电导率大大降低,就能实现低频下的准确测量,从而得到组织的低频低温介电特性。

在对生物电解质盐溶液的低温介电特性研究中发现,含盐生物溶液在低温下均表现出特异高介电常数现象,并与离子浓度和离子半径大小有关。0.9%的生理盐水溶液的低温介电谱上,在-20 ℃附近介电常数产生突变,结合 DSC 测量证实,该突变不由材料的介电松弛产生,而由材料内部结构相变所致,与材料的共晶点相对应。图8-26和图8-27结果说明,介电谱能反映生物材料在低温下的结构变化过程。

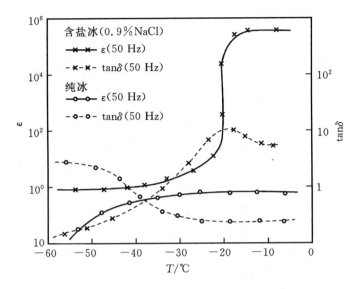

图 8 - 26　水与 0.9%NaCl 水溶液的低温介电谱

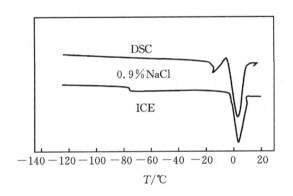

图 8 - 27　冰与 0.9%NaCl 水溶液的 DSC 曲线

　　低温生物显微镜观测证明,此类含盐生物溶液在低温固态时呈不均匀结构,如图 8 - 28 所示。当 $KMnO_4$ 溶液经过最低过冷点时,溶液中的大量水结晶析出形成冰晶粒,多数含有 $KMnO_4$ 的未冻液聚集在冰晶粒之间的沟道中,随着温度不断降低,未冻液的体积越来越小,但基本结构保持不变。

　　当温度降至共晶点温度时,未冻液由液相转变为固相,见图 8 - 29。与此相对应,在介电温谱上也存在相应的三个区域。一是高介电常数区,位于共晶点以上,此时材料的介电特性主要由未冻液中的兼性离子所决定。所谓兼性离子指的是一些正负离子,它们存在于材料中局部区域,在该区域内产生很大的内电场,而整个区域对外又呈电中性。实际上兼性离子广泛存在,只要两种物质的热力学势或电化学势不同,在这两种物质的界面上就有兼性离子存在。

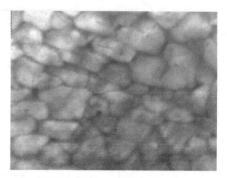

图 8 - 28　0.9% KMn₄ 溶液的低温显微结构(－30 ℃)

二是介电常数突变区,位于共晶点温度附近。当温度达到共晶点时,系统中的未冻液由液态变为固态,兼性离子的活化能急剧增大,极化难以产生,使介电常数急剧降低。

三是介电常数平稳变化区,位于共晶点温度以下,此时系统的介电特性主要由冰晶中的 H_2O 分子偶极化决定,但由于系统结构的不均匀性将会产生麦克斯韦-瓦格纳极化,此外冰晶中少量盐离子的存在,也可能会产生热离子极化。因此使得系统的介电常数仍大于相同温度下纯冰的介电常数。

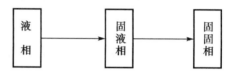

$T>$ 过冷点　　过冷点 $>T>$ 共晶点　　$T<$ 共晶点

图 8 - 29　溶液低温相变过程

2)低温介电谱在生物学研究中的应用

介电温谱与材料结构相变的对应关系不仅存在于含盐生物电解质溶液中,也存在于低温冷冻保护液、细胞悬液以及生物组织中,只是其相变温度范围各自不同。

(1)低温冷冻保护液的作用　生物材料在低温保存时,都要在保存液内加入一些具有保护作用的物质,以减轻在降温和复温过程中对生物材料的损害。在由水、氯化钠和冷冻保护剂 DMSO(二甲基亚砜)组成的三元溶液的低温介电谱和细胞悬液的低温介电谱中,介电常数的变化表现得比生理盐水缓慢,突变温度区域也随冷冻剂份额 η 的增加而向低温移动。这是因为保护剂在溶液中与水分子结合发生水合作用,使溶液的粘度增加,阻碍冰晶的生长速度,使材料中水的固化过程减慢,对细胞起保护作用。

图 8 - 30 表明,在介电温谱上突变区出现介质损耗角正切 $\tan\delta$ 最大值的温度与试样的共晶点基本相对应,二者存在明显的相关性,只是 $\tan\delta$ 最大值在比共晶点更低一些的温度下出现。三元溶液在共晶点以下($T=-80$ ℃)的频谱特性表明,在此区域内有三种形式的色散存在,与前文所述可能存在的三种极化机理相对应。

(2)冻融速率对组织介电特性的影响　在低温生物学界,对生物材料在复温过程中引起的损伤机理远没有对降温过程研究得深入。但实验结果表明:细胞在快速复温下的存活率要高于慢速复活下的存活率，冻融速率对组织的结构变化会产生影响，因此对组织的低温介电谱也会产生影响。对猪肌肉和脂肪组织在不同冻融速率下进行介电温谱测量，其介电常数的突变区温度与冻融速率有关。若以突变区介电常数降至一半所对应的中点温度来衡量二者的相关性，则可得到表8-15的结果。

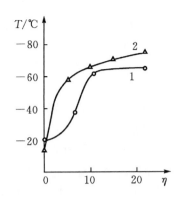

图 8-30　共晶点(1)和 tan δ 最大值温度(2)随冷冻剂组分 η 的变化

　　从表中可见，随着降温速率的增加，降温过程介电温谱突变区向低温方向移动，即组织的结构相变温度随降温速率的增加而降低。复温曲线的变化趋势则相反，随着复温速率的增加，复温过程的相变中点温度向高温方向移动。其变化机理还有待于进一步的深入研究。依据这种实验规律，在实际应用中就可根据需要通过控制冻融速率来控制组织的相变温度，以分别达到保存细胞和破坏细胞的目的。

表 8-15　冻融速率对组织介电温谱的影响

突变区中点温度 试样	降　温			复　温	
	50 ℃/分	70 ℃/分	150 ℃/分	10 ℃/分	20 ℃/分
肌肉	−40 ℃	−75 ℃	−130 ℃	−30 ℃	−20 ℃
脂肪	−45 ℃	−70 ℃	−150 ℃	−30 ℃	−15 ℃

3）医学临床应用展望

　　生物材料介电特性的研究课题很多，并且有着广泛的应用背景，其中一个主要的焦点是围绕着如何区别正常与癌变组织，寻求治疗癌症的新途径。

　　微波热疗就是利用生物组织中水分子的偶极松弛产生的热效应来杀死肿瘤细胞，并已取得了一定的效果，进入实用阶段。而介电研究在低温冷冻治疗癌症方面的应用，目前国内外还少见文献报道。根据以上的研究成果，表明介电测量可成为低温冷冻医疗研究中的新的物理实验手段。利用低温介电谱的研究方法，可在细胞和组织水平上开展以下两方面的研究。

　　(1)研究低温冷冻过程中细胞的生死与其介电特性的联系。根据目前的观点，认为细胞在低温下的死亡主要是由于冰晶的形成导致膜损伤或形成高浓度电解质溶液，破坏了生理平衡。因此冰晶的数量和形成温度对细胞的存亡有很大影响，而冰晶的形成又导致了组织中的相变，使组织的介电常数产生突变。介电谱能够反映冰晶的形成和相变的规律，将有可能成为低温冷冻过程中判断细胞生死的无损检测手段,对进一步研究低温下细胞的冷冻致死机理是非常重要的。

(2)研究各种冷冻条件下正常与癌变组织在介电特性上的差异。现有的资料表明,体温下癌变组织的低频介电常数和电导率均高于正常组织,但在低温下有何区别还不清楚,由于正常与癌变组织中含水量和显微结构不同,在低温冷冻过程中二者的共晶点会有差别,反映到介电谱上的突变温度区域不同。通过这一研究,以寻找能冻死癌细胞而尽量不损坏正常细胞的治疗方法,为低温冷冻治疗癌证提供理论依据和新的物理检测途径。

生物材料低温介电特性的研究才刚刚起步,尽管已发现了一些新的介电现象和实验规律,获得了很多有趣的实验结果,但在测量方法和理论分析方面还有待于进一步的深入研究。随着实验手段的不断进步,介电研究在低温生物、医学领域将有着广阔的应用前景。

8.4　生物电介质研究进展

本节将重点介绍生物介电研究在医学领域应用的新进展,和有关电磁场的生物效应研究中的焦点问题。

8.4.1　电阻抗成像技术

在生物体系统中,由于各种组织、器官的组成、结构不同,因而它们的电导率和介电常数也各不相同,其宏观表现为电阻抗各不相同。在对动物,尤其是人体进行在体测量时,由于组织、器官几何形状的不规则而难以计算出它们的电导率和介电常数值,常以电阻抗来代替电导率和介电常数。电阻抗成像就是根据物体表面电压和电流测量结果,构建物体内部的电阻抗图像。用电阻抗来构建人体的组成结构图像称为电阻抗医学成像。

医学成像的传统技术有:X射线透视、放射线同位素、超声波检测等。X射线成像是最常用的检测技术之一,通常得到的是平面或弧面图像。近年来计算机X射线断面扫描技术(CT)被用于重建精细断面图像,使图像的分辩率得以提高。但是X射线对人体是有害的,随着使用频率的增加,损害程度也随之增加,尤其对于孕妇和儿童不利。超声波技术的优点是:可以描绘出不能用X射线成像法得到的某些器官的轮廓,且对人体无害。由于在生物组织和空气界面上超声波的反射很大,使得超声波难以进入肺中。而且超声波在体内并不沿直线传播,得到的图像往往是失真的。

阻抗成像是目前正在发展的一种无损伤的对人体结构进行成像的新技术。其基本原理是：当外加电压恒定时，各种组织之间、病变组织和正常组织之间流过的电流密度也就随着各部分电阻抗的不同而不同，通过测量这些电流，就可得到人体的正面、断面和三维的电阻抗分布图像。其原理框图如图 8-31 所示。

人体由于其结构的不均匀性，导致在电学上也是不均匀的，呈现出各向异性。人体各部分电压源的电阻抗变化在十倍以上，其中以心脏内血液的电导率最高，而肺和骨的电导率最低，骨胳肌在不同的方向上表现出不同的电导率。此被试体外，人体的几何边界极不规则，个体差异很大。计算机处理这就给计算模型的建立带来了很多困难。国外有人利用差分、有限元等方法建立了三维的躯电流测量肝、胸腔模型，并计算出了电流在血液、肌肉、肺、脂肪等组织内的分布。

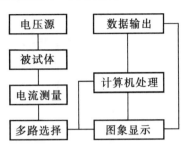

图 8-31　电阻抗成像原理框图

近年来，电阻抗成像系统已被用于医学临床多路选择图像显示实验，在乳腺癌的早期诊断方面取得了令人满意的结果。但该项技术目前还有多很问题有待解决。例如大多数阻抗成像是在简单几何形状和具有规则边界的模型上进行的，与人体的实际数据之间还存在差距，而且在建立模型时常常忽略了组织的各向异性和极化效应等。随着各个难题的突破和技术的不断改进，电阻抗成像技术有望成为可观察深部组织结构和功能的一种极有发展前途的成像新技术。

8.4.2　细胞膜电穿孔技术

1. 细胞膜电势

通常环境下，一个活性细胞能维持在一种稳定的状态，其细胞内部对于细胞外部电势为负值，从而产生一个贯穿细胞膜的跨膜电势。霍尼格（Honig）等人给出了双层膜内电势的分布，如图 8-32 所示。

Ψ_T 是跨膜电势，Ψ_{se} 和 Ψ_{si} 分别表示细胞膜外表面与内表面相对于邻近体相的电势。由于类脂分子头部基团带负电荷，其电势值总是负数。这与斯特恩（Stern）和古埃-查普曼（Gouy-Chapman）模型一致。该模型描述了电解液附近具有异性电荷的正离子聚集，采用德拜长度来表征其衰减距离的负电荷耗尽层分布的情况。

Ψ_{se} 和 Ψ_{si} 各自相对于临近的细胞外和细胞内体相电势值约为 $-30~\text{mV}$。在双层膜内部，膜电势的构成很难量化，它受到类脂分子头部基团偶极子和极化强度的影响，在细胞膜外与膜内之间存在正电压。任何外加在细胞内外电解液的电压将

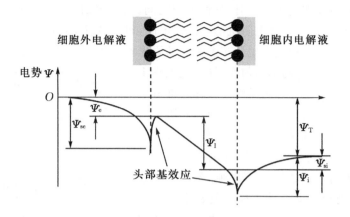

图 8-32　细胞膜电势分布图

会影响双层膜表面和扩散层的电荷,进而影响膜内电势。

细胞膜的电场 E 如图 8-33 所示,呈两极分布,并在类脂分子头部基团附近强度最大。该电场不仅决定离子的流动,还产生作用在细胞膜结构的电有质动力,这种力决定磷脂的填充,因此对气孔的形成和膜的完整性起到支配作用。

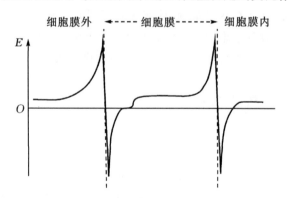

图 8-33　细胞膜电场分布

齐默尔曼等人在对细胞膜电穿孔技术的早期研究中,假设膜内电场 E 会在细胞膜上产生麦克斯韦应力,其大小为 $\frac{1}{2}\varepsilon E^2$。通过提高膜两侧的电场强度,应力增大到一定阈值导致膜上某点结构被破坏。细胞膜电穿孔技术的优点在于,采用短周期的脉冲电压在细胞膜上诱导出微孔,而不对细胞带来其他损伤,在这种不使细胞破裂的状态下注入和移出分子物质。随后,当移除外加电压后,细胞上的微孔会自发地闭合,恢复其完整性。

2. 电致应力

考虑在笛卡儿坐标系下双层膜内电场 E 始终是横穿的且垂直于双层平面,如图 8-34 所示。电场矢量 E 沿 x_3 方向,垂直于由 x_1、x_2 构成的双层平面,是一个与 x_1、x_2 和 x_3 坐标相关的函数。这样可以模拟图 8-33 中膜内电场变化及沿双层膜横向的电场变化,这种情况通常会在膜内蛋白质和与之相关的离子通道上发生。

由电场 $E(x_1, x_2, x_3)$ 产生的应力向量 $F(x_1, x_2, x_3)$ 可以通过亥姆霍兹方程得到

$$F = \rho E + \frac{1}{2} E^2 \, \boldsymbol{\nabla} \varepsilon + f \qquad (8-33)$$

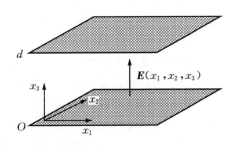

式中,ρ 表示双层膜中分布的净电荷密度。电荷来源于两性离子头部基团 $P^- N^+$,因此受 pH 值的影响。膜外部界面电荷构成斯特恩层,扩散区电荷构成古埃-查普曼层,扩散区电荷处于膜外的电解液相中,对膜应力作用较小。

式(8-33)右边第二项中包括介电常数的梯度值,介电常数的变化十分显著,在水相中相对介电常数约为 80,而从头部基团区域到内部烃链的相对介电常数约为 2。

图 8-34　参考坐标系

式(8-33)右边第三项 f 为由于机械应变导致介电常数增量差异的电致伸缩应力,这些增量在法线和平面两个方向都可能变化,主要取决于膜的构造和邻近的蛋白质通道。对于各向同性电介质,克

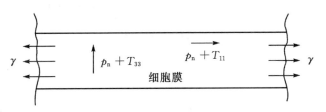

图 8-35　细胞膜应力分布图

拉科夫斯基(Krakowsky)和斯特拉顿(Stratton)给出了应力的表达式,受力情况如图 8-35 所示。

$$\begin{cases} T_{11} = T_{22} = \dfrac{1}{2}\varepsilon E^2 \left(1 + \dfrac{a_2}{\varepsilon_r}\right) \\[2mm] T_{33} = -\dfrac{1}{2}\varepsilon E^2 \left(1 - \dfrac{a_1 + a_2}{\varepsilon_r}\right) \end{cases} \qquad (8-34)$$

式中,ε_r 为介电常数,$a_1 = \partial \varepsilon / \partial e_3$ 表示在 x_3 方向应变 e_3 作用下介电常数的增量,而

$a_2 = \partial\varepsilon/\partial e_1 = \partial\varepsilon/\partial e_2$ 是由 x_1 和 x_2 轴构成的膜平面应变作用下的介电常数的增量。

　　Skel 和克林根伯格(Klingenberg)根据克劳修斯–莫索提公式,全面考虑正方和非晶态结构,建立了材料介电性质的模型,提出了 a_1 和 a_2 的表达式。对于双脂细胞膜结构来说情况更复杂,介电常数,诸如 a_1 和 a_2 在 x_3 方向可能会有很大的变化,在膜外头部基区域介电常数将相当大而膜中间则很小。假设膜平面大体均匀,这样有 $\partial\varepsilon/\partial e_1 \cong \partial\varepsilon/\partial e_2$,可以按各向同性系统处理。

　　Dill 和 Stigter 认为靠近膜边界的水分子作为头部基结构的一部分可能充当很重要的角色,采用第二维里系数(The Virial Coefficient)对磷脂头基与卵磷脂(PC)和磷脂酰乙醇胺(PE)的横向交互作用进行表征研究。进一步的工作将直接给出分子模型以及对电致伸缩参数的适当评估。

　　应变 T_{33} 是负值,表明具有压缩性,这跟前面提到的简单麦克斯韦应变一致。然而更重要的是同时也产生了和电场 $\boldsymbol{E}$ 相垂直的具有牵引性质的应变 T_{11} 和 T_{22},它们与双层结构的稳定性有很大关系。这些应力的共同作用将减小双层中横向的张力,削弱其内聚性并沿 x_1 和 x_1 轴向扩张。这些横向力作用的结果可以通过场致膜界面张力的变化规律得出,该规律可通过众所周知的毛细现象或李普曼(Lippman)效应得到。关于双脂膜表面张力的范围已有报道在 $1 \sim 10$ mN·m^{-1} 之间。将双层膜看成是两电解质溶液相的分界面,那么就可以用法向和切向压力 p_n 和 p_t 来描述界面张力 γ。

$$\gamma = \int_0^d (p_n - p_t)\mathrm{d}x_3 \qquad (8-35)$$

式中 d 是界面如细胞膜的厚度。法向电场 E 导致应变 T_{11}、T_{22} 和 T_{33},张力表达式变为

$$\gamma = \int_0^d (p_n + T_{33}) - (p_t + T_{11})\mathrm{d}x_3 \qquad (8-36)$$

　　在生物膜中的电场主要包括两部分。一部分是正常代谢活动产生的电场 E_0,维持贯穿膜的法向平衡;另一部分是由所讨论电穿孔中的外加电势产生的膜内电势叠加的电场 E_a。这样膜界面张力的变化量可表示为

$$\Delta\gamma = -\int_0^d \varepsilon\big[(E_0 + E_a)^2 - E_0^2\big]\Big(1 - \frac{a_1}{2\varepsilon_r}\Big)\mathrm{d}x_3$$

$$= -\int_0^d \varepsilon(2E_0 E_a + E_a^2)\Big(1 - \frac{a_1}{2\varepsilon_r}\Big)\mathrm{d}x_3 \qquad (8-37)$$

由于 E_a 在代谢起伏中值很小,式(8-37)可近似为

$$\Delta\gamma = -\int_0^d \varepsilon E_0 E_a\Big(1 - \frac{a_1}{2\varepsilon_r}\Big)\mathrm{d}x_3 \qquad (8-38)$$

　　表面张力的变化量可正可负,取决于 E_a 的正负号,随之改变的是横向膜的密

度或者说磷脂分子间距。

在电穿孔过程中，E_a 值很大，则

$$\Delta\gamma = -\int_0^d \varepsilon E_0 E_a (1 - \frac{a_1}{2\varepsilon_r}) \mathrm{d}x_3 \qquad (8-39)$$

此时 $\Delta\gamma$ 的值主要取决于 E_a 且总是负值，垂直于双层膜平面，在膜平面方向 E_0 为零。假设在充分强的电场作用下，$|\Delta\gamma|$ 大小将和法向表面张力可以相比拟。净张力为零使得磷脂分子丧失内聚性，导致膜的解体。

3. 细胞电穿孔

电场作用的最初效应是导致细胞膜平面的凹陷，赫尔弗里希（Helfrich）和 Servuss 等人利用曲率弹性理论探讨了在适当的环境条件下膜表面的起伏。脉冲高电压作用下，由于 $\Delta\gamma(E_a)$ 的剧烈变化将导致头部基团排斥力占居于主导地位。这一情况可以从图 8-36 中看出，在沿路径 1 从 A 到 B 的第一个下降阶梯描述了这一变化。排斥作用的结果提供了一个局部驱动力，进一步加深了细胞膜的凹陷，从而驱使分子流出膜表面并被激励，至少在局部达到分子面积 a 内最终要求的增量。暴露的头部基团的斥力作用在烃—水界面上的一个平面内，从而产生一个重要的弯曲力，形成正的膜曲面。

正曲面的增加导致凹陷的进一步加深，膜平面将出现漩涡式增长，这一现象在 Chang 和里斯（Reese）所做的红血球细胞电穿孔试验中出现，并被称做"倒转的火山"。不断增加的正曲面使得在漩涡半径内原先与膜内部烃背向的头部基团转而面向烃，这进一步增强了半径内的排斥力。与这些头部基团结合的水分子的水合作用将有助于这种排斥力的形成，这样就构成了一个水分子内核的亲水性微孔雏形。

至于这个微孔雏形沿半径方向的增长，可能是由于四周膜表面的脂分子的加入从而扩展了周界的表面。当施加外电场 E_a，周界面分子面积需要沿路径 1 从 $a_m(0)$ 向极限值 $a_m(E_a)$ 增加，这一过程可以通过脂分子填充孔半径内表面来实现，而表面也将相应增大，从而这些脂分子将能够被压紧在一个小于 $a_m(E_a)$ 的分子面积内。孔扩张的速度取决于孔周界膜表面界面张力的梯度值，但是相当难定量。当孔周界扩张需要的脂分子数目与分子面积受有限

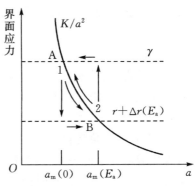

图 8-36　脉冲电压下界面应力与
界面分子面积关系

值 $a_m(P)$ 和 $a_m(E_a)$ 约束能从表面移出的脂分子数目相等时,孔出现最大半径,这里 $a_m(P)$ 是孔周界上头部基团受压缩的有效分子面积。如果孔厚度为 d',则最大半径为

$$r_{\max} = \frac{a_m(E_a)}{a_m(P)}d' \qquad (8-40)$$

将 $a_m(P)$ 表述为 $(K_p/\gamma_p)^{1/2}$,并应用方程 $a_m(E_a) = \{K/[\gamma + \Delta\gamma(E_a)]\}^{1/2}$

$$r_{\max} = (\frac{\gamma_p}{\gamma + \Delta\gamma(E_a)})^{1/2}(\frac{K}{K_p})d' \qquad (8-41)$$

上式中 $\Delta\gamma(E_a)$ 为负值且为 E_a^2 的函数,可以看出,亲水孔的半径极限值将总是随着外电场 E_a 大小的增大而增加。

如果撤掉外加电场,相反的过程将开始。膜表面分子间的吸引力取代由首次施加的外电场产生的排斥力。膜表面的分子面积减小至 $a_m(0)$,如图 8 - 36 中所示。亲水性的孔成为提供分子的源头,分子面积与孔半径减小。结合方程 $r_{\max} = \frac{a_m(E_a)}{a_m(P)}d'$,孔半径收缩到最小值

$$r_{\min} = \frac{a_m(0)}{a_m(P)}d' \qquad (8-42)$$

在某些情况下孔半径达不到这个最小值,因为靠近头部基团的结合水聚集产生的排斥干扰将阻止孔径的进一步减小。缩小的亲水性孔处于亚稳态,这种状态有发生崩溃或孔消失的概率,取决于克服头部基团排斥作用所需要的活化能。另一方面,重新施加电场将使处于亚稳态的孔从周围膜表面获得分子而重新开始扩张。由此可以建立一个相对稳定的可逆电穿孔状态。

8.4.3　低频高压电磁场的生物医学效应

众所周知,低频电磁场对生物系统能产生各种生物效应。例如,脉冲电磁场被用来修复骨折,而其他有利于健康的医学应用也应运而生。但在长期慢性和缺少控制的环境中,暴露于这些低频电磁场中也能损害人类健康吗?20 世纪 60 年代后期,前苏联学者发现,在变电站工作的人员会出现神经系统症状、食欲不振、血压偏高,有轻微的血象变化等,并在 1972 年的国际大电网会议上强调指出,工频电场可对人体造成健康危害,引起了各国学者的关注。随后美国、英国、法国、意大利、加拿大及德国的研究人员纷纷对这一问题开展了大量的研究,由于所用的实验方法和研究对象不相同,所得到的结果还很不一致,但大家越来越意识到高压低频场的存在可能会危害人类健康。这种可能性的存在要求人们严肃的考虑这个问题,尽管目前的认识还不全面,还没有合适的理论解释所观察到的现象,但在现代社会

中,随着电力系统向大容量、高电压和远距离方向发展,人工电磁场环境日益扩大,工频电场的连续存在对健康的潜在效应已成为科学和环境卫生所严重关注的问题。关注的焦点在癌症,尤其是白血病和脑瘤、发育的变异,以及包括慢性抑郁症在内的内分泌和神经系统紊乱。

1. 低频场与癌证的联系

低频高压电磁场生物效应的研究首先起源于流行病学调查。流行病学包括对暴露于所关心的作用因素下人群的疾病模式研究。在电磁场作用的研究中通常采用两个基本的研究方法:第一种方法是追踪病例——对照研究,即将有疾病的一组人与没有疾病但所有其他特征类似的一组人进行比较,以找出可疑的作用因素;第二种方法是计算成比例的疾病发生(或死亡)率,即把采样人群的疾病发生率(或死亡率)与普通人群的疾病发生率(或死亡率)进行比较,以找出低频电磁辐照与健康危害之间的相关性。

许多研究已证实了癌症与低频对成年人辐照的关系,特别是那些从事高辐照职业的人。美国约翰·霍普金斯大学研究人员对纽约电话工种的情况进行了调查,在对平均年令为 40 岁的 50 582 名男性雇员的健康状况进行研究后指出:连续在电话公司工作的年青职员得白血病的危险较高,特别是最高辐照组的电缆接线工具有高的癌症发病率,其白血病发病率是非接线工的 7 倍,而且还包括胃肠系统、前列腺和脑的所有癌症。我国研究人员在对细胞微核率的研究中发现,高压电作业者比医用 X 射线作业者出现细胞微核率的几率要高,而在不同的电气工种中又以避雷器检测工的细胞微核率为最高,这在细胞水平上证实了电磁场对生物体的作用。

已有的研究结果表明,电气工作与癌症之间存在着某种联系,低频电磁场可能是癌症的“促进剂”,即使电气工作者的癌源是由别的因素(诸如化学因素)产生,那么低频场也可以加强它的作用。正常组织的生长是由包括像生长激素在内的激素所反馈控制的。细胞之间通过细胞膜而交流信息,根据器官完成功能所需要组织的多少来调节细胞的增殖。当组织发生癌变时,正常控制的生长和协同的细胞行为则遭到破坏。根据现代致癌理论,肿瘤的形成至少包括两个阶段,即初始和促进阶段。初始期细胞核中的 DNA 被一种外界因素破坏,产生异常的 DNA,导致形成异常蛋白质,最后细胞机能失调。在促进阶段的研究表明,致癌因素对机体的损伤不一定能成为肿瘤本身,除非发生其他促进过程,以给转变的细胞一个生长的优势。初始阶段要求有足够的能量去击破 DNA 的化学键,而低频电磁场的辐照一般不具备这么高的能量,因此它对癌症的影响可能是起促进作用。

2. 对生长发育和生理节律的影响

人们对低频电磁场在生物体再生、生长和发育方面产生效应的认识多数来自对动物的研究。小鼠在妊娠期暴露于 30 kV/m 电场下,每天 20 小时,则其子代生殖力下降,亲代第二批繁殖时胚胎畸形数增加;同时还发现家兔与鸡会出现短暂生长迟缓,大鼠重复学习变得迟钝等。在对猴子的试验中(40 kV/m),观察到中枢神经系统短暂性发育迟缓和行为活动反应水平下降。

这方面对于人的研究还进行的不多,初步的研究结果显示,使用电热毯与不孕症和先天性缺陷有一定的关系,对于热水床和电热毯的使用者,有较高的自发性流产率、较长的妊娠周期和较轻的婴儿重量。

另一类有趣的实验现象是,低频场会改变动物的体内生物钟或生理节律。在哺乳动物中,进入眼睛的光诱发电信号,促使脑中很小的松果腺分泌出松果体褪黑激素,从而启动松果体褪黑激素周期——动物体内的时间保持系统,它在人体中控制着每日的睡——醒周期。在连续暴露于 65 kV/m 电场两周以上的鼠中,发现其夜间褪黑素的分泌高峰明显降低。同时在人体志愿者实验中也发现电场对褪黑素有明显的抑制现象。松果体腺褪黑素水平有助于抑制诸如鼠皮癌和一定类型的乳腺癌的生长,这种抑制作用已发现出现在癌症的促进期而不是初始期。如果长期的低频场辐照能促进癌细胞的生长,则其原因之一可能与低频场能抑制松果体褪黑素的分泌有关。

电磁场的生物效应是目前科学、卫生和电气工业部门所关注的一个问题。尽管各国研究人员进行了大量的研究工作,得到了很多有价值的实验结果,但仍存在许多问题。

(1)现有的实验结果很多来自流行病学调查,只有统计学意义,而不能直接说明电磁场对生物体的作用。有必要提高研究水平,改进研究方法,从细胞或分子水平上去揭示电磁场的生物效应。

(2)在进行动物实验时,对电磁场的类型未能很好的加以区分,只是把高压电磁场环境作为统一的因素来考虑。因此,对生物效应起作用的主要是电场还是磁场,是恒稳场还是脉冲场等问题不清楚,这也是导致对电磁场生物效应众说纷纭、分岐较大的原因之一。

(3)生物体与非生物体的一个重要区别是生物体自身还存在电磁场。因此研究电磁场的生物效应实际上是研究外电磁场与内电磁场的相互作用。而在很多研究工作中,往往忽视了生物体自身电磁特性。下面将从生物体自身介电性质的角度来探讨外电磁场对生物体的影响。

8.4.4　生物体的介电性质及外电磁场对其影响作用探讨

随着电气事业和高压输配电系统的发展,电磁场对生物体的影响已成为目前国内外研究者所关注的问题。研究较多的是通过流行病学统计方法、综合统计处于高压电磁环境下工作和生活的人群与通常电磁环境的人群进行对照分析，以得到高压放电电磁环境对人体影响的关系。由于这种统计方法是把高压电磁环境当做笼统影响因素来考虑，而实际电磁环境是很复杂的，因此难以得出统一看法。这里从生物体本身介电性质角度来探讨外电磁场对人体内部的影响及特点，以给出对人体可能影响最大的电磁量。

1. 电气化社会环境中的电磁场类型

在目前电气化的社会中工作和生活遇到的电磁环境，包含电场与磁场两方面。而从频率角度来看有恒定场、工频场、高频场、微波场等。从广义来看 γ 辐射也是一种高能电磁场。

γ 辐射、微波场对人体的影响已有结论，γ 和 β 粒子对生物组织的杀伤作用和微波的热效应已用于治疗，但对恒定场、低频场、脉冲场的生物效应还不确定。在高压输电工程及高压电器工业生产实践中，常用的是直流、工频场和脉冲场。从生物本身的介电性质来看，它们接受这些外场的作用情况有很大的差异。我们可以用电场强度 E、磁场强度 B、电场变化率 dE/dt 和磁场变化率 dB/dt 四个参量来表征低频、直流场和脉冲场的基本特征。当然 E、B 还分别含有辐值 E_m、B_m 和频率（ω）两个参考量。dE/dt、dB/dt 亦分别有电磁场最大值 E_{max}、B_{max} 及作用时间（脉冲时延）τ 等参量。

2. 生物体的介电等效模拟及外电场作用效应

生物体是由各种组织器官构成的，而组成生物组织的基本单元是细胞。细胞的结构主要是细胞膜、细胞核、细胞质。细胞膜是由脂类、蛋白质和糖类组成。类脂以非极性基团向内，亲水极性基团向外作双分子定向规则排列形成细胞膜，膜蛋白质镶嵌在类脂的双分子中。细胞膜对离子有一定的通透性，故有一定的导电性，但较之以电解质水溶液为主的细胞质的电导要小得多。因此细胞可近似看成具

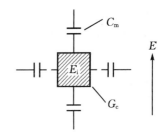

图 8 - 37　细胞介电模型

有介质特性的细胞膜包裹着易导电的细胞质，而细胞核则处于具有强导电性的细胞质中。因而低频电场主要是作用在细胞膜上，要进入细胞内并对细胞核产生作用十分困难。细胞的介质物理模型可以看成为介质与导体（或半导体）的复合串级结构，如图 8 - 37 所示。

很显然，加在细胞外的电场与细胞质内的电场有很大的差异，从细胞等效电路来看，细胞质内受到的电场 E_i 与外电场 E 的关系式可由下式决定：

$$E_i d' = \frac{E d' G_c}{\dfrac{1}{G_c} + \dfrac{1}{j\omega C_m}} \tag{8-43}$$

式中，C_m 为细胞膜电容；G_c 为细胞质电导。在细胞膜很薄，细胞质的尺寸 d 与细胞质的尺寸 d' 相当，$d \approx d'$ 的条件下，

$$E_i = \frac{j\omega C_m}{G_c + j\omega C_m} \cdot E \tag{8-44}$$

在高频下 $\omega \gg G_c/C_m$ ，则 $E_i \approx E$；在低频下 $\omega \ll G_c/C_m$ 则 $E_i \approx \omega C_m E/G_c \ll E$。即高频电场能够进入细胞，而低频场难以进入，并且内电场将随电场频率的增加而上升。

生物体包括人体，其体表多为皮肤所包裹，而一些要害部位如脑部还有头盖骨所保护。从介电特性来看，皮肤、毛发、骨质是生物组织中绝缘性能较高、电导较小的介质材料（见表 8-16），因此生物体处于外电场作用下，能进入体内的电场就比体外实测平均电场低，而到达组织内的电场则更低。

所以研究电场的作用时不能只考虑外加电场强度，还必须注意它们的变化如交流电

表 8-16　人体一些组织的直流电阻率

组　　织	电阻率 $\rho/(\Omega\cdot m)$
骨质	2×10^9
干皮	4×10^8
湿皮	3.8×10^7
脑	1×10^6
血流	1×10^4

场频率，脉冲电场时延等，这些是能明显影响电场能否透入生物体的重要参数。对于整个生物体在电场作用下的介电模型也可采用同细胞类似的等效电路。因为人体的表皮与细胞膜特性相似，接近绝缘体，表皮电容可用 C_s 表示；而体内组织含有大量的体液具有导电性，体内电导则可由 G_i 表示。生物体内电场 E_i 与外电场 E 的关系有

$$E_i = \frac{j\omega C_s}{G_i + j\omega C_s} \cdot E \tag{8-45}$$

虽然在直流工频电场作用下，电场难以进入生物体，对人体的电场效应较小，但随着 ω 的上升，在无线频率下对人体的影响则较大（$E_i \approx E$）。

工频高压电场和脉冲电场对人体的影响可能由电场的变化引起。高压电场变化引起的位移电流 I_d 在人体内部的感应电流影响较大，

$$I_d = S\varepsilon_0 \frac{dE}{dt} \tag{8-46}$$

在交流高压电场下：

$$E = E_m e^{j\omega t} \, , \, dE/dt = j\omega E_m e^{j\omega t}$$

$$I_d = jS\varepsilon_0 \omega E \, ; \, I_{dm} = S\varepsilon_0 E_m \tag{8-47}$$

因为空气的击穿场强为 30 kV/cm 或者 3×10^6 V/m，而空气中的场强一般在 10^6 V/m 以下。如在工频下 $\omega = 2\pi \times 50$ Hz，$\varepsilon_0 = 8.85 \times 10^{-12}$ F/m，对于直立人体取 $S = 0.1$ m²，$E_m = 10^5$ V/m，代入式(8-46)可得：$I_{dm} = 0.03$ mA。这一电流通过人体影响还不十分明显。在脉冲电场作用下位移电流也可直接由式(8-45)求得，如脉冲电场 $E_m = 10^5$ V/m，脉冲时延为 8 μs，则 $dE/dt = 1.25 \times 10^{-10}$ V/s，$I_d = 1 \times 10^{-2}$ A。电流的峰值达 10 mA，如通过心脏则是很危险的。因此在相同最大电场强度下，脉冲电场对生物体的影响要比直流恒定场和交流工频场的危险大得多，必须注意防护。

3. 磁场及脉冲磁场的作用

生物体对于磁场是可透过性的，其磁导率 μ 与真空条件下的 μ_0 相近，因而磁场原则上比电场更易透入生物体，从而对生物体内部的器官、组织、以及细胞核发生作用。磁场的作用也应考虑其变化的情况，即交变磁场和脉冲磁场的作用与恒定磁场作用有所不同。高频磁场在生物体内将产生感应电场及高频热效应。在一闭合回路 L 中的总电势即电场沿回路的积分为

$$\oint_L E ds = -\frac{d\varphi}{dt} = -S \frac{dB}{dt} \qquad (8-48)$$

如有交流磁场 $B = B_m e^{j\omega t}$ 作用时，

$$\oint_L E ds = -jS\omega B_m e^{j\omega t} \qquad (8-49)$$

随着磁场频率 ω 的上升，在生物体内可能形成感应电流：

$$I = \oint_L E ds / R_L = -jS\omega B / R_L \qquad (8-50)$$

总发热量

$$P = |I|^2 R_L = S^2 \omega^2 B^2 / R_L \qquad (8-51)$$

R_L 为生物体内回路电阻，P 与 ω^2 成正比，生物体内部细胞质形成的回路电阻 R_L 很小，故不可忽略。

假设生物细胞可以看成半径为 r 的球形，由于 $S \propto r^2$，$R_L \propto r$，则 $P \propto r^3$，即细胞中的感应电流由于集肤效应使在接近细胞膜处的发热量较高。如考虑电场积分路径，经过细胞膜的两边有电荷积累，从而改变了细胞膜电位，这将对生物体的功能发生影响。

在脉冲磁场 dB/dt 作用下，由于脉冲时延短，磁场的变化率可能很大，如图 8-38 所示。磁场的上升区 $dB/dt = B_m/\tau_a$，下降区 $dB/dt = B_m/\tau_b$，模拟雷击的标准脉冲波，一般采用 $8\mu s/20$

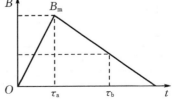

图 8-38　脉冲磁场变化示意图

μs 波,即 $\tau_a = 8\ \mu s, \tau_b = 20\ \mu s$。设邻近脉冲放电线路 1m 处有一生物体,则在 20 kA 的放电电流下,对生物体产生的最大磁感应强度为

$$B_m = \frac{\mu_0 I}{2\pi r} = 4.0 \times 10^{-3}\ \text{T}$$

$$\frac{\mathrm{d}B}{\mathrm{d}t} = B_m/\tau_a = 5.0 \times 10^2\ \text{T/s}$$

这是在实际电气工业生产中可能遇到的脉冲磁场。

根据在 1990 年电磁环境生物效应研讨会上提供的统计资料表明,在高压作业者中细胞微核率以避雷器检验工种为最高。而避雷器检验中,大电流脉冲是关键测试项目,遇到较强 $\mathrm{d}B/\mathrm{d}t$ 的机会最多,这关系反映了 $\mathrm{d}B/\mathrm{d}t$ 对生物细胞的变异作用较强。

《中国科学》上发表的文献中,提供了脉冲磁场对细胞的破碎作用试验结果见表 8 - 17。给出的细胞破坏临界强度约为 $4 \sim 7 \times 10^2$ T/s,此与以上理论计算避雷器检验阀片时可能遇到的 $\mathrm{d}B/\mathrm{d}t \approx 5 \times 10^2$ T/s 相近。因此导致避雷器检验工种工作人员细胞微核率最高,很可能是 $\mathrm{d}B/\mathrm{d}t$ 对细胞膜的破坏作用所引起。

由以上的理论分析和试验数据的对照,可以看出在高压放电过程对生物体的多种影响因素(E、$\mathrm{d}E/\mathrm{d}t$、B、$\mathrm{d}B/\mathrm{d}t$)之中,$\mathrm{d}B/\mathrm{d}t$ 是危害最大的可能因素,必须进行深入系统的研究。这对人体的防护以及化害为利(如细胞融合、杀伤癌细胞等),提供基本的试验依据,并通过各种类型电磁场影响的对比研究,最后得出电磁场对生物体影响的主要参量。

表 8 - 17　脉冲磁场对几种不同细胞的处理结果

细胞种类	细胞大小/μm	细胞破碎的磁场强度	响应的 $\frac{\mathrm{d}B}{\mathrm{d}t}$/(T/s)
鼻咽癌细胞(悬浮)		12T	3.75×10^2
子宫颈癌细胞(贴壁)		15T	4.69×10^2
人胚纤微细胞(贴壁)		23T,不受损伤	7.19×10^2 未损伤
喇叭虫	～800	18T×3	5.63×10^2
草履虫	～100	23T×3,不受损伤	7.19×10^2 三次
四膜虫	～30	23T	7.19×10^2 三次未损伤
麦粒赭虫	～400	23T	7.19×10^2

通过以上分析讨论,可得到以下几点看法:

(1) 要研究电磁环境及高压放电对生物体(包括人体)的影响,必须考虑到生物体本身及其组成细胞的电磁特性。从材料的电性角度来看生物体是由导电的生

物溶液和绝缘的细胞膜及皮膜、骨质包裹而成的复合介质体系。静电场一般难以透入生物体,而磁场则很容易进入人体内,故磁场对生物体影响较大。

（2）电场对生物体的影响主要是通过外部电场的变化在生物体内感生电流,进而对生物细胞、细胞核发生作用,因此高频电场和脉冲电场的影响较恒定场要大。

（3）磁场特别是脉冲磁场,不仅能在组织内部产生感应电流,还能引起膜的局部击穿。这可能是脉冲强磁场下细胞破碎、变异的重要原因,值得进一步深入系统研究。

（4）由于生物体本身的介电特性决定了各种类型电磁场对生物体的影响各异,因而对于电磁场和高压放电对生物体的影响研究和统计调查时必须注意电磁场的类型,分别进行研究分析才能得出正确的结论。而从细胞水平上定量研究 E、dE/dt、B、$dB/dt = E_m$、B_m、τ 等参数对各种细胞的影响作用机理,是认识电磁环境生物效应的关键,也是电—生物这一新兴交叉学科的重要研究课题。

参考文献

[1] 陈季丹，刘子玉. 电介质物理学. 北京：机械工业出版社，1983.

[2] 徐传骧，屠德民. 工程电介质的进展. 第六届全国电介质物理及第二届全国工程电介质学术论文会议. 西安，1991.

[3] Li Shengtao, Zhong Lisheng, Li Jianying, et al. A Brief History and Research Progress on Solid Engineering Dielectrics in China. IEEE Electrical Insulation Magazine, 2010, 26(6)：15 – 21.

[4] Debye P. Polar Molecules. New York：Dover publication Inc. , 1929.

[5] 高观志，黄维. 固体中的电输运. 北京：科学出版社，1991.

[6] O'Dwyer J J. The Theory of Dielectric Breakdown of Solids. Oxford：Oxford at The Clarendon Press, 1964.

[7] Coelho R. Physics of Dielectrics for the Engineer. New York：Elsevier Scientific Publishing Company, 1979.

[8] И. СКАНАВИ Г. ФИЗИКА ДИЭЛЕКТРИКОВВ. МОСКВА：ГОСУДАРС ТВЕННОЕ ИЗДАТЕЛЬСТВО, ФИЗИКО – МАТЕМАТИЧЕСКОИ ЛИТЕРАТУРЫ, 1958.

[9] Mizutani T. High Field Phenomena in Insulating Polymers. International Conference on Solid Dielectrics. Toulouse, 2004.

[10] Kennedy J T. Study of the Avalanche to Streamer Transition in Insulating Gases. Eindhoven：Eindhoven University of Technology, 1995.

[11] 方俊鑫，殷之文. 电介质物理学. 北京：科学出版社，2000.

[12] Mott N F, Davis E A. Electronic processes in Noncrystalline materials. Oxford：Clarendon Press, 1971.

[13] 郭贻诚，王震西. 非晶态物理学. 北京：科学出版社，1984.

[14] 刘恩科，朱秉升，罗晋生. 半导体物理学. 西安：西安交通大学出版社，1998.

[15] Ieda M. Electroncal Conduction and Carrier Traps in Polymeric materials. IEEE Transactions on Dielectrics and Electrical Insulation, 1984.

[16] Ieda M. Dielectric Breakdown Process of Solids. IEEE Transactions on Die-

lectrics and Electrical Insulation, 1980.

[17] 黄昆，韩汝琦. 固体物理学. 北京：高等教育出版社，1988.

[18] Dissado L A, Forthergill J C. Electrical Degradation and Breakdown in Polymers. London: The Institution of Engineering and Technology, 1992.

[19] 犬石嘉雄，等. 诱电体现象论. 东京：日本电气工程学会,1973.

[20] 徐传骧，等. NaCl 单晶在直流及交流电场下击穿电压与厚度关系的研究. 西安交通大学学报，1965，3.

[21] 刘辅宜. 碱卤晶体直流与交流电击穿研究. 西安：西安交通大学，1964.

[22] 杨琪如. 碱卤晶体脉冲电击穿研究. 西安：西安交通大学，1965.

[23] Zeller H R. Breakdown and Prebreakdown Phenomena in Solids Dielectrics. IEEE Transactions on Dielectrics and Electrical Insulation. 1987, 22.

[24] B. K. Ridley. Specific Negative Resistance in Solids. Proc. Phys. Soc., 1963, 82.

[25] Barclay A L, Sweeney P J, Dissado L A, et al. Stochastic Modelling of Electrical Treeing: Fractal and Statistical Characticals. J. Phys. D, 1990, 23.

[26] Hozumi N, Okamoto T, et al. Simultaneous Measurement of Microscopic Image and Discharge Pulses at the Moment of Electrical Tree Initiation. Japan J. Appl. Phys., 1988, 27(4): 572 - 576.

[27] Champion J V, Dodd S J. The effect of voltage and material age on the electrical tree growth and breakdown characteris-tics of epoxy resins. J. Phys. D: Appl. Phys., 1995,28: 398 - 407.

[28] Kang D S, Sun J H, et al. The relationship between electrical characteristics and electrical tree degradation in XLPE insulation. Proceedings of the 6th International Conference on Properties and Applications of Dielectric materials. Xi'an, 2000: 546 - 549.

[29] Wu Kai, Suzuok Yasuo, et al. Model for partial discharge sassociated with treeing breakdown: III. PD extinction and re-growth of tree. J. Phys. D: Appl. Phys, 2000, 33: 1209 - 1218.

[30] Li Shengtao, Yin Guilai, Chen G, et al. Short-term Breakdown and Long-term Failure in Nanodielectrics: A Review. IEEE Transactions on Dielectrics and Electrical Insulation, 2010.

[31] Ren Shuangzan, Liu Qiang, Zhong Lisheng, et al. Electrostatic Charging Tendency and Correlation Analysis of Mineral Insulation Oils under Ther-

mal Aging. IEEE Transactions on Dielectrics and Electrical Insulation, 2011, 18(2): 499 - 505.

[32] 张秀阁，贺景亮，等. 交联聚乙烯电树枝老化实验研究. 武汉水利电力大学学报，1999, 32(3): 63 - 66.

[33] 郑晓泉，Chen G. 机械应力与电压频率对 XLPE 电缆电树的影响. 高电压技术，2003, 29(4): 6 - 8.

[34] Wu K, Suzuoki Y, et al. The transient space charge distribution and its effect on tree growth. IEEE Japan Proc. 28th Symp. on Electrical Insulating Materials. Tokyo, 1996: 259 - 262.

[35] Maruyama A, Komori F, et al. High temperature PD Degradation Characteristics in Bulk and Interface of Insulating Materials for power cable. Proceedings of the 6th International Conference on Properties and Applications of Dielectric materials. Xi'an, 2000: 264 - 267.

[36] Champion J V, Dodd S J. The effect of material composition and temperature on electrical tree growth epoxy resins. International Conference on Dielectric Materials, Measurement and Applications. Edinburgh, 2000: 30 - 34.

[37] David E, Jetal P. Influence of internal mechanical stress and strain on electrical performance of polyethylene. IEEE Transactions on Dielectrics and Electrical Insulation , 1996, 13(2): 248 - 257.

[38] Arbab M N, Phd M, et al. Growth of electrical trees in solid insulation. Science IEE Proceedings, 1989, 136(2): 73 - 78.

[39] 郑晓泉，Chen G, 等. XLPE 电缆绝缘中电树枝生长的阶段性特性实验研究. 电工电能新技术，2003, 22(3): 24 - 27.

[40] 周远翔，罗晓光，等. 热处理对聚乙烯材料中电树发展的影响. 绝缘材料，2001, 6: 26 - 28.

[41] 雷肇棣. 物理光学导论. 成都：电子科技大学出版社，1993.

[42] 国分泰雄. 先进光电子技术丛书 6：光波工程. 北京：科学出版社，2002.

[43] 科埃略 R，阿拉德尼兹 B. 电介质材料及其介电性能. 北京：科学出版社，2000.

[44] Böttcher C J F, Bordewijk P. Theory of Electric Polarization, Volume II: Dielectrics in time-dependent fields. Amsterdam: Elsevier Scientific Publishing Company, 1978.

[45] 小池康博. プラスチックオプテイカルファイベの基础と实际（塑料光纤的

基础与应用),第 2 编,プラスチックの材料的光学特性.

[46] 方俊鑫,殷之文. 电介质物理学. 北京:科学出版社,1998.

[47] Norihisa, Yasuhiro. What is the Most Transparent Polymer?. Polymer Journal, 2000, 1: 43 - 50.

[48] Ma S D, Zhong L S, Wang P G, et al. A fast way to fabricate polymethyl methacrylate for graded-index polymer optical fibers. Polymer-Plastics Technology and Engineering, 2006, 45 (3): 373 - 378.

[49] Chu Jiurong, Zhong Lisheng, Wen Xuming, et al. Study on Surface Fluorinating for Reducing Attenuation of Polymethyl Methacrylate Polymer Optic Fiber. Journal of Applied Polymer Science, 2005, 98(6): 2369 - 2372.

[50] Zhong L S, Chen G, Xu Y. A novel calibration method for PD measurements in power cables and joints using capacitive couplers. Measurement Science and Technology, 2004, 15(9): 1892 - 1896.

[51] 张克潜,李德杰. 微波与光电子学中的电磁理论. 北京:电子工业出版社, 1994.

[52] 谢希德,方俊鑫. 固体物理学(下册). 上海:上海科学技术出版社,1962.

[53] Kasap S O. Principles of Electronic Materials and Devices. 2nd ed. New York:McGraw-Hill Higher Education, 2002.

[54] 徐传骧. 高压硅半导体器件耐压与表面绝缘技术. 北京:机械工业出版社, 1981.

[55] 徐传骧,刘辅宜,孙柱. 高压硅半导体器件耐压的试验研究及设计计算. 电力电子技术,1980,1:12 - 22.

[56] 徐传骧,何绍富,崔秀芳. 中子嬗变掺杂硅单晶 PN 结击穿特性的研究. 电力电子技术,1994,1:61 - 64.

[57] 徐传骧,刘文英. 电力硅半导体器件耐压的高温特性和稳定性的研究. 西安交通大学学报,1983,3:97 - 109.

[58] 黄昆,谢希德. 半导体物理. 北京:科学出版社,1958.

[59] Davies R L, Gentry F E. Control of electric field at the surface of P - N junctions. IEEE Trans on Electron Devices, 1964, 11(7): 313 - 323.

[60] 徐传骧,董小兵. 电力电子器件表面保护材料带电规律的研究. 电力电子技术,2000.

[61] 安春迎,谢峰,徐传骧. 电力电子器件用表面保护材料 SP 含杂与电性能关系的研究. 电力电子技术,1995,4:71 - 73.

[62] 王卉,徐传骧. 固化工艺对 SP 膜电阻及晶闸管高温耐压的影响. 电力电子

技术，1993，2：49－51.

[63] 董小兵. 高压硅半导体表面特性 OBTC 法测试与保护材料带电机理的研究. 西安：西安交通大学，2003.

[64] 徐传骧，刘辅宜，刘文英，等. 介质对高压硅半导体器件表面的钝化作用. 西安交通大学学报，1978，3：71－86.

[65] Lewis T J. A Model for Bilayer Membrane Electroporation Based on Resultant Electromechanical Stress. IEEE Transactions on Dielectrics and Electrical Insulation. ，2003，10(5)：769－777.

[66] Honig B H, Hubbell W L, Flewelling R F. Electrostatic Interactions in Membranes and Proteins, Ann. Rev. Biophys. Biophys. Chem. , 1986, 15：163－193.

[67] Adamson W. Physical Chemistry of Surface. 4th ed. New York ：John Wiley and Sons，1982.

[68] Crowley J M. Electrical Breakdown of Biomolecular Lipid Membranes as an Electromechanical Instability. Biophys. J. , 1973, 13：711－724.

[69] Stark K H, Garton C G. Electric Strength of Irradiated Polythene. Nature, 1955, 176：1225－1226.

[70] Stratton J A. Electromagnetic Theory. New York ：McGraw-Hill Book Company Inc. , 1941.

[71] Krakowsky I, Romijn T, Posthuma D B A. A Few Remarks on the Electrostriction of Elastomers. J. Appl. Phys. , 1989, 85：628－629.

[72] Shkel Y M, Klingenberg D J. Electrostriction of Polarizable Materials：Comparison of Models with Experimental Data. J. Appl. Phys. , 1998, 83：7834－7843.

[73] Dill K A, Stigter D. Lateral Interactions Among Phosphatidylcholine and Phosphat Tidylethanolamine Head Groups in Phospholipid Monolayers and Bilayers. Biochemistry, 1988, 27：3446－3453.

[74] Tien H T. Bilayer Lipid Membrane. New York ：Marcel Dekker Inc. , 1974.

[75] Sanfeld A. Introduction to the thermodynamics of charged and polarized layers. Monographs in Statistical Physics and Thermodynamics：Vol. 10. London：John Wiely and Sons，1968.

[76] Helfricn W, Servuss R M. Undulation, Steric Interaction and Cohesion of Fluid Membranes：II. Nuovo Cimento, 1984, 3D：137－151.

[77] Israelachvili J N, Marcelja S, Horn R G. Physical Principles of Membrane Organization. Quarterly Rev. of Biophys. , 1980, 13: 121 - 200.

[78] Israelachvili J N. Intermolecular and Surface Forces. 2nd ed. London: Academic Press, 1992.

[79] Chizmadzhev Y A, Arakelyan V B, Pastushenko V F. Electric Breakdown of Bilayer Lipid Membranes: III. Analysis of Possible Mechanisms of Defect Origination. Bioelectrochem. Bioenerg, 1979, 6: 63 - 70.

[80] Chang D C, Reese T S. Changes in Membrane Structure Induced by Electroporation as Revealed by Rapid-Freezing Electron Microscopy. Biophys. J. , 1990, 58: 1 - 12.

[81] Glaser R W, Leikin S L, Chernomordik L V, et al. Reversible Electrical Breakdown of Lipid Bilayers: Formation and Evolution of Pores. Biochim. Biophys. Acta, 1988, 940: 275 - 287.

[82] Abidov G, Arakelyan V B, Chernomordik L V, et al. Electric Breakdown of Bilayer Membrane: I. The Main Experimental Faces and Their Qualitative Discussion. Bioelectrochem. Bioenerg. , 1979, 6: 37 - 52.

[83] Schwan H P. Electrical properties of tissue and cell suspensions. Adv. Biol. Med. Phys. , 1957, 5:147 - 209.

[84] Pethig R. Dielectric Properties of Biological Materials: Biophysical and Medical Applications. IEEE Transactions on Dielectrics and Electrical Insulation, 1984, EI - 19(5): 453 - 454.

[85] Pethig R. Dielectric and Electronic Properties of Biological Materials. Chichester: Wiley, 1979.

[86] 黄子卿. 电解质溶液理论导论. 北京:科学出版社, 1983.

[87] 刘金刚, 刘作斌. 低温医学. 北京:人民卫生出版社, 1993.

[88] 李辑熙, 牛中奇. 生物电磁学概论. 西安:西安电子科技大学, 1990.

[89] Cole K S. Membranes, Ions and Impulses. Berkeley: University of California Press,1972.

[90] Hasted J B. Aqueous Dielectrics. London: Chapman & Hall, 1973.